黄河水沙
平衡与调控

胡春宏　张治昊　安催花　高健翎　等　著

科学出版社

北京

内 容 简 介

本书根据"十三五"国家重点研发计划项目"黄河流域水沙变化机理与趋势预测"之课题"水沙变化情势下黄河治理策略"（2016YFC0402408）的研究成果系统总结而成。全书基于项目对黄河流域未来水沙变化趋势预测成果，围绕黄河水沙平衡、水沙调控阈值和黄土高原治理度等关键问题，分析了近70年来黄土高原水土保持措施的时空格局变化过程，研究了维护黄河健康的水沙调控阈值与黄土高原水土流失治理度，探索了未来黄河防洪减淤与水沙调控的新模式，提出了水沙变化情势下黄河治理保护的总体思路，以及调整黄土高原水土流失治理格局、加快建设完善黄河水沙调控体系、塑造与维持黄河基本的输水输沙通道、降低潼关高程、改造下游河道、相对稳定河口流路等治理保护措施。

本书可供从事泥沙运动力学、河床演变学与河道整治、水沙调控、防洪减灾、黄河治理等方面研究、规划、设计和管理的科技人员及高等院校有关专业的师生参考。

审图号：GS 京〔2022〕1073 号

图书在版编目（CIP）数据

黄河水沙平衡与调控 / 胡春宏等著 . —北京：科学出版社，2022. 11
ISBN 978-7-03-070329-3

Ⅰ. ①黄… Ⅱ. ①胡… Ⅲ. ①黄河–含沙水流–控制–研究 Ⅳ. ①TV152

中国版本图书馆 CIP 数据核字（2021）第 216471 号

责任编辑：杨逢渤 / 责任校对：樊雅琼
责任印制：吴兆东 / 封面设计：无极书装

科 学 出 版 社 出版
北京东黄城根北街 16 号
邮政编码：100717
http://www.sciencep.com

北京中科印刷有限公司 印刷
科学出版社发行 各地新华书店经销

*

2022 年 11 月第 一 版 开本：787×1092 1/16
2022 年 11 月第一次印刷 印张：23 1/2
字数：550 000

定价：288.00 元
（如有印装质量问题，我社负责调换）

前　　言

　　黄河是中华民族的母亲河，是我国第二大河流，是世界上最难治理的河流之一。黄河流域在我国社会经济发展和生态安全保障方面具有举足轻重的地位，是连接青藏高原、黄土高原、华北平原的生态廊道，拥有三江源、祁连山等多个国家重点生态功能区；流域内居住着全国8%的人口，拥有全国13%的耕地，黄淮海平原、汾渭平原、河套灌区是农产品主产区，粮食和肉类产量占全国的1/3左右；黄河流域又被称为"能源流域"，煤炭、石油、天然气和有色金属资源丰富，煤炭储量占全国的一半以上，是我国重要的能源、化工、原材料和基础工业基地。

　　黄河水少沙多，水沙关系不协调是黄河复杂难治的症结所在。20世纪80年代中期以来，随着人类活动的日益加剧和自然气候的变化，进入黄河河道的水沙量大幅减少。据统计，1919~1959年黄河潼关实测年平均水量和沙量分别为426.1亿m^3和15.92亿t，这就是人们常说的黄河泥沙量为16亿t/a的依据；20世纪60年代以来黄河水沙量持续减少，至1987~1999年潼关实测年平均水量和沙量分别减少为260.6亿m^3和8.07亿t；而2000年以来潼关水沙量进一步减少，2000~2018年潼关年平均水量和沙量分别为239.1亿m^3和2.44亿t，较1919~1959年分别减少了43.9%和84.7%。入黄水沙量的剧烈减少，导致黄河流域生态保护和高质量发展遇到了一系列新情况与新问题：一方面，黄土高原水土流失持续治理，改变了流域产流产沙的数量和过程，极大地改善了黄土高原生态环境；另一方面，流域产流产沙过程变化和干支流水库的建设直接改变了进入黄河河道的水沙过程，导致黄河上游宁蒙河段河道淤积萎缩、中游潼关高程居高不下、下游河道主河槽淤积萎缩与"二级悬河"加剧、河口海岸蚀退威胁流路稳定等。鉴于黄河流域所处的地位及水土资源的现实状况，如何协调流域生态保护与高质量发展的关系，确保黄河流域水资源与防洪安全，已成为国家重大战略问题。为此，科技部将"黄河流域水沙变化机理与趋势预测"（2016YFC0402400）列为"十三五"国家重点研发计划项目，以加强对黄河问题的研究，笔者作为项目负责人及"水沙变化情势下黄河治理策略"课题（2016YFC0402408）负责人，以黄河水沙平衡、水沙调控阈值和黄土高原水土流失治理度为主线与切入点，开展了未来黄河治理保护策略与措施研究，主要取得了如下几方面的成果。

　　1）确定了维护黄河健康的水沙调控关键阈值。建立了维护黄河健康的水沙调控指标体系，该体系分为三级，包括1个一级指标、8个二级指标、19个三级指标。以黄河水沙平衡为基础，确定了水沙调控关键阈值。近期宁蒙河段平滩流量阈值为2000m^3/s左右，远期修建黑山峡水库后，宁蒙河段平滩流量阈值为 2500m³/s 左右；近期潼关高程调控阈值为 328m 左右，远期修建古贤水库后，潼关高程可冲刷下降至 326m 左右；在未来相当长时期内，下游河道维持的平滩流量阈值为 4000m³/s 左右；考虑保护近代黄河三角洲范围，河口稳定沙量阈值为 2.6 亿 t/a 左右。

2）提出了未来黄土高原水土流失治理格局调整方向。在林草恢复方面：黄土丘陵沟壑区和土石山区可继续进行植被恢复，其他类型区虽有潜力但已达到阈值，应以维持生态系统质量和稳定性为主。在梯田建设方面：黄土丘陵沟壑区梯田建设潜力大且未达到阈值，可继续建设；黄土高原沟壑区梯田建设潜力大但已接近阈值，未来以高质量管护为主；土石山区梯田建设还有一定上升空间。在淤地坝建设方面：黄土丘陵沟壑区和黄土高原沟壑区由于潜力大、阈值高，未来仍然是淤地坝的重点布设区，土石山区未来应以优化淤地坝系为主。

3）提出了未来黄河防洪减淤与水沙调控新模式。上游建设黑山峡水库后，与龙羊峡、刘家峡水库联合运用，可遏制宁蒙河段淤积萎缩和"新悬河"发展态势，并控制宁蒙河段凌情。中游在进一步论证古贤水库库容规模和开发目标的基础上，尽早开工建设古贤水库，与现状工程联合拦沙和调水调沙运用，根据水库和下游河道的冲淤状态，灵活采用"上库高蓄调水、下库速降排沙、拦排结合、适时造峰"的水库群联合水沙调控减淤运用方式，提高河道输沙的水动力，减少水库和下游河道淤积，冲刷降低潼关高程。

4）阐明了未来黄河水沙平衡与黄土高原水土流失治理度。通过水沙调控和河道整治等综合措施，未来将黄河中下游河道输沙量控制在 3 亿 t/a 左右，则潼关高程可基本实现升降平衡，下游河道基本实现河道冲淤平衡，河口基本实现海岸淤蚀平衡。黄土高原水土流失治理不是将沙治理得越少越好，存在流域治理可能性与河流治理需求平衡的治理度问题，针对黄土高原水土流失治理各种措施减沙的临界阈值，提出未来通过科学调整黄土高原水土流失治理格局，将入黄沙量控制在 3 亿 t/a 左右，达到黄土高原水土流失治理度与黄河干流河道输沙的平衡。

5）提出了未来 30~50 年黄河治理保护策略与措施。未来 30~50 年黄河治理保护方略：调控水沙关系，改造下游河道。为实现上述治理保护方略，应采取的治理保护措施包括：调整黄土高原水土流失治理格局，加快建设完善黄河水沙调控体系，塑造与维持黄河基本的输水输沙通道，中游降低潼关高程，改造下游河道，相对稳定河口。下游河道改造的具体措施为稳定主河槽、缩窄河道、治理悬河、滩区分类。

本书共分为 5 章，主要内容及撰写人员如下：第 1 章绪论，由胡春宏和张治昊执笔；第 2 章维护黄河健康的水沙调控阈值，由张治昊和胡春宏执笔；第 3 章黄土高原水土流失治理格局变化与调整，由高健翎、张铁钢和马红斌等执笔；第 4 章黄河防洪减淤与水沙调控模式，由安催花、罗秋实和胡春宏等执笔；第 5 章变化情势下黄河水沙平衡与治理保护策略，由胡春宏、陈绪坚和张晓华等执笔；全书由胡春宏和张治昊统稿，由胡春宏审定。

需要说明的是，本书研究成果是在中国水利水电科学研究院、黄河勘测规划设计研究院有限公司、黄河流域水土保持生态环境监测中心、黄河水利科学研究院等单位的共同努力下完成的，主要完成人有胡春宏、张治昊、安催花、高健翎、陈绪坚、张晓华、胡海华、罗秋实、马红斌、董占地、鲁俊、陈翠霞、朱莉莉、张铁钢、张建国、尚红霞、张明武、杨晓阳、杨子淇、梁艳洁、高兴、王小鹏、吴默溪、高燕、王秦湘、党恬敏、崔振华、张建等。本书作为"十三五"国家重点研发计划项目"黄河流域水沙变化机理与趋势预测"的出口课题，关于流域面上水沙调控相关指标及其阈值、未来 30 ~50 年黄河水沙预测引用了项目其他课题的成果，在工作中，得到了刘晓燕、李鹏、张晓明、赵阳等的大力支持与帮助，在此对他们表示诚挚的感谢。

限于作者水平，加之时间仓促，书中不足或疏漏之处在所难免，敬请读者批评指正。

2021 年 1 月

目　　录

前言
第1章　绪论 ··· 1
　1.1　黄河治理保护历史回顾 ··· 1
　1.2　黄河治理保护面临的主要问题 ·· 4
　参考文献 ··· 9
第2章　维护黄河健康的水沙调控阈值 ·· 12
　2.1　维护黄河健康的水沙调控指标体系 ··· 12
　2.2　黄河流域面的水沙调控关键指标与阈值 ·· 17
　2.3　黄河上游宁蒙河段平滩流量阈值 ·· 38
　2.4　黄河中游潼关高程阈值 ·· 53
　2.5　黄河下游河道平滩流量阈值 ··· 68
　2.6　黄河河口稳定输沙量阈值 ·· 82
　2.7　小结 ··· 96
　参考文献 ··· 98
第3章　黄土高原水土流失治理格局变化与调整 ··· 101
　3.1　黄土高原水土流失治理分区与治理历程 ·· 101
　3.2　黄土高原水土保持措施时空格局变化 ··· 115
　3.3　黄土高原水土流失动态变化监测分析 ··· 145
　3.4　黄土高原水土流失治理潜力和阈值分析 ··· 153
　3.5　未来黄土高原水土流失治理格局调整 ··· 180
　3.6　小结 ··· 195
　参考文献 ··· 197
第4章　黄河防洪减淤与水沙调控模式 ··· 200
　4.1　黄河防洪减淤与水沙调控运行现状及效果 ··· 200
　4.2　未来黄河防洪减淤与水沙调控需求 ·· 216
　4.3　未来黄河防洪减淤与水沙调控模式 ·· 237
　4.4　小结 ··· 305
　参考文献 ··· 306
第5章　变化情势下黄河水沙平衡与治理保护策略 ·· 309

5.1 现状黄河流域综合规划的适应性分析 ……………………………………… 309

5.2 黄河未来水沙变化情势预测 ……………………………… 321

5.3 水沙变化情势下黄河治理保护策略 ……………………… 324

5.4 水沙变化情势下黄河河道平衡输沙与黄土高原水土流失治理度 ……… 333

5.5 小结 ………………………………………………………………… 361

参考文献 …………………………………………………………………… 363

第 1 章 | 绪 论

1.1 黄河治理保护历史回顾

黄河发源于青藏高原，流经 9 个省区，全长 5464km，是我国仅次于长江的第二大河[1]。黄河流域面积为 79.5 万 km²。黄河是一条驰名中外的多沙河流，1956~2000 年实测资料统计[2]，黄河多年平均河川天然径流量为 534.8 亿 m³，三门峡水文站多年平均输沙量为 11.2 亿 t。黄河水少沙多、水沙异源、水沙关系不协调的矛盾十分突出，这也是黄河成为世界上最为复杂难治河流之一的症结所在。

黄河具有善淤、善决、善徙的特征，下游河道长期的累积性淤积，使河道成为"地上悬河"。自公元前 602 年以来，黄河下游河道决口 1590 余次，较大的改道有 26 次，经历了 5 次大的迁徙，黄河的安危始终是中华民族的心腹之患[3]。

中华民族治理黄河已有 4000 多年的历史，在长期治理黄河的实践中，伴随着对黄河水沙特性、冲淤规律及河床演变过程认识的进步和深化，将治河与科学技术相结合，逐步积累了丰富的治河经验，形成了一套闪耀着远见卓识及智慧火花的治河思想[4]。治黄方略取决于人们对黄河的认识，体现了当时的社会、政治、经济背景以及水利科学技术的发展水平，随着自然环境的变化和黄河水沙关系的改变，治黄方略也将发生变化。在古代原始社会生产力极为低下时，为避免洪水危害，先人们往往"择丘陵而处之"，随着生产力的发展，人们从高丘移居平地。

历史上，黄河治理方略的形成与几次重大治河行动紧密联系[5]。公元前 2000 多年，大禹治水顺应水流的自然规律，采取以疏导和分流为主的治河方略，取得了成功，该时期成为历史上黄河的第一个安流期。黄河下游堤防始建于春秋时期，战国以后黄河水沙发生变化，表现为径流量减少、泥沙量增加，导致水沙关系由相对协调转变为不协调，堤内河床逐渐淤积抬高而成为"地上悬河"，使黄河决口改道次数增多。为寻求治河对策，从西汉、北宋到明清，不断产生新的治河思想，最具代表性的治河方略有西汉贾让的"治河三策"，其上策是扩宽河道，主张分流治理；东汉王景主张宽河筑堤，因势利导，堤内蓄洪治沙，治河取得了成功，迎来了大禹之后黄河的第二个安流期；明代潘季驯提出"筑堤束水，以水攻沙"的治河思想，主张合流，引发了分流与合流的争论。潘季驯论证了在黄河多沙的条件下，治河要从以洪水为主转化为以泥沙为主，要从以分为主转化为以合为主，在潘季驯主持治河期间，堵塞决口、截支强干、筑堤束水、以水攻沙，改变了此前河道"忽东忽西，靡有定向"的乱流局面，取得了后人称道的治理成就。潘季驯的"束水攻沙"治河方略把治河思想大大向前推进了一步，其后明清两代治河工作者，大多遵循潘季驯的治河原则，实行合流治理。需要指出的是，潘季驯治河思想存在两方面的不足：一是治沙虽然在归顺河道、减灾方面发挥了重要的作用，但堤内河道淤积抬高问题始终没有得到解决；二是治河主要针对黄河下游河道，尚未将黄河作为一个整体来考虑治理对策。

1946 年人民治黄以来，进入现代治河时期，黄河治理工作逐步由下游防洪走向全河治理，提出了一系列新的治河方略[6-8]。

1）宽河固堤。1947～1949 年黄河大汛期间，黄河下游堤防险象丛生，特别是 1949 年汛期出现了 12 300m³/s 的较大洪水后，下游两岸出现了 400 多个漏洞、200 多次险情。1950 年，通过分析黄河决口频繁的原因，水利部黄河水利委员会提出了采取"宽河固堤"的方略治理黄河下游。在这一方略的指导下，确定并实施了加培大堤、整修险工、废除民埝、开辟滞洪区等防洪工程建设，初步改变了下游的防洪形势，为战胜 1954 年和 1958 年的洪水奠定了基础。

2）蓄水拦沙。通过对中国古代治河方略的总结，结合深入调查研究，初步认识了黄河上冲下淤的客观规律。1953 年，水利部黄河水利委员会提出了"蓄水拦沙"的治河方略，把重点放到中上游。在这一方略的指导下，首先在三门峡修筑高坝大库。为了拦截进入三门峡水库的泥沙，在无定河、延河、泾河、洛河、渭河等支流修筑 10 座水库，同时进行大规模的水土保持、造林种草工作。

3）上拦下排，两岸分滞。三门峡水利枢纽于 1960 年 9 月下闸蓄水，采用"蓄水拦沙"运用方式，之后水库很快便发生了严重淤积。1963 年 3 月，水利部黄河水利委员会从三门峡水库的失误中总结经验教训，提出了"上拦下排"的治河方略。"上拦下排"就是"在上中游拦泥蓄水，在下游防洪排沙"。从"蓄水拦沙"到"上拦下排"，是治黄方略的一次重要进展。1975 年 8 月淮河流域发生特大暴雨，造成严重灾害。于是，水利部黄河水利委员会又提出处理特大洪水的方略，即"上拦下排，两岸分滞"。在"上拦下排，两岸分滞"方略指导下，拟在花园口以上兴建小浪底水库，削减洪水来源，改建北金堤滞洪区，对东平湖围堤进行加固，加大位山以下河道泄量，使洪水畅排入海。

4）拦、排、放、调、挖。1986 年，水利部黄河水利委员会总结 40 年的治黄经验，概括提出了"拦""用""调""排"四字治河方略。所谓"拦"，就是在中上游拦水拦沙，通过水土保持和干支流水库的死库容拦截泥沙。"用"就是用洪用沙，在上、中、下游采取引洪漫地、引洪放淤、淤背固堤等措施。"调"就是调水调沙，通过修建黄河干支流水库，调节水量和泥沙，变水沙关系不协调为水沙相适应，更有利于排洪，同时达到下游河道减淤的效果。"排"就是充分利用黄河中上游水库拦沙，下游河道冲刷，比降变陡、排洪能力加大的特点，排洪入海。2002 年，水利部将"上拦下排，两岸分滞"作为控制黄河洪水的方略，将"拦、排、放、调、挖"作为处理和利用黄河泥沙的方略。所谓"放"，主要是在下游两岸处理利用一部分泥沙，"挖"就是挖河淤背，加固黄河干堤，逐步形成"相对地下河"。经过半个多世纪的探索和实践，已将治理黄河流域作为一个整体来进行统筹考虑、综合治理，在治理中采取水沙兼治，更加注重将泥沙处理和利用的思想纳入治河方略。

21 世纪初期修编的《黄河流域综合规划（2012—2030 年）》进一步强化了人水和谐、维持黄河健康生命的理念，针对黄河水少沙多、水沙关系不协调的突出问题，提出"增水、减沙，调控水沙"是解决黄河根本问题的有效途径，通过水沙调控体系、防洪减淤体系、水土流失综合防治体系、水资源合理配置和高效利用体系、水资源和水生态保护体系、流域综合管理体系六大体系建设，贯彻全流域统筹兼顾、治水治沙并重的治河思想[2]。在"上拦下排，两岸分滞"防洪工程体系基本形成的前提下，提出了黄河下游河道治理方略："稳定主槽、调水调沙、宽河固堤、政策补偿"。在"拦、排、放、调、挖"处理和利用泥沙措施中，强调了粗泥沙来源区的治理和泥沙资源的利用。新修编的规划仍坚持人民治黄以来实践总结出的洪水泥沙综合治理思想，更加突出了水沙调控的作用，其核心是要协调水沙关系。需要指出的是，在规划依据的来水来沙条件确定中，虽然已考虑了黄河水沙变化的因素，但仍与近几十年的实际情况存在较大的差距，特别是对来沙量大幅减少的影响考虑不够[9,10]。

从黄河流域自然环境变迁、人类活动影响到治河方略的演变，充分体现了自然界是一个不断运动演化、相互联系、相互制约的整体。人类治黄的历史也是一个不断认识、不断创造的过程。在几千年黄河治理的过程中，人们总结出两条治黄的基本经验：一是给洪水出路，二是给泥沙空间。人们围绕这两条基本经验，一直在坚持不懈地探索治河的措施。在治黄方略上，从分流与合流治理的争论、水和沙治理并重思想的提出，到将黄河上游、中游、下游、河口作为一个整体系统治理等治河思想的提出，是黄河几千年来治理实践成果的结晶[11]。随着黄河流域自然环境的演变、人类活动的影响及水沙关系的变化，相信治黄方略将继续发展完善。

2019 年 9 月 18 日，习近平总书记在河南郑州主持召开黄河流域生态保护和高质量发展座谈会，强调"黄河流域生态保护和高质量发展，同京津冀协同发展、长江经济带发展、粤港澳大湾区建设、长三角一体化发展一样，是重大国家战略"。保护黄河是事关中华民族伟大复兴和永续发展的千秋大计。讲话指明了当前黄河流域面临的挑战和存在的突出问题，提出了黄河流域生态保护和高质量发展的主要目标任务，发出了"让黄河成为造福人民的幸福河"的伟大号召[1]。

建设幸福河，就是要在确保黄河"大堤不决口，河道不断流，水质不超标，河床不抬高"的前提下，为流域人民提供优质生态环境和社会服务功能，提高人民的安全感、获得感、幸福感，支撑流域经济社会高质量发展，实现"防洪保安全，优质水资源，健康水生态，宜居水环境，先进水文化"的目标[12]。因此，进入新时代，基于新的更高的要求，水沙变化情势下黄河治理策略是实施黄河流域生态保护和高质量发展战略亟待回答的重大问题。

1.2 黄河治理保护面临的主要问题

1.2.1 水沙变化情势

黄河的水主要来自上游地区，泥沙主要来自中游地区，中游的潼关水文站控制了黄河流域面积的 91%、水量的 90.3%、输沙量的近 100%。根据实测资料[13]，1919～1959 年为受人类活动影响较小的天然时段，该时段潼关水文站实测年平均水量和输沙量分别为 426.1 亿 m³ 和 15.92 亿 t，这就是人们常说的黄河泥沙量有 16 亿 t/a 的依据；随着人类活动的日益加剧和自然气候的变化，1987～1999 年实测年平均水量和输沙量分别为 260.6 亿 m³ 和 8.07 亿 t，水沙量较 1919～1959 年有较大幅度的减少，分别减少了 38.8% 和 49.3%。2000 年以来潼关水文站水沙量进一步减少，2000～2018 年实测年平均水量和输沙量分别为 239.1 亿 m³ 和 2.44 亿 t，较 1919～1959 年分别减少了 43.9% 和 84.7%。影响黄河水沙量大幅减少的主要驱动因素包括气候变化、水利工程、生态建设工程和区域经济社会发展等，其中气候变化属自然因素，其他因素均属人类活动影响，据分析[14]，近几十年来人类活动对水沙量减少的作用越来越大，特别是生态建设工程的减沙作用不断增强。

黄河水沙变化情势研究是实施黄河流域生态保护和高质量发展战略最为重要的基础条件，是黄河重大水沙调控工程布局及运用方式、河道治理工程布置、流域内水资源配置和跨流域调水工程决策等的基础。鉴于黄河水沙变化情势研究的重要性，2016 年，"十三五"国家重点研发计划启动了"黄河流域水沙变化机理与趋势预测"项目，根据项目的总体安排，项目下设 9 个课题，分别开展了不同区域水沙变化主要影响因素和阶段特征的研究，定量预测了黄河流域未来 30～50 年水沙量，确定了不同影响因素对水沙量减少的贡献率。综合项目各个课题入黄沙量预测的研究成果，未来 30～50 年黄河潼关水文站年平均输沙量为 3 亿 t 左右[14,15]。

1.2.2 面临的主要问题

水沙情势的剧烈变化导致黄河流域生态保护和高质量发展遇到一系列新情况和新问题：一方面，黄土高原水土流失持续治理改变了流域产沙的数量和过程，极大地改善了黄土高原生态环境；另一方面，产沙数量和过程变化及干支流水库建设直接影响了进入黄河干流河道泥沙的数量和过程，间接影响了黄河干流沿程河床演变[16,17]。当前黄河治理保护面临两方面的主要问题：一是流域产沙过程出现的问题；二是河道输沙过程中出现的问题，分述如下。

（1）黄土高原水土流失治理格局亟待调整

习近平总书记强调："水土保持不是简单挖几个坑种几棵树，黄土高原降雨量少，能不能种树，种什么树合适，要搞清楚再干。有条件的地方要大力建设旱作梯田、淤地坝等，有的地方则要以自然恢复为主，减少人为干扰，逐步改善局部小气候。"[1]近年来，随着复杂极端气候变化、科技手段的发展及黄河治理开发对水土保持工作不断提出新要求，黄土高原水土流失治理面临着新挑战[18]，如局部区域植被覆盖度已到上限，有的地质单元因退耕还林出现耕地面积不足的情况，这些区域的林草植被改善是否还持续开展；部分区域劳动力转移到城镇致使优质梯田被大量弃耕，部分区域坡陡沟深、地形破碎使坡地梯田化潜力不足；这些区域的坡改政策如何分区推进；淤地坝工程虽然实现了沟道侵蚀阻控与农业生产有机统一，但由于设计依据的标准陈旧及下垫面变化，新建坝系很难短时期淤满，给汛期防洪带来巨大压力，导致目前淤地坝建设出现了停滞，大暴雨事件下淤地坝仍是泥沙的重要汇集地，尤其骨干坝对径流与洪峰的削减作用显著，沟道拦沙与水肥耦合的高产坝地仍有广阔的实际需求[19,20]等。上述新问题的出现表明，黄土高原水土保持工作虽然取得了显著成效，但仍然存在黄土高原水土流失治理不平衡不充分的问题，局部地区水土资源保护与经济发展之间的矛盾日益突出，水土流失治理难度仍然较大，水土流失治理格局和治理方向亟待调整。

（2）黄河水沙调控体系尚需进一步完善

在黄河水沙调控体系的七大骨干工程中，还有古贤水库、黑山峡水库、碛口水库尚未建设，从刘家峡水库到三门峡水库2400km以上的黄河干流河道缺少控制性工程，水沙调控难以形成整体合力[21]。上游由于汛期来水减少，水沙关系恶化，已建工程难以协调解决宁蒙河段水沙关系与供水、发电之间的矛盾，河道淤积萎缩加重，宁蒙河段河道形成"新悬河"。中下游仅以小浪底水库为主调水调沙，缺乏中游的骨干工程配合，后续水动力不足，难以充分发挥调水调沙的效果，也难以解决冲刷降低潼关高程的问题。基于未来水沙条件和河道冲淤分析，除了黄河来沙1亿t/a的情景方案，入黄泥沙3亿t/a、6亿t/a、8亿t/a的情景方案下，下游河道在小浪底水库拦沙库容淤满后均将呈淤积状态，年平均淤积量分别约为0.37亿t、1.37亿t、2.04亿t，长远的防洪减淤形势仍然不容乐观，要保障黄河长治久安，需要继续建设与完善黄河水沙调控体系[22,23]。

（3）上游宁蒙河段河道淤积萎缩与"新悬河"形成

20世纪80年代以前，宁蒙河段河道多年冲淤基本平衡，河道相对稳定，河道保持一定规模的泄洪输沙主河槽，随着人类活动的加剧和自然气候的变化，进入宁蒙河段的水沙量及过程变化导致河道汛期输沙、造床的洪峰流量和水量大幅减少，中小流量过程加长使宁蒙河段河道泥沙淤积集中在主河槽中，造成主河槽严重淤积萎缩，河道平滩流量由20世纪60年代中期的3600~5800m³/s，减少到近年的1600~3600m³/s，特别是内蒙古河段平滩流量减少最为显著，三湖河口的平滩流量减少到1600m³/s。宁蒙河段行洪输沙能力的严重不足导致宁蒙河段200km以上的河道形成"新悬河"，其中，悬河特征最突出的河段为昭君坟以上67km至昭君坟以下59.7km处，长度为126.7km，河道纵比降为0.12‰，河宽3000~4000m，主槽宽度为600~700m，滩面宽度为2.4~3.3km，河床比堤外地面高2~3m，且呈加剧趋势，宁蒙河段防洪防凌形势日趋严峻[24,25]。

（4）中游潼关高程居高不下

潼关高程是控制黄河中游河道冲淤的侵蚀基准面，三门峡水库的修建大幅抬高了潼关高程, 对黄河中游和渭河下游河道冲淤演变和防洪产生了重大影响[26]。三门峡水库于1960年9月建成并开始按"蓄水拦沙"运用, 最高蓄水位为332.58m。三门峡水库运用初期, 大量泥沙淤积在库内, 水库排沙比仅为6.8%, 在运用后的一年半时间内, 库区330m高程以下泥沙淤积量达15.3亿t, 在渭河入黄口形成拦门沙, 直接威胁关中平原的防洪安全。为此, 1962年3月水库运用方式改按"蓄洪排沙"运用, 汛期水库闸门全部敞开, 只保留防御特大洪水任务, 由于水库设计泄流规模较小, 入库泥沙仍有60%淤积在库内, 截至1964年10月, 库区泥沙淤积量达47亿t, 潼关高程抬高了近5m。经两次改建, 1973年10月以后三门峡水库按"蓄清排浑"运用方式调度, 水库泥沙淤积得到有效控制, 潼关高程有较大幅度的下降, 下降了近2m, 并在一个较长的时期内得到了维持; 1985年汛末以来, 黄河来水持续偏枯, 潼关高程开始缓慢抬升, 到2000年左右, 潼关高程一直处于328m以上, 居高不下; 2002年汛后三门峡水库在"蓄清排浑"运用方式的基础上, 进一步优化调整, 潼关高程下降了1m左右, 并相对稳定[27,28]。从长远看, 潼关高程仍处于较高的状态, 并有进一步上升的可能, 需要采取多种措施将潼关高程降到一个较为合理的高度。

(5) 下游河道淤积萎缩与"二级悬河"加剧

黄河下游河道的防洪与治理一直是治黄最重要的任务之一。1946年人民治黄以来, 党和政府对黄河进行了坚持不懈的治理, 已初步形成了以中上游干支流水库、下游堤防、河道整治工程、分滞洪工程为主体的"上拦下排, 两岸分滞"防洪工程体系; 并在中上游开展了黄土高原水土保持工程与生态建设。通过"拦、调、排、放、挖"的治理措施对黄河泥沙进行处理, 并与非工程措施联合调度运用, 取得了连续70多年黄河下游伏秋大汛不决口的成就, 保障了黄淮海平原防洪安全和稳定发展。目前黄河下游河道存在的主要问题[29]有: ①标准化堤防建设已基本完成, 但河道整治工程尚不完善。例如, 在游荡型河段, 河道整治工程布局不完善, 工程数量不足, 一些河段尚不能有效控制河势。②河道主河槽淤积萎缩。20世纪50年代黄河下游河道平滩流量为8000~9000m³/s, 随着自然条件的变化和人类活动的影响, 80年代中期后进入下游河道的水沙量及其过程发生了重大变化, 洪水过程大幅减少, 河道平滩流量急剧下降, 造床能力大幅下降, 河道漫滩概率日趋减少, 70%以上泥沙淤积在主河槽内, 造成主河槽淤积萎缩, 2002年下游河道最小平滩流量约1800m³/s, 对下游滩区造成严重的洪水威胁。③"二级悬河"形势严峻, 威胁下游防洪安全。人民治黄以来, 为保障黄河防洪安全, 三次加高了黄河下游堤防, 但堤内河道不断淤积抬高, 据统计, 1950年7月~1999年10月小浪底水库运用前, 黄河下游河道累积淤积泥沙约93亿t, 使河道在"一级悬河"的基础上, 进一步淤积形成"二级悬河"。"二级悬河"河道的滩唇一般高于黄河大堤临河地面3m左右, 达4~5m, 河道横比降大于纵比降, 一旦发生洪水, 滩区过流比增大, 极易形成"横河""斜河", 增加顶冲堤防、顺堤行洪的可能性, 严重威胁堤防安全和黄河防洪安全。④小洪水畸形河湾频发, 影响河势稳定与滩区安全。小浪底水库运用后清水下泄, 中小洪水历时加长, 下游宽河道对小洪水流量过程的适应性差, 不断出现畸形河槽, 冲蚀滩地, 威胁滩区群众生命财产安全。⑤滩区安全建设严重滞后, 群众安全缺乏保障。黄河下游滩区现有人口约190万人, 达到或接近安全建设标准的仅有约 28 万人，还有 100 多万人没有避水设施。⑥滩区经济发展落后，与治河矛盾日益突出。为减少下游滩区淹没损失，下游河道对小浪底水库拦蓄中常洪水保滩提出了更高的要求，黄河下游滩区防洪安全、经济社会发展与治河的矛盾日益突出。在进入黄河下游的水沙量与过程发生重大变化的条件下，需要统筹考虑，研究提出符合客观实际、应对新情况和新问题的黄河下游河道治理策略[30-33]。

（6）河口三角洲海岸严重侵蚀与河口流路稳定

黄河水少沙多，河口海洋动力相对较弱，历史上黄河流域输移到河口地区的泥沙绝大部分沉积在河口口门附近，造成河口流路不断向海域淤积延伸，随着河长的增加、比降的减小，河口流路将摆动改道，历史上黄河口一直遵循这一演变规律，不断地在河口区域通过淤积—摆动—改道的循环演变过程形成黄河三角洲[34]。1855 年以来，黄河口大的改道有 9 次，小的改道约为 10 年一次。为了减轻黄河下游河道的淤积，保障河口地区的防洪安全，支持区域经济社会发展，1950 年以来，黄河口采取了 3 次大的人工控制下的改道，河口治理从自然摆动阶段进入了人工控制的综合治理阶段。20 世纪 80 年代中期以来，黄河水沙过程变异，入海水沙量持续减少，河口演变出现了新变化，尾闾河道严重淤积萎缩，拦门沙发育减缓，影响程度减弱，现行清水沟流路河口沙嘴虽仍呈淤积延伸之势，但由于河海动力对比发生改变，其造陆功能明显减弱，而不行河的入海流路附近海岸由于失去了黄河泥沙的补给，侵蚀严重，以刁口河流路为例，从刁口河流路停止行河至今，刁口河流路附近海岸在海洋动力的侵蚀下，陆地内侧垂向蚀退长度为 10km 左右，蚀退面积为 200km² 左右。黄河口海岸的严重蚀退对河口流路的稳定构成了极大威胁[35,36]。

1.2.3　研究内容与成果

针对当前黄河治理保护面临的主要问题，本书采用实测资料分析、理论分析、实体模型试验和泥沙数学模型等多种研究手段，以黄河水沙平衡、水沙调控阈值和黄土高原水土流失治理度为主线与切入点，对水沙变化情势下黄河治理保护策略与措施展开了系统深入的研究：建立了维护黄河健康的水沙调控指标体系，确定了维护黄河健康的水沙调控关键阈值，包括流域面 4 个水沙调控指标阈值、河道上中下游及河口 4 个水沙调控阈值；分析了近 70 年黄土高原水土保持措施时空格局变化过程，提出了未来黄土高原水土流失治理格局调整方向和黄土高原水土流失治理度；分析了黄河防洪减淤与水沙调控运行现状与效果，构建了未来黄河防洪减淤与水沙调控新模式；通过系统总结提出了未来 30～50 年黄河治理保护策略与措施。取得的主要研究成果如下。

（1）确定了维护黄河健康的水沙调控关键阈值

建立了维护黄河健康的水沙调控指标体系，该体系分为三级指标：一级指标为入黄水沙量及过程；二级指标为次降水量、林草有效覆盖率、梯田比、沟道控制率、宁蒙河段平滩流量、潼关高程、下游河道平滩流量、河口稳定输沙量；三级指标为降雨强度、降雨侵蚀力、适宜林草恢复率、稳定林草结构、田面标准、田埂结构、坝地面积比、坝库淤积比、来沙系数、河道宽深比、河道排沙比、三门峡水库运用水位、入海水量、河口面积淤蚀比。以黄河水沙平衡为基础，确定了水沙调控关键阈值。近期宁蒙河段适应平滩流量阈值为 2000 m³/s 左右，远期通过龙羊峡水库和刘家峡水库配合黑山峡水库联合调控水沙过程，宁蒙河段平滩流量阈值为 2500 m³/s 左右；实测资料分析表明，目前与渭河下游河道、小北干流适应的潼关高程阈值为 328 m 左右，未来修建古贤水库后，潼关高程可冲刷下降至 326 m 左右；同时满足黄河下游河道防洪安全和高效输沙塑槽的平滩流量阈值应达到 4000 m³/s 左右；考虑保护的海岸范围为整个近代黄河三角洲时，河口稳定沙量阈值为 2.6 亿 t/a 左右。

（2）提出了未来黄土高原水土流失治理格局调整方向

在林草恢复方面：黄土丘陵沟壑区和土石山区可继续进行植被恢复，其他类型区虽有潜力但已达到阈值，应以维持生态系统质量和稳定性为主；在梯田建设方面：黄土丘陵沟壑区梯田建设潜力大且未达到阈值，可继续建设。黄土高原沟壑区梯田建设潜力大但已接近阈值，未来以高质量管护为主。土石山区梯田建设还有一定上升空间；在淤地坝建设方面：黄土丘陵沟壑区和黄土高原沟壑区由于潜力大、阈值高，未来仍然是淤地坝的重点布设区，土石山区未来应以优化淤地坝系为主。

（3）构建了未来黄河防洪减淤与水沙调控新模式

现状水沙调控，以龙羊峡、刘家峡、三门峡、小浪底 4 座骨干工程为主体，以海勃湾、万家寨为补充，支流水库配合完成。未来，在黄河上游建设黑山峡水库，提供调水调沙库容和防凌库容，与龙羊峡水库、刘家峡水库联合运用，遏制宁蒙河段"新悬河"发展态势，控制宁蒙河段凌情。对于黄河中游，在进一步论证古贤水库库容规模与开发目标的基础上，尽早开工建设古贤水库。当黄河来沙量较大时（8 亿 t/a、6 亿 t/a），尽早开工建设古贤水库、适时建设碛口水库，与现状工程联合拦沙和调水调沙运用，根据水库和下游河道的冲淤状态，灵活采用"上库高蓄调水、下库速降排沙、拦排结合、适时造峰"的联合减淤运用方式，减少水库和下游河道淤积，冲刷降低潼关高程。当黄河来沙量为 3 亿 t/a 时，尽早建设古贤水利枢纽，联合现有水库群调水调沙，实现黄河下游河床不抬高，维持中水河槽行洪输沙功能和河势稳定。当黄河来沙量为 1 亿 t/a 时，不利的水沙条件使下游河道上冲下淤，河势上提下挫，河势畸变诱发的堤防决口风险增加，建设古贤水库设置适宜的调水调沙库容，与现状工程联合调水调沙运用，维持中水河槽行洪输沙功能和河势稳定。

（4）分析了黄河现状治理规划实施情况与适应性

对比规划工程安排与实施建设现状，重点河段的多数规划工程安排得到了落实，防洪减淤治理取得了突出成效，但在下游河道整治、滩区综合治理、"二级悬河"治理、中游潼关高程控制以及上游宁蒙河段防凌等方面还存在短板，需采取进一步措施。水沙调控体系工程规划安排取得了较大进展，建成了海勃湾、河口村等水库，但规划安排 2020 年前后建成生效的东庄水库、古贤水库等工程实施进度滞后，当前东庄水库处于建设阶段，古贤水库尚处于前期论证阶段。未来水沙条件下，水资源供需形势将更加尖锐，水沙调控体系不完善，难以形成整体合力，小浪底水库调水调沙后续动力不足。建议规划期继续推进防洪工程、水沙调控体系、水资源调配工程建设，确保大堤不决口，河床不抬高；调整小北干流放淤规划，取消小北干流无坝自流放淤。

（5）阐明了未来黄河水沙平衡与黄土高原水土流失治理度

黄河河道冲淤平衡输沙量是随着不同时段来水来沙条件的变化而变化的，未来一个时期内，黄河上游宁蒙河段平衡输沙量为 0.4 亿 t/a 左右；黄河中下游河道平衡输沙量为 3 亿 t/a 左右；黄河口平衡输沙量为 2.6 亿 t/a 左右。通过水沙调控和河道整治等综合措施，未来将黄河上游宁蒙河段输沙量控制在 0.4 亿 t/a 左右，宁蒙河段基本实现河道冲淤平衡；将黄河中下游河道输沙量控制在 3 亿 t/a 左右，则潼关高程可基本实现升降平衡，稳定在 328m 左右，下游河道基本实现河道冲淤平衡；将黄河口输沙量控制在 2.6 亿 t/a 左右，河口基本实现海岸淤蚀平衡，保持流路相对稳定。黄土高原水土流失治理不是将沙治理得越少越好，黄土高原各项治理措施阈值研究表明，水土流失治理存在达到一定程度后治理效果不显著的临界状态，证明黄土高原水土流失治理存在治理度，针对黄土高原水土流失治理各种措施减沙的临界阈值，提出未来通过科学调整黄土高原水土流失治理格局，统筹考虑黄土高原水土流失治理的可能性和黄河河道治理的需求，将入黄沙量控制在 3 亿 t/a 左右，达到黄土高原水土流失治理度与黄河干流河道输沙的平衡，为未来黄土高原水土流失确定治理目标。未来入黄沙量为 3 亿 t/a 左右，黄河下游河道改造的河宽为 4km 左右；现状水库河道条件建议方案对黄河泥沙的合理配置比例为水库拦沙 35%、引水引沙 21%、滩区放淤 3%、挖沙固堤 4%、河道冲淤 3%、输沙入海 34%；合理空间分布为上游 20%、中游 30%、下游 14%、河口 36%。

（6）提出了未来 30～50 年黄河治理保护策略与措施

近几十年以来，黄土高原下垫面情况发生了巨大变化，导致产水产沙条件发生变化，进入黄河的水沙大幅减少成为趋势，未来 30～50 年黄河潼关水文站水量将逐步稳定在 220 亿 m³/a 左右、输沙量将逐步稳定在 3 亿 t/a 左右。黄河河道冲淤演变现状分析表明，随着黄河来水来沙的大幅减少，特别是来沙量的锐减，当前黄河治理保护面临的主要问题是：黄土高原水土流失治理格局亟待调整，上游宁蒙河段河道严重淤积萎缩，中游潼关高程居高不下，下游河道严重淤积萎缩与"二级悬河"加剧，海岸侵蚀严重威胁河口流路稳定。未来相当长一段时期内，黄河治理保护的总体思路是紧密围绕水沙变化的趋势、减少的程度、稳定的范围及由此带来的一系列新问题开展研究，制定相应的治理保护方略。本书提出了新水沙条件下黄河治理保护方略：调控水沙关系，改造下游河道。为实现上述黄河治理保护方略，应采取的具体治理措施包括：调整黄土高原水土流失治理格局，加快建设完善黄河水沙调控体系，塑造与维持黄河基本的输水输沙通道，中游降低潼关高程，下游改造河道，河口相对稳定流路。黄河下游河道改造的措施包括：稳定主槽、缩窄河道、治理悬河、滩区分类。

参 考 文 献

[1] 习近平. 在黄河流域生态保护和高质量发展座谈会上的讲话 [J]. 求是，2019 (20)：4-11.

[2] 水利部黄河水利委员会. 黄河流域综合规划（2012—2030 年）　[M]. 郑州：黄河水利出版社，2013.

[3] 胡春宏. 黄河水沙变化与治理方略研究 [J]. 水力发电学报, 2016, 35 (10): 1-11.

[4] 赵文林. 黄河泥沙 [M]. 郑州: 黄河水利出版社, 1996.

[5] 王渭泾. 黄河下游治理探讨 [M]. 郑州: 黄河水利出版社, 2011.

[6] 刘成, 王兆印, 何耘, 等. 黄河下游治理方略的历史回顾 [J]. 泥沙研究, 2020, 45 (6): 67-77.

[7] 程有为. 黄河中下游地区水利史 [M]. 郑州: 河南人民出版社, 2007.

[8] 杨明. 极简黄河史 [M]. 桂林: 漓江出版社, 2016.

[9] 胡春宏, 等. 黄河水沙过程变异及河道的复杂响应 [M]. 北京: 科学出版社, 2005.

[10] 胡春宏, 陈建国, 郭庆超, 等. 黄河水沙调控与下游河道中水河槽塑造 [M]. 北京: 科学出版社, 2007.

[11] 胡春宏. 黄河水沙变化与下游河道改造 [J]. 水利水电技术, 2015, 46 (6): 10-15.

[12] 安催花, 罗秋实, 陈翠霞, 等. 变化水沙条件下黄河防洪减淤和水沙调控模式研究 [R]. 郑州: 黄河勘测规划设计研究院有限公司, 2020.

[13] 胡春宏, 张晓明, 赵阳. 黄河泥沙百年演变特征与近期波动变化成因解析 [J]. 水科学进展, 2020, 31 (5): 725-733.

[14] 胡春宏, 等. 黄河流域水沙变化机理及趋势预测 [R]. 北京: 中国水利水电科学研究院, 2021.

[15] 穆兴民, 胡春宏, 高鹏, 等. 黄河输沙量研究的几个关键问题与思考 [J]. 人民黄河, 2017, 39 (8): 1-4.

[16] 王光谦, 钟德钰, 吴保生. 黄河泥沙未来变化趋势 [J]. 中国水利, 2020 (1): 9-12.

[17] 胡春宏, 陈绪坚, 陈建国. 黄河水沙空间分布及其变化过程研究 [J]. 水利学报, 2008, 39 (5): 518-527.

[18] 胡春宏, 张晓明. 关于黄土高原水土流失治理格局调整的建议 [J]. 中国水利, 2019 (23): 5-7.

[19] 胡春宏, 张晓明. 黄土高原水土流失治理与黄河水沙变化 [J]. 水利水电技术, 2020, 51 (1): 1-11.

[20] 高健翎, 高燕, 马红斌, 等. 黄土高原近70a水土流失治理研究 [J]. 人民黄河, 2019, 41 (11): 65-69.

[21] 胡春宏. 构建黄河水沙调控体系, 保障黄河长治久安 [J]. 科技导报, 2020, 38 (17): 8-9.

[22] 郭庆超, 胡春宏, 曹文洪, 等. 黄河中下游水库对下游河道的减淤作用 [J]. 水利学报, 2005, 36 (5): 511-518.

[23] 张金良, 练继建, 张远生, 等. 黄河水沙关系协调度与骨干水库的调节作用 [J]. 水利学报, 2020, 8: 897-905.

[24] 胡春宏, 陈建国, 等. 黄河宁蒙河段输沙用水分析 [R]. 北京: 中国水利水电科学研究院, 2012.

[25] 安催花, 鲁俊, 钱裕, 等. 黄河宁蒙河段冲淤时空分布特征与淤积原因 [J]. 水利学报, 2018, 49 (2): 195-206.

[26] 黄河水利委员会科技外事局, 三门峡水利枢纽管理局. 三门峡水利枢纽运用四十周年论文集 [M]. 郑州: 黄河水利出版社, 2001.

[27] 胡春宏, 陈建国, 郭庆超. 三门峡水库淤积与潼关高程 [M]. 北京: 科学出版社, 2008.

[28] 胡春宏, 郭庆超, 陈建国. 降低潼关高程途径的研究 [J]. 中国水利水电科学研究院学报, 2003, 1 (1): 30-35.

[29] 宁远, 胡春宏, 等. 黄河下游河道与滩区治理考察报告 [R]. 北京: 中国水利水电科学研究院, 2012.

[30] 胡春宏, 郭庆超. 黄河下游河道泥沙数学模型及动力平衡临界阈值探讨 [J]. 中国科学 E 辑技术

科学，2004，34（增刊Ⅰ）：133-143.

[31] 胡春宏，张国罡．黄河下游河道主河槽萎缩特征及其判别参数研究［J］．中国科学：技术科学，2010，40（10）：1148-1158.

[32] 胡春宏，张治昊．黄河下游河道漫滩洪水造床机理与水沙调控指标研究［J］．中国科学：技术科学，2015，45（10）：1043-1051.

[33] 张晓华．变化环境下黄河防洪减淤及流域发展对高效输沙需求的研究［J］．水利发展研究，2016，16（9）：16-20.

[34] 曾庆华，张世奇，胡春宏，等．黄河口演变规律及整治［M］．郑州：黄河水利出版社，1997.

[35] 胡春宏，曹文洪．黄河口水沙变异与调控Ⅰ-黄河口水沙运动与演变基本规律［J］．泥沙研究，2003（5）：1-8.

[36] 胡春宏，曹文洪．黄河口水沙变异与调控Ⅱ-黄河口治理方向与措施［J］．泥沙研究，2003（5）：9-14.

|第 2 章| 维护黄河健康的水沙调控阈值

习近平总书记提出要"让黄河成为造福人民的幸福河",维护黄河健康才能更好地造福人民,才能为人民幸福提供水安全保障。因此,维护黄河健康至关重要。水沙运动是流域基础性的物质传输过程。流域水沙运动的通量大小、滞流时间、空间分布,不仅影响着干流河道的水沙输移和河床演变,进而影响着河流的生境、生态和防洪等条件,也影响着流域面上的生态功能及社会经济服务功能。水沙变化情势下,入黄水沙总量和时空分布特性,关系到黄河重点水土流失区治理、水资源利用及水沙调控体系运行的大方向,是黄河治理实践的重大需求。黄河水沙平衡是河流健康的基础,维护黄河健康的水沙调控阈值是流域水沙产输过程与干流河道演变过程协调优化的结果,也是未来流域–河道系统处于近似常态平衡的指标体现。本章构建了维护黄河健康的水沙调控指标体系,基于未来水沙变化趋势预测成果,以黄河水沙平衡为基础,利用实测资料分析与理论分析相结合的方法,确定了维护黄河健康的水沙调控关键阈值,试图为变化情势下黄河水沙调控提供量化指标和依据。

2.1 维护黄河健康的水沙调控指标体系

要想维护黄河健康,首先要搞清楚黄河健康的内涵。借鉴河流健康的研究成果[1],针对黄河的特点,作者认为黄河健康的内涵应包括三个层面的内容:第一层面是黄河河道自身功能的健康,主要是指黄河河流结构形态和水循环的完整以及功能的完备,是黄河生机和活力的基础;第二层面是依赖黄河径流丰枯而兴衰的黄河生态系统健康,包括人类健康在内,是黄河生机和活力的重要表征;第三层面是黄河的社会经济价值,即黄河的服务功能,是黄河对流域社会经济的支撑和贡献,是人类开发利用保护黄河的初衷和意义所在。其中,第一、第二层面的健康属于黄河的自然属性,第三层面的健康属于黄河的社会属性;同时,第一层面的健康是维护黄河健康最基础、最重要的需求,只有维护好黄河河流自身功能的健康,才能保证黄河第二、第三层面的健康。因此,黄河健康的内涵可概括为:自身结构完整,功能完备;具有满足自身维持与更新的能力,能发挥其正常的生态环境效益;满足人类社会发展的合理需求[2]。

2.1.1 构建原则

维护黄河健康的水沙调控指标体系的构建原则是能够精准地反映维护黄河健康最基本的需求。不同的河流对维护其自身健康最基本的需求有所不同,就黄河而言,维护黄河健康最基本的需求是具有足够的水流动力实现泥沙的顺利输移。与前述黄河健康的内涵相呼应，构建维护黄河健康的水沙调控指标体系属于维护黄河健康第一层面的需求，即维护黄河流域面健康、黄河河道健康、黄河水循环完整以及黄河泥沙输移连续，是黄河基本输水泄洪、输送泥沙功能健康的体现[3]。基于上述原则，维护黄河健康的水沙调控指标主要从水土保持学、泥沙运动力学及河床演变学的学科范畴内进行筛选，应能够真实、完整、客观地对维护黄河河流自身功能的健康进行描述，具备以下基本特性。

1）科学性。从维护黄河河流自身功能的健康出发，维护黄河健康的水沙调控指标概念必须明确，具有科学内涵，能够客观反映维护黄河河流自身功能健康的基本特征。

2）系统性。维护黄河健康的水沙调控指标体系设置要有系统性，能够从黄河流域面，黄河干流沿程上、中、下游及河口全面表征维持黄河河流自身功能的健康状况，组成一个完整的体系，综合反映维护黄河河流自身功能健康的内涵和特征。

3）独立性。维持黄河健康的水沙调控指标不仅要覆盖全面，而且相互之间要具有相对独立性，以保证维护黄河健康的水沙调控指标体系的合理性。

4）定量性与可操作性。所选取的各项指标不能脱离指标相关资料信息条件的实际情况，建立的指标体系不仅要简单明了，而且参数要易于获取、量化方便、便于计算和分析，还要具有较强的可比性。

2.1.2　构建框架

黄河河流自身功能健康按照地理区域进行划分，主要包括两方面的内容：一是黄河流域面健康；二是黄河河道健康。流域面与河道均健康才能称黄河河道自身功能健康，因此，维护黄河健康的水沙调控指标体系也应该从上述这两方面来建立，分别用不同的指标对黄河这两方面的自身功能健康进行表征，再用这两方面的健康状况来对黄河整体的健康状况进行掌控，从而形成整体系统而又层次分明的水沙调控指标体系[4]。图 2-1 为维护黄河健康水沙调控指标体系的框架图，由图可见，指标体系分为三个层次：目标层、准则层和指标层。

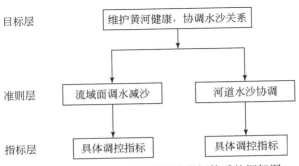

图 2-1　维护黄河健康水沙调控指标体系的框架图

1. 目标层

维护黄河健康水沙调控指标体系的总目标：维护黄河健康，协调水沙关系。黄河水少沙多，水沙关系不协调，是黄河复杂难治的症结所在，协调水沙的本质是促进黄河水沙平衡。习近平总书记在黄河流域生态保护和高质量发展座谈会上的讲话中指出，"要保障黄河长久安澜，必须紧紧抓住水沙关系调节这个'牛鼻子'"。通过构建维护黄河健康的水沙调控指标体系，分析黄河水沙在自然条件变化和人类活动扰动下表现出来的症状，确定维护黄河健康水沙调控指标阈值，最终指导黄河水沙过程调控，协调黄河水沙关系，维持和保护黄河健康。

2. 准则层

准则层分两方面：流域面调水减沙、河道水沙协调。

（1）流域面调水减沙

维护黄河流域面自身功能健康主要是通过研究降雨、各种水土保持措施对黄河流域面产沙汇流的影响机制，筛选降雨、各种水土保持措施影响黄河流域面产沙汇流的重要调控指标，研究确定上述指标的具体调控阈值，为实现黄河流域面调水减沙提供科技支撑。

（2）河道水沙协调

维护黄河河道自身功能健康主要是通过对黄河水沙两相运动规律的研究，筛选黄河河道沿程重要调控指标，确定上述指标的具体调控阈值，为实现黄河河道水沙协调提供科技支撑。黄河河道形态影响着水流结构，水流又反过来影响黄河河道形态的变化，两者相互影响的纽带是黄河泥沙的运动。因此，考虑实现黄河河道水沙协调的调控指标时，河道形态、水流和泥沙是有机联系、必不可少的三方面[5]。

3. 指标层

指标层是对应准则层两方面内容的具体的调控指标，表述各个分类指标的不同要素，通过定量或者定性指标直接反映黄河的健康状况。

2.1.3　水沙调控指标体系

根据上述的框架，构建具体的维护黄河健康的水沙调控指标体系（图2-2），由图可见，与前述框架图结构一致，维护黄河健康的水沙调控指标体系分为目标层、准则层和指标层。具体到指标层，又依据调控指标的重要性，将指标层细分为一级指标、二级指标和三级指标。一级指标为最重要的水沙调控指标，是维护黄河健康首先要考虑进行有效调控的指标；二级指标的重要性仅次于一级指标，是维护黄河健康必须要考虑进行有效调控的指标；三级指标的重要性要低于一级指标、二级指标，是维护黄河健康尽量要考虑进行有效调控的指标。

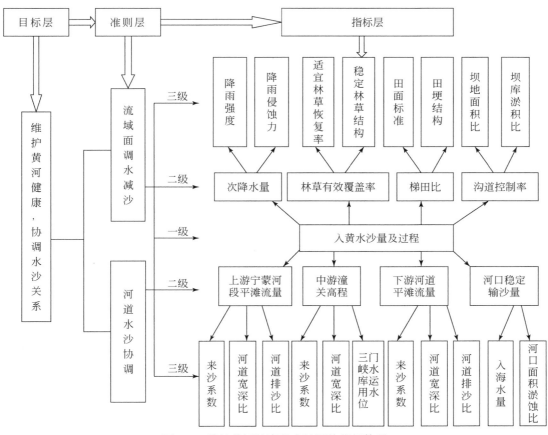

图 2-2 维护黄河健康的水沙调控指标体系

1. 一级指标的分析确定

一级指标为入黄水沙量及过程，其重要性体现在：一方面，入黄水沙量及过程是流域面水土流失治理效果的出口，能充分反映黄河流域面的健康状况；另一方面，入黄水沙量及过程是黄河中下游河道的进口，直接影响着整个黄河中下游河道的演变过程及健康状况。因此，入黄水沙量及过程是维护黄河健康水沙调控指标体系中最重要的水沙调控指标，是连接维护黄河流域面健康水沙调控指标和维护黄河河道健康水沙调控指标的纽带，是维护黄河健康首先要考虑进行有效调控的指标[6]。

2. 二级指标的分析确定

影响黄河流域面调水减沙效果的主要影响因素是降雨条件、林草植被、梯田、淤地坝，与之相对应，针对黄河流域面调水减沙选取的二级指标应是能量化表征上述 4 个主要影响因素的最重要的指标。降雨条件方面，次降水量表征的是场次降雨的总降水量，其易于直观地观测结果，被选为降雨条件最重要的调控指标；林草植被方面，林草有效覆盖率表征的是林草叶茎的正投影面积占流域易侵蚀区面积的比例，其直接影响林草植被的调水减沙效果，因此选其为林草植被措施最重要的调控指标；梯田方面，梯田比表征的是某地区水平梯田面积占其轻度以上水蚀面积的比例，直接表征梯田的调水减沙规模，因此选其为梯田措施最重要的调控指标；淤地坝方面，沟道控制率表征的是淤地坝控制沟道的比例，直接影响淤地坝的调水减沙效果，因此选其为淤地坝措施最重要的调控指标。综合上述分析，针对黄河流域面调水减沙提出了四个二级指标：一是次降水量；二是林草有效覆盖率；三是梯田比；四是沟道控制率。这四个指标是黄河流域面水土流失治理最重要的调控指标。

黄河河道沿程按区域划分为上游宁蒙河段、中游河道、下游河道及河口，与之相对应，针对河道水沙协调提出的二级指标应该是选取黄河河道沿程上、中、下游及河口每个区域最重要的控制指标。上游宁蒙河段平滩流量是宁蒙河段排洪输沙能力的重要标志，对保障整个宁蒙河段排洪输沙功能和凌汛安全至关重要，故将其选为上游宁蒙河段最重要的水沙调控指标；中游潼关高程不仅是渭河下游河道的局部侵蚀基准面，还是小北干流的局部侵蚀基准面，其升降直接关系着渭河下游和黄河小北干流河段的防洪（防凌）安全，故将其选为中游河道最重要的水沙调控指标；与上游宁蒙河段类似，下游河道平滩流量事关黄河下游河道防洪安全大局，故将其选为下游河道最重要的水沙调控指标；河口稳定输沙量是与黄河河口海洋动力输往外海的沙量基本相当的入海泥沙量，当黄河入海泥沙量等于河口稳定输沙量时，黄河入海泥沙基本上被黄河河口海洋动力输往外海，黄河河口将处于动态平衡状态；21世纪以来，黄河水沙的急剧减少及黄河水沙调控体系的逐步完善，使得通过调控入海沙量，长期相对稳定入海流路，保持黄河河口动态平衡成为可能，故将其选为黄河河口最重要的水沙调控指标。综合上述分析，针对河道水沙协调提出四个二级指标；一是上游宁蒙河段平滩流量；二是中游潼关高程；三是下游河道平滩流量；四是河口稳定输沙量。这四个指标是黄河干流河道沿程上、中、下游及河口最重要的调控指标[7]。

3. 三级指标的分析确定

流域降雨方面，降雨强度表征的是单位时段的降水量，降雨侵蚀力表征的是降水量与降雨强度的乘积，这两个指标是除次降水量外表征降雨条件的重要指标，所以将其选为降雨条件的两个三级指标。林草植被方面，适宜林草恢复率表征的是所选单元内最大植被覆盖度，稳定林草结构表征的是相对稳定的植物群落的种类组成和结构，这两个指标对林草植被措施的调水减沙效果影响十分显著，因此将其选为林草植被措施的两个三级指标。梯田方面，田面标准表征的是梯田的尺寸，田埂结构表征的是修筑梯田田坎的材料或结构，这两个指标直接影响梯田的调水减沙效果，因此将其选为梯田措施的两个三级指标。淤地坝方面，坝地面积比表征的是淤地坝的建设密度，坝库淤积比表征的是淤地坝拦截上游泥沙淤积形成的体积占坝地库容的比例，这两个指标也是表征淤地坝调水减沙规模与效果的重要指标，因此将其选为淤地坝措施的两个三级指标。

对于黄河河道而言，选取的三级指标虽然不是沿程上、中、下游及河口各区域最重要的调控指标，但却是实现河道水沙顺利输移的重要调控指标。除平滩流量外，还有三个重要指标能表征或影响河道的排洪输沙功能：一是来沙系数，表征的是河道的水沙搭配关系；二是河道宽深比，表征的是河道断面形态；三是河道排沙比，表征的是河道输沙能力。因此，上游宁蒙河段选取的三个三级指标为来沙系数、河道宽深比及河道排沙比。三门峡水库运用水位作为中游河道的下边界条件，直接影响中游河道的冲淤及潼关高程的升降，因此，中游河道选取的三个三级指标为来沙系数、河道宽深比及三门峡水库运用水位。与上游宁蒙河段类似，下游河道选取的三个三级指标为来沙系数、河道宽深比及河道排沙比。入海水量是入海沙量的载体，直接影响河口生态环境；河口面积淤蚀比直接表征河口海岸淤蚀对比情况。因此，黄河河口选取的两个三级指标为入海水量、河口面积淤蚀比。

2.2 黄河流域面的水沙调控关键指标与阈值

建立维护黄河健康的水沙调控指标体系只是开展黄河水沙调控理论研究工作的第一步，研究目的是对维护黄河健康的水沙调控指标体系所选的关键指标进行科学调控，以实现维护黄河健康协调水沙关系的终极目标。要想实现对关键指标的水沙调控，就需要提供水沙调控关键指标的量化数值，作为调控的依据，研究提出水沙调控关键指标相应的调控阈值是需要进一步开展的工作，本节着重阐述项目其他课题取得的维护黄河流域面健康的水沙调控关键指标及其阈值的相关研究成果。

2.2.1 流域降雨阈值

1. 降雨阈值的提出

黄土高原地貌复杂多样，包括黄土丘陵沟壑区、黄土高原沟壑区、黄土阶地区、林区和风沙区等九个类型区。在九大类型区中，黄土丘陵沟壑区水土流失最严重，是黄土高原最主要的入黄泥沙来源区，也是本书研究重点关注的地区。2000 年以来，随着黄土高原林草植被大幅改善和大规模梯田建成，加之坝库拦截，黄土高原入黄沙量锐减，从而使对黄土高原现状产沙情势的认知成为近年关注的热点。在现状和未来下垫面背景下，多大强度的降雨会明显产沙，是黄河防汛和水库管理部门十分关注的问题[8]。

由于黄土高原大多数的降雨并不产沙，识别可蚀性或侵蚀性降雨和提出不同降雨历时的雨量标准是水土流失研究者关注的问题。王万忠[9]统计发现，在黄土地区，可引起侵蚀的日降水量标准在坡耕地、人工草地和林地分别为 8.1mm、10.9mm 和 14.6mm，进而提出将 10mm 作为临界雨量标准；当日降雨达到 25mm 时，土壤侵蚀达到“强度”标准。在地表坡度为 20°、表层土壤被翻松、无植被覆盖的黄土坡面上，通过人工降雨试验，周佩华和王占礼[10]提出了不同降雨历时的侵蚀性暴雨标准，其中历时 60min 的雨量阈值为 10.5mm。然而，以上成果或是基于黄土丘陵区在 20 世纪 50~70 年代的观测数据提出的，或是无植被覆盖的坡耕地上的观测成果。经过 20 年（2000 年以来）退耕禁牧、40 年（20

世纪 80 年代以来）的农牧人口结构调整和 60 余年（20 世纪 50 年代以来）水土保持努力，黄土高原的植被覆盖状况自 2000 年以来已得到快速和大幅度的改善，梯田的面积和质量也大幅度增加。结合项目及课题野外调查发现，随着下垫面的改善，可致流域明显产沙的降雨阈值已大幅提高。然而，迄今有关黄土高原降雨阈值方面的研究成果多基于坡面径流小区的观测数据提炼而成，反映的是植被或微地形变化对"本地"侵蚀强度的影响。从更好地服务于黄河规划和防汛生产的角度，流域尺度上可致产沙的降雨阈值如何变化、林草植被改善是否对降雨阈值造成影响、如何影响等问题，成为科学研判未来黄河水沙情势的重要前提。本书根据刘晓燕等[11,12]的相关研究成果，以黄土丘陵沟壑区为研究对象，利用其典型流域在不同时期的场次降雨和产沙量数据，总结了不同下垫面情况下可致产沙的降雨阈值，可为认识黄土高原现状下垫面情况下的产沙情势提供科学支撑。

2. 研究方法

刘晓燕等[12]选取潼关以上黄土丘陵沟壑区内清水河等 30 条无冲积性河道且坝库极少或坝库拦沙量可知的典型流域为研究样本，如图 2-3 所示，基于研究流域内雨量站场次降雨的逐时段观测数据、林草植被遥感监测数据、2012 年和 2017 年梯田遥感监测数据、产沙数据（流域产沙量为把口断面实测的输沙量、淤地坝和水库的拦沙量、灌溉引沙量的总和）等，开展降雨阈值变化判别的研究。阈值识别方法如下。

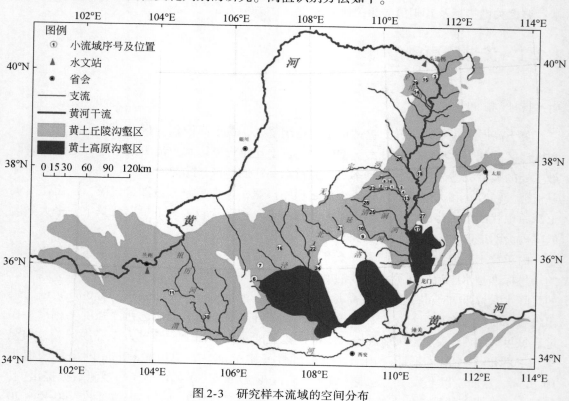

图 2-3　研究样本流域的空间分布

要识别可致流域产沙的降雨指标，需界定流域产沙的内涵。张汉雄和王万忠[13]将可产生坡面径流的降雨作为侵蚀性降雨；唐克丽和周佩华[14]认为，侵蚀性降雨是指能够产生径流且引起的土壤侵蚀模数大于 1t/km² 的降雨；王万忠[9]认为，黄土高原的侵蚀性降雨是 80% 发生频率所对应降雨，相应的土壤流失量超过 500t/km。2000 年以来，随着研究区下垫面大幅改善，绝大部分支流每年只发生 1～3 次洪水，而按《土壤侵蚀分类分级标准》（SL 190—2007），黄土高原区的容许土壤流失量为 1000t/(km²·a)。考虑黄土高原的容许土壤流失量、研究区现状产沙情势和前人对黄土高原降雨特点的认识，从更好地服务于黄河防汛和规划部门应对决策的角度，本书研究将场次降雨的流域产沙强度≥500t/km² 作为流域产沙的判定标准，相应的降雨条件即为可致流域产沙的降雨阈值。其中，场次降雨的总降水量和最大 1 小时降水量显然是重要的降雨指标，以下简称次雨量（P，mm）和最大雨强（I_{60}，mm/h）。考虑到场次降雨的产沙量是降雨历时和雨强的函数，将土壤侵蚀研究常用的降雨侵蚀力也作为降雨指标。1958 年，美国学者 Wischmeier 和 Smith[15]首次提出了降雨侵蚀力（R）的概念，并将其应用于土壤侵蚀量的计算，计算公式为

$$R = \sum E \times I_{30} \tag{2-1}$$

式中，E 为一次降雨的总动能；I_{30} 为一次降雨过程中连续 30min 最大降水量。结合不同流域实际，式（2-1）中 E 常被简化成一次降雨的总雨量 P，雨强也有 I_{10}、I_{15}、I_{30}、I_{60} 等多个变种。考虑到前文所述的黄土高原降雨数据格式的实际情况，本节研究采用的降雨侵蚀力计算公式为

$$R = P \times I_{60} \tag{2-2}$$

确定了降雨指标和流域产沙的判断标准后，对于任意流域，可利用某时段的实测降雨和产沙数据，分别建立降雨–产沙强度的关系；然后，根据关系点群的外包线，识别出可致流域产沙的降雨阈值。显然，流域的林草梯田覆盖状况不同，降雨阈值必然不同。为揭示流域林草有效覆盖率和梯田规模变化对产沙降雨阈值的影响规律，一方面降雨阈值的识别方法要一致，另一方面涉及的林草梯田覆盖率的范围应宽，故本书研究选用的数据时段既有 20 世纪 50 年代、60 年代，也有 90 年代至今。此外，考虑到 20 世纪 50 年代以来黄土高原各流域的植被和梯田状况一直处于不断变化的过程中，因此在识别降雨阈值时，采用的林草梯田覆盖率、产沙和降雨数据在时段上必须对应。

3. 降雨阈值

刘晓燕等[12]对 30 个样本流域在不同时期的降雨阈值进行了分析，考虑到 30 个样本流域的地形和地表土壤有所差别，分析时以地形和土壤条件相近为原则进行了分组。图 2-4 为黄土高原不同区域下垫面变化对降雨阈值的影响图，由图可见，无论地貌类型如何，随着林草梯田有效覆盖率的增大，降雨阈值均明显增加，说明植被越好、梯田越多，流域越不易产沙；在同样的下垫面情况下，黄土丘陵沟壑区的第 1～第 3 副区①的降雨阈值差别

---

① 第 1～第 3 副区简称丘 1～丘 3 区，其他类似。

极小。然而，黄土丘陵沟壑区的第 5 副区、黄土残塬区和裸露砒砂岩区的降雨阈值明显偏低，即相同下垫面情况下，此类地区更容易产沙。此外，降雨阈值与流域林草梯田有效覆盖率之间呈指数函数关系，林草植被覆盖度越高或梯田越多，可致流域明显产沙的降雨阈值越大，黄土丘陵沟壑区不同下垫面情况下可致流域产沙的降雨阈值如表 2-1 所示。需要说明的是，由于识别降雨阈值采用的是外包线原则，因此，降雨量级达到本项研究提出的阈值，并不意味着必然产沙，只能说明产沙的可能性较大。

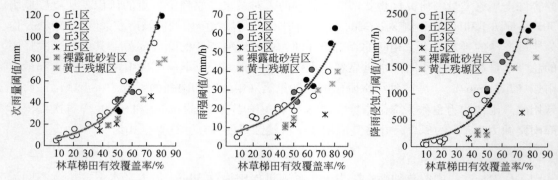

图 2-4　黄土高原不同区域下垫面变化对降雨阈值的影响（以产沙强度 500t/km² 为标准）

表 2-1　黄土丘陵沟壑区不同下垫面情况下可致流域产沙的降雨阈值统计表

降雨阈值	林草梯田有效覆盖率					
	40%	50%	55%	60%	65%	70%
次雨量阈值/mm	25	38	46	57	70	86
雨强阈值/mm	19	24	28	32	36	42
降雨侵蚀力（$P \cdot I_{60}$）阈值/（mm²/h）	514	806	1010	1265	1583	1984
降雨侵蚀力（$P \cdot I_{30}$）阈值/（mm²/h）	257	804	505	632	791	992

上述研究成果表明，不同林草梯田有效覆盖率对应着不同的次雨量阈值，众多学者[8-12]研究结果显示，黄土高原稳定减少泥沙的林草梯田有效覆盖率为 60% 左右，因此综合分析确定的降雨二级指标阈值为 60% 林草梯田有效覆盖率，次雨量阈值为 57mm。

2.2.2　流域林草植被阈值

1. 林草植被阈值的提出

围绕植被变化与土壤侵蚀的关系，已有大量研究成果，但提出的植被盖度-土壤侵蚀量响应关系多是基于坡面小区上的观测成果，反映的是植被变化在"本地"的水沙响应，不能反映植被变化对小区下游的坡面、沟谷和河道的"异地"效应。在 2000 年以来入黄泥沙锐减的背景下，如何在较大的流域尺度上，评价林草植被变化对流域产沙量的影响，已经成为亟待解决的重大科学问题[16,17]。

针对黄土高原植被与土壤侵蚀的关系已有许多研究成果。其中，在植被变化对坡沟侵蚀的影响规律和调控机制方面，已经取得的共识可概括为两方面：一是依靠植物叶茎及枯落物削减降雨动能、增大地表糙率和降雨入渗量等，削减地表径流量及其流速；二是通过植物根系固结和地表覆盖提高地表土壤的抗蚀力。在可遏制侵蚀的植被盖度阈值方面，焦菊英等[18]认为，在 10 年一遇的暴雨条件和20°~35°的坡度下，林地的有效盖度为57%~76%，草地为63%~83%。通过综合分析各项观测和分析成果，张光辉和梁一民[19]认为，50%~60%的植被盖度就能够稳定减少泥沙，植被盖度大于70%后侵蚀极其微弱。然而，以上成果多基于坡面小区的观测数据提炼而成，反映的是植被变化对"本地"侵蚀强度的影响。事实上，植被变化对流域产沙的影响范围不仅表现在"本地"，而且将通过改变地表径流的流量及其历时，改变对其下游坡面–沟谷–河道的侵蚀，进而改变流域的产沙强度。此外，以往关注的目标是土壤侵蚀，而非流域产沙，侵蚀虽是产沙的前提，但流域侵蚀量往往大于流域产沙量。在坡面和沟道共存的流域尺度上，迄今相关研究文献不多，定量成果更少。

2. 研究方法

刘晓燕等[16]以黄土高原黄土丘陵沟壑区的中小流域为样本，以流域产沙量为关注指标，通过对降雨、水沙和林草等数据的科学界定和处理，在流域尺度上提出了可基本遏制流域产沙的林草覆盖阈值，旨在为黄河流域综合规划、重大工程布局及其运用原则等宏观决策提供科学支撑。

（1）样本流域选择

为客观分析林草植被变化与流域产沙的关系，尽可能减少其他因素的干扰、保证流域产沙量的变化是林草变化驱动的结果，样本流域选择的原则：①样本流域内最好没有淤地坝和水库，或者坝库的拦沙量可准确获取，以尽可能准确掌握流域的真实产沙量。②样本流域内应没有冲积性河道，以尽可能减少河道冲淤对产沙量还原的影响。③尽可能减少梯田的干扰（植被和梯田都是影响流域产沙的关键下垫面因素，因此，要构建植被与产沙的关系，样本流域应尽可能没有梯田或梯田极少。现有研究表明，当梯田覆盖率3%~4%时，梯田对流域产沙的影响3%~4%。因此，在构建林草有效覆盖率与产沙指数的响应关系时，以梯田覆盖率≤3%为原则对样本进行了控制，并将梯田覆盖率等量计入林草有效覆盖率）。④样本流域的地表出露土壤应尽可能均为黄土等。依据上述原则，筛选出48个样本流域，其覆盖了研究区的大部分流域，大部分流域的易侵蚀区面积在2000km² 以内，如图2-5所示。

（2）产沙指数与产洪系数

科学提取和定义降雨、产沙和植被等指标的内涵是本书研究的关键。降雨指标主要涉及日降雨大于25mm的年降水总量、暴雨占比（P_{50}/P_{10}）、产沙指数、产洪系数、林草有效覆盖率和流域产沙量。其中，流域产沙量是把口断面实测输沙量、淤地坝和水库的拦沙量、灌溉引沙量的总和。从各水库的管理部门，采集了水库逐年淤积量的数据。产沙指数

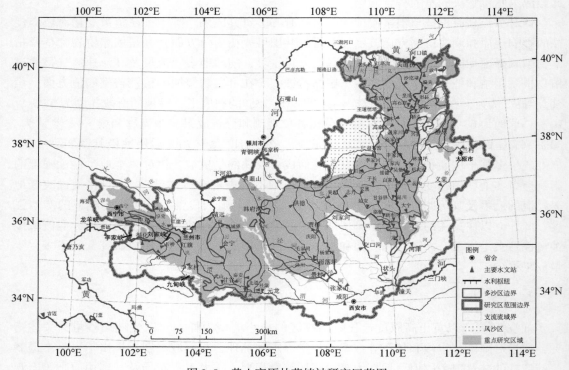

图 2-5　黄土高原林草植被研究区范围

和产洪系数概念的引入，使不同流域面积和不同降雨条件的流域有了统一的产沙、产洪能力的评判标准，从而可弥补单个流域实测数据不足的缺陷。

产沙指数（S_i）是指流域易侵蚀区内单位降雨在单位面积上的产沙量（W_s），其中降雨指标采用对流域产沙更敏感的 P_{25}，其计算公式为

$$S_i = \frac{W_s}{A_e} \times \frac{1}{P_{25}} \tag{2-3}$$

式中，A_e 为易侵蚀区面积，km^2。若把产沙量的单位由质量（t）改为体积（m^3），产沙指数可以成为无量纲指标。然而，从物理意义角度，更倾向于采用"$t/(km^2 \cdot mm)$"作为产沙指数的量纲。

产洪系数表达单位降雨在单位面积上产生的洪量，计算公式为

$$FL_i = \frac{W_f}{A} \times \frac{1}{P_{25}} \tag{2-4}$$

式中，FL_i 为产洪系数，无量纲；W_f 为年洪量，通过切割枯季径流得到；A 为水文站集水面积，km^2。考虑到黄土高原的产洪产沙降雨基本上是日雨量大于 25mm 的降雨，故采用的降雨指标为 P_{25}。

3. 林草植被阈值

刘晓燕等[16]通过区分不同的雨强和地貌类型区，构建了流域尺度上不同时期下垫面

条件下易侵蚀区的林草有效覆盖率与流域产沙指数之间的响应关系，如图 2-6 ~ 图 2-11 所示，由图可见：①在黄土丘陵沟壑区的流域尺度上，流域产沙能力均随林草有效覆盖率的增大而减小，两者大体呈指数关系。林草有效覆盖率不大于 40% ~ 45% 时，产沙指数随林草有效覆盖率增大而迅速降低；之后，产沙指数递减的速率越来越缓。②对于黄土丘陵沟壑区的丘 1 ~ 丘 4 区，流域林草有效覆盖率需大于 20%，才能明显发挥改善植被的减沙作用；要实现产沙模数 ≤1000t/（km² · a）的目标，流域的林草有效覆盖率需达 55% ~ 65%，流域产沙均可得到有效遏制。③对于丘 5 区，因产沙机制特殊，即使林草和梯田的有效覆盖率达到 60% 以上，也难以有效遏制产沙。④在相同林草有效覆盖率情况下，盖沙区、黄土高原砾质丘陵区两种类型区的产沙指数均明显小于黄土丘陵沟壑区；当林草有效覆盖率大于 40% ~ 45% 时，两类型区的产沙指数均趋于 0。

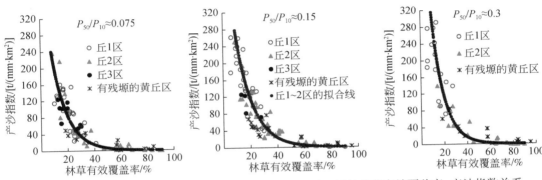

图 2-6　黄土高原早期（1966 ~ 1999 年）下垫面丘 1 ~ 丘 3 区的林草有效覆盖率–产沙指数关系

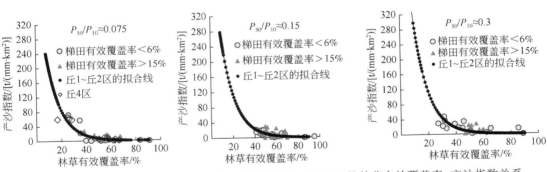

图 2-7　黄土高原现状（2009 ~ 2018 年）下垫面丘 1 ~ 丘 3 区的林草有效覆盖率–产沙指数关系

综上所述，黄土高原不同区域产沙指数与林草有效覆盖率的关系有所不同，不同区域林草有效覆盖率阈值必然有所不同，因此综合分析确定的林草植被措施的二级指标阈值为：黄土丘陵沟壑区，林草有效覆盖率阈值为 60% 左右；盖沙区和砾质丘陵区，林草有效覆盖率阈值为 40% 左右。

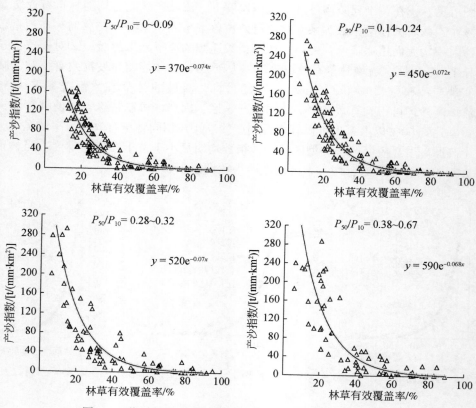

图 2-8　黄土高原丘 1～丘 4 区林草变化对流域产沙的影响

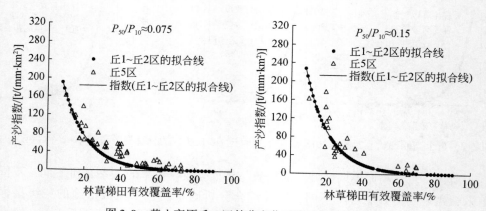

图 2-9　黄土高原丘 5 区林草变化对流域产沙的影响

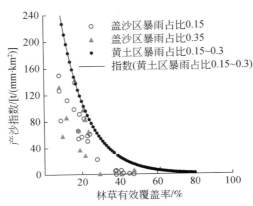

图 2-10 黄土高原丘陵盖沙区林草变化对流域产沙的影响

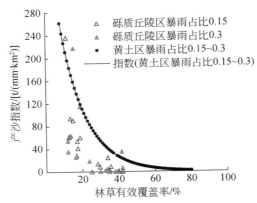

图 2-11 黄土高原砾质丘陵区林草变化对流域产沙的影响

2.2.3 流域梯田阈值

1. 梯田阈值的提出

2000 年以来,黄河潼关断面输沙量较 1919～1959 年减少了 89%。人们普遍认为,入黄泥沙减少主要得益于黄土高原林草植被的大幅改善。然而,从遥感调查结果看,林草植被的大幅改善主要发生在黄土高原中东部地区的黄河河口镇至龙门区间(简称河龙区间)、北洛河上游和汾河等地区,如图 2-12 所示。而在六盘山以西的黄土丘陵区,如渭河北道以上、洮河下游和祖厉河流域,虽然林草植被的盖度明显提高,但由于林草地面积的减少(转为耕地或建设用地),实际上 1977～2018 年林草植被对流域地表的覆盖程度(即林草有效覆盖率)变化不大;除渭河上游的宁夏境内外(面积占 13%),其他地区的坝库控制面积仅占流域面积的 1.5%～5%。在植被改善程度和坝库控制程度均不大的背景下,六盘山以西地区的三条支流在 2010～2018 年输沙量也减少了 85%～90%,说明该区来沙大幅减少有其他原因。结合 2016 年以来野外调研可知，梯田是可能引起流域减沙的重要因素。
2010~2018 年，渭河北道以上、洮河下游和祖厉河上中游的梯田面积，分别占其水土流失
面积的 35.2%、36.6% 和 24.6%。若按"水保法"的原理，以上三支流的梯田的减沙作
用最大，分别为 35.2%、36.6% 和 24.6%，远小于实际减沙幅度。由此可见，在流域尺
度上，有必要重新认识不同规模梯田对流域产沙的影响规律[11]。

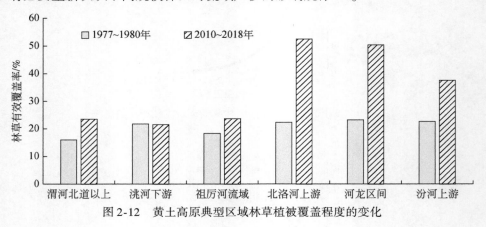

图 2-12　黄土高原典型区域林草植被覆盖程度的变化

2. 研究方法

刘晓燕等[17]为客观分析梯田变化对流域产沙的影响，排除其他因素的影响，突显梯
田的作用，对样本流域的选择及其数据处理做了以下限制：①对于同一条样本流域和采纳
数据时段内，林草有效覆盖率应较天然时期（1966~1999 年）变化很小，本书研究按林
草有效覆盖率变化值 $\Delta Ve \leqslant 3$ 个百分点进行控制。②对于同一条样本流域和采纳数据时段
内，汛期降雨条件应与该流域长系列的多年均值相当。从产沙角度看，汛期降雨条件至少
体现在 5~10 月降水量、P_{25} 和 P_{50}/P_{10} 等方面。为尽可能消除降雨条件波动对产沙的影响，
突显梯田的减沙作用，按与多年均值相差不大于 10% 的原则筛选了数据时段的汛期降雨。
③在样本流域内，坝库极少或坝库拦沙量可获取，以得到真实的流域产沙量。④尽可能剔
除田埂质量和田面宽度对流域产沙的影响。为此，选用样本流域位于渭河上游甘肃境内、
祖厉河上游的会宁以上、洮河下游李家村至红旗区间，梯田质量相差不大。据此筛选出城
西川等 19 个样本流域作为研究对象，样本流域地理位置及梯田空间分布如图 2-13 所示。

刘晓燕等[17]采用的数据处理及计算方法如下。

1）流域产沙量是流域把口断面的实测输沙量、流域内坝库拦沙量和灌溉引沙量的总
和。本书研究选用的样本流域淤地坝和水库很少，利用不同时期建成的淤地坝和水库的控制
面积等信息，可推算出样本流域在采用数据时段的坝库拦沙量；灌溉引沙量很小，可忽略。

2）梯田减沙作用，是指在相同降雨条件下梯田投运后流域较天然时期减少的产沙量。
减沙幅度 ΔW_s 的计算公式为

$$\Delta W_s = 100 \times (W_{so} - W_s) / w_{so} \tag{2-5}$$

式中，W_s 为流域在梯田运用期的流域产沙量；W_{so} 为该流域天然时期的产沙量。其中，20

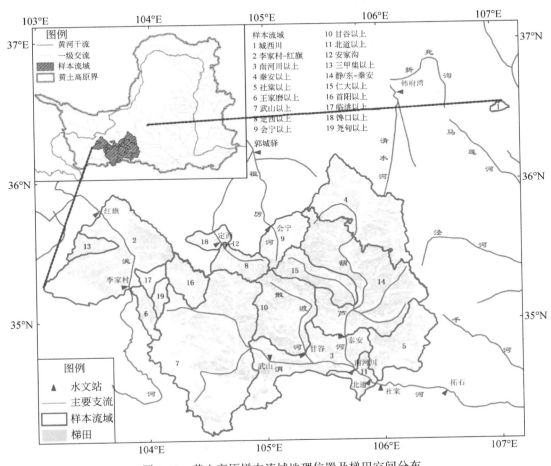

图 2-13　黄土高原样本流域地理位置及梯田空间分布

世纪 50 年代中期以前，黄土高原几乎没有水库和淤地坝、水土保持活动极少，可认为是天然时期。分析 1919～1957 年的降雨-产沙关系，结果表明，在长系列降雨情况下，天然时期黄土高原入黄沙量为 15.8 亿 t/a，其中兰州、青铜峡和咸阳分别为 1.1 亿 t/a、2.34 亿 t/a 和 1.53 亿 t/a。以此为基础，利用淤地坝和水库极少的 1954～1969 年实测输沙量数据，可推算出本项研究样本支流的天然沙量，如渭河北道、祖厉河靖远和洮河红旗至李家村区间分别为 1.28 亿 t/a、0.6 亿 t/a 和 0.22 亿 t/a。

3）梯田数据。利用 2012 年资源三号卫星影像（空间分辨率为 2.1m），配合实地调查和样地核查，解译得到样本流域水文控制区的梯田面积与分布。

4）梯田比。为科学描述各地区的梯田规模，引入梯田比概念，它是指某地区水平梯田面积占其轻度以上水蚀面积的比例，计算公式为

$$T_i = 100 \times A_t / A_{er} \qquad (2\text{-}6)$$

式中，T_i 为梯田比，%；A_t 为水平梯田的面积，km^2；A_{er} 为相应地区天然时期轻度以上水土流失的面积，km^2，采用黄河上中游管理局 1998 年黄土高原水土流失遥感成果。鉴于梯田

一般建设在地表坡度大于5°、林草植被稀疏的黄土丘陵坡面上，故梯田比实际上反映了梯田对流域主要产沙区的控制程度。

3. 梯田阈值

刘晓燕等[17]采用样本流域在不同时期的82对实测数据，分别点绘了渭河上游、祖厉河上游和洮河下游三个样本流域的梯田比与流域减沙幅度关系曲线，如图2-14和图2-15所示，构建了丘3区和丘5区的流域梯田比与流域减沙幅度的关系。研究结果表明：①当梯田比大于30%时，单位面积梯田的减沙作用逐渐变小。②当梯田比小于25%时，流域减沙幅度不太稳定，相同梯田比的减沙幅度可相差1倍，该现象与该梯田规模下的梯田空间分布有关。③梯田比大于40%时，流域的减沙幅度基本稳定。因此，在流域尺度上，可将流域梯田比大于40%时的梯田面积作为可有效遏制黄土高原产沙的临界梯田规模。④由于沟（河）道产沙非常严重且难以消灭沟（河）道产沙驱动力，因此，在流域梯田比大于40%时，丘5区（洮河、祖厉河）的减沙幅度明显小于丘3区（渭河上游）。

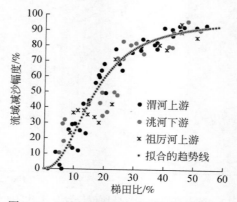

图2-14 不同梯田规模对流域产沙的影响

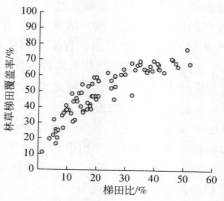

图2-15 流域梯田比与其林草梯田覆盖率的关系

综上所述，梯田比大于 40% 时，流域的减沙幅度基本稳定。在流域尺度上，综合分析确定的梯田措施的二级指标阈值为流域梯田比达到 40% 左右。

2.2.4 流域淤地坝阈值

1. 淤地坝阈值的提出

淤地坝是治理黄土高原水土流失的关键措施之一。淤地坝可以局部抬高侵蚀基准，减弱重力侵蚀，控制沟蚀发展；淤地坝运用初期还能够利用其库容拦蓄洪水泥沙，同时还可以削减洪峰，减少下游冲刷；淤地坝运用后期形成坝地，使产汇流条件发生变化，起到减缓地表径流、增加地表落淤的作用。截至 2018 年，黄土高原共建有淤地坝 59 154 座，其中骨干坝 5877 座、中型坝 12 131 座、小型坝 41 146 座，如图 2-16 和图 2-17 所示。与此同时，进入 21 世纪以来，入黄沙量大幅减少，淤地坝建设对入黄沙量锐减有什么影响、淤地坝对黄河减沙的实际贡献成为人们关心的热点。然而淤地坝的减沙作用是否存在一定的阈值，黄土高原建设多少座淤地坝就可以发挥较大的减沙效益也成为研究关注的问题[8]。

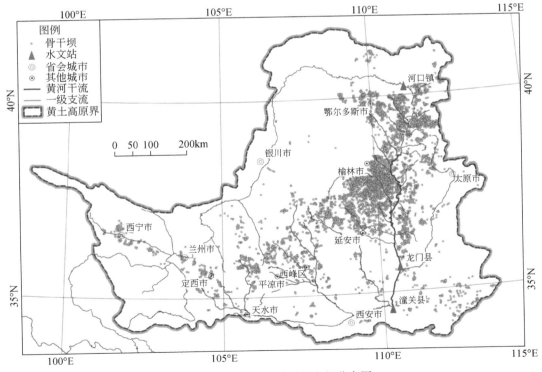

图 2-16 黄土高原骨干坝空间分布图

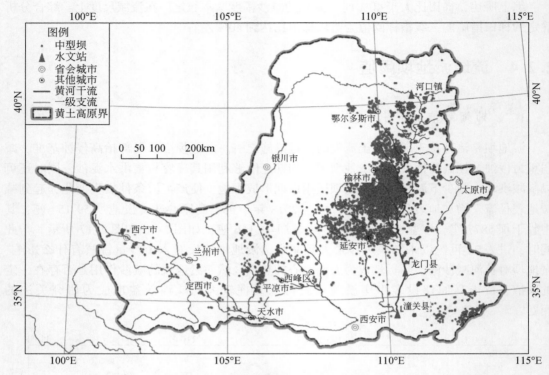

图 2-17　黄土高原中型坝空间分布图

2. 研究方法

由于研究尺度不同，李鹏等[20]从单坝、坝系、流域 3 个尺度开展了淤地坝阈值的研究，主要研究方法如下。

（1）单坝阈值的分析方法

土壤侵蚀量 $^{137}C_s$ 的计算模型：通过式（2-7）计算得到黄土高原农耕地土壤流失厚度 ΔH。

$$X = Y_r(1 - \Delta H/H)^{N-1963} \tag{2-7}$$

式中，X 为土壤剖面中 $^{137}C_s$ 总量；Y_r 为 $^{137}C_s$ 的背景值；H 为犁耕层厚度；ΔH 为年均土壤流失厚度。

库容曲线：根据实测淤积厚度及沉积泥沙量绘制淤地坝库容曲线。

（2）坝系阈值的分析方法

坝系安全条件：足够的滞洪库容是坝系安全必需的条件之一，坝系的防洪安全是由坝系中的治沟骨干工程承担的。淤地坝系防洪安全条件，即坝系淤地面积条件满足后，流域骨干坝的剩余防洪和溢洪道下泄水量之和应大于当地 200～300 年一遇 24h 校核洪水的洪水总量，计算公式如下：

$$V_滞 + V_泄 \geq M_{P校}F \tag{2-8}$$

$$q_{p} = Q_{P校}\left(1 - \frac{V_{滞}}{M_{P校}F}\right) \tag{2-9}$$

$$V_{滞} = q_{p} \cdot t \tag{2-10}$$

式中，$V_{滞}$ 为坝系中骨干坝的剩余滞洪库容总和，万 m³；$V_{泄}$ 为坝系中溢洪道泄洪量，万 m³；$M_{P校}$ 为坝系防洪安全标准条件（200～300 年一遇）下相应的洪量模数，万 m³/km²；F 为坝系控制流域面积，km²；q_{p} 为溢洪道最大下泄流量，m³/s；$Q_{P校}$ 为坝系防洪安全标准条件下设计洪峰流量，m³/s；t 为洪水历时，s。

坝系相对稳定系数条件：依据小流域水沙相对平衡原理，坝系实现相对稳定后，在一定频率暴雨洪水条件下，小流域产流产沙与坝系拦水拦沙之间达到相对平衡，数学表达式如下：

$$S\gamma h_{淤} \geqslant M_{S}F \tag{2-11}$$

$$S h_{淹} \geqslant M_{P}F \tag{2-12}$$

由式（2-11）和式（2-12）得

$$\alpha_{淤} \geqslant \frac{M_{S}}{\gamma h_{淤}} \tag{2-13}$$

$$\alpha_{淹} \geqslant \frac{M_{P}}{h_{淹}} \tag{2-14}$$

式中，S 为淤积面积，hm²；$h_{淤}$ 为坝系相对稳定条件下年最大淤积厚度，m；$h_{淹}$ 为坝地保收暴雨洪水条件下坝地作物的最大淹水深度，m；γ 为坝地淤积泥沙的干容重，t/m³；M_{S} 为小流域土壤侵蚀模数，万 t/（km²·a）；M_{P} 为坝系保收标准条件（10～20 年一遇）下相应的洪量模数，万 m³/km²；F 为坝系控制流域面积，km²；$\alpha_{淤}$ 和 $\alpha_{淹}$ 分别为淤积系数和淹水系数。

淤积系数和淹水系数中较大者即为坝系相对稳定系数的临界值 $\alpha_{临}$，数学表达式如下：

$$\alpha_{临} \geqslant (\alpha_{淤}, \alpha_{淹}) \tag{2-15}$$

以上各式表明，坝系相对稳定系数反映了小流域产流产沙与坝系拦水拦沙之间的平衡关系。在坝地面积一定的情况下，洪水在坝内的淹水深度及年坝地淤积厚度取决于坝控小流域产流产沙总量。坝系相对稳定系数可以作为坝系建设的阈值。达到坝系建设阈值后，坝系可以确保防洪安全、水沙平衡、作物保收，因此可以将坝系阈值作为小流域坝系建设的控制指标。

（3）流域阈值的分析方法

淤地坝控制面积分析：分析每个骨干坝控制的流域范围，得到每 10 年一期的骨干坝控制面积变化过程。

分析输沙量的变化趋势及突变点：采用 Mann-Kendall 检验法对比分析黄河中游四个典型流域水文站点的输沙变化趋势。利用 Pettitt 检验法对输沙突变年份进行识别，同时对比输沙突变前后的变化特征。

与输沙数据进行相关性分析：利用 SPSS 分析淤地坝对沟道的控制比例与输沙量数据的相关性，分析淤地坝建设对流域输沙变化的影响。

3. 淤地坝阈值

（1）单坝阈值

图 2-18 为淤地坝单坝库容曲线图，由图可见，正沟 1 号坝库容曲线为 $y=237\,977\ln x-4945.3$，经过对数据的整理和分析，淤积高程 4.033m 为正沟 1 号坝库容突变的高程，从整个淤地坝运行的阶段来看，4.033m 之前的淤地坝淤积拦沙量增幅要高于 4.033m 之后，沟道形态由之前的窄深式变为宽浅式。

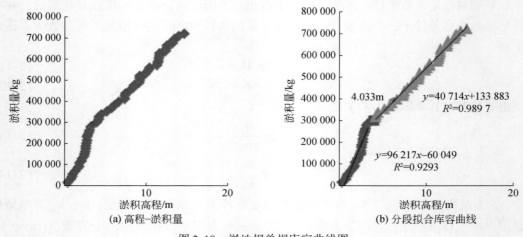

图 2-18　淤地坝单坝库容曲线图

图 2-19 为淤地坝坝面面积与淤积高程的关系，由图可见，整个淤地坝运行阶段，坝面面积与淤积高程的关系存在两个明显的变化点，第一个变化点为 9.116m，此时淤积泥沙主要沉积在主沟内，随着时间的推移，主沟道逐渐淤满，淤积过程由主沟逐渐向支沟延伸，此时坝面面积急速增加，达到 13.279m（第二个变化点）后，支沟逐渐淤满，坝面面积增加量逐渐减小。

综上所述，淤地坝库容出现变化的淤积高程为 4.033m，坝面面积出现变化的高程为 9.116m 和 13.279m。因此，在未来淤地坝建设中，坝高的设计应高于支沟与主沟的交汇处的高程。

（2）坝系阈值

按照以往的研究成果，在黄土丘陵沟壑区，当坝系相对稳定系数达到 1/25~1/20 时，在 10~25 年一遇的暴雨洪水下，坝系可以满足高秆作物防洪保收，即在此暴雨坝内淹水深度不超过 0.7m，淹水时间不超过 7 天时，坝系达到相对稳定。如表 2-2 所示，通过对不同侵蚀强度区域的坝系临界稳定系数进一步分析可以看出，剧烈侵蚀区的坝系临界稳定系数为 1/22；极强侵蚀区的坝系临界稳定系数范围为 1/39~1/15，平均值为 1/22.75；强侵蚀区的坝系临界稳定系数范围为 1/39~1/18，平均值为 1/22.80。当坝系相对稳定系数达到 1/25~1/20 时，不同侵蚀强度区域的坝系基本可以达到稳定。

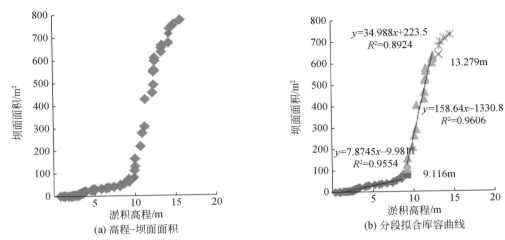

(a) 高程-坝面面积　　　　　　　　　(b) 分段拟合库容曲线

图 2-19　淤地坝坝面面积与淤积高程的关系

表 2-2　不同地区坝系相对稳定系数的临界阈值统计表

土壤侵蚀强度分区	土壤侵蚀模数/[t/ (km²·a)]	小流域名称	侵蚀模数 M_S/[t/ (km²·a)]	α_{30cm}	M_{W10}/ (m³/km²)	α_{W10}	$\alpha_{临界}$	平均
剧烈侵蚀区	大于 15 000	西黑岱	18 000	1/22	27 700	1/25	1/22	1/22
极强侵蚀区	8 000~15 000	赵石畔	13 000	1/30	22 100	1/32	1/30	1/22.75
		石老庄	13 000	1/30	21 300	1/33	1/30	
		马家沟	12 000	1/33	48 000	1/15	1/15	
		东石羊	11 700	1/33	26 740	1/26	1/26	
		岔口	10 419	1/38	27 700	1/25	1/25	
		正峁沟	10 010	1/39	36 790	1/19	1/19	
		碾庄沟	10 000	1/39	36 000	1/20	1/20	
		阳坡	10 000	1/39	17 700	1/40	1/39	
		范四窑	8 800	1/44	39 100	1/18	1/18	
强侵蚀区	5 000~8 000	合同沟	7 000	1/56	28 500	1/25	1/25	1/22.80
		聂家沟	6 880	1/57	32 500	1/22	1/22	
		石潭沟	5 000	1/78	17 900	1/39	1/39	
		唐家河	4 970	1/78	39 200	1/18	1/18	
		道回沟	5 000	1/78	37 600	1/19	1/19	

　　注：M_S 和 M_{W10} 分别为坝系所在小流域土壤侵蚀模数和 10 年一遇洪水的洪量模数；α_{30cm} 和 α_{W10} 分别为年平均淤积厚度 30cm 和 10 年一遇洪水条件下坝地最大积水深度为 70cm 时不同类型区的坝系相对稳定系数；$\alpha_{临界}$ 为不同类型区坝系相对稳定系数的临界值。

　　图 2-20 为王茂沟坝系相对稳定系数变化,由图可见,1980 年坝系基本达到稳定,坝系稳定系数达到 0.05。根据流域现阶段淤地坝数量和分布情况,分析不同淤积厚度对坝系相对稳定系数的影响,将不同淤积厚度下坝地面积之和与坝系控制流域面积的比值作为坝系相对稳定系数。图 2-21 为王茂沟淤地坝不同淤积厚度与坝系相对稳定系数的关系,由图可见,当坝系相对稳定系数达到 0.05 后,坝系相对稳定系数基本达到稳定。

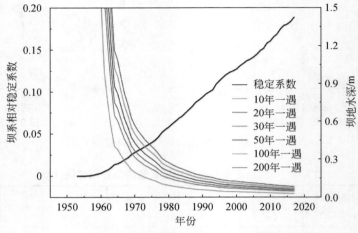

图 2-20　王茂沟流域坝系相对稳定系数变化

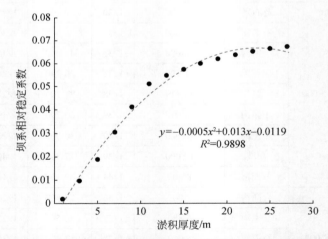

图 2-21　王茂沟淤地坝不同淤积厚度与坝系相对稳定系数的关系

　　西黑岱小流域坝系淤地面积增长曲线如图 2-22 所示,其坝系相对稳定系数增长曲线如图 2-23 所示,由图可见,随着时间的推移,坝系淤地面积增长趋于平缓,西黑岱小流域坝系相对稳定系数接近 0.05 时基本达到稳定。

　　综上所述,从多个典型流域临界稳定系数计算和典型小流域坝系稳定过程分析可以得出,当坝系相对稳定系数达到 0.05 时,坝系达到稳定,不同的小流域可能略有差异。因

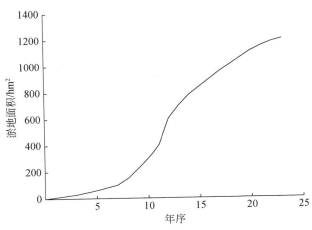

图 2-22　西黑岱小流域坝系淤地面积增长曲线

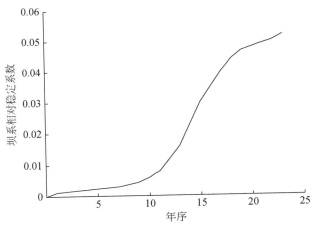

图 2-23　西黑岱小流域坝系相对稳定系数增长曲线

此，可以将坝系相对稳定系数 0.05 作为小流域坝系阈值。

（3）流域阈值

皇甫川、大理河和延河三个流域骨干坝控制面积逐 10 年时空演变过程如图 2-24 ~
图 2-26 所示，由图可见，从控制面积时间演变来说，三个流域骨干坝数量均增加，相应的
流域骨干坝控制面积也均增加。流域骨干坝控制面积由大到小依次为大理河、皇甫川、延
河。从控制面积空间分布角度，大理河流域骨干坝控制面积最大，逐步布满整个流域；皇
甫川流域骨干坝控制面积次之，且主要控制流域东侧；延河流域骨干坝控制面积较小，且
布局较为分散。

流域坝控面积占比是淤地坝控制面积与流域总面积的比值，是淤地坝建设密度的表
征，沟道是土壤侵蚀主要发生的区域，淤地坝控制沟道的数量对流域水沙变化有重要意
义。结合流域沟网，计算淤地坝控制沟道级别数，如图 2-27 所示，由图可见，在 2000 年

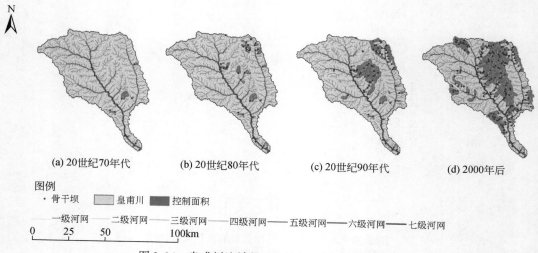

图 2-24　皇甫川流域骨干坝控制面积的演变过程

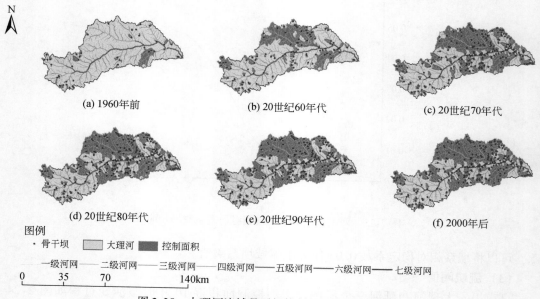

图 2-25　大理河流域骨干坝控制面积的演变过程

以后淤地坝建设趋于稳定。其中，大理河骨干坝控制 1 级沟道控制比例为 65.84%，2 级为 88.35%，3 级为 56.25%；皇甫川骨干坝控制 1 级沟道控制比例为 36.6%，2 级为 39.8%，3 级为 48.5%；延河骨干坝控制 1 级沟道控制比例为 24.78%，2 级为 39.96%，3 级为 42.60%。大理河流域淤地坝控制的沟道最多，皇甫川流域次之，延河流域淤地坝控制的沟道数量占比最少，表明大理河河道的控制率高于皇甫川、延河。表 2-3 为典型流域基于 Pettitt 检验法的年径流量、输沙量突变点检验结果，由表 2-3 可以看出，在大理河

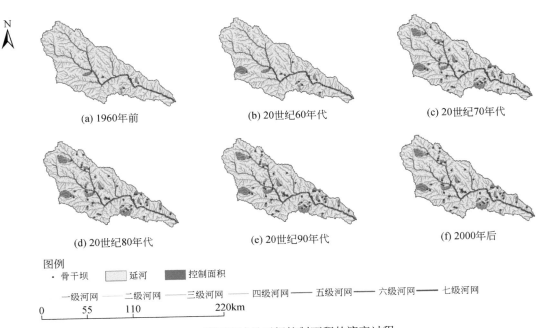

图 2-26　延河流域骨干坝控制面积的演变过程

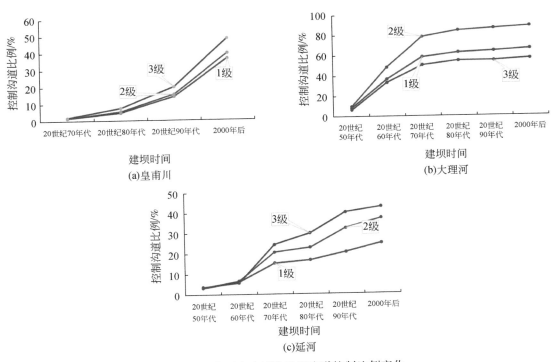

图 2-27　典型小流域淤地坝沟道控制比例变化

与延河流域，当淤地坝控制 3 级沟道控制比例为 40% ~ 50% 时，水沙变化出现拐点；皇甫川流域由于淤地坝分布格局，淤地坝控制 3 级沟道控制比例与水沙变化拐点在时间上存在差异，随着淤地坝布局区域合理，皇甫川水沙变化会出现新的变化。

表 2-3　典型流域基于 Pettitt 检验法的年径流量、输沙量突变点检验结果

项目	皇甫川	大理河	延河
年径流量发生突变的年份	1996	1969	2004
年输沙量发生突变的年份	1992	1971	1996

综上所述，不同尺度淤地坝阈值不同。对于单坝，坝高的设计应高于支沟与主沟的交汇处的高程；对于坝系，当坝系相对稳定系数达到 1/25 ~ 1/20 时，不同侵蚀强度区域的坝系基本可以达到稳定；对于流域，淤地坝的 3 级沟道控制比例达到 40% ~ 50% 时水沙关系出现拐点。因此在流域尺度上，综合分析确定的淤地坝措施的二级指标阈值为 3 级沟道控制比例达到 40% ~ 50%。

2.3　黄河上游宁蒙河段平滩流量阈值

2.3.1　平滩流量变化过程

图 2-28 为根据 1965 ~ 2017 年黄河上游宁蒙河段实测资料确定的沿程各水文站历年汛后的平滩流量变化过程，由图可见，黄河上游宁蒙河段各水文站平滩流量的变化趋势是基本相同的，总体上呈逐渐减小的趋势，由 20 世纪 60 年代中期的 3600 ~ 5800m³/s 减小到 2017 年的 1600 ~ 4000m³/s。

从各时段来看，1968 年刘家峡水库投入运用，由于水库蓄水调节，进入宁蒙河段的年平均水量明显减少，挟沙能力降低，平滩流量有所减小，1980 年以后，由于黄河上游连续几年出现了较为有利的水沙条件，宁蒙河段平滩流量又有所恢复，因此，1965 ~ 1985 年黄河宁蒙河段沿程各水文站的平滩流量均呈现出先减后增的趋势；1986 年后，由于龙羊峡水库的蓄水调节及气候条件和人为因素的影响，进入宁蒙河段的水量持续偏少，特别是水库对汛期洪峰流量的削减，排洪输沙能力降低，河槽淤积萎缩，致使黄河宁蒙河段各水文站平滩流量呈现快速减小的趋势。主要表现：①1965 ~ 1968 年，黄河上游来水偏丰，该时期下河沿站和石嘴山站年均水量分别为 417 亿 m³ 和 397 亿 m³，宁夏河段各水文站和内蒙古河段各水文站平滩流量分别在 4000 ~ 5000m³/s 和 3600 ~ 5200m³/s；②1969 ~ 1980 年，黄河上游来水量较前期偏少，该时期下河沿站和石嘴山站年均水量分别为 297 亿 m³ 和 275 亿 m³，宁夏河段各水文站和内蒙古河段各水文站平滩流量分别减小到 3000 ~ 4000m³/s 和 2400 ~ 3600m³/s；③1981 ~ 1985 年，由于连续几个丰水年，下河沿站和石嘴山站年均水量分别为 362 亿 m³ 和 338 亿 m³，宁夏河段各水文站和内蒙古河段各水文站平滩流量分别恢复到 3600 ~ 4900m³/s 和 3200 ~ 4100m³/s；④1986 ~ 2017 年，黄河上游来水量大幅减少，且持

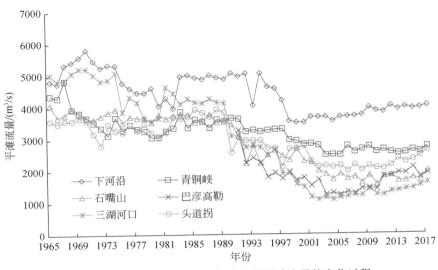

图 2-28　黄河上游宁蒙河段各水文站平滩流量的变化过程

续时间较长，下河沿站和石嘴山站年均水量分别为 254 亿 m³ 和 227 亿 m³，宁蒙河段平滩流量持续减小，到 2017 年，宁夏河段各水文站和内蒙古河段各水文站平滩流量分别减小到 1900～4000m³/s 和 1600～2600m³/s，尤其是内蒙古河段三湖河口站平滩流量减小得最为明显，从 1986 年的 4100m³/s 左右减小到 2017 年的 1600m³/s 左右。这一结果与前述的 1986 年以来三湖河口站附近淤积最为严重相吻合[21]。

2.3.2　平滩流量与水沙过程的响应关系

1. 自变量与因变量的选择

要建立宁蒙河段平滩流量与水沙过程的响应关系，首先要选择所建关系式右侧的自变量，通过分析宁蒙河段沿程水文断面演变特征可知，宁夏河段各水文断面相对窄深，多年来变化幅度不大，趋于稳定，内蒙古河段河道变化较大，尤以三湖河口断面附近河段变幅最大，从内蒙古河段出口头道拐断面来看，头道拐断面附近河段河床演变又趋于相对稳定，由此可见，三湖河口断面附近河段具有承上启下的作用，其河床演变的强度制约着整个宁蒙河段。从宁蒙河段平滩流量的角度出发，三湖河口断面演变对整个宁蒙河段的制约作用表现为三湖河口断面平滩流量从 1986 年的 4100m³/s 左右减小到 2017 年的 1600m³/s 左右，是宁蒙河段过流能力降低幅度最大的河段，成为目前宁蒙河段过流能力最小的河段，选择三湖河口断面作为宁蒙河段平滩流量阈值的调控断面，如果三湖河口断面达到了宁蒙河段平滩流量调控阈值，就意味着整个宁蒙河段平滩流量都达到了宁蒙河段平滩流量调控阈值。因此，本研究选择所建关系式右侧的自变量是宁蒙河段三湖河口断面平滩流量。

其次要选择所建关系式左侧的因变量，出于对黄河上游宁蒙河段水沙过程调控的考虑，本研究所选的因变量均为宁蒙河段进口下河沿站水沙特征值。表 2-4 为三湖河口断面平滩流量与不同水沙过程的相关系数 R 统计表，由表可见，三湖河口断面平滩流量与下河沿站汛期水沙过程的相关系数 R 明显大于三湖河口断面平滩流量与下河沿站年水沙过程的相关系数 R，表明三湖河口断面平滩流量与下河沿站汛期水沙过程的关系要优于三湖河口断面平滩流量与下河沿站年水沙过程的关系。由此可见，相对于年际水沙过程而言，汛期水沙过程对黄河上游宁蒙河段河床演变发挥着更重要的作用，因此，本研究选择黄河上游宁蒙河段下河沿站汛期水沙过程作为所建关系式左侧的因变量。

表 2-4　黄河上游三湖河口平滩流量与不同水沙过程的相关系数 R 值统计表

时段	$Q_平$ 与年水沙过程的相关系数 R		$Q_平$ 与汛期水沙过程的相关系数 R	
	年水量	年来沙系数	汛期水量	汛期来沙系数
1965～1999 年	0.78	0.76	0.82	0.79
2000～2017 年	0.76	0.73	0.81	0.77

从河床演变机理出发，黄河上游宁蒙河段下河沿站汛期水量 $W_汛$ 代表宁蒙河段汛期水流动力的大小，是影响宁蒙河段河床演变最重要的水沙因子，故选择宁蒙河段下河沿站汛期水量 $W_汛$ 作为宁蒙河段汛期水沙过程的第一个表征参数。黄河宁蒙河段是冲积性河流，其演变的根本特性源于水流中挟带的大量泥沙，因此，除来水量外，水流中的水沙搭配关系也是影响河床演变的主要因素，故选择宁蒙河段下河沿站汛期来沙系数 $\rho_汛$ 作为宁蒙河段汛期水沙过程的第二个表征参数。

宁蒙河段下河沿站汛期水量 $W_汛$ 的大小反映了宁蒙河段汛期水沙过程中来水的多少，宁蒙河段下河沿站汛期来沙系数 $\rho_汛$ 反映了宁蒙河段汛期水沙过程中的水沙搭配关系，确切地说，上述两个指标主要表征宁蒙河段汛期来水来沙的量值，而宁蒙河段河床演变不仅与来水来沙的量值有关，而且与来水来沙的过程有关。1986 年后，龙羊峡水库、刘家峡水库联合调度运用，汛期削峰蓄水，导致汛期进入宁蒙河段小流量天数大幅度增加，大流量天数剧烈减少，流量过程趋于均匀。汛期水沙过程的变化直接影响宁蒙河段河床演变，由于大流量水流作用衰减，平枯水作用增强，使相应时段宁蒙河段主槽淤积增大，平滩流量明显减小。为了突出对宁蒙河段汛期水沙过程的描述，引入宁蒙河段下河沿站汛期水流过程参数 $\theta_汛$ 作为宁蒙河段汛期水沙过程的第三个表征参数，其数学表达式为

$$\theta_汛 = \frac{W_{汛Q>1300}}{W_汛} \tag{2-16}$$

式中，$W_{汛Q>1300}$ 为宁蒙河段下河沿站汛期流量大于 $1300\mathrm{m^3/s}$ 的水量；$W_汛$ 为宁蒙河段下河沿站汛期总水量。由式（2-16）可知，宁蒙河段汛期水流过程参数 $\theta_汛$ 的物理意义十分明确，即宁蒙河段下河沿站汛期流量大于 $1300\mathrm{m^3/s}$ 的水量占下河沿站汛期总水量的比例。宁蒙河段汛期水流过程参数 $\theta_汛$ 的大小能直接反映宁蒙河段汛期水量的分配情况，能间接反映宁蒙河段汛期水流过程的变化幅度。相同汛期总水量下，宁蒙河段下河沿站汛期水流

过程参数 $\theta_{汛}$ 大，说明宁蒙河段下河沿站汛期流量大于 1300m³/s 的水量占比大，汛期洪水多，汛期水流过程变化幅度相对较大，流量分布较不均匀；宁蒙河段下河沿站汛期水流过程参数 $\theta_{汛}$ 小，说明宁蒙河段下河沿站汛期水流流量大于 1300m³/s 的水量占比小，汛期洪水少，汛期水流过程变化幅度相对较小，流量分布趋于均匀。

2. 三湖河口断面平滩流量与下河沿站汛期水量的关系

冯普林等[22]认为河床演变存在记忆效应，对河道平滩流量影响最深的是前 5 年的来水来沙过程，再以前影响较小或可以忽略。基于上述研究思路，为了对比黄河上游宁蒙河段三湖河口断面平滩流量与下河沿站多年滑动平均汛期水沙过程的关系，图 2-29 统计了三湖河口断面平滩流量与下河沿站当年（1 年滑动平均）汛期水量及 2～9 年滑动平均汛期水量的相关系数 R，由图可见，黄河上游宁蒙河段三湖河口断面平滩流量与下河沿站 2 年滑动平均汛期水量的相关系数 R 大于黄河上游宁蒙河段三湖河口断面平滩流量与下河沿站当年汛期水量相关系数 R，之后，黄河上游宁蒙河段三湖河口断面平滩流量与下河沿站多年滑动平均汛期水量相关系数 R 随着滑动平均年数增大而增大，而后随着滑动平均年数增大而减小，其峰值出现在 5 年滑动平均，表明黄河上游宁蒙河段三湖河口断面平滩流量与下河沿站 5 年滑动平均汛期水量的关系最密切。

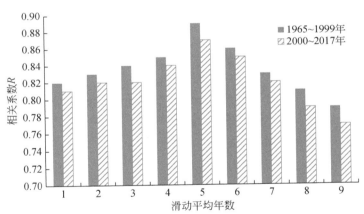

图 2-29　黄河上游三湖河口断面平滩流量与下河沿站当年汛期水量
及 2～9 年滑动平均汛期水量的相关系数 R

图 2-30 为黄河上游宁蒙河段三湖河口断面历年汛后平滩流量和下河沿站 5 年滑动平均汛期水量的关系，由图中点群分布特征可见，1965～1999 年三湖河口断面平滩流量和下河沿站汛期水量的关系点群与 2000～2017 年两者之间的关系点群存在明显分区，表明两个时段，三湖河口断面平滩流量和下河沿站汛期水量的关系遵循不同的规律，利用回归分析的方法，分别建立了 1965～1999 年［对应式（2-17）］、2000～2017 年［对应式（2-18）］两个时段宁蒙河段三湖河口断面历年汛后平滩流量和下河沿站 5 年滑动平均汛期水量的关系式：

$$Q_{平} = 2880.31\ln W_{汛5} - 10\,602 \tag{2-17}$$

$$Q_{平} = 653.8\ln W_{汛5} - 1814 \qquad (2-18)$$

式中，$Q_{平}$为三湖河口断面历年汛后平滩流量，m^3/s；$W_{汛5}$为下河沿站 5 年滑动平均汛期水量，亿 m^3。式（2-17）和式（2-18）中的相关系数 R 分别为 0.89 和 0.87，反映出黄河上游宁蒙河段三湖河口断面历年汛后平滩流量和下河沿站 5 年滑动平均汛期水量相关关系密切。图 2-30 中两条关系线的变化趋势表明，三湖河口断面历年汛后平滩流量随着下河沿站 5 年滑动平均汛期水量的增大而增大，由河床演变的原理可知，对于某一河段而言，5 年滑动平均汛期水量大，表明河床经历了连续 5 年较强水流动力的塑造，河道平滩流量有所增大；5 年滑动平均汛期水量小，表明河床经历了连续 5 年较弱水流动力的塑造，河道平滩流量有所减小。由式（2-17）和式（2-18）两条关系线的分布特征可见，由于近期宁蒙河段严重萎缩，过流能力大幅度降低，相同水量的情况下，2000 ~ 2017 年三湖河口断面平滩流量明显小于 1965 ~ 1999 年三湖河口断面平滩流量。

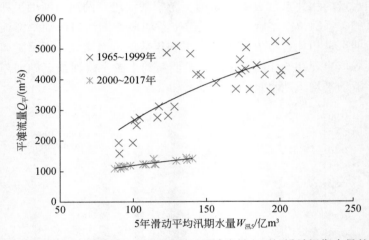

图 2-30 黄河上游宁蒙河段三湖河口断面平滩流量和下河沿站汛期水量的关系

3. 三湖河口断面平滩流量与下河沿站汛期来沙系数的关系

图 2-31 为黄河上游宁蒙河段三湖河口断面历年汛后平滩流量和下河沿站 5 年滑动平均汛期来沙系数的关系，由图中点群的分布特征可见，1965 ~ 1999 年三湖河口断面平滩流量和下河沿站汛期来沙系数的关系点群与 2000 ~ 2017 年两者之间的关系点群存在明显分区，表明两个时段三湖河口断面平滩流量和下河沿站汛期来沙系数的关系遵循不同的规律。利用回归分析的方法分别建立了 1965 ~ 1999 年 ［对应式（2-19）］、2000 ~ 2017 年 ［对应式（2-20）］两个时段三湖河口断面历年汛后平滩流量和下河沿站 5 年滑动平均来沙系数的关系式：

$$Q_{平} = 482.7\rho_{汛5}^{-0.48} \qquad (2-19)$$

$$Q_{平} = 439.6\rho_{汛5}^{-0.27} \qquad (2-20)$$

式中，$Q_{平}$为三湖河口断面历年汛后平滩流量，m^3/s；$\rho_{汛5}$为下河沿站 5 年滑动平均汛期来沙系数，kg·s/m⁶。式（2-19）和式（2-20）中的相关系数 R 分别为 0.87 和 0.85，表明黄河上游宁蒙河段三湖河口断面历年汛后平滩流量与下河沿站 5 年滑动平均汛期来沙系数相关关系密切。图 2-31 中两条关系线的变化趋势表明，三湖河口断面历年汛后平滩流量随着下河沿站 5 年滑动平均汛期来沙系数的增大（减小）而减小（增大），由河床演变的原理可知，对于某一河段而言，5 年滑动平均汛期来沙系数大，说明连续 5 年汛期水沙搭配关系差，相同流量下，连续 5 年汛期含沙量高，水流挟沙力相同的情况下，连续 5 年河道汛期淤积加重，河道平滩流量有所减小；汛期 5 年滑动来沙系数小，说明连续 5 年汛期水沙搭配关系好，相同流量下，连续 5 年汛期含沙量低，水流挟沙力相同的情况下，连续 5 年河道汛期冲刷增强，河道平滩流量有所增大。

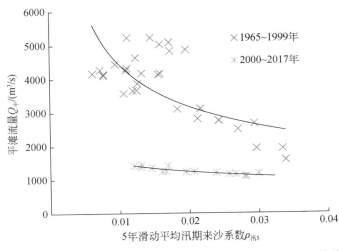

图 2-31　黄河上游三湖河口断面平滩流量和下河沿站汛期来沙系数的关系

由式（2-19）和式（2-20）两条关系线的分布特征可见，两条关系线间距较远，在相同来沙系数的情况下，2000～2017 年三湖河口断面平滩流量要小于 1965～1999 年三湖河口断面平滩流量，表明 2000 年以后进入宁蒙河段的水流含沙量大幅度降低，宁蒙河段冲淤演变机理与 20 世纪相比，发生了明显的变化。

4. 三湖河口断面平滩流量与下河沿站汛期水流过程参数的关系

图 2-32 为黄河上游宁蒙河段三湖河口断面历年汛后平滩流量和下河沿站 5 年滑动平均汛期水流过程参数的关系，由图中点群的分布特征可见，1965～1999 年三湖河口断面平滩流量和下河沿站汛期水流过程参数的关系点群与 2000～2017 年两者之间的关系点群存在明显分区，表明两个时段三湖河口断面平滩流量和下河沿站汛期水流过程参数的关系遵循不同的规律，利用回归分析的方法，分别建立了 1965～1999 年 ［对应式（2-21）］、2000～2017 年 ［对应式（2-22）］两个时段三湖河口断面历年汛后平滩流量和下河沿站 5 年滑动平均汛期水流过程参数的关系式：

$$Q_{平} = 1143.2\ln\theta_{汛5} + 4856.3 \tag{2-21}$$

$$Q_{平} = 98.5\ln\theta_{汛5} + 1447.3 \qquad (2\text{-}22)$$

式中，$Q_{平}$为三湖河口断面历年汛后平滩流量，$\mathrm{m^3/s}$；$\theta_{汛5}$为下河沿站 5 年滑动平均汛期水流过程参数。式（2-21）和式（2-22）中的相关系数 R 分别为 0.83 和 0.81，表明黄河上游宁蒙河段三湖河口断面历年汛后平滩流量与下河沿站 5 年滑动平均汛期水流过程参数相关关系良好。图 2-32 中两条关系线的变化趋势表明，三湖河口断面历年汛后平滩流量随着下河沿站 5 年滑动平均汛期水流过程参数的增大而增大，由河床演变的原理可知，对于某一河段而言，5 年滑动平均汛期水流过程参数大，相同水量下，连续 5 年汛期水流流量变化幅度大，连续 5 年汛期洪水过程居多，连续 5 年汛期水流输沙能力强，河道平滩流量有所增大；5 年滑动平均汛期水流过程参数小，相同水量下，连续 5 年汛期水流流量变化幅度小，连续 5 年汛期洪水过程较少，连续 5 年汛期水流输沙能力弱，河道平滩流量有所减小。由式（2-21）和式（2-22）两条关系线的分布特征可见，两条关系线间距较远，在相同的水流过程参数下，2000～2017 年三湖河口断面平滩流量要小于 1965～1999 年三湖河口断面平滩流量，说明 2000 年以后进入宁蒙河段的水沙条件发生了综合变化，导致宁蒙河段冲淤演变机理也发生了相应的变化。

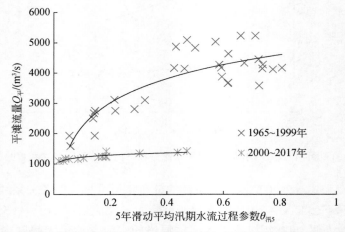

图 2-32　黄河上游宁蒙河段三湖河口断面平滩流量与下河沿站汛期水流过程参数的关系

2.3.3　平滩流量阈值分析

1. 宁蒙河段防洪需要的平滩流量

（1）与未来洪峰流量适应的平滩流量

下河沿站为宁蒙河段进口控制站。图 2-33 为下河沿站历年最大日均洪峰流量变化过程图，由图可见，1986～2017 年，下河沿站最大日均洪峰流量均值为 1762$\mathrm{m^3/s}$。其中，最大日均洪峰流量小于 1300$\mathrm{m^3/s}$ 的年数共 4 年，占总年数的比例为 12.5%；最大日均洪峰流量大于 2000$\mathrm{m^3/s}$ 的年数共 6 年，占总年数的比例为 18.7%；最大日均洪峰流量大于

1300m³/s 小于 2000m³/s 的年数共 22 年，占总年数的比例为 68.8%。综合考虑规划中的黑山峡水库何时开工建设尚不能确定，上游水保措施蓄水作用对洪水的影响不会有大的变化，按照目前多年平均情况估计，未来洪水基本维持 1986 年后的形势，最大日均洪峰流量 1300~2000m³/s 的洪水将成为宁蒙河段洪水的主体，与之相适应的宁蒙河段平滩流量应大于 2000m³/s。

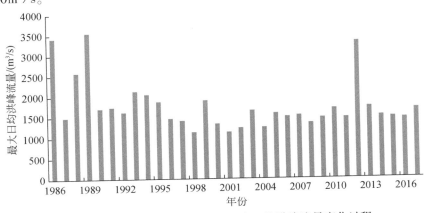

图 2-33 黄河上游下河沿站历年最大日均洪峰流量变化过程

（2）与设防水位适应的平滩流量

黄河宁蒙河段防洪标准为 30~50 年一遇，三湖河口站 50 年一遇的洪水洪峰流量为 5900m³/s，图 2-34 为三湖河口站不同平滩流量下设防水位（5900m³/s）变化，由图可见，随着平滩流量的增加，设防水位一直呈降低的趋势，平滩流量的增加表明主河槽过流能力的增大，相同的洪峰流量对应的洪水位必然有所降低；仔细观察洪水位的变化过程线可知，随平滩流量的增加，设防水位降低的趋势线是非线性的曲线，存在一个明显拐点，拐点位置大约在 2000m³/s，即当三湖河口站平滩流量小于 2000m³/s 时，随着平滩流量的增加，设防水位降低的速率较快，三湖河口站平滩流量大于 2000m³/s 以后，随着平滩流量的增加，设防水位降低的速率有所变缓，因此，与宁蒙河段设防水位相适应的平滩流量应大于 2000m³/s。

2. 宁蒙河段防凌需要的平滩流量

（1）与未来凌峰流量适应的平滩流量

表 2-5 为 1986~2017 年宁蒙河段沿程四站凌峰流量特征值，表 2-6 为根据 1986~2017 年宁蒙河段沿程四站凌峰水位并结合各年 6~9 月相应站点水位流量关系曲线得出的河槽规模需求的平滩流量特征值。综合分析表 2-5 和表 2-6 的统计数据可知，研究时段内基本上越向下游各站点相应的特征值越大，为保证整个宁蒙河段的防凌安全，选定头道拐站相应的平均值作为防凌指标依据：按照凌峰流量的标准，1986~2017 年头道拐站凌峰流量平均值为 1979m³/s；按照凌峰水位反演汛期水位流量关系曲线可得，1986~2017 年，头道拐站凌峰水位需求的河道平滩流量为 2015m³/s，因此，与未来宁蒙河段凌峰流量相适应的

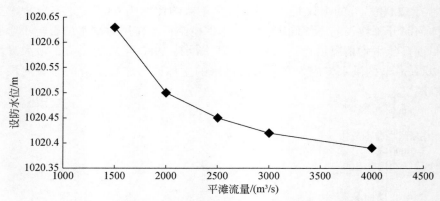

图 2-34　黄河上游三湖河口站不同平滩流量下设防水位变化

平滩流量应大于 2015m³/s。

表 2-5　黄河上游宁蒙河段沿程四站 1986～2017 年凌峰流量特征值

（单位：m³/s）

特征值	石嘴山	巴彦高勒	三湖河口	头道拐
平均值	831	898	1256	1979
最大值	1310	1580	2060	3270
最小值	424	488	841	1240

表 2-6　黄河上游宁蒙河段沿程四站 1986～2017 年凌峰水位需求的平滩流量

（单位：m³/s）

特征值	石嘴山	巴彦高勒	三湖河口	头道拐
平均值	1000	1934	2058	2015
最大值	1522	4892	3832	2823
最小值	428	342	1082	1356

（2）与未来凌汛水位适应的平滩流量

图 2-35 为黄河宁蒙河段三湖河口站历年平滩流量与凌汛高水位天数变化过程，将图中三湖河口站历年凌汛水位大于 1020m 的天数与相应年份凌汛前期的平滩流量对比分析可见，1998 年以前，三湖河口站平滩流量大于 1800m³/s，三湖河口站历年凌汛水位大于 1020m 的天数很少，凌汛水位低且稳定；1998 年以后，三湖河口站平滩流量降低至 1800m³/s 以下，相应年份的凌汛水位增高明显，而且持续时间迅速增长，因此，与未来宁蒙河段凌汛水位相适应的平滩流量应大于 1800m³/s。

（3）与未来槽蓄水增量适应的平滩流量

宁蒙河段槽蓄水增量的形成过程较为复杂，影响河道槽蓄水增量大小的因素较多，其中河道平滩流量的大小对槽蓄水增量的大小影响较大。图 2-36 为宁蒙河段年最大槽蓄水

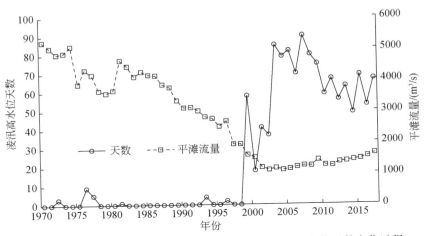

图 2-35 黄河上游三湖河口站历年平滩流量与凌汛高水位天数变化过程

增量和三湖河口站平滩流量的关系，利用回归分析的方法建立了宁蒙河段年最大槽蓄水增量与三湖河口站平滩流量的关系式：

$$W_槽 = -5.09\ln Q_平 + 53.54 \tag{2-23}$$

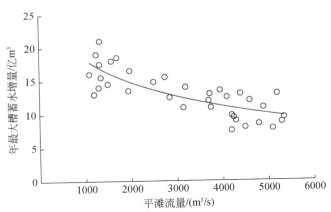

图 2-36 黄河上游三湖河口站平滩流量与最大槽蓄水增量的关系

图 2-36 中关系线的变化趋势表明，宁蒙河段年最大槽蓄水增量随河道平滩流量的减少而增大，1986 年以前，三湖河口站平滩流量大于 2000m³/s，宁蒙河段年最大槽蓄水增量均未超过 15 亿 m³；1986 年后，宁蒙河段过流能力逐渐减小，三湖河口站平滩流量大部分都小于 2000m³/s，宁蒙河段相当大一部分年份的最大槽蓄水增量超过 15 亿 m³，最大超过 20 亿 m³。总结多年的防凌运用经验，为保障防凌安全，宁蒙河段年最大槽蓄水增量以不超过 15 亿 m³ 为宜，将年最大槽蓄水增量 15 亿 m³ 代入式（2-23），推出相应的三湖河口站平滩流量为 1942m³/s，因此，与未来宁蒙河段槽蓄水增量相适应的平滩流量应大于 1942m³/s。

3. 宁蒙河段输沙塑槽需要的平滩流量

（1）与高效输沙适应的平滩流量

图2-37为宁蒙河段三湖河口站流速与流量的关系，由图可见，三湖河口站流速随着流量的增大而增大，但增大的趋势线是非线性的曲线，存在一个明显拐点，拐点位置大约在1500m³/s，即当三湖河口站流量小于1500m³/s时，随着流量的增加，流速增加的速率较快，三湖河口站流量大于1500m³/s以后，随着流量的增加，流速增加的速率明显降低。随着流量进一步增大，当三湖河口站流量为2000m³/s以上时，流速基本达到了最大[23]。

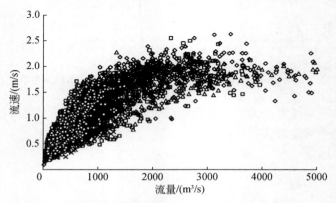

图2-37　黄河上游三湖河口站流速与流量的关系

图2-38为宁蒙河段三湖河口站含沙量与流量的关系，由图可见，三湖河口站含沙量随着流量的增大而增大，但增大的趋势线是非线性的曲线，存在一个明显拐点，拐点位置大约在1000m³/s，即当三湖河口站流量小于1000m³/s时，随着流量的增加，含沙量增加的速率较快，三湖河口站流量大于1000m³/s以后，随着流量的增加，含沙量增加的速率明显降低。随着流量进一步增大，当三湖河口站流量为2000m³/s以上时，含沙量基本达到了最大[24]。

由水流挟沙力的计算公式可知，河道水流挟沙能力与流速的三次方成正比，而含沙量的变化亦可直观地反映河道输沙强度的变化，综合分析三湖河口站流速、含沙量与流量的关系可知，当宁蒙河段流量达到2000m³/s以上时，河道基本可以达到输沙最优的状态，因此，与宁蒙河段高效输沙相适应的平滩流量应大于2000m³/s。

（2）与高效塑槽适应的平滩流量

1981年宁蒙河段洪水洪峰流量达到了5000m³/s以上，是近年来典型的大洪水过程，为分析洪水过程中宁蒙河段河床冲刷调整与洪水流量的关系，图2-39点绘了1981年洪水期三湖河口断面平滩面积与流量的关系，由图可见，1981年洪水期，当洪水流量达到1200m³/s时，三湖河口断面平滩面积开始增大，说明三湖河口断面开始冲刷。冲刷初期，三湖河口断面平滩面积随洪水流量的增大增速较慢，表明冲刷初期宁蒙河段主槽的冲刷效率较低，塑槽作用不明显；随着洪水流量的上涨，河床冲刷不断发展，当洪水流量达到

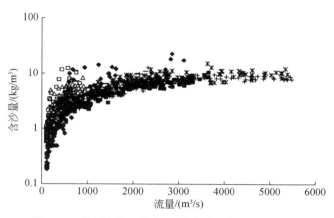

图 2-38　黄河上游三湖河口站含沙量与流量的关系

1500m³/s 以上时，三湖河口断面平滩面积随洪水流量的增大增速明显加快，说明洪水流量大于 1500m³/s 时，宁蒙河段主槽的冲刷效率开始增大，塑槽作用明显，因此，与宁蒙河段高效塑槽相适应的平滩流量应大于 1500m³/s。

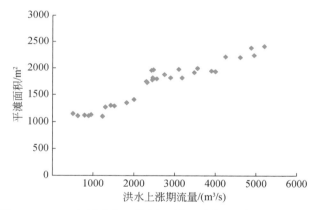

图 2-39　1981 年洪水期三湖河口断面平滩面积与流量的关系

（3）与减轻支流淤堵适应的平滩流量

宁蒙河段十大孔兑为季节性河流，暴雨期易形成峰高量大、含沙量高的洪水，大量泥沙向黄河倾泻，常常在入黄口处形成扇形淤积，在干流形成沙坝而堵塞黄河，并造成河段上游水位抬高，影响两岸防洪和生产安全[25]。图 2-40（a）为 1966 年洪水期昭君坟站水位–流量关系，图 2-40（b）为 1989 年洪水期昭君坟站水位–流量关系，将两张图进行对比分析可知，两个年份均是西柳沟发生高含沙洪水汇入黄河的年份，1966 年洪水期，当宁蒙河段干流的洪水流量达到 2000m³/s 以上时，干流的洪水位在 5～6 天的时间迅速从1011m 降低至 1009m，反映出当宁蒙河段干流流量大于 2000m³/s 时，由支流高含沙洪水入汇淤堵形成的沙坝在较短的时间内就能被洪水冲开，干流水位也迅速恢复至淤堵前的高度；1989 年洪水期，宁蒙河段干流的洪水流量在 1000～2000m³/s，干流的洪水位在 20 余天的时间内才缓慢地从 1010m 降低至 1009m，反映出当宁蒙河段干流流量小于 2000m³/s 时，由支流高含沙洪水入汇淤堵形成的沙坝在较长的时间内才能被洪水冲开，与之相应，干流水位恢复的速度也很慢，因此，与宁蒙河段防止支流淤堵相适应的平滩流量应大于 2000m³/s。

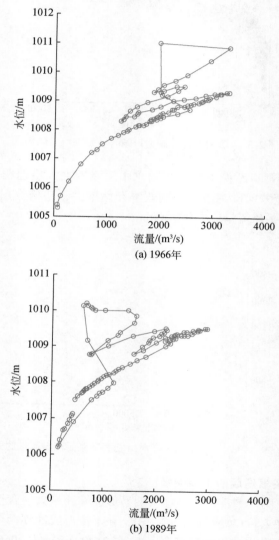

(a) 1966年

(b) 1989年

图2-40　黄河上游昭君坟站典型年份洪水期水位-流量关系

4. 与未来不同水沙过程适应的宁蒙河段三湖河口断面平滩流量

将宁蒙河段下河沿站 5 年汛期水沙过程拆分为过往 4 年汛期水沙过程与当年汛期水沙过程的组合，建立宁蒙河段三湖河口断面平滩流量与下河沿站不同组合权重汛期水沙过程的关系式，表2-7 为三湖河口断面平滩流量与不同组合权重汛期水沙过程的相关系数 R，由表可见，过往 4 年汛期水沙过程代表前期河床条件，当年汛期水沙过程代表塑造主槽的水沙动力条件，由于突出了当年汛期水沙过程对河床的塑造作用，同时还适当考虑了前期河床条件对平滩流量的影响，比较接近于河床演变的实际情况，三湖河口断面平滩流量与下河沿站组合权重汛期水沙过程的关系要明显优于三湖河口断面平滩流量与下河沿站当年汛期水沙过程、5 年滑动平均汛期水沙过程的关系。通过对比不同权重值可知，当过往 4 年汛期水沙过程权重值占 0.3 时，当年汛期水沙过程权重值占 0.7，两者关系最密切，因此选择三湖河口断面历年汛后平滩流量作为自变量，选择下河沿站汛期组合权重水沙过程作为因变量，运用多元回归的方法，分别建立了 1965～1999 年、2000～2017 年两个时段三湖河口断面平滩流量与下河沿站汛期组合权重水沙过程的综合关系式。

1965～1999 年：

$$Q_{平} = 395.75(0.3W_{汛}^{g4} + 0.7W_{汛}^{d1})^{0.33}(0.3\rho_{汛}^{g4} + 0.7\rho_{汛}^{d1})^{-0.17}(0.3\theta_{汛}^{g4} + 0.7\theta_{汛}^{d1})^{0.13}$$

$$(2-24)$$

2000～2017 年：

$$Q_{平} = 402.95(0.3W_{汛}^{g4} + 0.7W_{汛}^{d1})^{0.18}(0.3\rho_{汛}^{g4} + 0.7\rho_{汛}^{d1})^{-0.09}(0.3\theta_{汛}^{g4} + 0.7\theta_{汛}^{d1})^{0.03}$$

$$(2-25)$$

式中，$Q_{平}$ 为宁蒙河段三湖河口断面历年汛后平滩流量，m^3/s；$W_{汛}^{g4}$ 为宁蒙河段下河沿站过往 4 年滑动平均汛期水量，亿 m^3；$W_{汛}^{d1}$ 为宁蒙河段下河沿站当年汛期水量，亿 m^3；$\rho_{汛}^{g4}$ 为宁蒙河段下河沿站过往 4 年滑动平均汛期来沙系数，$kg \cdot s/m^6$；$\rho_{汛}^{d1}$ 为宁蒙河段下河沿站当年汛期来沙系数，$kg \cdot s/m^6$；$\theta_{汛}^{g4}$ 为宁蒙河段下河沿站过往 4 年滑动平均汛期水流过程参数，$\theta_{汛}^{d1}$ 为宁蒙河段下河沿当年汛期水流过程参数。式（2-24）和式（2-25）中的复相关系数 R 分别为 0.94 和 0.92。图 2-41 中计算值与实测值的比较反映出式（2-24）和式（2-25）的回归效果良好。由式（2-24）和式（2-25）三项的指数的正负可知，黄河宁蒙河段三湖河口断面历年汛后平滩流量随着汛期水量的增大而增大，随着汛期来沙系数的增大而减小，随着汛期水流过程参数的增大而增大，上述多因素关系分析结果定性上与前面单因素分析结果是一致的。

表 2-7　黄河上游三湖河口断面平滩流量与不同组合权重汛期水沙过程的相关系数 R

时段	水沙过程组合权重						
	当年水量	过往 4 年水量/当年水量					5 年水量
	1	0.1/0.9	0.2/0.8	0.3/0.7	0.4/0.6	0.5/0.5	1
1965～1999 年	0.82	0.9	0.91	0.94	0.93	0.91	0.89
2000～2017 年	0.81	0.88	0.89	0.92	0.89	0.87	0.87

表 2-8 是未来不同水沙过程适应的三湖河口断面平滩流量，由表可见，近期，通过龙羊峡水库和刘家峡水库联合调控（龙羊峡+刘家峡），调控出与 2000～2017 年宁蒙河段水沙过程相近的未来枯水过程，由式（2-25）估算的未来宁蒙河段三湖河口断面平滩流量为 1954 m^3/s；远期，通过龙羊峡水库、刘家峡水库以及黑山峡水库联合调控（龙羊峡+刘家

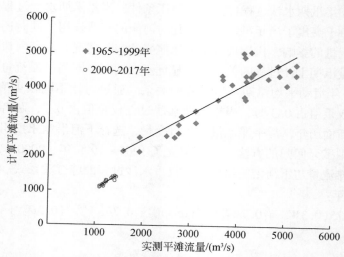

图 2-41　黄河上游三湖河口断面平滩流量计算值与实测值的比较

峡+黑山峡），调控出与 1986～1999 年宁蒙河段水沙过程相近的未来中水过程，由式（2-24）估算的未来宁蒙河段三湖河口断面平滩流量为 2468m³/s；调控出与 1965～1984 宁蒙河段水沙过程相近的未来丰水过程，由式（2-24）估算的未来宁蒙河段三湖河口断面平滩流量为 3276m³/s。

表 2-8　未来不同水沙过程适应的三湖河口断面平滩流量的统计表

时间	边界条件	未来水沙过程	估算关系式	估算 $Q_平$/(m³/s)
近期	龙羊峡+刘家峡	枯水过程	式（2-25）	1954
远期	龙羊峡+刘家峡+黑山峡	中水过程	式（2-24）	2468
		丰水过程	式（2-24）	3276

5. 宁蒙河段平滩流量阈值综合分析

以上从防洪安全、防凌安全、输沙塑槽和防止支流淤堵等方面开展了宁蒙河段平滩流量阈值的研究。从防洪安全的角度，与未来宁蒙河段洪水洪峰流量和设防水位适应的平滩流量应大于 2000m³/s；从防凌安全角度，与未来宁蒙河段凌峰流量相适应的平滩流量应大于 2015m³/s，与未来宁蒙河段凌汛水位相适应的平滩流量应大于 1800m³/s，与未来宁蒙河段槽蓄水增量相适应的平滩流量应大于 1942m³/s；从输沙塑槽的角度，与宁蒙河段高效输沙相适应的平滩流量应大于 2000m³/s，与宁蒙河段高效塑槽相适应的平滩流量应大于 1500m³/s，与宁蒙河段防止支流淤堵相适应的平滩流量应大于 2000m³/s；综合而言，现状工程条件下，宁蒙河段平滩流量阈值为 2000m³/s 左右。未来不同水沙过程宁蒙河段平滩流量计算分析表明，近期，通过龙羊峡水库和刘家峡水库联合调控，宁蒙河段平滩流量阈值为 2000m³/s 左右，远期，通过龙羊峡和刘家峡水库配合黑山峡水库联合调控水沙过程，宁蒙河段平滩流量阈值能达到 $2500\text{m}^3/\text{s}$ 左右。

2.4 黄河中游潼关高程阈值

2.4.1 潼关高程变化过程

1. 年际变化过程

潼关高程 $Z_{潼}$ 是指潼关（六）断面 $1000\text{m}^3/\text{s}$ 流量对应的水位。潼关高程的高低直接关系到渭河下游和黄河小北干流河段的防洪（防凌）安全，历来备受关注[26]。图 2-42 为三门峡建库后黄河中游潼关高程变化过程，由图可见，受水沙条件和三门峡水库运用方式的影响，潼关高程变化表现出明显的阶段性。

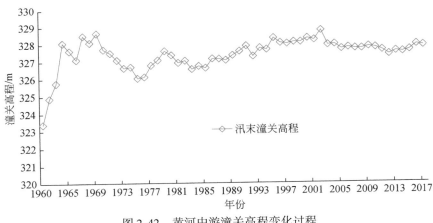

图 2-42 黄河中游潼关高程变化过程

1）1960 年 9 月～1962 年 3 月。1960 年 9 月三门峡水库开始蓄水拦沙运用，由于水库蓄水位较高，库区淤积严重，潼关高程急剧抬升，由蓄水拦沙运用初期的 323.4m 升高至 1962 年 3 月的 328.07m，上升了 4.67m。

2）1962 年 3 月～1973 年 10 月。为了减缓库区淤积，1962 年 3 月三门峡水库改为滞洪排沙运用，闸门全部敞泄，但由于泄流能力不足，库区淤积依然严重，至 1964 年汛末，潼关高程升高至 328.09m。在这种严峻的形势下，1964 年后，三门峡水库被迫进行了第一次改建，改建后的工程泄流规模提高了一倍，水库泄流排沙能力明显增强，水库严重淤积的状况得到了缓解，潼关以下库区由淤积转为冲刷，但冲刷范围没有发展到潼关，潼关高程仍居高不下，至 1969 年汛末，潼关高程升高至 328.65m。1969 年后，三门峡水库进行了第二次改建，改建后，工程泄流能力进一步增大，一般洪水均可敞泄，水库运用水位大幅度降低，库区普遍发生冲刷，潼关高程下降，至 1973 年汛末，潼关高程降至 326.64m。

3）1973 年 11 月～2002 年 10 月。1973 年 11 月三门峡水库开始蓄清排浑运用，非汛期水库蓄水，承担防凌、发电、灌溉、供水等任务；汛期平水期控制水位305m发电，洪水期降低水位泄洪排沙。蓄清排浑运用初期，由于水库非汛期运用水位较高，汛期又遭遇不利的水沙条件，至1979年汛末，潼关高程升至327.62m。20世纪80年代初期，水沙条件十分有利，库区发生持续冲刷，至1985年汛末，潼关高程降至326.64m，与1973年汛末持平。1986年后，受龙羊峡水库和刘家峡水库联合运用的影响，汛期进入中游的水量大幅度减少，潼关以下库区难以达到年内冲淤平衡，潼关高程持续抬升，至2002年汛末，潼关高程升至328.78m。

4）2002年11月~2017年10月。为降低潼关高程，2002年11月将三门峡水库运用方式调整为非汛期最高水位不超过318m控制运用。由于对水库非汛期运用水位进行了控制运用，尽管同期的水量有所减少，但沙量减少更甚，水流含沙量大幅度降低，潼关以下库区处于略有冲刷的状态，至2017年汛末，潼关高程为327.88m，与2002年汛末相比，下降了0.9m。

2. 年内分布变化过程

图2-43为三门峡建库后黄河中游潼关高程年内分布变化过程，由图可见，1960年9月~1973年10月，三门峡水库蓄水拦沙运用期及滞洪排沙运用期，由于该时段三门峡水库的运用方式及下边界条件一直处于复杂的调整变化过程中，黄河中游潼关高程年内分布变化无明显特征，有些年份汛期、非汛期均升高，有些年份汛期、非汛期均下降，有些年份汛期下降，非汛期升高，个别年份还表现为汛期升高，非汛期下降[27]。1973年11月~2017年10月，三门峡水库采用蓄清排浑运用方式，非汛期相对清水蓄水运用，汛期相对浑水泄洪排沙，潼关以下库区年内冲淤遵循非汛期淤积、汛期冲刷的变化规律，与之相应，潼关高程年内分布变化特征基本表现为非汛期升高、汛期降低。

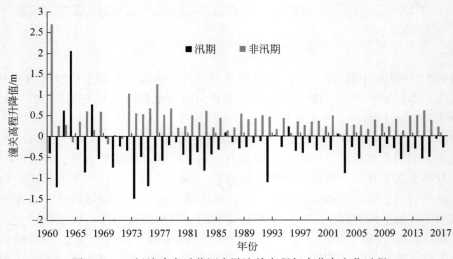

图2-43 三门峡建库后黄河中游潼关高程年内分布变化过程

　　表 2-9 为潼关高程年内分布时段均值统计,由表可见,1974～1979 年潼关高程为上升阶段,非汛期平均升高 0.64m,汛期平均降低 0.53m,年均升高 0.11m;1980～1985 年潼关高程为下降阶段,非汛期平均升高 0.39m,汛期平均降低 0.51m,年均降低 0.12m;两个时段升降相互抵消后,1985 年汛末潼关高程与 1973 年汛末相当。1986～2002 年潼关高程为上升阶段,非汛期平均升高 0.32m,汛期平均降低 0.22m,年均升高 0.10m;2003～2017 年潼关高程为下降阶段,非汛期平均升高 0.33m,汛期平均降低 0.37m,年均下降0.04m。由四个时段对比分析可知,1986 年前,潼关高程汛期、非汛期升降的变幅较大,超过 0.5m 的年份占一半以上,个别年份的变化幅度超过了 1m,1986 年后,潼关高程汛期、非汛期升降的变幅明显变小,特别是汛期下降幅度减少更多。

表 2-9　黄河中游潼关高程年内分布时段均值统计表　　　（单位：m）

时间	1974～1979 年	1980～1985 年	1986～2002 年	2003～2017 年
非汛期	0.64	0.39	0.32	0.33
汛期	−0.53	−0.51	−0.22	−0.37
年均	0.11	−0.12	0.10	−0.04

2.4.2　潼关高程与水沙过程的响应关系

1. 自变量与因变量的选择

　　要建立黄河中游潼关高程与水沙过程的响应关系,首先要选择所建关系式右侧的自变量,基于合理性考虑,通常习惯于用历年汛末潼关高程代表历年潼关高程,因此选择所建关系式右侧的自变量是历年汛末潼关高程。其次要选择所建关系式左侧的因变量,出于对进入黄河中游水沙过程调控的考虑,本研究所选因变量均为黄河中游四站（龙门+华县+状头+河津）水沙特征值。表 2-10 为黄河中游潼关高程与不同水沙过程的相关系数 R 统计,由表可见,潼关高程与中游四站年水沙过程的相关系数 R 明显大于潼关高程与中游四站汛期水沙过程的相关系数 R,表明潼关高程与中游四站年水沙过程的关系要优于潼关高程与中游四站汛期水沙过程的关系。前文分析表明,宁蒙河段平滩流量与汛期水沙过程的关系明显优于宁蒙河段平滩流量与年水沙过程的关系。对于宁蒙河段平滩流量而言,与年水沙过程相比,汛期水沙过程对宁蒙河段河床塑造发挥着更重要的作用,对于潼关高程而言,除了汛期水沙过程造成的潼关高程冲刷降低,非汛期水沙过程造成的潼关高程淤积升高也同等重要,因此潼关高程与年水沙过程的关系要优于潼关高程与汛期水沙过程的关系。基于上述分析结果,本研究选择黄河中游四站年水沙过程作为所建关系式左侧的因变量。

　　从河床演变的机理出发,黄河中游四站年均水量 $W_{年}$ 代表黄河中游水流动力的大小,是影响潼关高程演变最重要的水沙因子,因此选择黄河中游四站年水量 $W_{年}$ 作为黄河中游年水沙过程的第一个表征参数。黄河中游潼关高程演变的根本特性源于水流中挟带的大量泥沙,除来水量外,水流中的水沙搭配关系也是影响潼关高程演变的主要因素,故本研究选择黄河中游四站年来沙系数 $\rho_{年}$ 作为黄河中游年水沙过程的第二个表征参数。

表 2-10　黄河中游潼关高程与不同水沙过程的相关系数 R 统计表

时段	$Z_{潼}$ 与年水沙过程的相关系数 R		$Z_{潼}$ 与汛期水沙过程的相关系数 R	
	年水量	年来沙系数	汛期水量	汛期来沙系数
1974 ~ 2002 年	0.79	0.74	0.77	0.72
2003 ~ 2017 年	0.77	0.72	0.75	0.71

2. 潼关高程与年水量的关系

沿用前文的研究思路,为了对比潼关高程与中游四站多年滑动平均水沙过程的关系,图 2-44 为潼关高程与中游四站当年水量(1 年滑动平均)及 2 ~ 9 年滑动平均水量的相关系数 R,由图可见,潼关高程与中游四站 2 年滑动平均水量的相关系数 R 大于潼关高程与中游四站当年水量的相关系数 R,之后,潼关高程与中游四站多年滑动平均水量相关系数 R 随着滑动平均年数增大而增大,进而随着滑动平均年数增大而减小,其峰值出现在 5 年滑动平均,表明潼关高程与中游四站 5 年滑动平均水量的关系最密切。

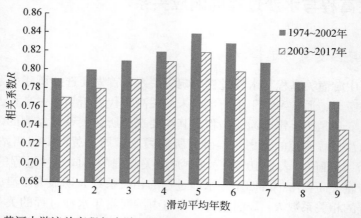

图 2-44　黄河中游潼关高程与中游四站当年水量及 2 ~ 9 年滑动平均水量的相关系数 R

图 2-45 为潼关高程和中游四站 5 年滑动平均水量的关系,由图可见,1974 ~ 2002 年潼关高程和中游四站 5 年滑动平均水量的关系点群与 2003 ~ 2017 年两者之间的关系点群存在明显分区,表明两个时段潼关高程和 5 年滑动平均水量的关系遵循不同的规律,利用回归分析的方法,分别建立了 1974 ~ 2002 年 [对应式(2-26)]、2003 ~ 2017 年 [对应式(2-27)]潼关高程和中游四站 5 年滑动平均水量两个时段的关系式:

$$Z_{潼} = -0.0055 W_{年5} + 328.98 \tag{2-26}$$

$$Z_{潼} = -0.0074 W_{年5} + 329.76 \tag{2-27}$$

式中,$Z_{潼}$ 为黄河中游历年汛末潼关高程,m;$W_{年5}$ 为黄河中游四站 5 年滑动平均水量,亿 m³。式（2-26）和式（2-27）中的相关系数 R 分别为 0.84 和 0.82，反映出潼关高程和中游四站 5 年滑动平均水量相关关系良好。图 2-45 中两条关系线的变化趋势表明，潼关高程随着中游四站 5 年滑动平均水量的增大而降低，由河床演变的原理可知，中游四站 5 年滑动平均水量大，表明库区经历了连续 5 年较强水流动力的冲刷，潼关高程必然有所降低；中游四站 5 年滑动平均水量小，连续 5 年较弱的水流动力不足以输运水流中泥沙，库区极易泥沙淤积，潼关高程必然有所升高。由式（2-26）和式（2-27）两条关系线的分布特征可见，在相同水量的情况下，2003～2017 年的潼关高程要低于 1974～2002 年的潼关高程，其原因：一是 2003 年后，三门峡水库运用方式进行了调整，非汛期最高水位不超过 318m 控制运用，有效地控制了非汛期潼关高程的升高；二是 2003 年后，相同水量的情况下，进入中游的水流含沙量大幅度降低，相同洪水过程，对库区的冲刷能力越强，潼关高程降低值相应越大。

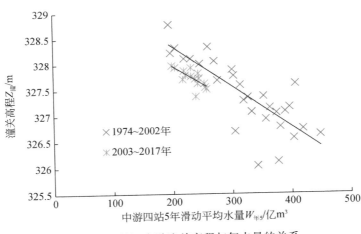

图 2-45　黄河中游潼关高程与年水量的关系

3. 潼关高程与年来沙系数的关系

图 2-46 为潼关高程与中游四站 5 年滑动平均来沙系数的关系，由图可见，1974～2002 年潼关高程和中游四站 5 年滑动平均来沙系数的关系点群与 2003～2017 年两者之间的关系点群存在明显分区，表明两个时段潼关高程和中游四站 5 年滑动平均来沙系数的关系遵循不同的规律，利用回归分析的方法，分别建立了 1974～2002 年 [对应式（2-28）]、2003～2017 年 [对应式（2-29）] 两个时段潼关高程与中游四站 5 年滑动平均来沙系数的关系式：

$$Z_{潼} = 0.88\ln \rho_{年5} + 330.59 \qquad (2-28)$$
$$Z_{潼} = 0.16\ln \rho_{年5} + 328.48 \qquad (2-29)$$

式中，$Z_{潼}$ 为黄河中游历年汛末潼关高程，m；$\rho_{年5}$ 为黄河中游四站 5 年滑动平均来沙系数，kg·s/m⁶。式（2-28）和式（2-29）中的相关系数 R 分别为 0.79 和 0.76。图 2-46 中两条关系线的变化趋势表明，潼关高程随着中游四站 5 年滑动平均来沙系数的增大而升高，由河床演变的原理可知，中游四站 5 年滑动平均来沙系数大，表明连续 5 年水沙搭配关系差，相同流量下，连续 5 年含沙量高，水流挟沙力相同的情况下，连续 5 年库区淤积加重，潼关高程必然有所升高；中游四站 5 年滑动来沙系数小，表明连续 5 年水沙搭配关系好，相同流量下，连续 5 年含沙量低，水流挟沙力相同的情况下，连续 5 年库区冲刷增强，潼关高程必然有所降低。由式（2-28）和式（2-29）两条关系线的分布特征可见，两条关系线间距较远，相同的潼关高程，2003～2017 年中游四站 5 年滑动平均来沙系数明显小于 1974～2002 年中游四站 5 年滑动平均来沙系数，说明 2003 年后，中游来水含沙量大幅度降低，水沙搭配关系发生了巨大变化，必然会影响库区冲淤演变状态，进而影响潼关高程的升降。

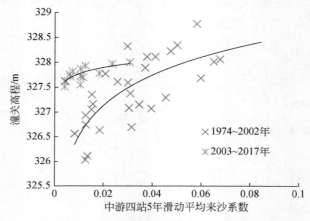

图 2-46　黄河中游潼关高程与年来沙系数的关系

2.4.3　三门峡水库运用方式对潼关高程的影响

作为影响潼关高程的下边界条件，三门峡水库的运用方式与潼关高程的升降关系密切。三门峡水库的运用方式对潼关高程的影响主要依靠控制坝前运用水位实现。从河床演变的原理出发，通过对水库坝前运用水位的控制运用，直接调整了库区的水面比降，造成库区水流输沙能力的增大或减小，影响库区的冲淤状态，进而影响潼关高程的升降。三门峡水库坝前运用水位与潼关高程升降的关系基本遵循以下变化规律：抬高水库坝前运用水位，库区会朝着淤积加重的方向发展，潼关高程会相应升高；降低水库坝前运用水位，库区会朝着减轻淤积甚至冲刷的方向发展，潼关高程会相应降低[28]。

建库初期，三门峡水库蓄水拦沙运用期是水库运用方式导致潼关高程急剧升高的典型例证。1960 年 9 月～1962 年 3 月三门峡水库采用蓄水拦沙运用方式，最高蓄水位 332.57m，库水位在 330m 以上的时间长达 200d，入库泥沙几乎全部淤积在库内，潼关高程急剧抬升，由蓄水拦沙运用初期的 323.4m 升高至 1962 年 3 月的 328.07m，上升了 4.67m。

三门峡水库滞洪排沙运用后期的 1969～1973 年是水库运用方式导致潼关高程冲刷下

降的典型例证。1969 年汛末，三门峡水库二次改建后，工程泄流能力增大，最低泄流底槛高程由 300m 下降到 280m，1970～1973 年水库依然采用敞泄运用，汛期坝前维持低水位，平均水位为 298.9m，潼关以下库区发生了强烈的溯源冲刷和沿程冲刷，潼关高程大幅度下降，由 1969 年汛末的 328.65m 降低至 1973 年汛末的 326.64m，下降了 2.01m。

正是认识到潼关高程的升降与三门峡水库的运用方式密切相关，治黄工作者不断地探索更加合理的三门峡水库运用方式[29]。1974 年后，根据黄河水沙不均匀的特点兼顾对水库上下游影响，三门峡水库采用了蓄清排浑的运用方式，尤其是 2003 年后，对三门峡水库非汛期、汛期运用水位都提出了明确的控制指标，即非汛期 318m，汛期平水期水位 305m，洪水敞泄。即便是将水库运用水位控制在了一个相对较窄的区间内，三门峡水库水位的变化仍然能影响潼关高程的升降。表 2-11 为黄河中游典型时段三门峡水库及潼关高程特征值的统计表，由表可见，与 2003～2011 年对比分析，2012～2017 年入库年均水量基本相当，非汛期、汛期年均水量基本相当；入库年均沙量有所降低，非汛期、汛期年均沙量均有所降低，综合来说，2012～2017 年三门峡水库入库水沙条件比前一时段略有变好。通过分析两时段潼关高程变化可知，2003～2011 年潼关以下库区表现为冲刷的状态，年均冲刷泥沙 0.19 亿 m³，潼关高程年均降低 0.13m；2012～2017 年潼关以下库区表现为淤积的状态，年均淤积泥沙 0.14 亿 m³，潼关高程年均升高 0.02m。与 2003～2011 年相比，2012～2017 年在入库水沙条件略有好转的情况下，潼关高程却由年均降低转化为年均升高，其主要原因就是该时段三门峡水库非汛期、汛期坝前平均运用水位均高于前一时段非汛期、汛期坝前平均运用水位。

表 2-11　黄河中游典型时段三门峡水库及潼关高程特征值的统计表

时段	水量/亿 m³			沙量/亿 t			坝前水位/m		年均冲淤泥沙量/亿 m³	$Z_{潼}$年均升降值/m
	年均	非汛期	汛期	年均	非汛期	汛期	非汛期	汛期		
2003～2011 年	231.7	123.1	108.6	2.62	0.62	2.00	316.68	304.80	-0.19	-0.13
2012～2017 年	243.0	123.9	119.1	1.46	0.26	1.19	317.67	307.26	0.14	0.02

2.4.4　潼关高程阈值分析

1. 渭河下游河道适应的潼关高程

(1) 与渭河下游河道淤积适应的潼关高程

图 2-47 为 1974～2017 年渭河下游河道累计淤积量与潼关高程的关系，利用回归分析的方法建立了 1974～2017 年渭河下游河道累计淤积量与潼关高程的关系式：

$$W_S = 0.527 Z_{潼}^2 - 343 Z_{潼} + 55\,840 \qquad (2-30)$$

式中，W_S 为 1974～2017 年渭河下游河道累计淤积量，亿 m³；$Z_{潼}$ 为 1974～2017 年黄河中游历年汛后潼关高程，m。式（2-30）中的相关系数 R 为 0.91，表明渭河下游河道累计淤积量与潼关高程相关关系十分密切。图 2-47 中关系线的变化趋势说明，渭河下游河道累计淤积量随潼关高程升高而增大。潼关高程升高相当于渭河下游河道侵蚀基准面升高，渭河下游河道比降减缓，渭河下游河道输水输沙能力降低，渭河下游河道累计淤积量必然增大。同时，图 2-47 中关系线的变化还表明，渭河下游河道累计淤积量与潼关高程的关系不是简单的线性变化关系，而是符合二次多项式 [式（2-30）] 变化关系，对此二次多项式求导数可得

$$W_S' = 1.054 Z_{潼} - 343 \tag{2-31}$$

将潼关高程 $Z_{潼} = 326\text{m}$、$Z_{潼} = 327\text{m}$、$Z_{潼} = 328\text{m}$ 分别代入式（2-31）可得

$$W_S'(326\text{m}) = 2.56 \tag{2-32}$$
$$W_S'(327\text{m}) = 3.62 \tag{2-33}$$
$$W_S'(328\text{m}) = 4.68 \tag{2-34}$$

对比分析式（2-32）～式（2-34）可得

$$W_S'(328\text{m}) > W_S'(327\text{m}) > W_S'(326\text{m}) \tag{2-35}$$

由二次多项式的基本特性可知，二次多项式的导数表示自变量随因变量变化的速率，由式（2-35）可知，潼关高程为 328m 时的渭河下游河道累计淤积量随潼关高程升高增大的速率大于潼关高程为 327m 时的渭河下游河道累计淤积量随潼关高程升高增大的速率；潼关高程为 327m 时的渭河下游河道累计淤积量随潼关高程升高增大的速率大于潼关高程为 326m 时的渭河下游河道累计淤积量随潼关高程升高增大的速率。随着潼关高程的升高，渭河下游河道淤积的速率也在增大，因此，相对于潼关高程 326m、327m 而言，当潼关高程达到 328m 时，渭河下游河道淤积的速率急剧增大。

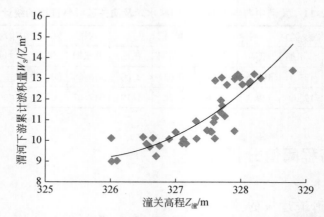

图 2-47　1974～2017 年渭河下游河道累计淤积量与潼关高程的关系

（2）与渭河下游河道洪水位适应的潼关高程

图 2-48 为 1960～2017 年渭河下游华县站不同时段洪峰水位–流量关系，由图可见，三门峡水库运用以来，1960～1966 年、1967～1994 年、1995～2002 年、2003～2017 年四个不同时段，渭河下游华县站洪峰水位–流量关系点群存在明显分区，表明四个时段渭河下游华县站洪峰水位–流量关系遵循不同的规律，利用回归分析的方法，分别建立了1960～1966 年、1967～1994 年、1995～2002 年、2003～2017 年四个时段渭河下游华县站

洪峰水位与流量的关系式分别为

$$Z_{max} = 2.61 \ln Q_{max} + 316.83 \qquad (2-36)$$

$$Z_{max} = 1.89 \ln Q_{max} + 324.51 \qquad (2-37)$$

$$Z_{max} = 1.83 \ln Q_{max} + 327.54 \qquad (2-38)$$

$$Z_{max} = 2.29 \ln Q_{max} + 322.69 \qquad (2-39)$$

式中，Q_{max} 为渭河下游河道华县站历年洪峰流量，m^3/s；Z_{max} 为渭河下游河道华县站历年洪峰流量对应的洪峰水位，m。式（2-36）~式（2-39）中的相关系数 R 分别为 0.93、0.89、0.94、0.97，反映出渭河下游河道华县站历年洪峰水位与流量相关关系十分密切。图 2-48 中四个时段关系线的变化趋势表明，渭河下游河道华县站洪峰水位随着洪峰流量的增大而升高。将洪峰流量 $Q_{max} = 3000 m^3/s$ 分别代入式（2-36）~式（2-39）中可得

$$Z_{max} = 337.73 \qquad (2-40)$$

$$Z_{max} = 339.64 \qquad (2-41)$$

$$Z_{max} = 342.19 \qquad (2-42)$$

$$Z_{max} = 341.06 \qquad (2-43)$$

依据式（2-40）~式（2-43）的计算结果，1967~1994 年，渭河下游河道华县站洪峰流量 3000m^3/s 水位比建库初期 1960~1966 年相同洪峰流量水位抬升了 1.91m；1995~2002 年，渭河下游河道华县站洪峰流量 3000m^3/s 水位比建库初期 1960~1966 年相同洪峰流量水位抬升了 4.46m；2003~2017 年，渭河下游河道华县站洪峰流量 3000m^3/s 水位比建库初期 1960~1966 年相同洪峰流量水位抬升了 3.33m，比 1995~2002 年相同洪峰流量水位降低了 1.13m。统计四个时段相应的历年汛末潼关高程均值分别为

$$\overline{Z_{潼}} = 326.2 \qquad (2-44)$$

$$\overline{Z_{潼}} = 327.2 \qquad (2-45)$$

$$\overline{Z_{潼}} = 328.3 \qquad (2-46)$$

$$\overline{Z_{潼}} = 327.7 \qquad (2-47)$$

依据式（2-44）~式（2-47）的统计结果，1967~1994 年潼关高程均值比建库初期 1960~1966 年潼关高程均值抬升了 1m；1995~2002 年，潼关高程均值比建库初期 1960~1966 年潼关高程均值抬升了 2.1m；2003~2017 年，潼关高程均值抬升了 1.5m；比 1995~2002 年潼关高程均值降低了 0.6m。通过将两组数据对比可知，渭河下游河道华县站洪水位的抬升与下降与潼关高程的抬升与下降变化趋势基本一致，由河床演变原理可知，潼关高程升高，渭河下游河道侵蚀基准面升高，河道比降减缓，输水输沙能力降低，河道淤积抬升，华县站相同流量洪水位相应抬升；潼关高程降低，渭河下游河道侵蚀基准面降低，河道比降增大，输水输沙能力增强，河道冲刷下降，华县站相同流量洪水位相应降低。综合上述分析可知，潼关高程抬升造成了渭河下游河道洪水位的相应抬升，尤其在 1995~2002 年潼关高程抬升至 328m 以上，渭河下游河道洪水位大幅度抬升，该时段是建库后渭河下游河道洪水灾害最严重的时段，渭河下游河道防洪安全受到了极大威胁。

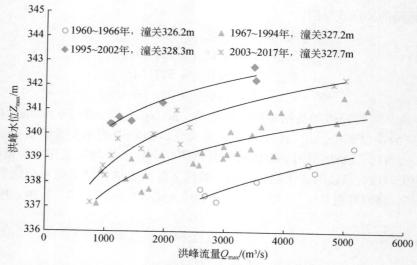

图 2-48 1960～2017 年渭河下游华县站不同时段洪峰水位–流量关系

（3）与渭河下游河道过洪能力适应的潼关高程

图 2-49 为 1974～2017 年渭河下游河道华县站平滩流量与潼关高程的关系，利用回归分析的方法建立了 1974～2017 年渭河下游河道华县站平滩流量与潼关高程的关系式：

$$Q_{平} = -1288 Z_{潼} + 424\ 852 \tag{2-48}$$

式中，$Q_{平}$ 为 1974～2017 年渭河下游河道华县站历年汛后平滩流量，m³/s；$Z_{潼}$ 为 1974～2017 年黄河中游历年汛后潼关高程，m。式（2-48）中的相关系数 R 为 0.72，反映出渭河下游河道华县站平滩流量与潼关高程相关关系并不密切，分析其原因，主要是渭河下游河道华县站历年汛后平滩流量不仅受历年潼关高程升降的影响，还取决于历年水沙过程的优劣。图 2-49 中关系线的变化趋势表明，渭河下游河道华县站平滩流量随潼关高程升高而减小。潼关高程升高相当于渭河下游河道侵蚀基准面升高，河道比降减缓，输水输沙能力降低，河道淤积增强，渭河下游河道过流能力必然降低。

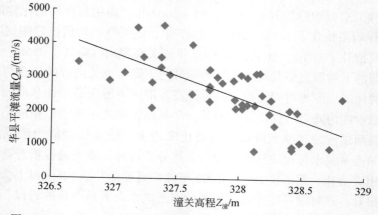

图 2-49 1974～2017 年渭河下游华县站平滩流量与潼关高程的关系

图 2-50 为渭河下游华县站平滩流量与相应年份潼关高程变化过程，由图可见，一是两者变化过程线基本呈倒影关系，反映出潼关高程升高，渭河下游河道华县站平滩流量减小。潼关高程降低，渭河下游河道华县站平滩流量增大；二是两者变化过程不能完全对应，主要原因是渭河下游河道华县站历年平滩流量除了受历年潼关高程升降的影响，还与历年水沙过程密切相关。仔细观察图 2-50 中的变化过程线还可看出，1995 年是两者变化过程线的变异年份，1995 年，潼关高程升高至 328.12m，渭河下游河道华县站平滩流量陡然下降到 800m³/s 左右，此后的 1995～2002 年潼关高程一直维持在 328m 以上，相应时段的渭河下游河道华县站平滩流量均值仅为 1178m³/s，与 20 世纪 60 年代相比，降低了 80% 左右。此时段河道主槽过流能力的大幅度降低造成渭河下游河道遭遇极小的洪峰就会漫滩，出现小流量-高水位-大灾情的严重局面。

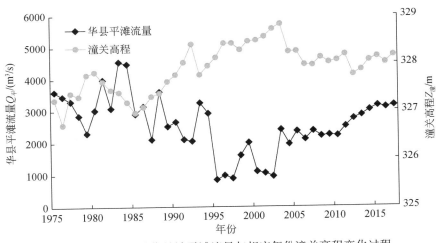

图 2-50 渭河下游华县站平滩流量与相应年份潼关高程变化过程

（4）与渭河下游河道反馈影响适应的潼关高程

潼关高程作为渭河下游河道的侵蚀基准面，其升降会对渭河下游河道演变产生反馈影响。随着潼关高程升高，渭河下游河道会发生自下而上的溯源淤积，而潼关高程下降，渭河下游河道会发生自下而上的溯源冲刷。表 2-12 为渭河下游河道沿程冲淤分布与相应时段潼关高程升降值的统计，由表可见，不考虑单个具体年份渭河下游河道冲淤发展过程，只依据长时段渭河下游河道沿程冲淤均值分布，也可判断出渭河下游河道冲淤特征，其中，1960～2002 年渭河下游河道年均淤积量分布下大上小，表现为典型的溯源淤积特征；2003～2012 年渭河下游河道年均冲刷量分布下大上小，表现为典型的溯源冲刷特征；2013～2017 年渭河下游河道年均冲淤量分布又表现为溯源淤积特征，只是溯源淤积的范围只发展到华县断面附近。表 2-12 还统计了相应三个时段的潼关高程升降值，通过对比分析两组数据可知，1960～2002 年潼关高程累计升高了 5.38m，表明渭河下游河道侵蚀基准面大幅抬高，相应时段渭河下游河道表现为典型的溯源淤积特征；2003～2012 年潼关高程下降了 1.4m，表明渭河下游河道侵蚀基准面大幅下降，相应时段渭河下游河道表现为典型的溯源冲刷特征；2013～2017 年潼关高程升高了 0.32m，表明渭河下游河道侵蚀基准面有所抬升，相应时段渭河下游河道又表现出溯源淤积特征。

表 2-12　渭河下游河道沿程冲淤分布与相应时段潼关高程升降值的统计表

时段	渭河下游沿程冲淤量/亿 m³					潼关高程升降值/m
	渭拦-渭淤1	渭淤1~10	渭淤10~26	渭淤26~28	渭淤28~37	
1960~2002年	0.6	8.58	3.77	0.13	0.15	5.38
2003~2012年	−0.07	−1.08	−0.02	−0.18	−0.89	−1.4
2013~2017年	0.01	0.52	−0.32	−0.39	−0.27	0.32

表 2-13 表明，潼关高程升降越剧烈，其对渭河下游河道演变反馈影响的长度越长。淤积末端发展过程反映出潼关高程升高值越大，渭河下游河道溯源淤积长度越长；中国水利水电科学研究院模型试验结果表明潼关高程降低越大，渭河下游河道溯源冲刷越长。

表 2-13　不同潼关控制高程对渭河下游河道溯源冲刷影响范围统计表

水沙系列			潼关高程/m	影响范围
水沙系列1（偏丰系列）	年均水量/亿 m³	52.15	326	渭淤10以下
			327	渭淤8以下
	年均沙量/亿 t	2.85	328	渭淤2以下
水沙系列2（偏枯系列）	年均水量/亿 m³	20.47	326	渭淤5以下
			327	渭淤3以下
	年均沙量/亿 t	1.67	328	渭拦5以下

综合上述分析，潼关高程达到328m以上，溯源淤积影响至咸阳附近，溯源淤积影响的范围最大；2003~2017年潼关高程降低到328m以下，溯源淤积影响至西安草滩附近，溯源淤积影响的范围有所减小。

2. 小北干流适应的潼关高程

（1）与小北干流河道淤积适应的潼关高程

潼关高程因其独特的地理位置，不仅是渭河下游河道的局部侵蚀基准面，也是小北干流的局部侵蚀基准面。图 2-51 为小北干流年均冲淤量与相应时段潼关高程升降变化过程，由图可见，1960~1962年三门峡水库蓄水拦沙运用，潼关高程抬升2.3m，小北干流淤积严重，年均淤积量高达1.55亿 m³；1963~1973年三门峡水库滞洪排沙运用，潼关高程抬升1.75m，小北干流淤积依然严重，年均淤积量为1.35亿 m³；1974~1985年三门峡水库蓄清排浑运用，潼关高程保持相对稳定，小北干流淤积大幅度减小，年均淤积量仅为0.08亿 m³；1986~2002年三门峡水库蓄清排浑运用，潼关高程抬升2.1m，小北干流淤积又趋于严重，年均淤积量为0.43亿 m³；2003~2017年三门峡水库调整了运用方式，同期的水沙过程也较为有利，潼关高程降低了0.9m，小北干流由淤积转为冲刷，年均冲刷量为0.18亿 m³。由上述变化过程可以看出，潼关高程的升降与小北干流冲淤具有明显的相互对应关系，潼关高程持续抬升能造成小北干流淤积趋于严重，潼关高程持续下降能造成小北干流淤积减缓甚至转而冲刷；三门峡水库蓄清排浑运用后，小北干流淤积最严重的时段是 20 世纪 90 年代末期，此时潼关高程升高至 328m 以上。

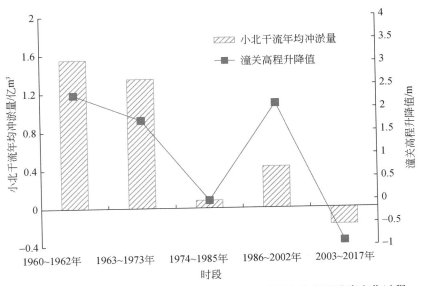

图 2-51　黄河中游小北干流年均冲淤量与相应时段潼关高程升降变化过程

（2）与小北干流河势变化适应的潼关高程

潼关高程的持续抬升，在导致小北干流河床淤积抬高的同时，也加剧了小北干流游荡型河型的发展。至 20 世纪 90 年代末期，潼关高程维持在 328m 以上，此时段，小北干流不仅淤积最为严重，河势也最为恶化，主要表现在河道更加宽浅散乱，摆动更加频繁，工程出险长度、坝次不断增加，原有的一些天然节点失去了控制河势的作用，出现了畸形河湾，威胁防洪安全。尤其是在汇流区，河道展宽坦化严重，水流散乱，多股分流，主流不明确，水流输沙能力大幅度降低，泥沙大量落淤，河势极不稳定。为遏制河势持续恶化，稳定黄河流路，减少黄河西倒夺渭，减轻河道淤积，降低潼关高程，中国水利水电科学研究院开展了汇流区的动床模型试验研究。图 2-52 为黄河中游小北干流汇流区实体模型试验起始时河势，图 2-53 为汇流区实体模型试验结束时河势，由图可见，汇流区河道整治后，河势明显改善，河道滩槽分明，水流归顺，河道淤积明显减轻，试验结果表明，汇流区的整治对降低潼关高程有一定作用。

3. 与未来不同水沙过程适应的潼关高程

选择黄河中游历年汛末潼关高程为自变量，黄河中游四站年水沙过程为因变量，运用多元回归的方法，分别建立 1974～2002 年、2003～2017 年两个时段潼关高程与中游四站年水沙过程的综合关系式。

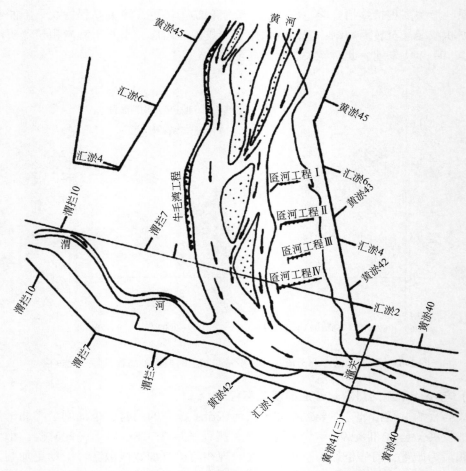

图 2-52　黄河中游小北干流汇流区实体模型试验起始时河势

1974 ~ 2002 年：

$$Z_潼 = -0.0053 W_{年5} + 130.58 \rho_{年5} + 326.37 \qquad (2\text{-}49)$$

2003 ~ 2017 年：

$$Z_潼 = -0.0061 W_{年5} + 118.76 \rho_{年5} + 327.74 \qquad (2\text{-}50)$$

式中，$Z_潼$ 为黄河中游历年汛末潼关高程，m；$W_{年5}$ 为黄河中游四站 5 年滑动平均水量，亿 m³；$\rho_{年5}$ 为黄河中游四站 5 年滑动平均来沙系数，kg·s/m⁶。式（2-49）和式（2-50）中的复相关系数 R 分别为 0.93 和 0.92，明显高于 1974 ~ 2002 年、2003 ~ 2017 年两个时段潼关高程与中游四站年水沙过程单因子的关系，表明可以运用式（2-49）和式（2-50）对现状水沙过程适应的潼关高程进行估算。图 2-54 中计算值与实际值的比较也反映出式（2-49）和式（2-50）的回归效果良好。由式（2-49）和式（2-50）中两项变量的系数的正负可知，潼关高程随着黄河中游四站 5 年滑动平均水量的增大而降低，随着黄河中游四站 5 年滑动平均来沙系数的增大而升高，表明上述多因素关系分析结果在定性上与前面单

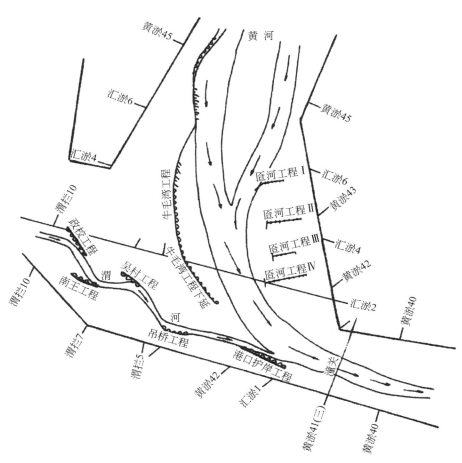

图 2-53　黄河中游小北干流汇流区实体模型试验结束时河势

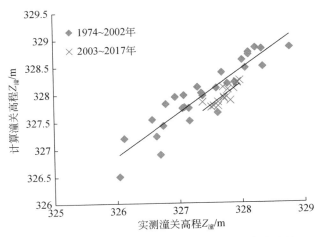

图 2-54　黄河中游潼关高程计算值与实测值的比较

因素分析结果是一致。

表 2-14 为未来不同水沙情景适应的潼关高程阈值的统计表,由表可见,参考第 4 章中黄河勘测规划设计研究院有限公司提出的未来来沙 1 亿 t/a、3 亿 t/a、6 亿 t/a 三种不同水沙情景方案,将来沙 1 亿 t/a 情景方案下中游四站年均水量、年均来沙系数两个自变量值代入式(2-50)计算可得,潼关高程为 327.27m;来沙 3 亿 t/a 情景方案下中游四站年均水量、年均来沙系数两个自变量值代入式(2-50)计算可得,潼关高程为 328.02m;将来沙 6 亿 t/a 情景方案下中游四站年均水量、年均来沙系数两个自变量值代入式(2-49)计算可得,潼关高程为 328.54m。上述计算结果表明,未来三门峡水库保持目前的运行方式,来沙 1 亿 t/a 情景方案下,潼关高程将下降至 327.3m 左右;来沙 3 亿 t/a 情景方案下,潼关高程将维持在 328m 左右;来沙 6 亿 t/a 情景方案下,潼关高程将升高至 328.5m 左右。

表 2-14　未来不同水沙情景适应的潼关高程阈值的统计表

未来水沙过程	三门峡水库运行方式			估算关系式	潼关高程 $Z_潼$/m
	非汛期水位/m	汛期			
		平水期水位/m	洪水		
1 亿 t/a	318	305	敞泄	式(2-50)	327.27
3 亿 t/a	318	305	敞泄	式(2-50)	328.02
6 亿 t/a	318	305	敞泄	式(2-49)	328.54

4. 潼关高程阈值综合分析

从渭河下游河道和小北干流河道两方面开展了潼关高程阈值研究。现状工程条件下,从渭河下游河道淤积、洪水位、过洪能力及反馈影响四个角度分析,与渭河下游河道适应的潼关高程为 328m 左右;从小北干流河道淤积和河势变化两个角度分析,与小北干流适应的潼关高程为 328m 左右。因此,确定现状工程条件下黄河中游潼关高程阈值为 328m 左右。与未来不同水沙过程适应的潼关高程研究表明,未来来沙 1 亿 t/a 情景方案下,黄河中游潼关高程将下降至 327.3m 左右;未来来沙 3 亿 t/a 情景方案下,黄河中游潼关高程将维持在 328m 左右;未来来沙 6 亿 t/a 情景方案下,黄河中游潼关高程将升高至 328.5m 左右。

2.5　黄河下游河道平滩流量阈值

2.5.1　平滩流量变化过程

图 2-55 为 1950~2017 年黄河下游河道沿程四站平滩流量变化过程图,由图可见,四个水文站平滩流量的变化趋势基本相同,总体的变化趋势是先减小后增大,由 20 世纪中

期的 7000 ~ 9000m³/s 减小到 20 世纪末期的 2000 ~ 4000m³/s; 21 世纪后, 小浪底水库蓄水拦沙运用至今, 黄河下游河道平滩流量恢复至 4000 ~ 7000m³/s。具体来说, 受水沙变化与人类活动的影响, 河道平滩流量变化表现出明显的阶段性[30]。

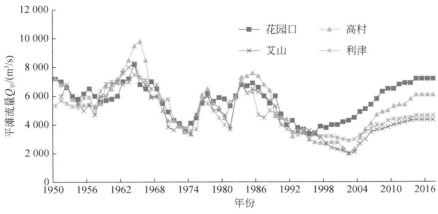

图 2-55 黄河下游河道沿程四站平滩流量变化过程

1) 1950 ~ 1960 年受生产力发展水平的制约, 人类活动对水沙过程的干预较小, 花园口年均来水量为 480 亿 m³, 年均来沙量为 17.91 亿 t, 水沙属平水多沙系列。该时段由于进入黄河下游的洪水过程基本保持自然状态, 下游河道经历了几次较大的漫滩洪水过程, 主槽刷深, 滩地淤高, 表现出大水出好河演变特征, 河道平滩流量在 6000 ~ 8000m³/s。

2) 1961 ~ 1964 年花园口年均来水量为 606.8 亿 m³, 年均来沙量为 8.84 亿 t, 水沙属丰水少沙系列。该时段三门峡水库采用蓄水拦沙运用, 黄河下游河道主槽普遍发生冲刷, 河道主槽过洪能力增大, 至 1964 年河道平滩流量增大至 8000 ~ 10 000m³/s。

3) 1965 ~ 1973 年花园口年均来水量为 423.2 亿 m³, 年均来沙量为 14.88 亿 t, 水沙属平水丰沙系列。该时段三门峡水库采用滞洪排沙运用: 一方面, 水库汛期滞洪削峰作用, 减少了洪水淤滩刷槽的机遇, 主槽得不到有效的冲刷; 另一方面, 水库汛后排沙, 小流量挟带大量泥沙, 主槽发生严重淤积, 黄河下游河道主槽过洪能力急剧减小, 至 1973 年河道平滩流量降低至 3000 ~ 4000m³/s。

4) 1974 ~ 1980 年花园口年均来水量为 388.4 亿 m³, 年均来沙量为 12.18 亿 t, 水沙属平水多沙系列。该时段三门峡水库采用 "蓄清排浑" 运用, 非汛期下泄清水, 下游河道主槽由淤积转为冲刷, 非汛期冲刷对减轻河道淤积起到了一定作用, 加之 1975 年和 1976 年汛期漫滩洪水淤滩刷槽的影响, 黄河下游河道主槽过洪能力有所增大, 至 1980 年河道平滩流量增加至 4000 ~ 5000m³/s。

5) 1981 ~ 1985 年花园口年均来水量为 507.3 亿 m³, 年均来沙量为 10.06 亿 t, 水沙属丰水平沙系列。该时段三门峡水库采用 "蓄清排浑" 运用, 再加上有利的水沙过程, 黄河下游河道主槽连续 5 年冲刷, 河道主槽过洪能力持续增大, 至 1985 年河道平滩流量增加至 6000 ~ 7000m³/s。

6）1986～1999 年花园口年均来水量为 276. 3 亿 m³，年均来沙量为 7. 06 亿 t，水沙属枯水枯沙系列。该时段三门峡水库仍采用"蓄清排浑"运用，由于持续的枯水枯沙条件，黄河下游河道主槽严重萎缩，河道主槽过洪能力急剧减小，至 1999 年河道平滩流量降低至 2000～4000m³/s。

7）2000～2017 年花园口年均来水量为 249. 5 亿 m³，年均来沙量为 0. 76 亿 t，水沙属枯水枯沙系列。该时段虽然水沙较枯，但由于小浪底水库处于"蓄水拦沙"运用阶段，除"调水调沙"和洪水期外，以下泄清水为主，下游河道主槽持续冲刷，河道淤积萎缩的局面得到了遏制，黄河下游河道过洪能力有了较大程度的恢复，至 2017 年，河道平滩流量增加至 4000～7000m³/s。

8）2018～2020 年黄河为多年不遇的丰水年，水利部黄河水利委员会连续三年开展了"一高一低"调度，即上游龙羊峡水库、刘家峡水库拦洪蓄水，保持高水位运行，统筹防洪和水资源安全；中游小浪底水库低水位泄洪排沙，在洪水期利用花园口以上河段平滩流量较大的优势进行滞沙，次年通过清水大流量将淤积的泥沙冲刷带走，兼顾了水库和河道减淤。2018～2020 年小浪底水库累计出库沙量为 13. 49 亿 t，净冲刷泥沙量为 2. 61 亿 t，有效恢复了水库库容；下游卡口河段在不考虑生产堤的挡水作用情况下，最小平滩流量提高至 2021 年汛前的 4600m³/s 左右。

2.5.2　平滩流量与水沙过程的响应关系

1. 因变量与自变量的选择

要建立黄河下游河道平滩流量与水沙过程的响应关系，首先要选择所建关系式右侧的自变量，通过前述分析黄河下游河道沿程水文断面平滩流量变化特征可知，黄河下游最小平滩流量总是处于高村至艾山过渡性河段，该河段具有承上启下的作用，其河床演变制约着整个黄河下游河道，目前，黄河下游最小平滩流量处于该河段孙口断面附近，故选择孙口断面作为黄河下游平滩流量阈值的调控断面，如果黄河下游河道过流能力最小的断面达到河道平滩流量调控阈值，就意味着整个下游河道平滩流量都达到黄河下游河道平滩流量调控阈值[31]。综上所述，本研究选择所建关系式右侧的自变量是黄河下游河道孙口断面平滩流量。其次要选择所建关系式左侧的因变量，出于对进入黄河下游河道水沙过程调控的考虑，研究所选的因变量均为下游河道花园口站水沙特征值。表 2-15 为孙口平滩流量与不同水沙过程关系的相关系数 R 统计表，由表可见，孙口断面平滩流量与花园口站汛期水沙过程的相关系数关系 R 明显大于孙口断面平滩流量与花园口站年水沙过程的相关系数关系 R，表明孙口断面平滩流量与花园口站汛期水沙过程的关系要优于孙口断面平滩流量与花园口站年水沙过程的关系。由此可见，相对于年水沙过程而言，汛期水沙过程对黄河下游河道演变发挥着更重要的作用，因此，选择花园口站汛期水沙过程作为所建关系式左侧的因变量。

表 2-15　黄河下游孙口站平滩流量与不同水沙过程的相关系数 R 统计表

时段	$Q_平$ 与年水沙过程的相关系数 R		$Q_平$ 与汛期水沙过程的相关系数 R	
	年水量	年来沙系数	汛期水量	汛期来沙系数
1965～1999 年	0.81	0.79	0.85	0.82
2000～2017 年	0.79	0.76	0.82	0.78

从河床演变机理出发，花园口站汛期水量 $W_汛$ 代表黄河下游河道汛期水流动力的大小，是影响下游河道演变最重要的水沙因子，选择花园口站汛期水量 $W_汛$ 作为黄河下游河道汛期水沙过程的第一个表征参数。黄河下游河道是冲积性河流，其演变的根本特性源于水流中挟带的大量泥沙，除来水量外，水流中的水沙搭配关系也是影响河床演变的主要因素，故选择花园口站汛期来沙系数 $\rho_汛$ 作为黄河下游河道汛期水沙过程的第二个表征参数。

花园口站汛期水量 $W_汛$ 的大小反映了黄河下游河道汛期水沙过程中来水的多少，花园口站汛期来沙系数 $\rho_汛$ 反映了黄河下游河道汛期水沙过程中的水沙搭配关系，确切地说，上述两个指标主要表征黄河下游河道汛期来水来沙的量值，而黄河下游河道演变不仅与来水来沙的量值有关，而且与来水来沙的过程有关。为了突出对黄河下游河道汛期水沙过程的描述，引入花园口站汛期水流过程参数 $\theta_汛$ 作为黄河下游河道汛期水沙过程的第三个表征参数，其数学表达式为

$$\theta_汛 = \frac{W_{汛Q>2000}}{W_汛} \tag{2-51}$$

式中，$W_{汛Q>2000}$ 为花园口站汛期流量大于 2000m^3/s 的水量；$W_汛$ 为花园口站汛期总水量。由式（2-51）可知，黄河下游河道汛期水流过程参数 $\theta_汛$ 的物理意义十分明确，即花园口站汛期流量大于 2000m^3/s 的水量占花园口站汛期总水量的比例。汛期水流过程参数 $\theta_汛$ 的大小能直接反映出汛期水量的分配情况，能间接反映汛期水流过程的变化幅度。相同汛期水量下，汛期水流过程参数 $\theta_汛$ 大，说明汛期水流流量大于 2000m^3/s 的水量占比大，汛期洪水多，汛期水流过程变化幅度相对较大，流量分布较不均匀；汛期水流过程参数 $\theta_汛$ 小，说明汛期水流流量大于 2000m^3/s 的水量占比小，汛期洪水少，汛期水流过程变化幅度相对较小，流量分布趋于均匀[32]。

2. 孙口断面平滩流量与花园口站汛期水量的关系

沿用前述的研究思路，为了对比孙口断面平滩流量与花园口站多年滑动平均汛期水沙过程的关系，图 2-56 统计了孙口断面平滩流量与花园口站当年（1 年滑动平均）汛期水量及 2～9 年滑动平均汛期水量的相关系数 R，由图可见，孙口断面平滩流量与花园口站 2年滑动平均汛期水量的相关系数 R 大于孙口断面平滩流量与花园口站当年汛期水量相关系数 R 值，之后，孙口断面平滩流量与花园口站多年滑动平均汛期水量相关系数 R 随着滑动平均年数增大而增大，而后随着滑动平均年数增大而减小，其峰值出现在 5 年滑动平均，表明孙口断面平滩流量与花园口站 5 年滑动平均汛期水量的关系最密切。

图 2-57 为孙口断面历年汛后平滩流量和花园口站 5 年滑动平均汛期水量的关系，由

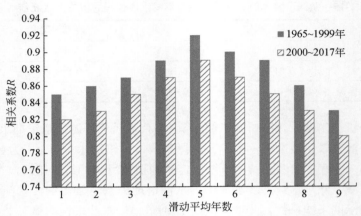

图 2-56　黄河下游孙口断面平滩流量与花园口站当年汛期水量
及 2～9 年滑动平均汛期水量的相关系数 R 统计

图可见，1965～1999 年孙口断面平滩流量和花园口站汛期水量的关系点群与 2000～2017 年两者之间的关系点群存在明显分区，表明两个时段孙口断面平滩流量和花园口站汛期水量的关系遵循不同的规律，利用回归分析的方法，分别建立了 1965～1999 年［对应式（2-52）］、2000～2017 年［对应式（2-53）］两个时段孙口断面历年平滩流量和花园口站 5 年滑动平均汛期水量的关系式：

$$Q_{平} = -0.39 W_{汛5}^2 + 122.63 W_{汛5} - 5036.9 \tag{2-52}$$

$$Q_{平} = -0.04 W_{汛5}^2 + 33.97 W_{汛5} - 479.4 \tag{2-53}$$

式中，$Q_{平}$ 为孙口断面历年汛后平滩流量，$\mathrm{m^3/s}$；$W_{汛5}$ 为花园口站 5 年滑动平均汛期水量，亿 $\mathrm{m^3}$。式（2-52）和式（2-53）中的相关系数 R 分别为 0.92 和 0.91，反映出孙口断面平滩流量与花园口站 5 年滑动平均汛期水量相关关系十分密切。图 2-57 中两条关系线的变化趋势表明，孙口断面平滩流量随着花园口站 5 年滑动平均汛期水量的增大而增大，由河床演变的原理可知，对于某一河段而言，5 年滑动平均汛期水量大，表明河床经历了连续 5 年较强水流动力的塑造，河道平滩流量有所增大；5 年滑动平均汛期水量小，表明河床经历了连续 5 年较弱水流动力的塑造，河道平滩流量有所减小。由式（2-52）和式（2-53）两条关系线的分布特征可见，在相同水量的情况下，2000～2017 年孙口断面平滩流量要大于 1965～1999 年孙口断面平滩流量，分析其原因，主要是小浪底水库蓄水拦沙运用后，相同水量的情况下，进入下游的水流含沙量大幅度降低，因此对于相同洪水过程，对河道主槽的冲刷能力越强，黄河下游河道的平滩流量相应越大[33]。

3. 孙口断面平滩流量与花园口站汛期来沙系数的关系

图 2-58 为黄河下游河道孙口断面历年汛后平滩流量和花园口站 5 年滑动平均汛期来沙系数的关系，由图可见，1965～1999 年孙口断面平滩流量和花园口站汛期来沙系数的关系点群与 2000～2017 年两者之间的关系点群存在明显分区，表明两个时段孙口断面平滩流量和花园口站汛期来沙系数的关系遵循不同的规律，利用回归分析的方法，分别建立了

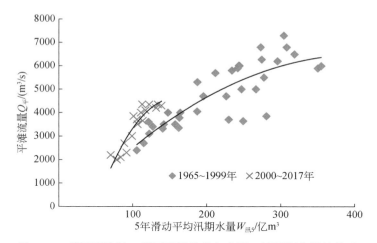

图 2-57 黄河下游孙口断面平滩流量与花园口站汛期水量的关系

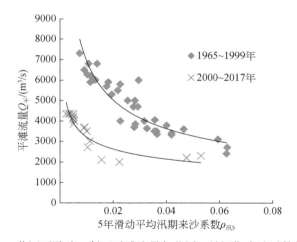

图 2-58 黄河下游孙口断面平滩流量与花园口站汛期来沙系数的关系

1965～1999 年［对应式（2-54）］、2000～2017 年［对应式（2-55）］两个时段孙口断面历年平滩流量和花园口站 5 年滑动平均汛期来沙系数的关系式：

$$Q_平 = 799.25\rho_{汛5}^{-0.47} \tag{2-54}$$

$$Q_平 = 831.49\rho_{汛5}^{-0.29} \tag{2-55}$$

式中，$Q_平$ 为孙口断面历年汛后平滩流量，m^3/s；$\rho_{汛5}$ 为花园口站 5 年滑动平均汛期来沙系数，$kg \cdot s/m^6$。式（2-54）和式（2-55）中的相关系数 R 分别为 0.89 和 0.87，反映出孙口断面平滩流量与花园口站 5 年滑动平均汛期来沙系数相关关系密切。图 2-58 中两条关系线的变化趋势表明，孙口断面平滩流量随着花园口站 5 年滑动平均汛期来沙系数的增大而减小，由河床演变的原理可知，对于某一河段而言，5 年滑动平均汛期来沙系数大，表明连续 5 年汛期水沙搭配关系差，相同流量下，连续 5 年汛期含沙量高，水流挟沙力相同的情况下，连续 5 年河道汛期淤积加重，河道平滩流量有所减小；汛期 5 年滑动来沙系数小，表明连续 5 年汛期水沙搭配关系好，相同流量下，连续 5 年汛期含沙量低，水流挟沙力相同的情况下，连续 5 年河道汛期冲刷增强，河道平滩流量有所增大。由式（2-54）和式（2-55）两条关系线的分布特征可见，两条关系线间距较远，在相同汛期来沙系数的情况下，2000～2017 年孙口断面平滩流量要小于 1965～1999 年孙口断面平滩流量，说明小浪底水库蓄水拦沙运用后，由于水流含沙量的大幅度降低，黄河下游河道冲刷演变机理与前期河道淤积演变机理存在较大差异[34]。

4. 孙口断面平滩流量与花园口站汛期水流过程参数的关系

图 2-59 为孙口断面历年汛后平滩流量和花园口站 5 年滑动平均汛期水流过程参数的关系，利用回归分析的方法，分别建立了 1965～1999 年 ［对应式（2-56）］、2000～2017 年 ［对应式（2-57）］两个时段孙口断面历年平滩流量和花园口站 5 年滑动平均汛期水流过程参数的关系式：

$$Q_平 = 6304.6\, \theta_{汛5} + 1303.1 \tag{2-56}$$
$$Q_平 = 6548.9\, \theta_{汛5} + 1105 \tag{2-57}$$

式中，$Q_平$ 为孙口断面历年汛后平滩流量，m^3/s；$\theta_{汛5}$ 为花园口站 5 年滑动平均汛期水流过程参数。式（2-56）和式（2-57）中的相关系数 R 分别为 0.85 和 0.83，反映出孙口断面平滩流量与花园口站 5 年滑动平均汛期水流过程参数相关关系良好。图 2-59 中两条关系线的变化趋势表明，孙口断面平滩流量随着花园口站 5 年滑动平均汛期水流过程参数的增大而增大，由河床演变的原理可知，对于某一河段而言，5 年滑动平均汛期水流过程参数大，相同水量下，连续 5 年汛期水流流量变化幅度大，连续 5 年汛期洪水过程居多，连续 5 年汛期水流输沙能力强，河道平滩流量有所增大；5 年滑动平均汛期水流过程参数小，相同水量下，连续 5 年汛期水流流量变化幅度小，连续 5 年汛期洪水过程较少，连续 5 年

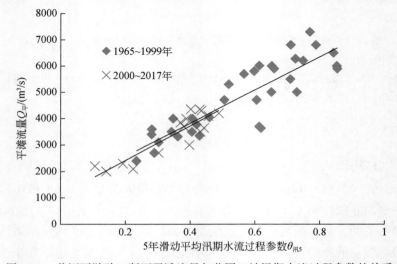

图 2-59　黄河下游孙口断面平滩流量与花园口站汛期水流过程参数的关系

汛期水流输沙能力弱,河道平滩流量有所减小。由两条关系线的分布特征可见,两条关系线距离十分接近,在相同汛期水流过程参数的情况下,2000～2017 年孙口断面平滩流量与1965～1999 年孙口断面平滩流量几乎相等,说明无论是小浪底水库蓄水拦沙运用后的黄河下游河道冲刷演变期,还是前期黄河下游河道淤积演变期,黄河下游河道平滩流量与汛期水流过程参数的关系几乎遵循相同的规律[35]。

2.5.3 平滩流量阈值分析

1. 黄河下游河道防洪需要的平滩流量

(1) 与未来洪峰流量适应的平滩流量

图 2-60 为黄河下游花园口站历年最大日均洪峰流量变化过程,由图可见,1986～2016 年,花园口站最大日均洪峰流量均值为 3798m³/s。其中,最大日均洪峰流量小于3000m³/s 的年数共 5 年,占总年数的比例为 16.1%,最大日均洪峰流量大于 4200m³/s 的年数共 6 年,占总年数的比例为 19.4%,最大日均洪峰流量大于 3000m³/s 小于 4200m³/s 的年数共 20 年,占总年数的比例为 64.5%。综合考虑干支流水库调控和人类用水等因素,按照目前多年平均情况估计,未来洪水会基本维持 1986 年后的形势,最大日均洪峰流量3000～4200m³/s 的洪水将成为黄河下游洪水的主体,因此与之相适应的黄河下游河道平滩流量应大于 4200m³/s。

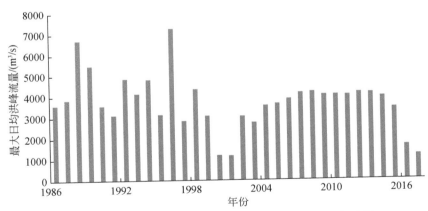

图 2-60 黄河下游花园口站历年最大日均洪峰流量变化过程

(2) 与设防水位适应的平滩流量

图 2-61 为花园口断面不同平滩流量下设防水(22 000m³/s)位的变化过程,由图可见,随着花园口断面平滩流量的增加,设防水位一直呈降低的趋势;花园口断面平滩流量大,主河槽过流能力大,相同的洪峰流量对应的洪水位低;花园口断面平滩流量小,主河槽过流能力小,相同的洪峰流量对应的洪水位高[36]。仔细观察图 2-61 中洪水位的变化过程线可知,随花园口站平滩流量增加,设防水位降低的趋势线是非线性的曲线,存在一个

明显拐点，拐点位置大约在 4000m³/s，即当花园口站平滩流量小于 4000m³/s 时，随着平滩流量的增加，设防水位降低的速率较快，花园口站平滩流量大于 4000m³/s 以后，随着平滩流量的增加，设防水位降低的速率有所变缓，因此，与黄河下游河道设防水位相适应的平滩流量应大于 4000m³/s。

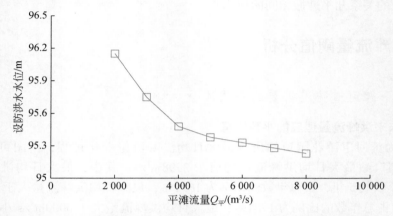

图 2-61   黄河下游花园口断面不同平滩流量下设防水位的变化过程

（3）与水位涨率适应的平滩流量

洪水上涨过程中水位涨率对于防洪的影响十分显著，引入水位涨率特征参数 β 来分析黄河下游洪水位涨率的变化，β 的数学表达式为

$$\beta = \frac{1000(Z_{\max} - Z_{3000})}{Q_{\max} - Q_{起}} \qquad (2-58)$$

式中，$Z_{\max}$ 为洪水最高水位；Z_{3000} 为洪水 3000m³/s 水位即洪水起涨水位；$Q_{\max}$ 为洪水洪峰流量；$Q_{起}$ 为洪水起涨流量，即 3000m³/s。通过分析式（2-58）可知，β 的物理意义为洪水自 3000m³/s 流量开始上涨的过程中每升高 1000m³/s 流量所抬高的水位值，可用来表征黄河下游洪水上涨过程中水位涨率的大小。

图 2-62 为黄河下游河道洪水位涨率与平滩流量的关系，由图可见，洪水位涨率特征参数随着平滩流量的增大而减小；平滩流量大，主河槽过流能力大，相同峰量的洪水上涨过程中，水位上涨慢；平滩流量小，主河槽过流能力小，相同峰量的洪水上涨过程中，水位上涨快[37]。通过观察图 2-62 关系点群的分布特征可知，以平滩流量 4000m³/s 为界，关系点群的变化趋势明显不同。当平滩流量小于 4000m³/s 时，洪水位涨率特征参数随着平滩流量的增大而迅速减小，当平滩流量大于 4000m³/s 以后，洪水位涨率特征参数在 0.1~0.2，随着平滩流量的增大变化不大，表明当黄河下游河道平滩流量大于 4000m³/s 以后，洪水上涨过程中洪水位涨率特征参数较小，洪水水位上涨造成的防洪压力明显降低。综上所述，与黄河下游河道洪水位涨率相适应的平滩流量应大于 4000m³/s。

（4）与滩区安全适应的平滩流量

黄河下游河道是典型的复式断面河道，断面形态上具有明显的主河槽和滩地，滩地是河道的重要组成部分。下游滩地总面积占下游河道总面积的 65% 以上，涉及沿黄 43 个县

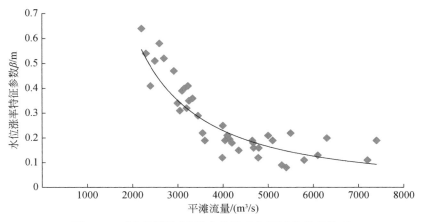

图 2-62　黄河下游河道洪水位涨率与平滩流量的关系

（区），滩地内共有村庄 1928 个，耕地 340 万亩^①。据不完全统计，1949 年以来，滩地遭受不同程度的洪水漫滩 30 余次，累计受灾面积 900 多万人次，受淹耕地 2600 多万亩。黄河下游滩区既是黄河防洪工程体系的重要组成部分，又是滩区近 190 万人赖以生存和发展的空间[38]。

图 2-63 为黄河下游高村断面滩地分流情况与平滩流量的关系，由图可见，高村断面滩地分流量与滩槽分流比随着平滩流量的增加而减小；平滩流量大，主河槽过流量大，相同峰量洪水，滩地分流量小，滩槽分流比小；平滩流量小，主河槽过流量小，相同峰量洪水，滩地分流量大，滩槽分流比大。通过观察图 2-63 中两条曲线的变化过程可知，高村断面滩地分流量与滩槽分流比随平滩流量的变化过程存在一个明显拐点，拐点位置大约在 4000m³/s，即当高村断面平滩流量小于 4000m³/s 时，随着平滩流量的增加，滩地分流量与滩槽分流比降低的速率较快，高村断面平滩流量大于 4000m³/s 以后，随着平滩流量的增加，滩地分流量与滩槽分流比降低的速率明显变缓，表明当黄河下游河道平滩流量大于 4000m³/s 以后，滩地分流量明显减小，滩槽分流比在 15%～20%，洪水对滩区防洪的威胁大大降低。因此，与黄河下游滩区防洪安全相适应的平滩流量应大于 4000m³/s。

2. 黄河下游河道输沙塑槽需要的平滩流量

（1）与高效输沙适应的平滩流量

受黄河水沙年内分布特征及水利枢纽运行方式的双重影响，洪水期是黄河下游河道输沙的主要时段。引入河道排沙比的概念，即下游河道输出沙量与来沙量的比值，黄河下游洪水期河道排沙比与流量的关系如图 2-64 所示，由图可见，在洪水期，河道排沙比随着花园口站洪水平均流量的增大而增大；花园口站洪水平均流量大，洪水动力强，黄河下游河道输沙能力大，河道排沙比大；花园口站洪水平均流量小，洪水动力弱，黄河下游河道

---

① 1 亩 ≈ 666.7m²。

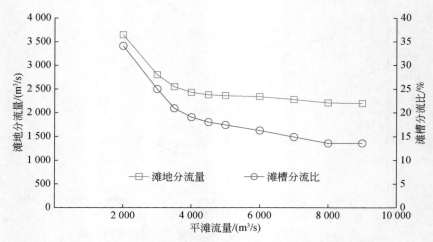

图 2-63　黄河下游高村断面滩地分流情况与平滩流量的关系

输沙能力小，河道排沙比小[39]。由图 2-64 关系点群的分布特征可知，随花园口站洪水平均流量的增加，黄河下游河道排沙比点群存在一个明显拐点，拐点位置大约在 4000m³/s，即当花园口站洪水平均流量小于 4000m³/s 时，随着洪水流量的增加，河道排沙比从 10%~20% 迅速增加至 80%~90%，花园口站洪水平均流量大于 4000m³/s 以后，随着洪水流量的增加，河道排沙比在 90%~130%，其随流量增加的速率大幅度减缓，因此，与黄河下游洪水期河道排沙比相适应的平滩流量应大于 4000m³/s。

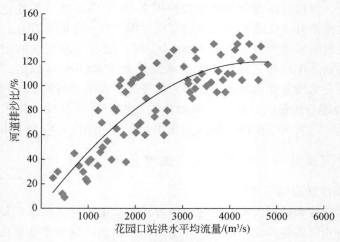

图 2-64　黄河下游洪水期河道排沙比与流量的关系

河道输沙能力与水流的流量、流速、来沙粒径组成和河道边界条件中的河宽、水深、比降、河床组成等因素具有复杂的相关关系。水流挟沙力最常用的公式如下：

$$S_* = K\left(\frac{v^3}{gR\omega}\right)^m \tag{2-59}$$

式中，v 为断面平均流速；R 为水力半径；ω 为泥沙沉速。式（2-59）的物理意义是水流紊动作用与重力作用的对比关系。通过分析式（2-59）可知，在一般含沙水流中，在相同的来沙条件下，对水流挟沙能力起主导作用的是河道断面平均流速 v 和水深 h，因此，引入输沙因子 $\dfrac{v^3}{h}$ 作为反映黄河下游河道输沙能力的指标。图 2-65 利用下游洪水期艾山断面适时观测资料，点绘了洪水期艾山断面输沙因子 $\dfrac{v^3}{h}$ 与流量 Q 的关系，利用回归分析的方法，建立了黄河下游洪水期艾山断面输沙因子 $\dfrac{v^3}{h}$ 和流量 Q 的相关关系式：

$$\frac{v^3}{h} = -3E-07Q^2 + 0.0025Q + 1.0392 \tag{2-60}$$

式（2-60）的相关系数 R 为 0.81，表明下游洪水期艾山断面输沙因子 $\dfrac{v^3}{h}$ 和流量 Q 的相关关系良好。式（2-60）表明下游洪水期艾山断面输沙因子 $\dfrac{v^3}{h}$ 和流量 Q 是二次多项式的关系，利用二次多项式的基本性质推导可得

$$Q = -\frac{b}{2a} = 4166\text{m}^3/\text{s} \tag{2-61}$$

$$\max\left(\frac{v^3}{h}\right) = -\frac{b^2}{4a} + c = 6.3 \tag{2-62}$$

即当黄河下游洪水期艾山站流量 Q 为 4166m³/s 时，艾山断面输沙因子 $\dfrac{v^3}{h}$ 达到了最大值 6.3。通过分析图 2-65 变化趋势可知，随着艾山站流量 Q 的增大，艾山断面输沙因子 $\dfrac{v^3}{h}$ 逐渐增大；在艾山站流量 Q 达到 4166m³/s 时，艾山断面输沙因子 $\dfrac{v^3}{h}$ 达到了最大值；之后，随着艾山站流量进一步增大，艾山断面输沙因子 $\dfrac{v^3}{h}$ 呈减小的趋势。综上所述，多年平均情况下，黄河下游洪水期艾山站流量 Q 达到 4166m³/s，艾山断面达到了输沙最优的状态，而艾山断面为下游的卡口断面，对于整个黄河下游河道而言，结合前述河道排沙比的分析结果，与黄河下游河道高效输沙相适应的平滩流量应大于 4166m³/s。

（2）与高效塑槽适应的平滩流量

受水利枢纽工程运行的影响，黄河下游河道经历了 1961～1964 年、2000 年至今两个时段的清水下泄期，其中 1961～1964 年为三门峡水库蓄水拦沙期，2000 年至今为小浪底水库蓄水拦沙期。在这两个时段，由于水库的蓄水拦沙运用，下泄水流的含沙量较低，接近清水，下游河道表现为沿程冲刷状态[40]。引入黄河下游河道冲刷效率的概念，即黄河下游河道单位水量的冲刷量，点绘了下游清水下泄期河道冲刷效率与流量的关系，如图 2-66 所示，黄河下游清水下泄期河道冲刷效率随着花园口站流量的增大而减小；花园口站流量大，水流动力强，下游河道单位水量的冲刷量大，下游河道冲刷效率高；花园口站流

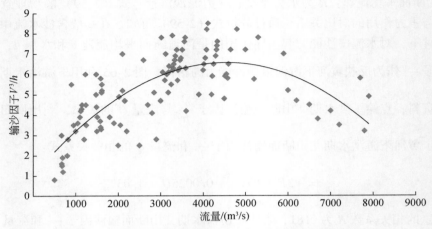

图 2-65 黄河下游洪水期艾山断面输沙因子与流量的关系

量小，水流动力弱，下游河道单位水量的冲刷量小，下游河道冲刷效率低[41]。由图 2-66 关系点群的分布特征可知，以花园口站流量 4000m³/s 为界，关系点群的变化趋势明显不同。当花园口站流量小于 4000m³/s 时，下游河道冲刷效率随着花园口站流量的增大而迅速降低，当花园口站流量大于 4000m³/s 以后，下游河道冲刷效率值在 15~20kg/m³，随着花园口站流量的增大变化不大，表明当花园口站流量大于 4000m³/s 后，黄河下游河道冲刷效率已接近最大值，因此，与黄河下游河道高效塑槽相适应的平滩流量应大于 4000m³/s。

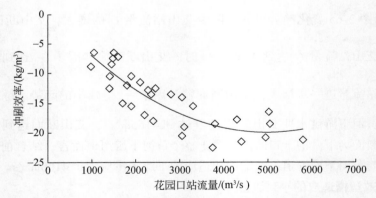

图 2-66 黄河下游清水下泄期河道冲刷效率与流量的关系

3. 与未来不同水沙过程适应的黄河下游河道平滩流量

选择黄河下游孙口断面平滩流量为因变量，花园口站汛期水沙过程为自变量，运用多元回归的方法，分别建立 1965~1999 年 [对应式（2-63）]、2000~2017 年 [对应式（2-64）] 两个时段黄河下游孙口断面平滩流量与花园口站汛期水沙过程的综合关系式：

$$Q_{平} = 716.96 W_{汛5}^{0.27} \rho_{汛5}^{-0.18} \theta_{汛5}^{0.25} \qquad (2\text{-}63)$$

$$Q_{平} = 248.97 W_{汛5}^{0.49} \rho_{汛5}^{-0.13} \theta_{汛5}^{0.22} \qquad (2\text{-}64)$$

式中，$Q_{平}$ 为孙口断面历年汛后平滩流量，m^3/s；$W_{汛5}$ 为花园口站 5 年滑动平均汛期水量，亿 m^3；$\rho_{汛5}$ 为花园口站 5 年滑动平均汛期来沙系数，$kg \cdot s/m^6$；$\theta_{汛5}$ 为花园口站 5 年滑动平均汛期水流过程参数。式（2-63）和式（2-64）中的复相关系数 R 分别为 0.96 和 0.95，明显高于 1965～1999 年、2000～2017 年两个时段黄河下游孙口断面平滩流量与花园口站汛期水沙过程单因子相关系数 R，表明可以用式（2-63）和式（2-64）对孙口断面平滩流量进行估算。图 2-67 中计算值与实际值的比较也反映出式（2-63）和式（2-64）的回归效果良好。由式（2-63）和式（2-64）中三项的指数的正负可知，孙口断面历年汛后平滩流量随着花园口站汛期平均水量的增大而增大，随着花园口站汛期平均来沙系数的增大而减小，随着花园口站汛期水流过程参数的增大而增大。这表明上述多因素关系分析结果在定性上与前面单因素分析结果是一致的。

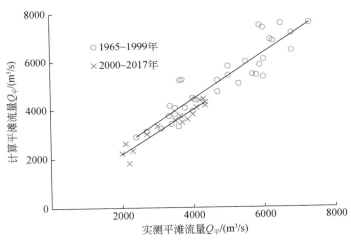

图 2-67　黄河下游孙口站平滩流量计算值与实测值的比较

表 2-16 为未来不同水沙情景适应的孙口断面平滩流量阈值的统计表，由表可见，参考第 4 章中黄河勘测规划设计研究院有限公司提出的未来来沙 1 亿 t/a、3 亿 t/a、6 亿 t/a 三种不同水沙情景方案，将来沙 1 亿 t/a 情景方案下花园口站的汛期水量均值、汛期来沙系数均值、汛期水流过程参数均值 3 个因变量值代入式（2-64）计算可得，孙口断面平滩流量为 4518m^3/s；将来沙 3 亿 t/a 情景方案下花园口站汛期水量均值、汛期来沙系数均值、汛期水流过程参数均值 3 个因变量值代入式（2-63）计算可得，孙口断面平滩流量为 4027m^3/s；将来沙 6 亿 t/a 情景方案下花园口站汛期水量均值、汛期来沙系数均值、汛期水流过程参数均值 3 个因变量值代入式（2-63）计算可得，孙口断面平滩流量为 3609m^3/s；上述计算结果表明，未来来沙 1 亿 t/a 情景方案下，黄河下游河道最小平滩流量能达到 4200m^3/s 左右；未来来沙 3 亿 t/a 情景方案下，黄河下游河道最小平滩流量能达到 4000m^3/s 左右；未来来沙 6 亿 t/a 情景方案下，黄河下游河道最小平滩流量将降低至

$3600m^3/s$ 左右。

表 2-16　未来不同水沙情景适应的黄河下游孙口断面平滩流量阈值的统计表

未来水沙过程	花园口站			估算关系式	孙口断面平滩流量 $Q_{平}/(m^3/s)$
	$W_汛/亿\ m^3$	$\rho_汛$	$\theta_汛$		
1 亿 t/a	112.6	0.0024	0.402	式 (2-64)	4518
3 亿 t/a	116.8	0.017	0.31	式 (2-63)	4027
6 亿 t/a	125.9	0.035	0.31	式 (2-63)	3609

4. 黄河下游河道平滩流量阈值综合分析

从防洪安全和输沙塑槽两方面开展黄河下游平滩流量阈值的研究。从防洪安全的角度，与未来下游河道洪峰流量适应的平滩流量应大于 $4200m^3/s$，与未来下游河道设防水位、水位涨率和滩区安全适应的平滩流量应大于 $4000m^3/s$；从输沙塑槽的角度，与下游河道高效输沙适应的平滩流量应大于 $4166m^3/s$，与下游河道高效塑槽适应的平滩流量应大于 $4000m^3/s$；综合而言，同时满足黄河下游河道防洪安全和高效输沙塑槽的平滩流量应达到 $4000m^3/s$ 左右，因此确定黄河下游河道平滩流量阈值为 $4000m^3/s$ 左右。与未来不同水沙过程适应的黄河下游河道平滩流量研究表明，未来来沙 1 亿 t/a 情景方案下，黄河下游河道平滩流量能达到 $4500m^3/s$ 左右；未来来沙 3 亿 t/a 情景方案下，黄河下游河道平滩流量能达到 $4000m^3/s$ 左右；未来来沙 6 亿 t/a 情景方案下，黄河下游河道平滩流量将降低至 $3600m^3/s$ 左右。需要指出的是，2018 年以来的"一高一低"调度模式，有效地恢复了小浪底水库库容；下游卡口河段在不考虑生产堤的挡水作用情况下，最小平滩流量已经恢复至 $4600m^3/s$ 左右，表明当前黄河下游河道平滩流量达到了阈值 $4000m^3/s$ 左右的要求，与下游河道行洪输沙适宜规模的中水河槽已经形成。

2.6　黄河河口稳定输沙量阈值

2.6.1　河口流路演变概况

1. 河口流路历史变迁

黄河南徙北移，历尽沧桑。"禹王故道"以前的流路，已湮没而不可考。历史记载[42]：公元前 602 年，黄河出现了有史记载以来的第一次大改道，改道后黄河流路由现在河北沧县境内东入渤海；此后，这条流路行河约 600 年。公元 11 年，河决魏郡元城，放任不堵[4]，入漯川故道至山东利津县入海。在以后的一千多年时间内，黄河流路虽经历了多次决口、变迁，但入海的位置基本位于利津县一带。1048 年黄河决商胡（今河南濮阳），北流合永济渠至天津以东入海。1128 年黄河南徙徐淮入海，历时达 700 年。1855 年黄河在河南省铜瓦厢决口，夺大清河注入渤海，结束了南流入黄海的历史。

黄河从铜瓦厢决口夺大清河注入渤海至今已行河 160 多年，其间因人为或自然因素的作用，入海流路在三角洲范围内决口、分汊、改道频繁[43]。据历史文献不完全统计，决口改道达 50 余次，其中较大的改道有 10 次，流路变迁过程如表 2-17 所示，由表可见：①黄河河口流路变迁的基本特征为黄河河口流路变迁频繁，入海位置遍布整个黄河三角洲洲面，流路行水历时长短不一，最短的不足 3 年，最长的是现行清水沟流路，自 1976 年行水至今；②从各次流路变迁过程很难探求流路变迁的规律，但对于某条流路河道的发育一般都经历了三个阶段，即行河初期的漫流游荡阶段、行河中期的单一顺直阶段和行河末期的出汊摆动阶段；③1855 ～ 1929 年河道决口改道基本上是天然洪水的作用造成的，而1929 年以后的几次改道人为因素的作用比较大，特别是 1949 年后的三次改道人为因素更大。1953 年 7 月神仙沟流路是人工裁弯并汊形成的，1964 年 1 月钓口河流路是凌汛人工破堤形成的，1976 年 5 月清水沟流路是有计划地人工截流改道。

表 2-17　1855 年以来黄河入海流路变迁的统计表

顶点	次序	行水时间	改道地点	入海位置	改道原因
宁海	1	1855 年 7 月 ～ 1889 年 4 月	铜瓦厢	肖神庙	1855 年铜瓦厢决口夺大清河入海
	2	1889 年 4 月 ～ 1897 年 6 月	韩家垣	毛丝坨	凌汛漫溢
	3	1897 年 6 月 ～ 1904 年 7 月	岭子庄	丝网口	伏汛漫溢
	4	1904 年 7 月 ～ 1926 年 7 月	盐窝	顺江沟	伏汛决口
			寇家庄	车子沟	伏汛决口
	5	1926 年 7 月 ～ 1929 年 9 月	八里庄	刁口	伏汛决口
	6	1929 年 9 月 ～ 1934 年 9 月	纪家庄	南旺沙	人工扒口
	7	1934 年 9 月 ～ 1953 年 7 月	一号坝	神仙沟、甜水沟、宋春荣沟	堵岔道未成而改道
渔洼	8	1953 年 7 月 ～ 1963 年 12 月	小口子	神仙沟	人工截弯取直、变分流入海为独流入海
	9	1964 年 1 月 ～ 1976 年 5 月	罗家屋子	刁口河	人工破堤
	10	1976 年 5 月至今	西河口	清水沟	人工截流改道

2. 河口现行流路演变

清水沟流路为黄河河口现行入海流路，行河至今已 40 余年，仍表现出较大行河潜力。图 2-68 ～ 图 2-75 为黄河河口 1976 ～ 2018 年典型年份清水沟流路卫片图，由图可见，依据尾闾河道淤积延伸入海方向的变化过程，黄河河口清水沟流路演变过程大致可分为四个阶段。

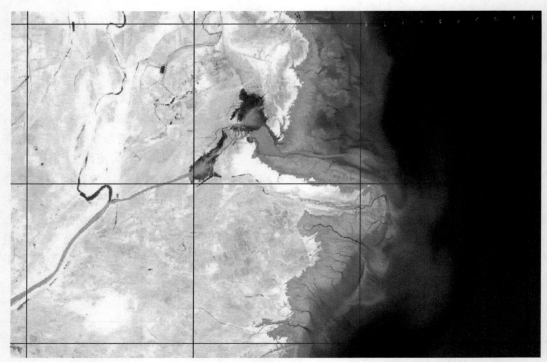

图 2-68　黄河口清水沟流路 1976 年汛前卫片

图 2-69　黄河口清水沟流路 1996 年汛后卫片

图 2-70　黄河口清水沟流路 2006 年汛后卫片

图 2-71　黄河口清水沟流路 2007 年汛后卫片

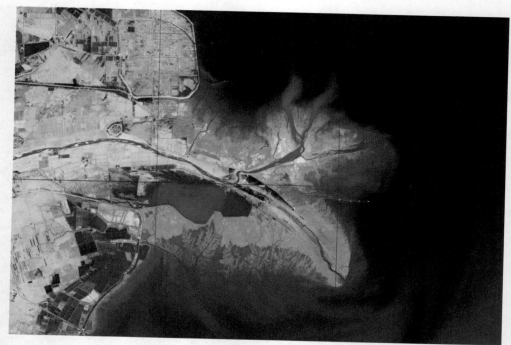

图 2-72　黄河口清水沟流路 2008 年汛前卫片

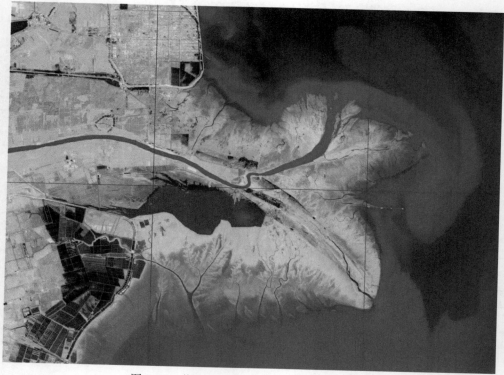

图 2-73　黄河口清水沟流路 2008 年汛后卫片

图 2-74　黄河口清水沟流路 2012 年汛后卫片

图 2-75　黄河口清水沟流路 2018 年汛后卫片

（1）1976～1996 年

清水沟流路是原神仙沟流路岔河故道与甜水沟流路故道之间的洼地，地面高程地势较两侧低 1.5～4.0m，地面高程大部分低于 3.0m。入海口处于两条故道突出沙嘴之间的莱州湾海域凹湾内，水深相对浅缓，海洋动力相对较弱。因钓口河行河后期，西河口水位接近改道标准，改道时机成熟。1975 年"两部一省"会议决定实施非汛期人工改道，于 1976 年 5 月 20 日在罗家屋子截流后改由清水沟入海[44]。1976 年 5 月～1981 年汛后，清水沟流路处于改道初期的淤积成槽阶段，尾闾河段水流游荡，入海方向摆动不定；1981 年汛后～1996 年 5 月，清水沟流路基本为单一顺直型河道向海域淤积延伸，受科氏力影响，推进的方向为东南方向。

（2）1996～2006 年

利用黄河泥沙淤滩造陆，变滨海区的石油海上开采为陆上开采是胜利油田滨海区油气开发的战略之一[45]。在黄河河口"清 8 出汊工程"预行河海域发现 2 亿 t 新滩垦东油藏的情况下，遵循有利于延长流路，有利于防洪的原则，同时通过人工控制入海口门位置，利用黄河泥沙填海造陆，达到海油陆采的目的，1996 年 5 月 6 日～7 月 18 日，水利部黄河水利委员会山东河务局实施了黄河河口"清 8 出汊工程"，入海口门由东南方向调整为东略偏北方向，由于缩短海流程 16km，加之适逢有利水沙条件，河口河道发生了明显的溯源冲刷。清 8 出汊后，至 2006 年汛前，清 8 汊河基本为单一顺直型河道向海域淤积延伸，推进的方向为东北方向，受科氏力的影响，推进的方向逐年稍微偏东南方向[46]。

（3）2006～2008 年

2006 年汛前～2008 年汛后，清 8 汊河经历了从单一顺直到出汊摆动再到单一顺直剧烈的调整过程，与之相应，原清 8 汊河主河道经历了由主河道演变为支汊最后淤死的过程，现清 8 汊河入海河道经历了由支汊发育为主汊最后演变为现行主河道的过程[47]。经过 2006 年汛期行河，至 2006 年汛后，清 8 汊河楔形的沙嘴上，除原主河道外，自汊 3 断面以下 1km 至口门处形成多股汊河扩散入海，只是诸多汊河发育初期，汊沟狭窄，过流能力较小；经过复杂的演变，至 2007 年汛后，口门处形成了三汊入海，一汊向西北，一汊向东北，一汊向东（原主河道）；从三汊的过流情况看，向东的汊道（原主河道）过流大幅度减小，演变成支汊，向北的两汊成为过流的主体，演变成主汊；至 2008 年汛前，向东的汊道（原主河道）已经完全淤死，不再行水，口门处呈两汊入海；经过 2008 年汛期行河，至 2008 年汛后，向西北的一汊也完全淤死，不再行水，向东北方向的汊道已经发展成过流能力较大的唯一入海河道。

（4）2008～2018 年

2008 年汛后～2012 年汛前，清 8 汊河在汊 3 断面以下东北方向基本保持了单一顺直入海的稳定态势。经过 2012 年汛期行河，至 2012 年汛后，主河道入海方向并未发生改变，只是在口门处初步形成两汊入海，一个是近正北的主汊（原主河道），一个是东偏北的副汊。2012 年汛后～2018 年汛后，清 8 汊河基本保持两汊入海之势，只是由于沙嘴的淤积延伸，两汊入海的方向处于小范围的动态调整变化过程中。与 2012 年汛后相比较，2018 年汛后，主汊的入海方向由北偏东 5°变为北偏东 10°，副汊入海方向由北偏东 65°变为北偏东 79°，主汊向北延伸了 2.645km，副汊口门向东延伸了 2.73km，主汊过水约占 75%，副汊过水约占 25%。目前，清 8 汊西河口以下河长 60km 左右，推算西河口 10 000m³/s 流量水位为 10.37m，较改汊控制条件西河口 10 000m³/s 流量水位（12m）尚有 1.63m 的富裕，流路状况良好[48]。

2.6.2 河口海岸造陆演变过程

1. 河口海岸历史演变

黄河自古历经多次改道，曾北抵天津，南至江淮，纵横 25 万 km²，塑造了华北大平原。因此，从黄河出孟津峡谷，上至天津下至江淮统称为古代黄河三角洲[49]。而近代黄河三角洲是指 1855 年黄河铜瓦厢决口，夺大清河复流渤海，1855～1934 年改道 6 次，行河 79 年，最少数年、最多 22 年改道一次，最终形成的以宁海为顶点、东起支脉沟口、西至套儿河口、向海延伸至深 15～16m 等深线附近的扇形堆积体，如图 2-76 所示。随着黄河继续向海淤进，三角洲顶点下移至渔洼，自 1934 年，尾闾河道以渔洼为顶点进行摆动，进行第二个亚三角洲的淤积。1934～1996 年共改道 3 次，逐渐形成以渔洼为顶点、北至刁河口、南至宋春荣沟的现代黄河三角洲，如图 2-76 所示。

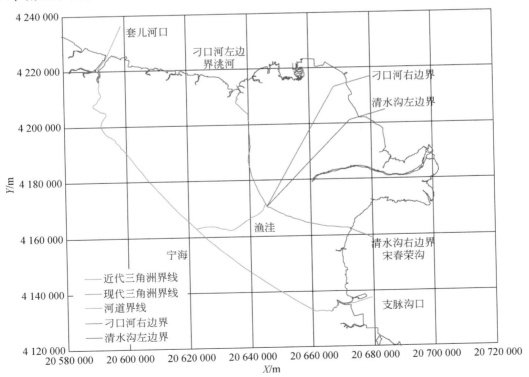

图 2-76　近、现代黄河三角洲示意图

2. 河口现行流路海岸造陆演变过程

图 2-77 为 1976～2018 年黄河口清水沟流路管理范围内陆地面积变化过程图,由图可见:①1976 年汛前,清水沟流路管理范围内陆地面积为 804.68km²;2018 年汛后,清水沟流路管理范围内陆地面积为 1209.46km²,即黄河口清水沟流路行河 42 年,清水沟流路管理范围内造陆面积为 404.79km²。②1976～2018 年黄河口清水沟流路管理范围历年的陆地面积数据有升有降,表明黄河口清水沟流路造陆过程是有淤有蚀;清 8 出汊前,黄河口清水沟流路陆地面积总的变化趋势是增长;清 8 出汊后,黄河口清水沟流路陆地面积的变化趋势先是由大变小,近期又呈略有增长之势[50]。依据前述清水沟流路演变四个阶段的划分,清水沟流路海岸造陆相应阶段的演变特征如下。

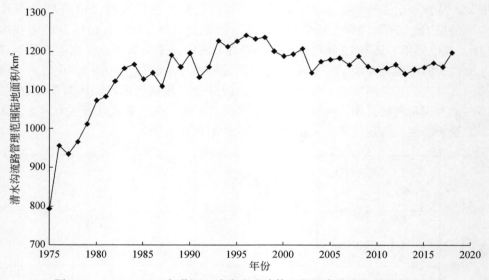

图 2-77　1976～2018 年黄河口清水沟流路管理范围内陆地面积变化过程

（1）1976～1996 年

图 2-78 为 1976～1996 年黄河口清水沟流路海岸线演变过程。

1）1976 年汛前～1981 年汛后,清水沟流路处于改道初期的淤积成槽阶段,尾闾河段水流游荡,摆动不定,同时入海口门处,海域较浅,海洋动力较弱,大量泥沙被输运至口门附近,随沙嘴摆动,均匀淤积于口门两侧,使原本较平顺的岸线,呈扇形凸出[51]。在此时段,黄河河口海岸呈独特的棉絮状逐年向海域推进,岸线延伸相对迅速,造陆速率较快,该时段造陆面积为 288.65km²。

2）1981 年汛后～1996 年汛前,清水沟流路尾闾河段基本形成单一顺直型河道,沙嘴逐渐凸出岸线,摆动范围较前期明显减小,以近似于楔形向海域淤积延伸,受科氏力的影响,推进方向为东南向。淤积延伸过程中,前缘海域逐渐变深,而海洋动力外输泥沙的作用逐渐增强,造陆速率相比改道初期有所减缓,该时段造陆面积为 116.38km²。

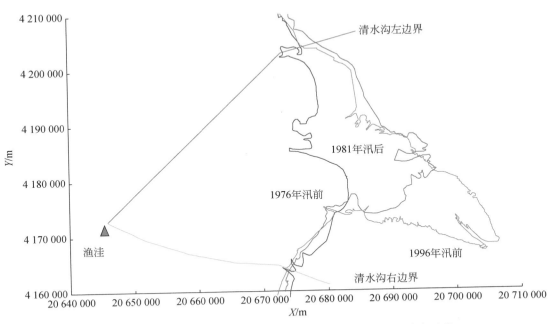

图 2-78   1976~1996 年黄河口清水沟流路管理范围海岸线演变过程

综上所述，1976 年汛前~1996 年汛前，清水沟流路管理范围内造陆面积为 421.22km²，造陆主要发生在 1976 年改道清水沟形成的新口门处；清水沟流路管理范围内蚀退面积为 16.19km²，蚀退主要发生在沙嘴南侧至清水沟右边界；清水沟流路管理范围内总体表现为淤积造陆，该时段累计造陆面积为 405.03km²。

（2）1996~2006 年

图 2-79 为 1996~2006 年黄河口清水沟流路海岸线演变过程。

1）1996 年汛前黄河人工清 8 出汊入海，改变了泥沙淤积条件，使清 8 汊河造陆速率加快，1996 年一个汛期迅速淤出一个小沙嘴，该时段造陆面积为 14.97km²。1996 年汛后~2003 年汛后，该时段来水来沙较小，河口造陆在淤积蚀退中交替进行，河口沙嘴向海域淤积延伸形成的楔形瘦小，该时段造陆面积为 2.35km²。2003 年汛后~2004 年汛后，由于 2004 年汛前实施了口门疏浚试验工程，再加上汛期调水调沙，河口沙嘴明显变得肥胖，形状由楔形变为纺锤形，该时段造陆面积为 25.44km²。2004 年汛后~2006 年汛前，该时段水沙较小，河口造陆过程中蚀退占了上风，河口沙嘴的形状纺锤形被海洋动力侵蚀为楔形，该时段蚀退面积为 28.62km²。总之，1996 年汛前~2006 年汛前，清 8 汊河入海新口门累计造陆面积为 14.15km²，受科氏力的影响，入海方向由改汊初期的东北方向逐年偏东南方向[52]。

2）由于清 8 出汊前的清水沟流路老口门沙嘴失去黄河泥沙直接补给，沙嘴顶端发生明显的蚀退。1996 年汛前~2001 年汛前，蚀退面积为 57.42km²。2001 年汛前~2006 年汛前，蚀退面积为 37.38km²，随着时间的推移蚀退速度逐渐减缓[53]。

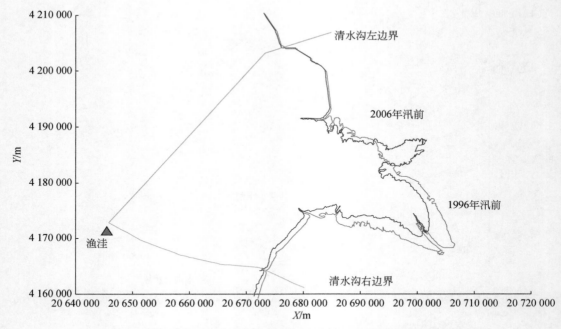

图 2-79　1996~2006 年黄河口清水沟流路管理范围海岸线演变过程

综上所述，1996 年汛前~2006 年汛前，清水沟流路管理范围内造陆面积为 18.99km²，造陆主要发生在清 8 汊河形成的新口门处；清水沟流路管理范围内蚀退面积为 98.64km²，蚀退主要发生在清水沟流路老口门处；清水沟流路管理范围内总体表现为蚀退，该时段累计蚀退面积为 79.65km²。

（3）2006~2008 年

图 2-80 为 2006~2008 年黄河口清水沟流路海岸线演变过程。

1）2006 年汛期，清 8 汊河入海水流呈大范围的漫流之势，沙嘴根部的诸多汊河输水输沙，淤积造陆效果明显，至 2006 年汛后，清 8 汊河沙嘴根部明显增宽增大，该时段造陆面积为 46.86km²。2006 年汛后~2007 年汛前，由于无黄河泥沙补充，新淤沙嘴根部明显被海洋动力侵蚀，该时段蚀退面积为 35.08km²。2007 年汛期，沙嘴前缘三汊行河，输水输沙通畅，三汊又呈扇形展开态势，对淤积造陆极其有利，至 2007 年汛后，在原沙嘴北部，向北的两支主汊输沙入海，形成新的圆弧形沙嘴，该时段造陆面积为 24.14km²。2007 年汛后~2008 汛前，向东的支汊（原主河道）淤死，该时段造陆面积为 7.44km²。2008 年汛前~2008 汛后，由于单股水流入海，输水输沙通畅，新的圆弧形沙嘴略向海域突出，该时段造陆面积为 5.61km²。

2）由于清 8 出汊前的老口门沙嘴没有黄河泥沙补给，沙嘴继续发生蚀退。2006 年汛前~2007 年汛后，蚀退面积为 3.36km²，2007 年汛后~2008 年汛后，蚀退面积为 1.52km²。

综上所述，2006 年汛前~2008 年汛后，清水沟流路管理范围内造陆面积为 74.59km²，

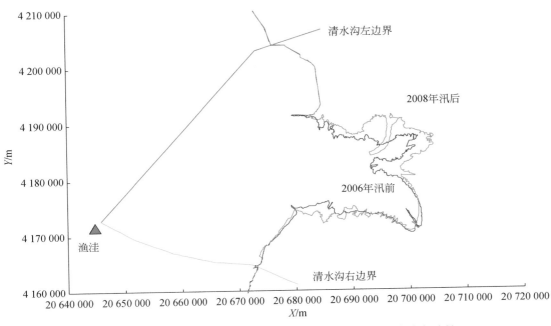

图 2-80 2006~2008 年黄河口清水沟流路管理范围海岸线演变过程

造陆主要发生在清 8 汊河老口门处及改变入海方向后形成的新口门处；清水沟流路管理范围内蚀退面积为 4.88km², 蚀退主要发生在清水沟流路老口门处；清水沟流路管理范围内总体表现为淤积造陆，该时段累计造陆面积为 69.71km²。

（4）2008~2018 年

图 2-81 为 2008~2018 年黄河口清水沟流路海岸线演变过程。

1）2008 年汛后~2012 年汛前，该时段来水来沙较少，同时，沙嘴前缘海域广阔，海洋输沙能力较强，河口淤积造陆作用弱于海洋侵蚀作用，该时段蚀退面积为 6.32km²；2012 年汛期，来水 154.2 亿 m³，来沙 1.42 亿 t，沙嘴明显呈楔形向海域突进，初步形成了两汊入海之势，该时段造陆面积为 10.98km²；2012 汛后，清 8 汊河一直保持两汊入海之势，沙嘴呈楔形向海域突进，由于该时段来水来沙较少，沙嘴推进过程中，前缘海域逐渐变深，海洋动力外输泥沙的作用逐渐增强，至 2018 年汛后，沙嘴向前方推进不多，只是沙嘴根部有所增宽增胖，该时段造陆面积为 14.63km²。

2）由于清 8 汊河的老口门沙嘴没有黄河泥沙补给，沙嘴明显发生蚀退。2008 年汛后~2013 年汛后，蚀退面积为 15.49km²，2013 年汛后~2018 年汛后，蚀退面积为 5.29km²，随着时间的推移蚀退速度逐渐减缓；2008 年汛后~2018 年汛后，由于清 8 汊河的老口门没有黄河泥沙补给，原突出海域的楔形沙嘴已被完全蚀退。

3）由于清水沟流路老口门沙嘴没有黄河泥沙补给，沙嘴继续发生蚀退。2008 年汛后~2013 年汛后，蚀退面积为 10.65km²，2013 年汛后~2018 年汛后，蚀退面积为 5.91km²。

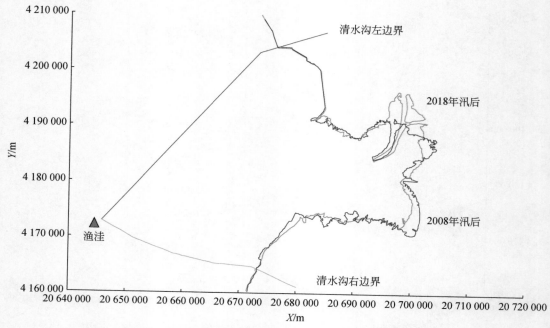

图 2-81　黄河口清水沟流路管理范围 2008～2018 年海岸线演变过程

综上所述，2008 年汛后～2018 年汛后，清水沟流路管理范围内造陆面积为 47.05km²，造陆主要发生在清 8 汊河改变入海方向后形成的新口门处；清水沟流路管理范围内蚀退面积为 37.34km²，蚀退主要发生在清 8 汊河老口门处、清水沟流路老口门处；清水沟流路管理范围内总体表现为淤积造陆，该时段累计造陆面积为 9.71km²。

2.6.3　河口稳定输沙量阈值分析

1. 河口稳定输沙量的概念

经过 50 余年的勘探开发，胜利油田的生产格局基本上是围绕着黄河口现行流路设计和形成的，采油、取水、供水等生产设施已经基本固定，如果没有黄河口流路的长期稳定，将会给油田和东营市的发展造成难以估量的损失，因此，长期稳定黄河口流路是保障黄河三角洲可持续发展的客观需要[54]。随着人类对黄河口认识程度的提高，人类控制黄河口的能力逐步增强，1976 年清水沟流路改道、1996 年清 8 出汊，黄河口堤防和控导工程的修建，都是人类为了稳定黄河口流路的成功工程实践。然而，人类对黄河口流路工程措施的干预只能是在某种程度上延长现行流路的使用年限，黄河口流路是否能够长期保持稳定，归根结底取决于进入黄河口的水沙条件。以往的众多研究成果表明，影响黄河口演变的水沙条件中，入海沙量是最重要的影响因子，据此提出了河口稳定输沙量的概念。

河口稳定输沙量的概念是与黄河口海洋动力输往外海的沙量基本相当的入海泥沙量。

当黄河入海泥沙量等于河口稳定输沙量时，黄河入海泥沙基本上均被黄河口海洋动力输往外海，黄河口将处于动态平衡状态。21 世纪后，黄河来水来沙的急剧减少以及黄河水沙调控体系的逐步完善，使得通过调控入海沙量长期相对稳定入海流路，保持黄河口动态平衡成为可能，因此，选取河口稳定输沙量作为黄河口最重要的水沙调控指标。

2. 河口稳定输沙量阈值的估算

依据河口稳定输沙量的概念，要想确定河口稳定输沙量阈值，需要筛选一种黄河口动态平衡状态的表征参数，从黄河口演变特征来看，黄河口动态平衡状态可以有三种描述方式：一是某个时段内黄河口入海流路淤积延伸长度与海洋动力蚀退长度几乎相等；二是黄河口入海流路淤积延伸会推进海岸线的凸出，某个时段内黄河口海岸造陆面积与海洋动力蚀退面积几乎相等；三是黄河口入海流路淤积延伸能塑造水下三角洲，某个时段内黄河口水下三角洲淤积体积与海洋动力蚀退体积几乎相等。因此黄河口动态平衡状态的表征参数有三种：一是黄河口入海流路长度；二是黄河口海岸造陆面积；三是黄河口水下三角洲淤积体积。由于黄河口入海流路摆动不定，选择黄河口入海流路长度及黄河口水下三角洲淤积体积作为黄河口动态平衡状态的表征参数，其数据提取的难度较大，数据的精度也会受到影响，相比而言，黄河口海岸造陆面积数据提取难度小，数据提取精度高，因此选择黄河口海岸造陆面积作为黄河口动态平衡状态的表征参数最合理[55]。

2013 年 3 月国务院批复的《黄河流域综合规划》中明确，河口治理规划期内主要利用清水沟流路行河，保持流路相对稳定。清水沟流路使用结束后，优先启用刁口河备用流路；马新河和十八户作为远景可能的备用流路。由此可知，为了实现黄河口长时期的相对稳定流路，针对黄河口流路演变特点，河口治理规划中除保留现行清水沟流路外，还预留了刁口河流路、十八户流路及马新河流路，规划流路的行河范围涵盖了整个以宁海为顶点的近代黄河三角洲，因此，从未来其他备用流路行河的可能性出发，只求得黄河口清水沟流路管理范围内河口稳定输沙量是不够的，还需要求得近代黄河三角洲范围内河口稳定输沙量。图 2-82 为 1976 年清水沟流路行河以来近代黄河三角洲范围内海岸年造陆面积与利津站年输沙量的关系，由图可见，1976 ~ 1985 年河口海岸年造陆面积与利津站年输沙量的关系点群与 1986 ~ 2018 年两者之间的关系点群存在明显分区，表明两个时段河口海岸年造陆面积与利津站年输沙量的关系遵循不同的规律，采用回归分析方法，分别建立了 1976 ~ 1985 年［对应式（2-65）］、1986 ~ 2018 年［对应式（2-66）］河口海岸年造陆面积与利津站年输沙量的关系式：

$$A_{近} = 9.73 W_{S利} - 63.62 \tag{2-65}$$
$$A_{近} = 3.47 W_{S利} - 9.25 \tag{2-66}$$

式中，$A_{近}$ 为近代黄河三角洲范围内海岸年造陆面积，km^2；$W_{S利}$ 为利津站年输沙量，亿 t。式（2-65）和式（2-66）中的相关系数 R 分别为 0.62 和 0.69，反映出黄河口海岸造陆面积与利津站年输沙量的相关性一般，其原因是河口海岸年造陆面积的影响因素不仅包括进口水沙条件，还包括尾闾河道的输水输沙能力、海洋动力侵蚀状况及海洋地貌边界条件等其他因素。图 2-82 中关系线的变化趋势表明，河口海岸年造陆面积随着利津站年输沙量的增大而增大，由河床演变的原理可知，利津站年输沙量越大，尾闾河道输运入海的沙量就越大，沉积在河口海岸的泥沙就越多，河口海岸年造陆面积就越大。

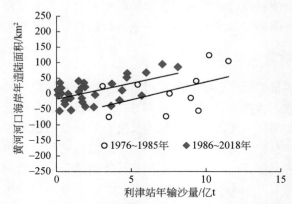

图 2-82　黄河口海岸年造陆面积与利津站年输沙量的关系

由入海流路规划可以预见，未来依据不同流路输运泥沙入海，能够将黄河口泥沙输运到近代黄河三角洲不同区域，依靠自然力量实现了在近代黄河三角洲范围均匀造陆。为了求近代黄河三角洲范围内河口稳定输沙量，将 $A_{近}=0$ 代入式（2-66）中可得

$$W_S = 2.6 亿 t \tag{2-67}$$

由式（2-67）可知，近代黄河三角洲范围内河口稳定输沙量为 2.6 亿 t/a，即利津站年输沙量为 2.6 亿 t 时，近代黄河三角洲范围内年均造陆面积为 0，近代黄河三角洲范围处于淤积与蚀退动态平衡的状态。

3. 河口稳定输沙量阈值综合分析

相对稳定黄河口流路是保障黄河三角洲可持续发展的客观需要，人类对黄河口流路工程措施的干预只能是在某种程度上延长现行流路的使用年限，河口流路是否能够长期保持稳定，归根结底取决于进入河口的水沙条件。河口稳定输沙量是与河口海洋动力输往外海的沙量基本相当的入海泥沙量，当黄河入海泥沙量等于河口稳定输沙量时，黄河入海泥沙基本上均被河口海洋动力输往外海，黄河口将处于淤积与蚀退动态平衡的状态。河口稳定输沙量阈值估算结果表明，当利津站输沙量为 2.6 亿 t/a 左右时，近代黄河三角洲范围处于淤积与蚀退动态平衡的状态，因此，当考虑保护的黄河口海岸范围为整个近代黄河三角洲范围时，河口稳定输沙量阈值为 2.6 亿 t/a 左右。

2.7　小　　结

1）建立了维护黄河健康的水沙调控指标体系。维护黄河健康的水沙调控指标体系由三级指标组成。一级指标为入黄水沙量过程，是连接维护黄河流域面健康和维护黄河干流河道健康的纽带。针对流域面提出四个二级指标：一是次降水量；二是林草有效覆盖率；

三是梯田比；四是坝控面积比。针对干流河道提出四个二级指标：一是上游宁蒙河段平滩流量；二是中游潼关高程；三是下游河道平滩流量；四是黄河口稳定输沙量。针对流域面降雨的三级指标包括降雨强度、降雨侵蚀力；林草的三级指标包括适宜林草恢复率、稳定林草结构；梯田的三级指标包括田面标准、田埂结构；淤地坝的三级指标包括坝地面积比、坝库淤积比。针对上游宁蒙河段的三级指标包括来沙系数、河道宽深比及河道排沙比；中游河道的三级指标包括来沙系数、河道宽深比及三门峡水库运用水位；下游河道的三级指标包括来沙系数、河道宽深比及河道排沙比；黄河河口的三级指标包括入海水量、河口面积淤蚀比。

2）分析确定了黄河流域面水沙调控关键阈值。流域降雨方面，不同林草梯田有效覆盖率对应着不同的次降水量阈值，60% 林草梯田覆盖率下，次降水量阈值为 57mm；林草措施方面，黄土高原不同区域产沙能力与林草有效覆盖率的关系有所不同，不同区域林草有效覆盖率阈值必然有所不同；黄土丘陵沟壑区，林草有效覆盖率阈值为 60% 左右；盖沙区和砾质丘陵区，林草有效覆盖率阈值为 40% 左右；梯田方面，梯田比大于 40% 后，流域的减沙幅度基本稳定，因此，在流域尺度上，梯田比阈值为 40% 左右；淤地坝方面，不同研究尺度淤地坝阈值不同，在流域尺度上，3 级沟道控制比例阈值为 40% ~50%。

3）分析确定了黄河上游宁蒙河段平滩流量阈值。河道平滩流量越大，主槽过流能力越大，越有利于防洪和防凌安全，发生洪灾和凌灾的风险也越小。对于宁蒙河段，近年来，由于水资源紧缺及受上游水利枢纽工程的影响，洪峰流量较小，难以塑造较大的河道平滩流量，因此，需要确定与常遇洪水相适应的平滩流量阈值，以满足中常洪水安全下泄，降低洪水漫滩概率，增大凌汛期输冰能力，减少凌汛高水位运行时间，保障滩区生产安全的要求。近期，从防洪安全、防凌安全、输沙塑槽、未来水沙过程分析，宁蒙河段适应平滩流量阈值为 2000m³/s 左右，远期，通过龙羊峡和刘家峡水库配合黑山峡水库联合调控水沙过程，宁蒙河段平滩流量阈值能达到 2500m³/s 左右。

4）分析确定了黄河中游潼关高程阈值。潼关断面是三门峡水库汇流区的出口断面，潼关高程对渭河下游河道、小北干流均起着侵蚀基准面的作用，因此，潼关高程长期居高不下，极大地威胁了黄河中游地区的防洪安全。现状工程条件下，与渭河下游河道、小北干流适应的潼关高程为 328m 左右，因此确定黄河中游潼关高程阈值为 328m 左右。与未来不同水沙过程适应的潼关高程的研究表明，未来来沙 1 亿 t/a 情景方案下，黄河中游潼关高程将降低至 327.3m 左右；未来来沙 3 亿 t/a 情景方案下，黄河中游潼关高程将维持在 328m 左右；未来来沙 6 亿 t/a 情景方案下，黄河中游潼关高程将升高至 328.5m 左右。

5）分析确定了黄河下游河道平滩流量阈值。由于水资源紧缺及受黄河上中游水利枢纽工程的影响，近年来，黄河下游洪峰流量较小，难以塑造较大的河道平滩流量，因此，需要确定与常遇洪水相适应的黄河下游河道平滩流量阈值，以满足中常洪水安全下泄。实测资料分析表明，同时满足黄河下游河道防洪安全和高效输沙塑槽的平滩流量应达到 4000m³/s 左右，因此确定黄河下游河道平滩流量阈值为 4000m³/s 左右。与未来不同水沙过程适应的黄河下游河道平滩流量的研究表明，未来来沙 1 亿 t/a 情景方案下，黄河下游河道平滩流量能达到 4500m³/s 左右；未来来沙 3 亿 t/a 情景方案下，黄河下游河道平滩流量能达到 4000m³/s 左右；未来来沙 6 亿 t/a 情景方案下，黄河下游河道平滩流量将降低至 3600m³/s 左右。

6）分析确定了黄河口稳定输沙量阈值。由于黄河挟带巨量泥沙入海，黄河口演变具有其独特性，即淤积和蚀退同时进行。从减小黄河口对下游河道反馈影响的角度，希望黄河口不要淤积；从保护国土资源以及生态环境的角度，希望黄河口不要蚀退；从保障社会经济可持续发展的角度，希望入海流路长期保持相对稳定。综合考虑上述因素，黄河口保持淤积与蚀退动态平衡是最优结果。当利津站输沙量为 2.6 亿 t/a 左右时，近代黄河三角洲范围处于淤积与蚀退动态平衡的状态，因此，当考虑保护的黄河口海岸范围为整个近代黄河三角洲范围时，河口稳定输沙量阈值为 2.6 亿 t/a 左右。

参 考 文 献

[1] 胡春宏，等. 黄河水沙过程变异及河道的复杂响应 [M]. 北京：科学出版社，2005.

[2] 胡春宏，陈建国，郭庆超，等. 论维持黄河健康生命的关键技术与调控措施 [J]. 中国水利水电科学研究院学报，2005，3（1）：1-5.

[3] 胡春宏，陈建国，孙雪岚，等. 黄河下游河道健康状况评价与治理对策 [J]. 水利学报，2008，39（10）：1189-1196.

[4] 李国英. 维持黄河健康生命 [M]. 郑州：黄河水利出版社，2005.

[5] 李国英. 维持黄河健康生命造福中华民族 [J]. 中国水利，2009（18）：104-106.

[6] 孙雪岚，胡春宏. 关于河流健康内涵与评价方法的综合述评 [J]. 泥沙研究，2007（5）：74-81.

[7] 孙雪岚，胡春宏. 河流健康评价指标体系初探 [J]. 泥沙研究，2007（4）：21-27.

[8] 胡春宏，等. 黄河流域水沙变化机理及趋势预测 [R]. 北京：中国水利水电科学研究院，2021.

[9] 王万忠. 黄土地区降雨特性与土壤流失关系的研究 Ⅱ——降雨侵蚀力指标 R 值的探讨 [J]. 水土保持通报，1983（5）：7-13.

[10] 周佩华，王占礼. 黄土高原土壤侵蚀暴雨的研究 [J]. 水土保持学报，1992，6（3）：1-5.

[11] 刘晓燕，等. 坡面措施对流域水沙变化影响及其贡献率 [R]. 郑州：水利部黄河水利委员会，2020.

[12] 刘晓燕，李晓宇，高云飞，等. 黄土丘陵沟壑区典型流域产沙的降雨阈值变化 [J]. 水利学报，2019，50（10）：1177-1188.

[13] 张汉雄，王万忠. 黄土高原的暴雨特性及分布规律 [J]. 水土保持通报，1982（1）：35-44.

[14] 唐克丽，周佩华. 黄土高原土壤侵蚀研究若干问题的讨论 [J]. 水土保持研究，1988（1）：1-4.

[15] Wischmeier W H，Smith D D. Rainfall energy and its relationship to soil loss [J]. Transactions, American Geophysical Union，1958，39（2）：285.

[16] 刘晓燕，党素珍，高云飞，等. 黄土丘陵沟壑区林草变化对流域产沙影响的规律及阈值 [J]. 水利学报，2020，51（5）：505-518.

[17] 刘晓燕，杨胜天，王富贵，等. 黄土高原现状梯田和林草植被的减沙作用分析 [J]. 水利学报，2014，45（11）：1293-1300.

[18] 焦菊英，王万忠，李靖. 黄土高原林草水土保持有效盖度分析 [J]. 植物生态学报，2000，24（5）：608-712.

[19] 张光辉，梁一民. 植被盖度对水土保持功效影响的研究综述 [J]. 水土保持研究，1996，3（2）：104-110.

[20] 李鹏，等. 沟道工程对流域水沙变化影响及其贡献率［R］. 西安：西安理工大学，2020.

[21] 胡春宏，陈建国，等. 黄河宁蒙河段输沙用水分析［R］. 北京：中国水利水电科学研究院，2012.

[22] 冯普林，梁志勇，黄金池，等. 黄河下游河槽形态演变与水沙关系研究［J］. 泥沙研究，2005（2）：66-74.

[23] 安催花，鲁俊，钱裕，等. 黄河宁蒙河段冲淤时空分布特征与淤积原因［J］. 水利学报，2018，49（2）：195-206.

[24] 张晓华，郑艳爽，尚红霞. 宁蒙河道冲淤规律及输沙特性研究［J］. 人民黄河，2008，30（11）：42-44.

[25] 吴保生，张原锋，申冠卿，等. 维持黄河主槽不萎缩的水沙条件研究［M］. 郑州：黄河水利出版社，2010.

[26] 胡春宏. 我国多沙河流水库"蓄清排浑"运用方式的发展与实践［J］. 水利学报，2016，47（3）：283-291.

[27] 胡春宏，陈建国，郭庆超. 潼关高程的稳定降低与渭河下游河道综合治理［J］. 中国水利水电科学研究院学报，2004，2（1）：19-25.

[28] 胡春宏，郭庆超，陈建国. 降低潼关高程途径的研究［J］. 中国水利水电科学研究院学报，2003，1（1）：30-35.

[29] 郭庆超，胡春宏，陆琴，等. 三门峡水库不同运用方式对降低潼关关高程作用的研究［J］. 泥沙研究，2003，（1）：1-9.

[30] 胡春宏，黄河水沙变化与下游河道改造［J］. 水利水电技术，2015，46（6）：10-15.

[31] 宁远，胡春宏，等. 黄河下游河道与滩区治理考察报告［R］. 北京：中国水利水电科学研究院，2012.

[32] 胡春宏，陈建国，刘大滨，等. 水沙变异条件下黄河下游河道横断面形态特征研究［J］. 水利学报，2006，37（11）：1283-1289.

[33] 胡春宏，张治昊. 黄河下游复式河道滩槽分流特征研究［J］. 水利学报，2013，44（1）：1-9.

[34] 胡春宏，张治昊. 黄河下游河道萎缩过程中洪水水位变化研究［J］. 水利学报，2012，43（8）：883-890.

[35] 戴清，胡春宏，胡健，等. 黄河下游洪峰流量对断面塑造作用的试验研究［J］. 泥沙研究，2007（3）：57-62.

[36] 姚文艺，胡春宏，张原锋，等. 黄河下游洪水调控指标研究［J］. 科技导报，2007，25（12）：38-45.

[37] 张国罡，胡春宏，陈建国. 黄河下游河道断面形态参数变化与主河槽萎缩趋势分析［J］. 水利学报，2009，40（10）：1227-1232.

[38] 陈建国，胡春宏，董占地，等. 黄河下游河道平滩流量与造床流量的变化过程研究［J］. 泥沙研究，2006（5）：10-16.

[39] 严军，胡春宏. 黄河下游河道输沙水量的计算方法及应用［J］. 泥沙研究，2004（4）：25-32.

[40] 李梦楚，胡春宏. 黄河下游水沙及平滩流量的多时间尺度分析［J］. 中国水利水电科学研究院学报，2012，10（3）：166-173.

[41] 陈琳，胡春宏，陈绪坚. 黄河下游河道平滩流量与水沙过程响应关系研究［J］. 泥沙研究，2018，43（4）：1-7.

[42] 姚汉源. 中国水利史纲要［M］. 北京：水利水电出版社，1987.

[43] 曾庆华，张世奇，胡春宏，等. 黄河口演变规律及整治［M］. 郑州：黄河水利出版社，1997.

[44] 李殿魁，杨玉珍，等. 延长黄河口清水沟流路行水年限的研究 [M]. 郑州：黄河水利出版社，2002.

[45] 胡春宏，吉祖稳，王涛. 黄河口海洋动力特性与泥沙的输移扩散 [J]. 泥沙研究，1996（4）：1-10.

[46] 胡春宏，邓国利，毕立泉，等. 1996 年黄河口口门调整效果的初步分析 [J]. 水利水电技术，1997，28（11）：20-23.

[47] 胡春宏，张治昊. 水沙过程变异条件下黄河河口拦门沙的演变响应与调控 [J]. 水利学报，2006，37（5）：511-517.

[48] 胡春宏，张治昊. 黄河口尾闾河道平滩流量与水沙过程响应关系 [J]. 水科学进展，2009，20（2）：209-214.

[49] 胡春宏，张治昊. 黄河口尾闾河道横断面形态调整及其与水沙过程的响应关系 [J]. 应用基础与工程科学学报，2011，19（4）：543-553.

[50] 曹文洪，胡春宏，姜乃森，等. 黄河口拦门沙对尾闾河道反馈影响的试验研究 [J]. 泥沙研究，2005（1）：1-6.

[51] 张燕菁，胡春宏. 黄河口输沙能力关系的探讨 [J]. 泥沙研究，1997（6）：46-49.

[52] 张治昊，胡春宏. 黄河口水沙变异及尾闾河道的萎缩响应 [J]. 泥沙研究，2005（5）：13-21.

[53] 张治昊，胡春宏. 黄河口水沙过程变异及其对河口海岸造陆的影响 [J]. 水科学进展，2007，18（3）：336-341.

[54] 张治昊，胡春宏. 黄河口清水沟流路治理工程实践及建议 [J]. 水电能源科学，2008，26（4）：125-128.

[55] 李梦楚，胡春宏. 基于遥感图像的黄河口近年演变特征分析 [J]. 水力发电，2012，38（3）：1-4.

| 第 3 章 | 黄土高原水土流失治理格局变化与调整

黄土高原是我国水土流失最为严重的地区之一，也是黄河主要产沙区，其水土流失面积占总区域面积的 70% 左右。在水土保持工作者长期不懈努力下，黄土高原地区得到了系统治理，不仅有效遏制了水土流失恶化趋势，显著改善了区域生态环境，而且逐步完善了社会基础设施，稳步提升了人民生产、生活水平。在水土流失治理取得举世瞩目成就的同时，黄土高原面对流域水沙变化、社会经济结构调整与区域气象-水文系统自我协调约束等问题，尤其是退耕还林工程的持续实施，黄土高原地区的生态保护与治理格局面临着新的调整需求。本章系统梳理了黄土高原地区 70 多年水土流失治理历程，分析了黄土高原地区水土保持措施时空格局变化过程。在此基础上，通过黄土高原地区水土流失治理潜力、需求及阈值分析，提出了未来黄土高原地区水土流失治理格局调整方向。

3.1 黄土高原水土流失治理分区与治理历程

3.1.1 水土流失概况

1. 黄土高原地理位置

黄土高原位于 $32°N \sim 41°N$、$107°E \sim 114°E$，如图 3-1 所示。西起日月山，东至太行山，南靠秦岭，北抵阴山，包括太行山以西，青海日月山以东，秦岭以北，阴山以南的广大地区，涉及青海、甘肃、宁夏、内蒙古、陕西、山西、河南 7 省（区），黄土高原面积约 64.06 万 km^2。

2. 黄土高原自然环境

（1）地形与地貌

黄土高原地势为西北高，东南低。地貌类型有丘陵、高原、阶地、平原、沙漠、干旱草原、高地草原、土石山区等，其中山区、丘陵区、高原区占 2/3 以上。西部主要为黄土高原沟壑区，中部主要为黄土丘陵沟壑区，东南主要为土石山区，北部主要为风沙、干旱草原和高地草原区。

（2）气象水文

黄土高原地区属大陆性季风气候，冬春季受极地干冷气团影响，寒冷干燥多风；夏秋

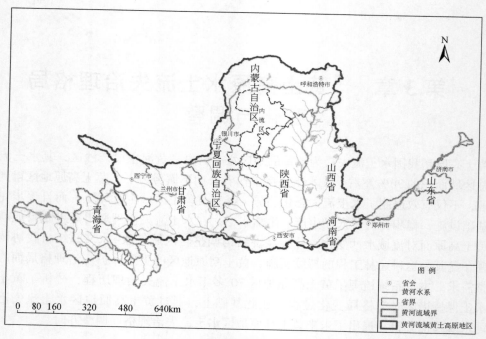

图 3-1　黄土高原研究区范围图

季受西太平洋副热带高压和印度洋低压影响，炎热多暴雨。黄土高原地区全年≥10℃的积温 2300～4500℃，无霜期 120～250 天，日照时数 1900～3200h，均高于同纬度的华北平原，是我国辐射能高值区之一。

　　黄土高原地区处于我国东西部之间半湿润区向半干旱区的过渡地带，降水地区分布很不均匀，降水量总的趋势是由东南向西北、由山地向平地逐步递减。东南部自沁河与汾河的分水岭沿渭河干流，到洮河、大夏河，过积石山至吉迈一线以南，年降水量在 600mm 以上，属半湿润气候；中部广大黄土丘陵沟壑区，年降水量为 400～600mm，属于半湿润易旱气候；西北部地区，年降水量为 150～250mm，属半干旱地区。黄土高原地区降水量年际变化很大，丰水年和干旱年均降水量相差 2～5 倍，降水变率过大，干旱发生概率高，对农业生产威胁较大。此外，黄土高原局部地区的降雨多以暴雨形式为主[1,2]。

（3）土壤与植被

　　黄土高原地区除少数石质山岭和沙区外，大部分为黄土覆盖，是世界上黄土分布最集中、覆盖程度最深的区域之一，一般厚度为 50～100m，目前发现最厚的黄土层在兰州九州台，厚达 326m[3]。黄土层厚度分布大致从西北向东南方向递减，甘肃境内黄土层厚多为 200～300m，陕北黄土层厚 100～150m，晋西黄土层厚 80～120m，晋东南和豫西北黄土层厚 20～80m。土壤类型有棕壤土、褐土、黑垆土、黄绵土、灰褐土、灰钙土、棕钙土、栗钙土、风沙土、灰漠土等，粉粒占黄土总质量的 50%。全区现存原生植被稀疏，覆盖率低，天然次生林和天然草地面积很少，仅占总土地面积的 16.6%，主要分布在林区、土石山区和高地草原区，其他大部分为荒山秃岭。

（4）水文及水资源

黄河天然年径流量为 580 亿 m³（1919~1975 年），其中年径流量超过 30 亿 m³ 的有渭河、洮河、湟水、伊洛河 4 条支流。黄土高原千沟万壑，且 80% 以上是干沟，常在暴雨期间形成山洪[4,5]。黄土高原径流量小，水资源短缺，人均河川地表径流水量（不含过境水）仅相当于全国平均水平的 1/5，耕地亩均径流量不足全国平均水平的 1/8，是全国水资源贫乏的地区之一。人均水资源分布方面，宁夏和山西最少，人均只有 200~400m³。黄河基本贯穿宁夏全境，宁夏北部地势相对平坦，引水比较方便，对农业生产有利，宁夏南部山区干旱缺水；黄河流经山西的西部和南部边界，但受吕梁山脉的阻隔，引水困难，缺水比较严重。同时，甘肃的定西地区、陇东黄土高原区、渭北旱塬和陕北黄土丘陵区也严重缺水。

3. 黄土高原社会经济

黄土高原地区占全国土地总面积的 6.76%，涉及青海、甘肃、宁夏、内蒙古、陕西、山西、河南七省（区），306 个县（旗、市）。其中耕地面积 14.58 万 km²，占 22.48%；园地面积 1.22 万 km²，占 1.88%；林地面积 16.67 万 km²，占 25.69%；牧草地面积 16.50 万 km²，占 25.44%；未利用土地面积 11.07 万 km²，占 17.07%；其他土地面积 4.83 万 km²，占 7.44%。

4. 黄土高原水土流失成因与危害

（1）黄土高原水土流失成因

黄土高原地区地形破碎、土质疏松、暴雨集中及植被缺乏等是构成区域水土流失的主要原因。地形破碎：黄土高原地区沟床下切、沟岸滑塌、沟头前进、溯源侵蚀异常活跃，破坏性极大，强烈的水土流失造成区内沟壑密度大，仅河口镇至龙门区间就有沟长 0.5~30km 的沟道 8 万多条，坡陡沟深，切割深度 100~300m；地面坡度大部分在 15° 以上。尤其是黄土丘陵沟壑区，沟壑密度达 3~7km/km²。在陕北局部地段，沟壑密度高达 12km/km²。黄土高原沟壑区和黄土丘陵沟壑区大部分地区每年沟头前进 1~3m，有的地方一次暴雨沟头前进 20~30m，极端暴雨条件下可达 100m 以上，破碎的地形极易产生水土流失。

黄土高原地区土质疏松，主要地表组成物质为黄土，深厚的黄土土层与其明显的垂直节理性导致土壤遇水易崩解，抗冲、抗蚀性能很弱，沟道崩塌、滑塌、泻溜等混合侵蚀异常活跃。大面积严重的水土流失与黄土的深厚松软直接有关，黄土从南到北颗粒逐渐变粗，黏结强度逐渐减弱，土壤侵蚀模数也相应地由南向北逐渐加大。

黄土高原地区暴雨集中，降水特点为年降水量少而暴雨集中，汛期降水量占年降水量的 70%~80%，其中大部分又集中在几次强度较大的暴雨。暴雨历时短、强度大、突发性强，是造成严重水土流失和高含沙洪水的主要原因。同时，黄土高原地区植被稀少，也是造成生态恶化的主要因素之一。

（2）水土流失危害

黄土高原地区北部为风沙区，西部边缘地区为冻融侵蚀区，其余大部分地区水力侵蚀剧烈。区内共有水土流失面积 47.2 万 km²，占该区总面积的 72.77%，黄河天然时期多年平均来沙量 16 亿 t[6,7]，其中侵蚀模数大于 5000t/（km²·a）且粒径 0.05mm 以上的粗沙模数大于 1300t/（km²·a）的多沙粗沙区的面积为 7.86 万 km²，占黄土高原水土流失面积的 16.65%，主要分布在河口镇至龙门区间的 23 条支流和泾河上游（马莲河、蒲河）部分地区、北洛河上游（刘家河以上）部分地区，涉及陕西、山西、内蒙古、甘肃、宁夏五省（区）的 45 个县（旗、市）。该区年均输沙量占黄河同期输沙总量的 62.8%，粒径 0.05mm 以上粗泥沙输沙量占黄河粗泥沙总量的 72.5%；侵蚀模数大于 5000t/（km²·a）且粒径 0.1mm 以上的粗沙模数大于 1400t/（km²·a）的粗泥沙集中来源区面积为 1.88 万 km²，仅占黄土高原水土流失面积的 3.98%，而年均输沙量占全河输沙总量的 21.7%[8]；对黄河下游河道淤积有重要影响的 0.05mm 粒径以上粗沙输沙量约占全河同粒径粗沙输沙总量的 34.5%，粒径 0.1mm 以上粗沙输沙量占全河同粒径粗沙输沙总量的 54%。

黄土高原地区土地荒漠化、沙化严重，集中分布在内蒙古、陕西和宁夏。调查数据显示，仅宁夏境内共有荒漠化面积 2.98 万 km²，其中沙化土地面积为 1.18 万 km²。内蒙古鄂尔多斯市的乌审旗、鄂托克旗、鄂托克前旗和杭锦旗地处毛乌素沙地，降雨稀少，蒸发强烈，沙尘暴频繁，水力侵蚀模数小、风力侵蚀剧烈，水土流失危害较为严重。

黄土高原严重的水力侵蚀导致大量泥沙下泄影响黄河防洪安全[9]。输入黄河的泥沙部分淤积在下游河道，其中 50% 以上为粒径大于 0.05mm 的粗泥沙，使黄河下游河道成为举世闻名的"地上悬河"，对下游两岸人民生命财产安全构成了巨大威胁。河道严重淤积，造成黄河水沙关系进一步恶化，加速了槽高于滩，滩又高于背河地面的"二级悬河"发展，使"横河"、"斜河"甚至"滚河"的发生概率大增，致使中常洪水情况下黄河下游的防洪形势较为严峻。2003 年 9 月，黄河下游流量仅 2400m³/s，河南兰考段发生"斜河"，致使山东东明段大堤和蔡集控导工程出现重大险情。20 世纪 60 年代，下游河道平滩流量为 6000~7000m³/s，2002 年部分河段平滩流量已不足 2000m³/s，一旦出现超过平滩流量的洪水，将直接威胁下游滩区近 190 多万人口的生命财产安全。为了减轻黄河下游河床淤积，平均每年需用 150 亿 m³ 左右的水量冲沙入海，使本已紧缺的黄河水资源更为紧张[10,11]。

5. 黄土高原水土流失治理现状与问题

（1）区域综合治理

中华人民共和国成立以后，黄土高原先后启动实施了国家水土保持重点建设工程、"三北"防护林体系建设工程、防沙治沙工程、天然林资源保护工程、退耕还林还草及退牧还草工程、天然草原植被恢复与建设工程、黄土高原淤地坝建设、黄土高原地区水土保持世界银行贷款项目、旱作节水农业示范基地建设、保护性耕作试验示范项目、晋陕蒙砒砂岩区沙棘生态工程等一系列生态建设与可持续农业发展工程，取得了举世瞩目的成就。

经过几十年的建设，特别是"十五"期间启动实施林业重点工程以来，黄土高原林草植被覆盖率不断提高，防护林体系骨架基本形成，区域内 0.35 亿多亩水土流失严重的陡坡耕地和严重沙化耕地还林还草，1 亿多亩荒沟与荒坡恢复了森林植被，围栏种草面积达 1.33 亿亩，植被数量与质量持续下降的局面已经扭转。防风固沙林使沙化土地得到初步治理，重点治理区土地沙化开始好转。林业和草原局调查结果与相关评价资料显示，"三北"防护林工程前四期工程的实施，使项目区所在省（区）的防护林体系初具规模，一些重点治理区域的风沙危害和水土流失得到不同程度的缓解，重点平原农牧区初步实现林网化封山育林和飞播造林，促进了林草植被恢复和自然生态状况逐步好转，经济林比例逐年上升，促进了林果业的发展，农民收入增加。

（2）水土流失初步治理成效

通过国家实施的各项重点工程，黄土高原水土流失得到了初步遏制，特别是部分重点治理区，大量综合治理的小流域，初步治理程度达到70%以上，有效地控制了水土流失。中国科学院、中国工程院和水利部组织的"中国水土流失与生态安全综合科学考察"报告显示：通过对黄土高原1986～2000年土壤侵蚀强度变化分析，近15年来黄土高原地区土壤侵蚀强度明显减轻，现有水土保持措施减少入黄泥沙量达到年均3.5～4.5t，减缓了下游河床淤积抬高的速度[12]。同时，也相应减少了下游输沙用水，为黄河水资源的有效开发利用创造了有利条件。

（3）区域治理经验

1）"防治结合，保护优先，强化治理"是黄土高原地区生态建设必须长期坚持的战略举措。黄土高原地区生态恶化成因复杂，生态恢复与保护的任务异常艰巨和紧迫。目前，国家现有财力不宜全面铺开、同步治理，必须切合实际，有治有防，防治结合，互为支撑，相辅相成，才能尽快取得成效。黄土高原地区资源丰富但生态环境十分脆弱，资源开发与生态环境保护的矛盾历来尖锐，生态预防保护工作显得十分必要。特别随着中西部地区开发建设的加快，加强预防保护工作已刻不容缓。因此，必须坚持"防治结合、保护优先、强化治理"方略，这是对黄土高原综合防治途径和经验的高度概括。具体体现在两方面：一方面，既要贯彻预防为主、保护优先的方针，严格执法，控制新的人为破坏，又要加快严重水土流失区的治理；另一方面，始终坚持以小流域为单元，因地制宜，科学规划，农业、林业和水利水土保持技术措施优化配置，山、水、田、林、路、村综合治理。小流域综合治理这条技术路线已在实践中取得巨大成功，受到广大干部群众的欢迎，得到国内外专家的高度评价，已成为我国生态建设的一条重要技术路线。

2）实施工程治理是黄土高原地区生态状况好转的重要措施。多年来，通过实施一系列农业、林业、水利等治理工程，尤其是在局部地区一些工程建设中注重多项措施综合配置，生物措施和工程措施一起上，注重提高工程建设科技含量，建立和完善工程建设标准体系，保障了工程建设整体推进，提高了工程建设成效。

3）重视植被恢复与建设，加强封禁管护、禁牧休牧是改善黄土高原地区生态状况的必然要求。黄土高原地区还残存着一些天然植被，只要停止人为干扰，就能逐步恢复，保持水土效果好。1999年以来，一些省（区）通过人工造林、封山育林、人工种草、改良天然草原植被、封山禁牧、舍饲圈养等措施，转变农牧业生产方式，加大了植被恢复力度。

4）紧密结合农民利益是取得黄土高原地区综合治理成效的有效途径。黄土高原既是我国生态环境恶劣的地区，也是经济社会发展水平较低、贫困面较大的地区。近年来，在黄土高原生态建设中需将生态治理与农业生产、农村经济发展、农民增收紧密结合起来。

各地依托工程建设，依靠龙头企业带动，发展了一批优势明显、特色鲜明、前景广阔的产业建设项目，为地方经济发展做出了贡献，实现了生态与经济双赢，调动了广大农牧民参与生态建设的积极性，使其成为当地生态治理的积极建设者和自觉维护者。

5) 促进改革，创新政策机制是推动黄土高原地区综合治理的根本动力。政策体制、利益机制是影响黄土高原治理成效的重要因素之一。为了调动广大农民群众综合治理的积极性，各地认真落实"谁治理、谁所有，谁投资、谁受益"的政策，引入市场机制，通过稳定所有权，放活使用权，延长承包或租赁年限等措施，大大加快了生态治理速度。同时，国家有关部门加强了《水土保持法》《森林法》《防沙治沙法》《草原法》等法律法规的执法监督，初步遏制了"边治理、边破坏"的局面。

6) 坚持流域管理与区域管理相结合，是统筹黄土高原地区生态建设管理的有效方式。黄土高原综合治理既是一项跨省（区）、多部门协作的庞大系统工程，也是一项长期的群众性公益事业，必须发挥各方面的职能、作用，调动各方面的积极性，统筹管理，方能奏效。坚持流域管理与区域管理相结合，是来自黄土高原综合治理管理实践经验的总结，是切合实际行之有效的管理模式。目前，黄土高原地区已初步形成流域机构统筹，当地政府负责，协调一致、各负其责、相互配合的管理机制。实践证明，这种流域管理与区域管理相结合的管理机制，符合黄土高原的实际，对于推动黄土高原地区综合治理工作健康、持续发展具有十分重要的作用[13,14]。

（4）存在的问题

1) 综合配套不够。黄土高原地区生态建设要与区域经济、农民生产生活条件改善等协调发展。人类活动是黄土高原地区生态系统中最活跃的要素，如果当地农牧民的基本生活得不到有效保障，甚至正当的利益受到侵害，他们就不可能成为当地生态系统积极的建设者和自觉的维护者，反而会在经济社会活动中破坏生态环境建设的成果，加大生态项目建设或生态系统维护的难度。从整体上看，目前实施的生态建设、农业基础设施建设等工程项目分头实施，缺乏配套，影响了治理效果。未来应坚持以人为本，实施综合治理，提升生态治理项目建设理念，治山、治水、治沙、治穷同步推进。

2) 治理投入不足。黄土高原地区生态治理尚未建立起长期、稳定的投入机制和投资渠道。随着治理工作的逐步推进，未来治理的难度更大，建设成本更高，建设需求与投入不足之间的矛盾更加突出。主要表现在开展的治理面积与需要治理的面积差距大，单位面积投入标准低，地方和农牧民投资能力弱。

3) 科技水平还有待提高。长期以来，在工程立项中对科技的支撑作用往往考虑不足，对生态治理的长远目标、实现途径、关键技术及措施配置模式等缺少比较系统、深入的调查和研究，科技含量较低，科技成果转化率低，新技术引进推广、科技培训力度不够。

4) 生态保护监管力度还不到位。随着我国中西部地区开发建设的加快，黄土高原地区煤炭、石油、天然气等资源大规模集中开发，对生态的压力越来越大。大规模的煤炭开采造成大范围地面塌陷，进而导致地下水位下降、大面积植被枯死、土地沙化、地面工程设施遭到破坏、人居环境恶化等问题；开发建设过程中产生的大量废土、废渣，有些直接倾入河道，造成严重的人为水土流失。而有关法律法规和监督管理体系不够完善，缺乏有力的执法手段，资源开发与生态保护的矛盾日益加剧[15]。

3.1.2　水土流失治理分区

1. 以往区划成果

纵观以往黄土高原地区水土保持区划，在综合分析不同地区水土流失发生发展演化过程及地域规律的基础上，按照区划的原则和有关指标，按照区内相似性和区间的差异性把侵蚀区划为各具特色的区块，综合考虑区域经济因素，以阐明水土流失综合特征，指出不同区域农业生产和水土保持治理方向、途径和原则，并直接服务于土地利用规划和水土保持规划等相关工作。

经分析，《中国水土流失防治与生态安全》（西北黄土高原区卷）等文献和规划[16-18]的水土保持分区基础均是建立在黄秉维等人关于水土流失分区成果的基础上，结合研究及规划的用途和方向，综合考虑治理方案和经济社会情况，各有侧重地进行分区。关于黄河流域黄土高原地区水土流失分区：黄土丘陵沟壑区（该区又分为五个副区）、黄土高原沟壑区、土石山区、风沙区、黄土阶地区、冲积平原区、干旱草原区、高地草原区、林区，以下简称九大类型区，以往分区成果如表3-1所示。

表3-1　黄土高原水土流失治理区划成果汇总表

文献名称	水土保持分区	分区基础	分区原则	偏重方向
《中国水土流失防治与生态安全》（西北黄土高原区卷）	黄土丘陵沟壑区、黄土高原沟壑区、土石山区、风沙区、黄土阶地区、冲积平原区、干旱草原区、高地草原区、林区	九大类型区	黄土高原地区水土流失分区应遵循以下原则：①同一区内的土壤侵蚀类型和侵蚀强度应基本一致；②同一区内影响土壤侵蚀的主要因素等自然条件（地质地貌、气候、土壤、植被等）和社会经济条件基本一致；同一区内的治理方向、治理措施和土地利用方向基本相似；③各区在侵蚀形态（水力侵蚀、风力侵蚀、重力侵蚀）、侵蚀程度（严重、一般、轻微）、侵蚀因素（自然因素中的地形、降雨、土壤、植被，社会经济因素中的人口密度、耕垦指数等方面都有明显的差异；④分区以自然界线为主，适当照顾行政区域的完整性和地域的连续性	科学考察
《黄土高原地区综合治理规划大纲（2010—2030年）》	黄土高原沟壑区、黄土丘陵沟壑区、土石山区、河谷平原区、沙地和沙漠区、农灌区	综合考虑九大类型区和综合治理方案实施和监督管理	一是以专题性分区为基础，参考和借鉴土壤侵蚀强度与泥沙类型分区、地形地貌和侵蚀特点分区、林业生态建设分区、水资源状况分区等专题性区域划分的研究成果。二是区域内自然条件、自然资源组合特征的相对一致。三是区域内综合治理措施和途径的相对一致。四是保持行政区界相对完整。五是有利于综合治理方案实施和监督管理，在关注差异性同时又要关注趋同性和类聚性	综合治理规划

续表

文献名称	水土保持分区	分区基础	分区原则	偏重方向
《黄河流域综合规划》（2012～2030年）	黄土丘陵沟壑区、黄土高原沟壑区、林区、土石山区、高地草原区、干旱草原区、风沙区、冲积平原区、黄土阶地区	九大类型区		综合规划
《全国水土保持规划（2015—2030年）》	西北黄土高原区、北方风沙区和北方土石山区	综合考虑九大类型区和经济社会发展情况	一是相似性原则，自然区划指区内自然条件相似，部门区划则指区内自然、社会、技术、经济条件及发展方向和关键措施相似，水土保持区划侧重水土保持功能和经济发展方向相似。分区应做到区内差异性最小，区间则差异性最大；二是主导因子原则，即采用主导因子分析法，抓住主导因子，以主导因子为主要划分因子进行区划，三是综合性原则，即必须充分考虑各种可能的影响因素	水土保持规划

2. 治理分区原则

分析以上资料，确定本研究黄土高原治理研究分区的主要原则：一是区域内自然条件、土壤侵蚀强度与泥沙类型、地形地貌和侵蚀特点、水资源状况等的相似和相对一致。二是区域内综合治理措施和途径的相对一致。三是集中连片及区域相对完整性。四是有利于相关研究基础数据的收集与整理。

3. 治理分区及其概况

遵循以上分区原则，本研究黄土高原治理分区以图3-2所示的九大类型区为基础，根据各区水土流失特点和土壤侵蚀程度分片（区）进行划分。根据以往研究成果，在水土保持分区（九大类型区）的基础上，黄土高原水土流失类型区可分为三种情况。

1）严重水土流失区：包括黄土丘陵沟壑区与黄土高原沟壑区，面积约25万km²，水土流失最为严重。每年输入黄河泥沙约占黄河总输沙量的90%。其中黄土丘陵沟壑区面积约21万km²，主要分布于陕北、晋西、晋南、豫西、陇东、陇中、陇南、内蒙古南部以及青海、宁夏东部等地。该类型区丘陵起伏，沟壑纵横，黄土覆盖较薄，地形破碎，植被稀少，面蚀、沟蚀严重，年土壤侵蚀模数高达1万～3万t/（km²·a）。黄土高原沟壑区，包括陇东的董志塬、旱胜塬、合水塬，渭北的长武塬，陕北的洛川塬，晋南的万荣、乡宁、隰县一带，面积约4万km²。区内塬面平坦，黄土深厚，洛川塬、董志塬的黄土厚度都在170m以上；但沟壑部分，地形破碎，坡陡沟深，相对高差为100～200m，沟壑密度为0.5～2km/km²，土壤侵蚀形态主要是沟头前进，沟岸扩张，沟床下切，土壤侵蚀模数为5000～10 000t/（km²·a）。

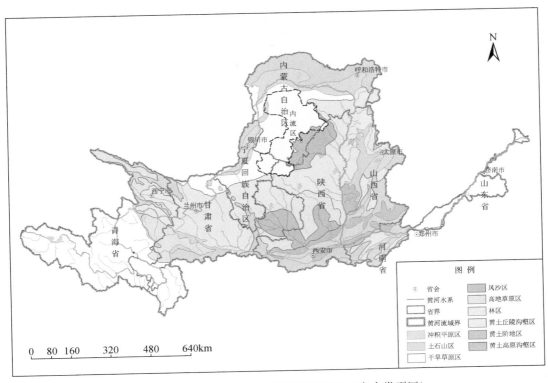

图 3-2　黄土高原地区水土流失治理分区（九大类型区）

2）中度水土流失区：包括土石山区、林区、高地草原区、干旱草原区和风沙区，面积约 31.7 万 km²，大部分地面有不同程度的林草覆盖，水土流失轻微，但林草遭到破坏的局部地方，水土流失也很严重，每年输入黄河泥沙约占黄河总沙量的 9%。其中土石山区和林区主要分布在山西的吕梁山、太岳山、中条山，陕西、甘肃两省的秦岭、六盘山、黄龙山、子午岭、兴隆山、马衔山，河南的伏牛山、太行山，内蒙古的大青山、狼山，宁夏的贺兰山等地。其中土石山区面积为 13.3 万 km²，林区面积为 2.0 万 km²。土石山区一般多是山脊部分为岩石或岩石的风化碎屑，形成石质山岭，山腰、山麓等部位有小片黄土分布或是，岩屑中混合有大量泥土，形成土石山区。其特点是石厚土薄，植被较好，水土流失较轻，大暴雨时常有山洪发生，土壤侵蚀模数为 1000~5000t/(km²·a)；林区气候高寒湿润，林草茂密，人口稀少，土壤侵蚀模数为 100~1000/(km²·a)；高地草原区主要分布于甘肃南部和青海贵德、海晏、门源回族自治县（简称门源）以西等地，土地面积为 3.6 万 km²，区内特点是地势高亢，气候寒冷，植被较好，地广人稀，水土流失轻微，土壤侵蚀模数在 200t/(km²·a) 以下；风沙区和干旱草原区，主要分布于内蒙古的鄂尔多斯市和长城沿线等地。风沙区面积达 7 万 km²，干旱草原区面积为 5.8 万 km²，这两个区地面宽阔平缓，有轻度起伏，历史上多为游牧区，特点是地广人稀，气候干旱，植被不良，风蚀剧烈，水蚀轻微，人口密度为 10~20 人/km²。北部干旱草原区的地形由缓和的波状平原与封闭的风蚀洼地组成，部分地区保留着剥蚀残丘与梁状丘陵，地表多堆积薄层风沙；南部毛乌素沙漠区堆积了100m厚的由砂岩风化形成的第四纪中细沙层，地形主要由固定及半固沙丘、流动沙丘和水草丰茂的丘间低湿滩地组成。流动沙丘以每年1~4m的速度向东南移动。

3）轻微水土流失区：包括黄土阶地区与冲积平原区，面积为7.8万km²。除阶地上有少量沟蚀外，大部地面平坦，水土流失轻微，每年输入黄河泥沙约占黄河总输沙量的1%。黄土阶地区主要分布在山西的汾河、陕西的渭河和河南的伊洛河两岸，面积为2.4万km²，介于平原与高原之间，地面广阔与平原相似，但有少量类似高原地区的侵蚀沟；冲积平原区，包括宁夏、内蒙古黄河两岸及渭河、汾河和伊洛河流域的川地。土地面积约5.3万km²，约有50多个县（旗、市、区）。区内特点是地面平坦，土壤肥沃，耕垦历史悠久，人口稠密。宁夏和内蒙古境内黄河两岸平原区海拔为400~1400m，自古以来就是我国北方有名的灌溉农业区，人口密度为100~500人/km²。汾河、渭河和伊洛河平原区海拔为300~800m，地下水埋藏较浅，一般由数米至十多米不等，潜水蕴藏量丰富，灌溉条件好，农业生产水平高，人口密度为400~600人/km²，这个地区的土壤侵蚀主要形态是暴雨洪水冲塌堤岸。

3.1.3　水土流失治理历程

1. 水土流失防治政策

（1）国家总体政策

1949年中华人民共和国成立后，水土保持工作方针做了四次较大的调整与完善。水土保持基本政策与水土保持工作方针相对应，包括预防、治理、监督三大政策及综合政策。基本政策可以细化为若干具体政策，如预防政策可细分为植被恢复与保护政策、坡地利用与保护政策、水土保持方案制度、水土保持"三同时"制度、水土保持设施验收政策等，治理政策细分为水土流失治理责任制、"四荒"政策、生态修复政策等，监督政策细分为"两费"管理政策、监测政策、水土流失公告政策等。

（2）不同阶段水土流失防治政策

人民治黄70年，我国水土流失防治政策发展60多年，经历了由构建到不断完善的演变过程。政策及其实施手段因治理目标的调整而变化，工作方针、治理对象、治理区域、治理主体、操作模式亦随之做出改变，不同管理体制随之出现。中华人民共和国成立以来水土流失防治政策可总结归纳为四个阶段。

第一阶段（1980年以前）：合作化运动背景下的水土保持政策，主要特点为依靠集体，组织群众，开展水土保持工作；工作方针是"以粮为纲，全面发展"。

第二阶段（1981~1990年）：家庭联产承包责任制背景下的水土保持政策，主要特点为重点治理，促进治理责任制创新；工作方针是"防治并重，治管结合，因地制宜，全面规划，综合治理，除害兴利"。

第三阶段（1991~2000年）：社会主义市场经济体制背景下的水土保持政策，主要特点为实行依法防治水土流失（1991年颁布施行的《中华人民共和国水土保持法》为里程碑）；工作方针是"预防为主，全面规划，综合防治，因地制宜，加强管理，注重效益"。工作方针把预防水土流失放到首位，强调综合防治，重视监督管理。《中华人民共和国水土保持法》要求加强执法监督，禁止陡坡开荒，加强对开发建设项目的水土保持管理，控制人为水土流失。国务院和地方人民政府将水土保持工作列为重要职责，采取措施做好水土流失防治工作。《中华人民共和国水土保持法》"要求从事可能引起水土流失的生产建设活动的单位和个人，必须采取措施保护水土资源，并负责治理因生产建设活动造成的水土流失"。1997年国家制定了"治理水土流失，改善生态环境，建设秀美山川"的重要决策，我国开创水土保持生态环境建设的新局面。1998年国家开始实行积极的财政政策，启动了大规模的生态建设工程，在长江上游、黄河中游等水土流失严重地区，实施了水土流失重点治理、退耕还林还草、防沙治沙、天然林保护等一系列重大生态建设工程。

第四阶段（2000年以后）：生态环境建设与农村经济体制改革背景下的水土保持政策，主要特点为实施生态修复，执行国家基本建设程序；2002年起全面贯彻中央治水方针，充分发挥生态的自我修复能力。2010年修订施行的新水土保持法制定方针是"预防为主、保护优先、全面规划、综合治理、因地制宜、突出重点、科学管理、注重效益"。该阶段启动了黄土高原淤地坝工程，加大了对黄河上中游水土保持重点防治工程、京津风沙源治理工程、晋陕蒙砒砂岩区沙棘生态工程等重点防治工程的投入力度。

根据《中国水土流失防治与生态安全》（西北黄土高原区卷）的研究成果，我国水土流失防治政策的变迁主要受国家经济政治体制改革进程和国家及地区社会经济发展等因素影响，在我国水土保持事业自身进步和发展的同时，水土流失防治政策随之变迁。

2. 水土流失治理阶段与措施

(1) 水土流失治理阶段

黄土高原是我国水土流失最为严重的地区之一，水土流失面积可占总区域面积的71%。在历代水土保持工作者长期坚持不懈的努力下，黄土高原得到了有目的、成规模的系统治理，不仅有效遏制了水土流失恶化趋势，显著改善了区域生态环境，而且逐步完善了社会基础设施，稳步提升了人民生产生活水平。人民治黄以来，黄土高原水土流失治理历时近70年，治理工作在不同时期有着显著不同的特征，归结于治理工作对综合因素不断耦合变化的响应，这既与同时期社会矛盾相吻合，又反映了各时期人民的夙求。根据不同时期水土流失治理工作的重心与方式，将黄土高原水土流失治理工作分为试验示范、全面规划、小流域综合治理、重点治理、依法防治、工程推动、以生态修复为主的生态治理、生态保护与高质量发展八个阶段。

1）第一阶段：试验示范阶段（1950~1962年）。

黄河中游地区于20世纪40年代、50年代成立了西北黄河工程局，先后建立了天水（1942年建站）、西峰（1951年建站）和绥德（1952年建站）水土保持科学试验站，开展了以小流域为单元、以单项和综合治理措施为主要内容的科学研究和试验示范推广工作，同时组织了大规模的科学考察与调查研究，为编制《全国水土保持规划》（2015—2030年）提供了科学依据，这实质也为在黄流域开展小流域综合治理提供了样板和示范作用。在农业合作化和人民公社化的推动下，单家独户的分散治理发展为村、组、乡、县集体联合治理，形成了第一次水土保持高潮。这一阶段综合治理的工作路线是"水土保持是群众性、长期性和综合性的工作，必须结合生产和实际需要，发动群众组织起来长期进行"；工作方针是"在依靠群众发展生产基础上，做到治理与预防并重，治理与巩固结合，数量与质量并重，达到全面彻底保持水土，保证农田稳产高产"。群众开展的水土保持措施主要有：坡耕地上培地埂，荒山荒坡造林种草，支毛沟修小型淤地坝。西北黄河工程局组织技术人员，指导群众在较大沟壑中修建大型淤地坝，进行试验和探索。

2）第二阶段：全面规划阶段（1963~1969年）。

在这一阶段内，国务院水土保持委员会连续召开了两次水土流失重点区治理规划会议，发布了《关于黄河中游地区水土保持工作的决定》，提出了《黄河中游42个水土流失重点县水土保持规划》，成立了黄河中游水土保持委员会，同时还将水土流失重点县扩大到100个加强治理，水土保持工作再度形成高潮。在治理措施上强调以坡耕地治理为主；在治理方针上进一步强调结合群众生产，为群众治理服务，其发展基本是健康的。这个时期，机构撤并，出现了毁林毁草、陡坡开荒等现象，小流域综合治理受到较大影响。

3）第三阶段：小流域综合治理阶段（1970~1979年）。

在水利电力部①主持召开的黄河流域各省（区）参加的治黄工作座谈会上，提出"在上中游大搞水土保持，力争尽快改变面貌……"的规划设想，黄河治理领导小组先后两次在延安召开黄河中游水土保持工作会议，黄河中游的许多地方以县为单位，在山区和丘陵区的小流域开展了兴修梯田、坝地、小片水地及造林种草等水土保持工作，水土保持工作出现第三次高潮。这一阶段强调搞水土保持首先要解决群众吃饭问题，工作方针是"以土为首，土水林综合治理，为农业生产服务"，在治理措施上，强调要搞基本农田建设，改善农业生产基本条件。后期还提出了"三至五年内，水土流失地区达到一人一亩旱涝保收、高产稳产基本农田，除人多地少地区外，一般达到人均一亩林及一亩草"的要求。水坠法筑坝、机械修梯田和飞机播种林草等新技术在陕西、山西、内蒙古得以推广，水土保持措施在技术上获得突破性进展。

4）第四阶段：重点治理阶段（1980~1989年）。

党和国家工作的重点转为以经济建设为中心，受全国第四次水土保持工作会议精神推动，水土流失治理掀起了第四次高潮，重建了黄河中游水土保持委员会和黄河上中游管理局，国家为探索小流域综合治理经验，连续在这一区域部署开展了四期小流域综合治理试点，黄河流域水土流失严重的无定河、三川河、皇甫川和定西市被列入全国水土保持重点而进行强化治理，为加快多沙粗沙区治理、提高防御标准国家拨专款进行治沟骨干工程建设试点。以小流域为单元进行水土保持综合治理的做法也开始在各地普遍推行。以"户包"为主的多种水土保持责任制相继出现，责任形式由单户承包逐步发展为联户承包、专

_____
① 现分设水利部。

业队承包、劳动积累工、集体治理分户管理等形式，使治理进度大大加快。林业部①的
"三北"防护林建设、农业部②的"三西"农业建设、陕北建设委员会的老区扶贫工程、
联合国粮食计划署和世界银行等国际组织资助的小流域治理项目相继启动或实施，这些都
不同程度地推动了多沙粗沙区小流域综合治理。

5）第五阶段：依法防治阶段（1990～1995年）。

水土保持工作在继续保持稳定发展的基础上出现了前所未有的新局面。《中华人民共
和国水土保持法》正式公布，《黄河流域黄土高原地区水土保持建设规划》《黄河流域水
土保持规划》《黄河流域多沙粗沙严重水土流失区水土保持规划》等系列规划通过国家验
收，并逐步付诸实施。各地认真贯彻落实以"预防为主，全面规划，综合防治，因地制
宜，加强管理，注重效益"的新的水土保持工作方针，积极建立配套的法规体系和监督执
法机构，开展预防监督执法试点，使水土保持步入法制轨道；水土流失区拍卖"四荒"地
使用权的做法得到各地政府的重视和积极推行，进一步调动了广大农民和社会各方面参与
治理开发的积极性，为水土保持注入了新的活力。这一切推动了小流域综合治理工作的健
康、持续和稳定发展，是区域水土保持工作的又一个重要时期。

6）第六阶段：工程推动阶段（1996～2005年）。

1997年6月，党中央发出"再造一个山川秀美的西北地区"的号召，1999年8月，
朱镕基总理提出"退耕还林、封山绿化、个体承包、以粮代赈"十六字措施，1999年中
央经济工作会议明确提出了以生态建设为主体的"西部大开发战略"，把水土保持纳为生
态建设的重要内容。在此期间，国务院批准实施了《黄河流域黄土高原地区水土保持专项
治理规划》，把黄土高原水土保持列为国家经济开发和国土整治的重点项目。1998年，国
务院出台《全国生态环境建设规划》，进一步促使水土保持工作广泛开展和逐步完善。

1994年和1999年第一期和第二期世行项目相继启动实施，先后投资42亿元。中央实
施"西部大开发战略"以来，国家加大了对黄土高原地区水土保持生态建设的支持力度，
先后启动实施了退耕还林、封山禁牧等一大批水土保持生态建设重点项目，先后安排资金
14.4亿元用于黄河上中游水土保持项目。据不完全统计，1998～2002年中央投入黄河流
域（黄土高原）的水土保持经费达30多亿元，超过了1949～1997年的投资总和。2001～
2005年黄河中游黄土高原地区共有7.8万km²水土流失区域得到综合治理，黄土高原地区
生态环境得到了显著改观。

7）第七阶段：以生态修复为主的生态治理阶段（2006～2018年）。

中央、地方财政进一步加大投入，加强水土流失治理力度，自2006年以来，"三北"
防护林体系建设工程继续实施，项目期至2050年。"十二五""十三五"国家科技支撑计
划重点项目也相继实施。甘肃从2009年开始，连续启动实施了两轮梯田建设工程，至
2015年，全省梯田建设面积已累计达到2914万亩，梯田建设重点县人均梯田占有面积由
2008年的1.66亩增加到2.37亩。21世纪初，国家开始大面积推广生态修复，依靠自然

① 现为林业和草原局。
② 现为农业农村部。

的力量恢复植被,黄河流域的生态环境状况持续好转。国务院《第一次全国水利普查公报》显示,截至 2015 年底,黄土高原地区水土保持措施累计保存面积为 21.84 万 km²,其中梯田面积为 5.5 万 km²,造林面积为 10.76 万 km²,种草面积为 2.14 万 km²,封育面积为 3.44 万 km²,累计保土量为 194 亿 t,有效遏制了水土流失,拦减了入黄泥沙量,减少了黄河下游河道淤积。截至 2018 年底,黄土高原地区建成淤地坝 5.9 万座,其中骨干坝 5880 多座,中小型坝 5.32 万多座,主要分布在青海、甘肃、宁夏、内蒙古、陕西、山西、河南 7 省(区)的 44 市 240 县,淤成坝地 330 多万亩,改善了流域生态环境和人民群众生活生产条件,促进了农村经济发展和新农村建设,取得了显著的经济效益、社会效益和生态效益。

8)第八阶段:生态保护与高质量发展阶段(2019 年至今)。

2019 年 9 月,习近平总书记在黄河流域生态保护和高质量发展座谈会上发表重要讲话,对黄河流域生态保护和高质量发展提出了全局性重要阐述,将黄河流域生态保护和人民幸福紧密联系,对新时代的黄河治理保护工作具有提纲挈领的指导意义,自此黄河流域黄土高原地区进入生态保护和高质量发展阶段。下一步在黄土高原开展水土保持工作"要坚持绿水青山就是金山银山的理念,坚持生态优先、绿色发展,以水而定、量水而行,因地制宜、分类施策,上下游、干支流、左右岸统筹谋划,共同抓好大保护,协同推进大治理,着力加强生态保护治理、保障黄河长治久安、促进全流域高质量发展、改善人民群众生活、保护传承弘扬黄河文化,让黄河成为造福人民的幸福河"。

经过长期探索,黄土高原水土流失治理工作与时俱进,指导思想逐渐适应时代发展,治理措施配置趋于合理化,水土保持政策也逐步形成一个完整体系,水保投入力度逐步加大,治理效果显著,群众生活得到明显改善。自开展水土流失治理工作以来,黄土高原地区进行了大规模的水土保持工作,通过综合分析不同阶段的水土流失治理特征发现,水土流失治理措施配置、国家层面政策导向和区域经济支持是决定黄土高原水土流失治理的主要因素。

(2)措施

1)水土保持规划的演变。

中华人民共和国成立以来开展了多次水土流失治理规划,几部得到国家正式批准的、对黄土高原水土流失治理具有重要意义的规划(1954 年的《黄河综合利用规划技术经济报告》、1983 年的《黄河流域黄土高原地区水土保持专项治理规划》、1993 年的《全国水土保持规划纲要》、1998 的《全国生态环境建设规划》、2010 年的《黄土高原地区综合治理规划(2010—2030 年)》及 2015 年的《全国水土保持规划(2015—2030 年)》等)主要有以下特点。

从指导思想上,在不同时期党中央重要指导思想下,呈现显著的时代特征。早期规划立足于解决温饱、减少入黄泥沙,后逐渐将其与国民经济协调发展紧密联系;20 世纪 90 年代后期,规划指导思想注重环境与经济的协同发展,提出生态环境的可持续发展;21 世纪后,不仅要改善生态环境、提高人民生活质量,更要实现水土资源的可持续发展,实现生态文明建设。

从规划原则上，强调应以预防为主。早期规划提出因地制宜、因害设防，后提出应在不同区域配置相应比例的措施，突出重点治理，实施小流域综合治理；在《中华人民共和国水土保持法》颁布后强调监督和监测的重要性，21 世纪后又突出坚持人与自然和谐发展的理念。

从规划目的上，体现了防害减沙和发展农业的思想。早期侧重农业发展，要求通过改良农业生产技术措施，充分利用水土资源，减少入黄泥沙，减轻土壤侵蚀灾害，提高农业产量，获得经济效益，解决群众温饱问题；在国民经济大发展的背景下，又提出了建设新型高标准农业，近年来不但要推广特色农业，更要巩固和保护水保成果。

2）治理措施配置的发展。

早期水土保持治理工作尚未形成综合性的治理方案与模式，治理措施未形成统一的体系，以分散单项治理为主；后逐渐形成了以小流域为单位的综合治理模式，具备完整的从规划、设计到施工等一套治理技术与建设模式，科学合理配置工程、生物和农业措施，沟坡兼治、生态建设与经济发展统筹兼顾治理模式；近年来水保措施逐渐向资源合理利用、开发与治理并重的形式转变，形成农业、工程和林草措施组合的三大措施系统工程。

3.2 黄土高原水土保持措施时空格局变化

3.2.1 1954～2017 年水土保持措施时空格局变化

图 3-3 为黄土高原地区历年累计水土保持措施面积的变化过程，表 3-2 为黄土高原地区各时段累计水土保持措施面积占比统计表，由图表可见，黄土高原地区多年平均各项水土保持措施面积占比由大到小依次表现为造林 56%、梯田 24%、种草 10%、封禁治理

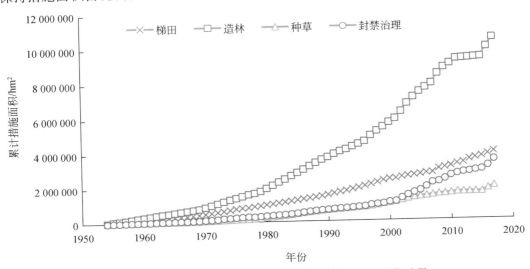

图 3-3　黄土高原地区历年累计水土保持措施面积的变化过程

10%，累计（保存）造林面积占比基本多年维持在 55% 左右，梯田措施面积占比由 20 世纪 70 年代的 29% 逐年降至 2010 年后的 20%，种草措施面积占比由 20 世纪 70 年代的 6% 逐渐增长到 2010 年后的 10%，封禁治理措施面积占比由 20 世纪 70 年代的 9% 逐年增加到 2010 年后的 16%。总体而言，各项水土保持措施在黄土高原近 70 年的治理过程中均保持平稳的变化趋势[19]。

表3-2　黄土高原地区各时段累计水土保持措施面积占比统计表

时段	梯田		造林		种草		封禁治理	
	面积/ 万 hm²	占比/ %	面积/ 万 hm²	占比/ %	面积/ 万 hm²	占比/ %	面积/ 万 hm²	占比/ %
1954～1959 年	4.37	17.35	15.18	60.34	4.20	16.67	1.24	4.95
1960～1969 年	29.13	28.93	55.77	55.40	7.34	7.29	7.21	7.16
1970～1979 年	73.65	29.27	135.22	53.74	15.92	6.33	23.76	9.44
1980～1989 年	124.73	24.98	277.28	55.51	44.15	8.84	48.66	9.74
1990～1999 年	193.55	23.84	449.61	55.41	79.84	9.84	82.69	10.19
2000～2009 年	270.07	20.70	721.2	55.28	133.98	10.27	171.49	13.14
2010～2017 年	354.58	19.95	952.2	53.60	169.45	9.54	291.25	16.39

淤地坝在黄土高原水土流失治理中的地位和作用显著。20 世纪 50 年代后开始大规模建设淤地坝，70 年代淤地坝建设达到高潮，此后受各种因素的影响淤地坝新建数量大幅降低，2003 年水利部将淤地坝列为三大"亮点工程"之一后，其建设数量又显著增加[20]。

3.2.2　严重水土流失区水土保持措施时空格局变化

严重水土流失区包括黄土丘陵沟壑区和黄土高原沟壑区，严重的水土流失，历来都是水土保持重点治理区，以下分别对黄土丘陵沟壑区和黄土高原沟壑区治理格局变化进行分析。

1. 黄土丘陵沟壑区

（1）水土流失现状及治理情况

黄土丘陵沟壑区主要包括陕北、晋西、晋南、豫西、陇东、陇中、陇南、内蒙古南部以及青海、宁夏东部等地，区域面积为 21.58 万 km²，如图 3-4 和图 3-5 所示。涉及山西、内蒙古、陕西、甘肃、青海、宁夏和河南 7 省（区）共 194 个县（市、区、旗）。

多年来，该区重点开展了以小流域为单元的水土保持综合治理、坡耕地综合治理项目、淤地坝工程、水蚀风蚀交错区综合治理项目以及革命老区重点建设工程。经过治理，截至 2015 年，该区累计保存治理措施面积为 1 039 526.10hm²，其中，以梯田、坝地为代表的基本农田面积为 235 753.50hm²，水保林面积 466 900.80hm²，经济林面积为149 005hm²，种草面积为 145 380hm²，封育治理面积为 41 584.10hm²，淤地坝为 18 642 座，小型蓄水工程为 67 077 个。

根据多年来的治理经验，按照黄土丘陵沟壑区梁峁状丘陵为主的地貌特征，采取对位配置、分区施策的治理模式是较为有效的水土流失防治模式，分别对梁峁顶、梁峁坡、峁缘线、沟坡、沟底采用不同的综合治理模式和技术，如图 3-6 所示。梁峁顶地形平坦，侵蚀较轻，可发展高标准基本农田，营造防风林带、种植牧草、同时适当布设水窖、发展集水节灌；在梁峁坡 25°以下缓坡耕地上修筑水平梯田，梯田埂采取植物防护，近村、背风向阳地栽经济林，在坡度较大的地方营造水土保持林；峁缘线沟附近以沟头防护为主，营造防护林、修筑防护埂；沟坡采用水平沟、水平阶、反式梯田和鱼鳞坑等整地方式营造水土保持林、经济林和用材林，坡度较大的地方封禁种草；沟底以改造沟台地为主，修建淤地坝，兴修小型水利工程，同时营造沟底防冲林和护岸林，利用坝系在拦沙的同时增加基本农田面积。

根据文献 [21]，对已实施且拦沙效果较好的部分典型小流域水土保持措施数量和配置比例进行了统计与分析，如表 3-3 和表 3-4 所示，该区防治水土流失的坡面措施占比从高到低依次为人工造林（占 38.78%）、封禁治理（占 32.05%）、梯田（占 16.81%）、人工种草（占 9.96%）等，沟道工程主要为淤地坝和小型水土保持工程，就拦沙效果而言，淤地坝措施效果显著。

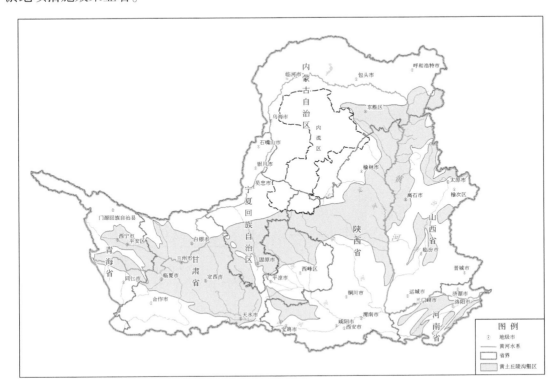

图 3-4　黄土丘陵沟壑区范围图

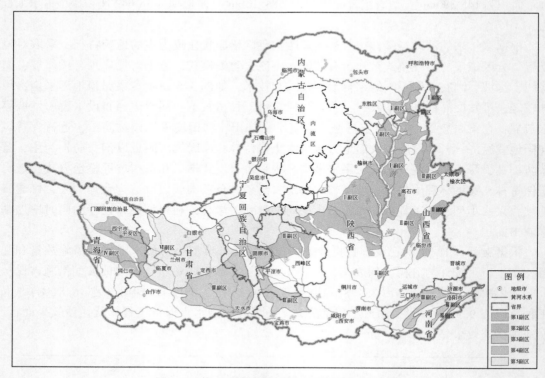

图 3-5　黄土丘陵沟壑区水土流失副区范围图

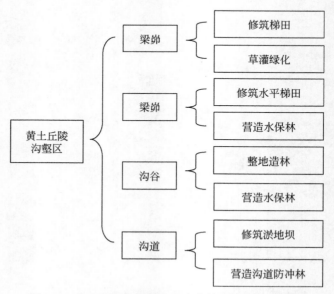

图 3-6　黄土丘陵沟壑区水土流失综合防治技术体系

表 3-3　黄土丘陵沟壑区典型小流域水土保持措施数量统计表

典型小流域名称	措施面积合计/hm²	坡面措施面积/hm²						沟道工程措施/座、处	
		人工造林	经济林	梯田	人工种草	封禁治理	其他	淤地坝	小型水保工程
内蒙古乌兰沟小流域	6211.9	5148.6	0	110.3	860.9	0	92.1	0	0
山西省偏关县沙洼河小流域	991.39	554.39	8.94	428.06	0	0	0	16	74
山西省岢岚县大义井小流域	1490	100	15	0	67	1308	0	0	0
山西省榆次区伽西小流域	1490	205	96	30	0	1159	0	0	25
甘肃省平凉市堡子沟小流域	846.1	275.1	61.2	326.7	183.1	0	0	5	2240
甘肃省定西市复兴小流域	4784.69	138.2	29.6	101.1	366.1	4149.69	0	0	460
青海省海东地区西山小流域	4830	1584	192	2475	579	0	0	33	8395

表 3-4　黄土丘陵沟壑区典型小流域水土保持措施占比分析

项目	坡面措施						
	合计	人工造林	经济林	梯田	人工种草	封禁治理	其他
治理面积/hm²	20 644.08	8 005.29	402.74	3 471.16	2 056.1	6 616.69	92.1
占比/%	100	38.78	1.95	16.81	9.96	32.05	0.45

项目	工程措施	
	淤地坝	小型水保工程
工程数量/座、处	54	11 194
配置比/(座、处/km²)	0.3	54.2

(2) 治理格局变化

本研究所用水保措施数据来源于"黄河水沙变化研究"一期（1954~1990 年）、二期（1991~1996 年），黄河流域水土保持基本资料，黄土高原各省（区）统计年鉴，第一次全国水利普查数据（2011 年），国家"十一五""十二五"科技支撑计划等内容[22,23]，数据已经应用于黄土高原输沙模数分区图及暴雨等值线图修订和黄河流域泥沙成果修订等项目。淤地坝数据来源于黄土高原淤地坝安全大检查专项行动（2008 年底）、第一次全国水利普查数据（2011 年）和黄土高原各省（区）统计年鉴等，下同。

经分析该区域 1954～2017 年坡面措施累计措施面积变化、面积增量占比和累计面积占比变化，可以看出其总体趋势，并得出其变化的主要原因。

1）坡面措施变化分析。

A. 累计措施面积变化分析

图 3-7 为黄土丘陵沟壑区历年累计水土保持措施面积的变化过程，由图可见，黄土丘陵沟壑区各项水土保持措施累计面积均呈现逐年持续增加的趋势，其中造林为首要措施，措施面积最大。这得益于人民治黄 70 年以来，中央和地方各级政府对黄土高原水土流失治理的高度重视，并采取了一系列重大措施，实施了多个重大项目，极大地推动了黄土高原区水土保持工作的开展。

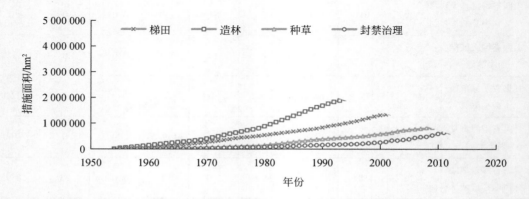

图 3-7　黄土丘陵沟壑区历年累计水土保持措施面积的变化过程

1980 年以前，黄土高原沟壑区各项水土保持措施增幅较缓，1980～2000 年为快速增长时段，2000 年以后，该区域迎来了水土流失治理高速发展时段，各项水土保持措施累计面积增幅加大。1980 年以后，水土流失治理进入重点整治和依法防治阶段，各项水土保持措施全面推进；2000 年左右，随着党中央发出"再造一个山川秀美的西北地区"的号召后，水土流失治理进入工程推动和生态修复阶段，退耕还林工程、封山禁牧、"三北"防护林等一大批水土保持生态建设重点项目实施，该区造林面积持续增加，生态环境得到了显著改观[24]。

以北洛河流域植被覆盖变化为例研究[25]表明，1987～2007 年，北洛河流域植被覆盖度呈先缓慢增长后迅速增长趋势，其流域植被覆盖度比例从 41.12% 增加至 63.43%。史晓亮和王馨爽[26]的研究表明，自 1999 年后黄土高原地区草地覆盖度增加趋势显著，增速达到 1.76%，尤其是在陕北高原、山西中西部的吕梁-太行山等地，草地覆盖度增加趋势明显。

B. 面积增量占比变化分析

进一步分析黄土丘陵沟壑区历年各项水土保持措施面积增量占当年总措施面积增量的比例，如图 3-8 所示，1996 年以前为综合治理时段，各项措施齐头并进，虽有些许差异，但总体措施面积增量比例保持稳定。1996 年以后，各项措施面积增量占比波动较大，造林措施面积增量占比先增后降，梯田措施面积增量占比和封禁治理措施面积增量占比增幅较大，种草措施面积增量占比先降后增，这主要与国家政策导向和各地水土流失治理差异有关。

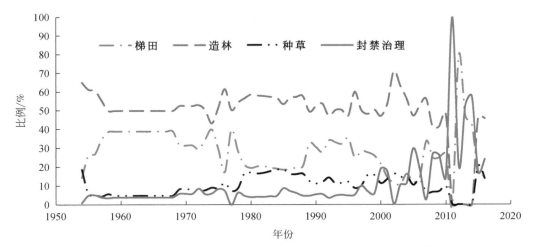

图 3-8　黄土丘陵沟壑区历年各项水土保持措施面积增量占比的变化过程

1997 年 6 月，党中央发出"再造一个山川秀美的西北地区"的号召，1999 年 8 月，朱镕基总理提出"退耕还林、封山绿化、个体承包、以粮代赈"十六字方针，1999 年中央经济工作会议明确提出了以生态建设为主体的"西部大开发战略"，把水土保持纳为生态建设的重要内容。黄土高原地区先后启动了实施了退耕还林、封山禁牧等一大批水土保持生态建设重点项目，山区造林面积持续增加，生态环境得到了显著改观。2006 年开始，水土流失治理进入生态修复与水保工程相结合的阶段，中央、地方财政进一步加大投入，国家开始大面积开展防护林体系建设工程，推广生态修复，封禁管护，倡导依靠自然的力量恢复植被，封禁治理面积增速加快，人工种草面积增速放缓。例如，青海省在黄土高原地广人稀的地区实施了"自然型"植被建设，以天然林保护、退耕还林草、划区轮牧、大面积封禁管护为主要措施的植被恢复，部分草地"三化"（退化、沙化、盐渍化）加重趋势得到有效遏制，天然林草地和人工林草地的水土保持功能得到了有效巩固；梯田面积增量比例自 2009 年起大幅度提升，与甘肃省 2009 年启动实施 $3.33 \times 10^5 hm^2$ 标准梯田建设工程有关，至 2015 年，甘肃省梯田建设面积已累计达到 $1.94 \times 10^6 hm^2$，梯田建设重点县人均梯田占有面积由 2008 年的 $0.111 hm^2$ 增加到 $0.158 hm^2$。

表 3-5 为黄土丘陵沟壑区各时段各项水土保持措施面积增量占比，由表可见，该区造林措施从 20 世纪 50 年代以来都为最主要的水土保持措施，措施面积平均比例基本维持在 50% ~ 60% 的水平，是水土保持坡面重点措施。主要与国家实施了退耕还林、封山禁牧、"三北"防护林等一批水土保持生态建设重点项目有关。1996 年黄河流域各省（区）的林地总面积为 $4.71 \times 10^6 hm^2$，到 2015 年，林地面积达到 $1.15 \times 10^7 hm^2$，增长 144%。以陕西省为例，陕西省先后实施退耕还林、天然林保护、"三北"防护林建设等重点工程，累计

投入 2.19×10^{10} 元，完成造林 4.56×10^6 hm²，森林覆盖率由 2000 年的 30.92% 增长到现在的 37.26%。吴起县 1986~2003 年 63.55% 的耕地转换成林地和草地，生态环境明显改善，整体生态环境质量指数提高到 0.747，提高了 47.72%。

表 3-5 黄土丘陵沟壑各时段各项水土保持措施面积增量占比　　　　（单位：%）

时段	措施面积增量占比维持水平			
	梯田	造林	种草	封禁治理
1954~1959 年	28	59	8	4
1960~1969 年	39	50	5	4
1970~1979 年	31	52	8	6
1980~1989 年	20	57	17	5
1990~1999 年	31	51	12	6
2001~2009 年	19	54	12	14
2010~2017 年	32	23	6	39

梯田工程为该区水土保持坡面措施的第二大措施，各时段面积增量占比基本维持在 20%~30% 的水平。种草面积增量占比基本维持在 5%~15% 的水平。

封禁治理措施在 2000 年以前一直维持在 5% 左右的较低水平，2000 年以来，该措施面积增量占比提高到 39% 左右的水平，可见国家和各地政府对生态修复非常重视。青海、宁夏大范围实施的封禁管护措施对封禁治理面积增加起到积极作用。宁夏 2012 年全区新增生态修复、封禁保护面积 500km²，水土流失防治步伐明显加快，盐池县自 2005 年实施封禁治理以来，生态环境发生了显著变化，封禁治理区域的林草覆盖率均达到 70% 以上。分析表明，植被封禁保护已是黄土高原植被恢复的重要措施[27]。

C. 累计面积占比变化分析

图 3-9 为黄土丘陵沟壑区历年各项水土保持措施累计面积占比的变化过程，表 3-6 为黄土丘陵沟壑区各时段各项水土保持措施累计面积占比，由图表可见，该区造林累计面积比例基本维持在 54% 的水平，梯田累计面积比例自 1980 年后呈现逐年下降趋势，由 30% 左右下降至 25% 左右的水平；种草累计面积比例基本维持在 10% 的水平；封禁治理累计面积比例自 2000 年后增长趋势明显，由 5% 左右上升至近 10% 的水平。

从该区各项坡面措施累计面积占比的变化趋势看，梯田和造林措施呈下降趋势，人工种草和封禁治理呈上升趋势。就各项坡面措施累计面积占比来看，造林措施为主要水土保持措施，其次为梯田、种草、封禁治理。

经过几十年的生态环境建设，特别是实施退耕还林政策以来，黄土丘陵沟壑区实现了林草植被大幅度增加和地表景观由黄到绿的转变。该区植被覆盖度明显增加，其植被指数平均增长速率是黄土高原平均水平的 1.54 倍，生态环境状况呈现出总体改善、局部好转的良好态势。

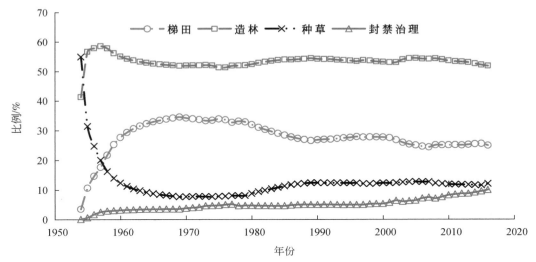

图 3-9　黄土丘陵沟壑区历年各项水土保持措施累计面积占比的变化过程

表 3-6　黄土丘陵沟壑区各时段各项水土保持措施累计面积占比　　（单位：%）

时段	累计面积占比维持水平			
	梯田	造林	种草	封禁治理
1954～1959 年	16	55	27	2
1960～1969 年	32	53	9	3
1970～1979 年	34	52	8	5
1980～1989 年	29	54	11	5
1990～1999 年	28	54	12	5
2001～2009 年	26	54	12	7
2010～2017 年	25	53	12	9

2）淤地坝工程变化分析。

淤地坝是黄河流域黄土高原地区一种行之有效的既能拦截泥沙、保持水土、减少入黄泥沙、改善生态环境，又能淤地造田、增产粮食、发展区域经济的水土保持工程措施。黄土高原地区淤地坝建设大体经历了六个发展阶段：20 世纪 50 年代的试验示范、60 年代的推广普及、70 年代的发展建设、80 年代中期至 2000 年完善提高的坝系建设阶段；自 2003 年淤地坝作为水利部三大"亮点工程"之一启动实施后，淤地坝进入大规模发展阶段；2010 年以来，我国对淤地坝建设管理和安全生产任务更加重视，下发了《关于进一步加强淤地坝等水土保持拦挡工程建设管理和安全运行的若干意见》，对淤地坝规划设计中的关键技术环节进行了限制，淤地坝建设速度变缓。

图 3-10 为黄土丘陵沟壑区淤地坝建设过程，由图可见，黄土丘陵沟壑区淤地坝建设曲线变化与其发展阶段对应一致，中型坝和骨干坝分别在 20 世纪 70 年代的发展建设阶段

和 21 世纪初期的大规模发展阶段出现峰值。

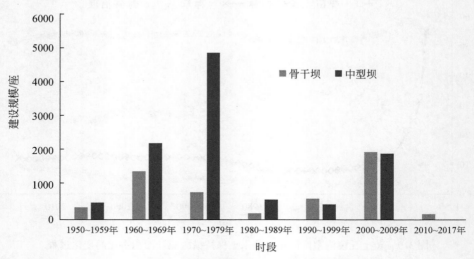

图 3-10　黄土丘陵沟壑区淤地坝建设过程

　　图 3-11 为黄土丘陵沟壑区历年累计淤地坝坝地面积的变化过程，由图可见，该区淤地坝坝地面积随治理时间逐渐增加，大体可分为三个阶段：一是 1954～1980 年，二是 1980～2010 年，三是 2010 年以来的发展时期。1954～1980 年坝地快速淤积与该时段植被覆盖度低、坡面措施保水保土能力差、水土流失严重有关；1980～2010 年为坝地缓慢发展时期，该时期黄土高原实施了大范围的水土流失综合治理工程，有效缓解了坡面水土流失状况，相比于 20 世纪 50 年代，淤积速度放慢；2010 年开始，该区坝地面积增长缓慢，说明多年的水土流失治理改善了该区的生态环境，植被覆盖度明显提升，初步形成泥不下坡、水不出沟的局面。

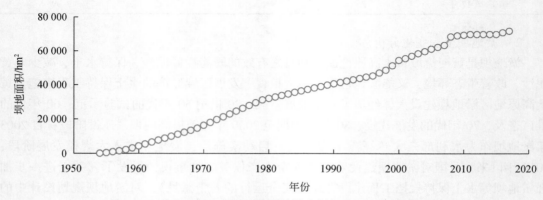

图 3-11　黄土丘陵沟壑区历年累计淤地坝坝地面积的变化过程

2. 黄土高原沟壑区

(1) 水土流失现状及治理情况

黄土高原沟壑区主要分布于甘肃东部的董志塬、旱胜塬、合水塬,陕西延安南部的洛川塬和渭河以北的长武塬,山西西南部,宁夏东南部等地区。主要涉及甘肃、陕西、山西及宁夏的 45 个县(市、区),区域总面积约 3.56 万 km²。该区占黄土高原地区总面积 5.54%,具体位置如图 3-12 所示。

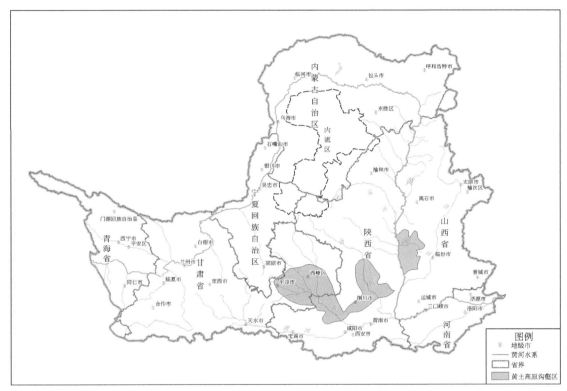

图 3-12　黄土高原沟壑区范围图

黄土高原沟壑区重点开展了以小流域为单元的水土流失综合治理、坡耕地综合治理项目及淤地坝工程。截至 2017 年,该区累计治理措施面积为 131.0 万 hm²,其中,以梯田、坝地为代表的基本农田面积为 49.70 万 hm²,水土保持林面积为 50.93 万 hm²,经济林面积为 12.77 万 hm²,种草面积为 8.55 万 hm²,封禁治理面积为 9.04 万 hm²,淤地坝为 1857 座,小型蓄水保土工程为 175 596 个。

图 3-13 为黄土高原沟壑区水土流失综合防治体系,由图可见,该区域根据地形地貌特征、水土流失规律、土地利用及工农业生产布局等情况综合分析,结合侵蚀类型分区,山、水、田、林、路统一规划,按照"固沟保塬"的总体思路,建成塬面、塬边塬坡、沟坡、沟道四道防线,形成自上而下层层设防、节节拦蓄的立体防治体系。措施配置上坚持

工程、生物和水保耕作措施相结合,在不同区域各有侧重的原则对位配置,形成点、线、面结合,片、网、带配套的综合防治体系。

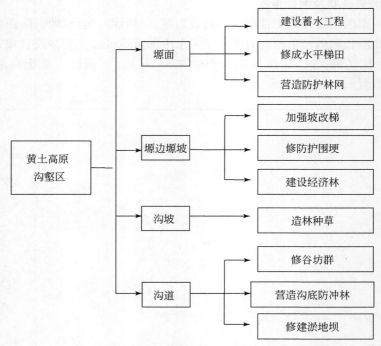

图 3-13 黄土高原沟壑区水土流失综合防治体系

塬面以蓄水工程与田、林、路配套为原则,建立雨水集蓄径流调控体系,减少下塬的径流量。在逐步优化工业结构、加强区域基础设施建设和建立林果产业基地的同时,充分利用城市、村庄、工业园区、道路等点线面径流,建设蓄水塘、水窖、涝池等蓄水工程;以建设高效高产农田为中心,将塬面农田修成水平梯田,做到水不出田,营造防护林网,栽植苹果、红枣、花椒等经济林木,发展地方经济,建立高产稳产的粮油基地;加强对城市、城镇、新农村、交通、石油化工等生产建设项目的监督管理。

沟头修筑地边埂和挡水墙,塬边修防护围埝,塬坡加强坡改梯,防止沟头前进和沟岸扩张,有效遏制蚕食塬面。充分利用塬坡光热资源,建立建设经济林,利用道路与坡面径流修建蓄水工程,进行灌溉,提高抗旱能力和提高经济林产量与品质。沟坡造林种草,防止冲刷,发展林牧业。支毛沟修谷坊群,营造沟底防冲林,防止沟底下切、沟岸扩张,在沟道修建淤地坝坝系工程以拦蓄径流泥沙,淤地造田,同时根据实际条件适度发展水产养殖和小水利。

根据《全国水土保持规划》(2015—2030 年),对已实施且拦沙效果较好的部分典型小流域水土保持措施数量和配置比例进行了统计与分析,如表 3-7 和表 3-8 所示,该区防治水土流失的坡面措施占比从高到低依次为人工造林(占 46.33%)、梯田(占 22.90%)、经济林(占 22.56%)、人工种草(占 8.21%)等,沟道工程主要为淤地坝和小型水土保持工程，就拦沙效果而言，淤地坝措施效果显著，小型水保工程在该区"固沟保塬"中也起了很大作用。

表3-7 黄土高原沟壑区典型小流域水土保持措施数量统计表

典型小流域名称	措施面积合计/hm²	坡面措施面积/hm²						沟道工程措施/座、处	
		人工造林	经济林	梯田	人工种草	封禁治理	淤地坝	小型水保工程	
山西省隰县路家峪小流域	668.73	420.72	121.94	94.46	31.61	0	3	0	
甘肃省官山沟小流域	630.00	181.00	171.00	203.00	75.00	0	0	96	
合计	1298.73	601.72	292.94	297.46	106.61	0	3	96	

表3-8 黄土高原沟壑区典型小流域水土保持措施占比分析

项目	坡面措施						
	合计	人工造林	经济林	梯田	人工种草	封禁治理	其他
治理面积/hm²	1 298.73	601.72	292.94	297.46	106.61	0	0
占比/%	100	46.33	22.56	22.90	8.21	0	0

项目	工程措施	
	淤地坝	小型水保工程
工程数量/座、处	3	96
配置比/(座、处/km²)	0.23	7.39

（2）治理格局变化

分析该区域1954～2017年坡面措施累计措施面积变化、增量面积占比和累计面积占比变化，可以看出其总体趋势，并得出其变化的主要原因。

1）坡面措施变化分析。

A. 累计措施面积变化分析

图3-14为黄土高原沟壑区历年累计水土保持措施面积的变化过程，由图可见，黄土高原沟壑区各项水土保持措施累计面积呈现持续增加趋势，尤其以造林面积和梯田面积增幅最大，这得益于人民治黄70年以来，中央和地方各级政府对黄土高原水土流失治理的高度重视，并采取了一系列重大措施，实施了多个重大项目。

1980年以前，黄土高原沟壑区各项水土保持措施累计增幅较缓，1980～2000年为快速增长时段，2000年以后，该区域迎来了水土流失治理高速发展时段，各项水土保持措施累计面积增幅加大。结合黄土高原水土流失治理里程可以看出，1980年以后，水土流失治理进入重点整治和依法防治阶段，各项水土保持措施全面推进；2000年左右，随着党中央发出"再造一个山川秀美的西北地区"的号召后，水土流失治理进入工程推动和生态修复阶段，退耕还林工程、封山禁牧、"三北"防护林等一大批水土保持生态建设重点项目实施，该区造林面积持续增加，生态环境得到了显著改观。除造林面积增速较快外，梯田面积由 1954 年的 230.61hm² 增加至 2017 年的 461 547.12hm²，增加了 461 316.51hm²，年均增长速度为 7322.48hm²。

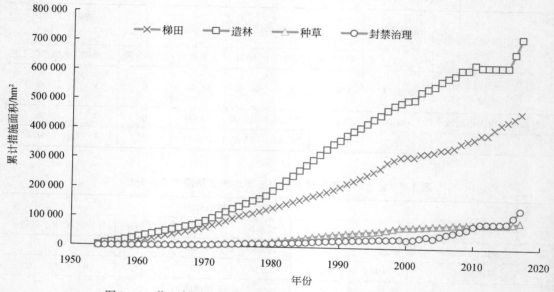

图 3-14　黄土高原沟壑区历年累计水土保持措施面积的变化过程

B. 面积增量占比变化分析

图 3-15 为黄土高原沟壑区历年各项水土保持措施面积增量占比的变化过程，由图可见，1996 年以前为综合治理时段，各项措施面积增量比例基本保持稳定水平，虽有波动，但总体各措施面积增量比例保持稳定水平。1996 年以后，各项措施面积增量占比波动较大，造林措施面积增量占比先增后降，梯田措施面积增量占比和封禁措施面积增量占比增幅较大，种草面积措施先增后降，这主要与国家政策导向和各地水土流失治理差异有关。

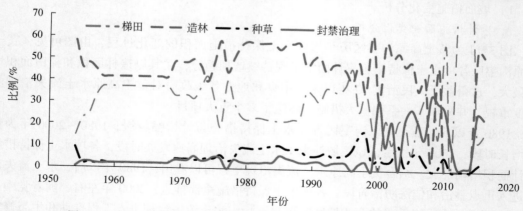

图 3-15　黄土高原沟壑区历年各项水土保持措施面积增量占比的变化过程

表3-9为黄土高原沟壑区各时段各项水土保持措施面积增量占比，由表可见，从20世纪50年代以来，该区最主要的水土保持措施为造林和梯田，两者占到坡面措施面积增量的60%以上。造林措施面积增量比例基本维持在50%，梯田基本维持在30%的水平，种草面积增量占比大多维持在10%以下的水平。封禁治理措施面积增量占比在2000年以前一直维持在5%左右的较低水平，2000年以来，国家和各地政府对生态修复非常重视，其占比在16%的水平，导致梯田和造林的面积增量占比相对减少。

表3-9　黄土高原沟壑区各时段各项水土保持措施面积增量占比统计表（单位：%）

时段	累计面积增量占比维持水平			
	梯田	造林	种草	封禁治理
1954～1959年	26	48	4	2
1960～1969年	37	42	2	2
1970～1979年	33	48	4	4
1980～1989年	23	57	10	4
1990～1999年	36	46	9	3
2001～2009年	21	44	5	19
2010～2017年	45	19	2	16

C. 累计面积占比变化分析

图3-16为黄土高原沟壑区历年各项水土保持措施累计面积占比的变化过程，表3-10为黄土高原沟壑区各时段各项水土保持措施累计面积占比，由图表可见，该区造林措施面积占总措施面积比多年基本维持在55%水平，梯田面积占比基本维持在33%水平，种草面积占比基本维持在8%水平，封禁面积比例虽然占比偏小，但各阶段呈现出逐年增加的良好趋势，由1%上升至近8%水平。

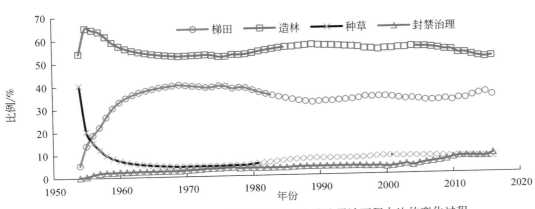

图3-16　黄土高原沟壑区历年各项水土保持措施累计面积占比的变化过程

表 3-10　黄土高原沟壑区各时段各项水土保持措施累计面积占比　　（单位：%）

时段	累计面积占比维持水平			
	梯田	造林	种草	封禁治理
1954~1959 年	20	61	18	1
1960~1969 年	38	54	5	2
1970~1979 年	39	53	5	3
1980~1989 年	34	56	6	3
1990~1999 年	33	56	7	4
2001~2009 年	33	55	8	4
2010~2017 年	34	52	7	8

　　从该区各项坡面措施累计面积占比的变化趋势看，梯田和造林是该区的水土流失治理的主要措施，梯田措施自 1954 年呈现出迅猛发展势头，由 5.38% 增加至 1969 年的40.20%，梯田的飞速发展与该区的地形地貌有关，该区塬面平坦，坡度小，但坡面长，适宜在坡面措施布置农田防护林网、塬面水平梯田的建设，形成了以水平梯田为主体，田、林、路、拦蓄工程相配套的塬面防护体系。

　　2）淤地坝工程变化分析

　　图 3-17 为黄土高原沟壑区淤地坝建设过程，由图可见，该区同黄土丘陵沟壑区淤地坝建设情况基本一致，淤地坝建设经历 20 世纪 50 年代的试验示范、60 年代的推广普及、70 年代的发展建设、80 年代中期至 2000 年完善提高的坝系建设阶段；自 2003 年淤地坝作为水利部三大"亮点工程"之一启动实施后，淤地坝进入大规模发展阶段；2010 年以来，我国对淤地坝建设管理和安全生产任务更加重视，下发了《关于进一步加强淤地坝等水土保持拦挡工程建设管理和安全运行的若干意见》，对淤地坝规划设计中的关键技术环节进行了限制，淤地坝建设速度变缓。

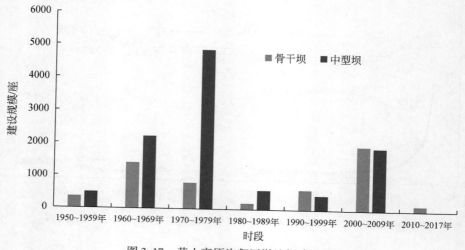

图 3-17　黄土高原沟壑区淤地坝建设过程

图 3-18 为黄土高原沟壑区历年累计淤地坝坝地面积的变化过程，由图可见，该区淤地坝的坝地面积随治理时间的变化持续增加，坝地面积增长趋势基本与黄土丘陵沟壑区一致，大体也可分为三个阶段：1954～1980 年、1980～2010 年、2010 年以后。1954～1980年坝地快速淤积与这个阶段生态环境差、植被覆盖度低、区域下垫面的各项措施蓄水固土能力差、区域水土流失严重有关，1980～2010 年为坝地缓慢发展时段，该时段黄土高原实施了大范围的水土流失综合治理工程，有效缓解了坡面水土流失状况，相比于 1954～1980年，淤地坝坝地淤积速度放慢；2010 年开始，该区坝地面积增长缓慢，主要与多年的水土流失治理造成该区生态环境得到明显改善，植被覆盖度显著提升有关，各项措施综合作用下流域初步形成泥不下坡、水不出沟的局面。

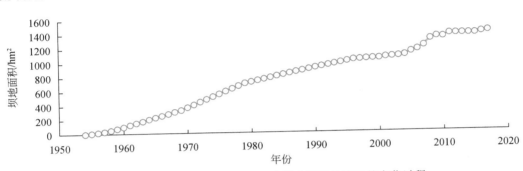

图 3-18　黄土高原沟壑区历年累计淤地坝坝地面积的变化过程

3.2.3　中度水土流失区水土保持措施时空格局变化

中度水土流失区包括：土石山区、林区、高地草原区、干旱草原区和风沙区，由于高地草原区位于甘肃南部和青海贵德、海晏、门源以西等地，该区植被较好，地广人稀，水土流失轻微，土壤侵蚀模数仅在 $200t/(km^2 \cdot a)$ 以下，水土保持主要以预防保护为主，以下仅对局部水土流失较为严重的风沙区、干旱草原区、土石山区和林区的治理格局进行分析。

1. 风沙区和干旱草原区

（1）区域概况及治理现状

风沙区和干旱草原区总面积为 12.87 万 km^2，主要分布于内蒙古的鄂尔多斯市和长城沿线等地。风沙区面积达 7.04 万 km^2，干旱草原区面积达 5.83 万 km^2，区内气候干旱、降水稀少，年降水量在 400mm 以下，蒸发量大，水蚀模数小，风蚀剧烈，沙尘暴灾害频繁，土地沙化严重，地貌上以毛乌素沙地地貌类型为主。由于长期过牧滥牧造成比较严重的草原退化和沙化，相当部分固定、半固定沙丘被激活形成移动沙丘。风沙区和干旱草原区位置范围如图 3-19 所示。

风沙区和干旱草原区综合治理措施是以保护、恢复和增加现有植被为重点，实行生物措施与工程措施相结合，人工治理与自然修复相结合，建设乔灌草、多林种、多树种相结合的防风固沙林为重点的沙区生态防护体系。沙化土地通过人工造林种草、封沙育林育草、人工补播等方式促进植被恢复，全面实行封山（沙）禁牧、舍饲圈养、禁止滥垦、滥樵，改变畜牧业生产经营方式，条件适宜地区发展人工种植草料基地，促进草场的休养生息。在有条件的地方坚持治理与开发相结合的方针，发展沙区特色林果、农副产品加工业。通过实地调查发现，神东矿区引种的沙棘和大果沙棘在风沙区能够较好生长，既能改善生态环境，又能创造经济和社会价值。

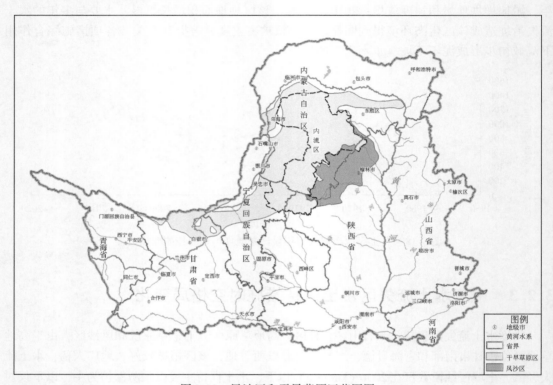

图 3-19　风沙区和干旱草原区范围图

在风沙区，以人工治理与生态修复相结合，建立乔、灌、草相结合的带、片、网防风固沙阻沙体系，提高林草覆盖率，减少人为过度开垦，减轻风蚀沙害。改良低产农田和沙滩地，建设稳产、高产的基本农田；扩大人工草场，推广草田轮作，引进优良牧草品种，建立高产牧场，发展舍饲养畜，保护林草植被。多年实践证明，该区的水土保持主要措施以保护、恢复和增加现有植被为重点，实行生物措施与工程措施相结合的方式，人工治理与自然修复相结合，建设以乔灌草、多林种、多树种相结合的防风固沙林为重点的沙区生态防护体系。

在干旱草原区，加强草原管理，严禁开垦草原；在荒坡实行封山禁牧、轮封轮牧、舍饲养畜等措施，加强植被建设，提高生态稳定性。

截至 2017 年，该区主要水土保持措施以造林为主，治理面积达到 203.27 万 hm^2，其中，风沙区占 39.14%，干旱草原区占 60.86%。其次是封禁治理措施，治理面积为

100.84 万 hm², 封禁治理主要集中于干旱草原区, 面积比例为 88.23%。种草面积为 38.30 万 hm², 其中, 风沙区占 43.24%, 干旱草原区占 56.76%。种草面积小与该区治理方式和统计口径有关, 调查发现, 该区种草措施普遍采用撒播草籽的方式, 撒播的草籽多数情况下位于灌木林和乔木林内, 这就造成在统计草地面积时, 撒播到灌木林和乔木林内的治理面积统计不到草地面积中, 实际治理中虽有大面积种草, 但治理实际面积小于统计面积, 造成了种草面积偏小, 林地面积偏大。

(2) 治理格局变化

根据该区主要水土保持措施, 对梯田、林草等坡面措施进行治理格局分析。

A. 累计措施面积变化分析

图 3-20 为风沙区历年累计水土保持措施面积的变化过程, 图 3-21 为干旱草原区历年累计水土保持措施面积的变化过程, 由图可见, 风沙区和干旱草原区的各项水土保持措施累计面积呈现持续增加趋势, 尤其以造林面积和封禁治理面积增幅最大, 这得益于人民治黄 70 年以来, 中央和地方各级政府对黄土高原水土流失治理的高度重视, 并采取了一系列重大措施, 实施了多个重大项目, 以及当地群众生态环境保护观念的提升。

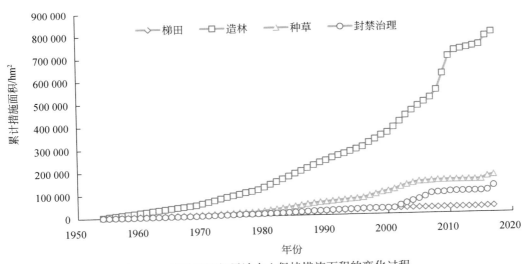

图 3-20 风沙区历年累计水土保持措施面积的变化过程

以干旱草原区为例, 2000 年以前, 各项水土保持措施增幅缓慢, 2000~2011 年该区水土流失治理迅速发展, 尤其是以造林和封禁治理面积变化最大, 造林面积由 2000 年的 546 045.39hm² 增加到 2011 年的 1 071 820.23hm², 增加了 525 774.84hm², 增幅达 96%; 封禁治理面积由 2000 年的 173 027.03hm² 增加到 2011 年的 854 000.72hm², 增加了 680 973.693hm², 增幅达 394%。至 2011 年各项水土保持坡面措施比例维持在: 梯田 1.5%, 造林 51.98%, 种草 9.13% 和封禁治理 37.39%。造林依然是该区主要的治理措施。造成该区 2000 年开始水土保持治理面积飞速增加的主要原因是, 2000 年左右随着党中央发出 "再造一个山川秀美的西北地区" 的号召后, 水土流失治理进入工程推动和生态修复阶段, 退耕还林工程、封山禁牧、"三北" 防护林等一大批水土保持生态建设重点项目实施, 该区造林面积持续增加，生态环境得到了显著改观。加之水土保持和生态环境保护意识逐步深入人心，人为扰动情形明显减少，毁林毁草开荒情形不复存在，区域生态环境得到明显提升。

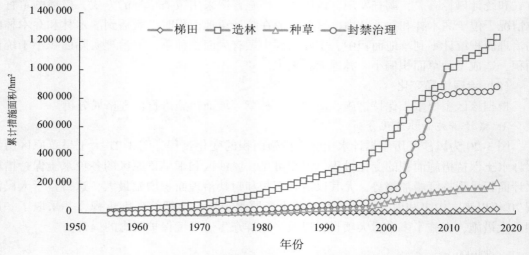

图 3-21　干旱草原区历年累计水土保持措施面积的变化过程

B. 累计面积占比变化分析

图 3-22 为风沙区历年各项水土保持措施累计面积占比的变化过程，表 3-11 为风沙区各时段各项水土保持措施累计面积占比，由图表可见，风沙区的累计面积比例基本维持在：造林 72%，种草 15%，封禁治理 10%，梯田 3% 的水平，1954~2017 年，各项主要水土保持措施基本保持平稳发展势态，造林和种草措施是该区的主要水土保持治理措施。

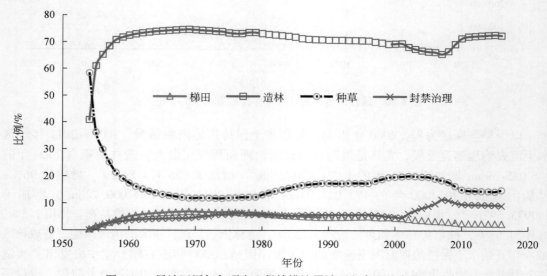

图 3-22　风沙区历年各项水土保持措施累计面积占比的变化过程

表 3-11　风沙区各时段各项水土保持措施累计面积占比　　（单位：%）

时段	累计面积占比维持水平			
	梯田	造林	种草	封禁治理
1954~1959 年	3	63	32	2
1960~1969 年	6	74	14	4
1970~1979 年	7	74	12	6
1980~1989 年	6	72	16	6
1990~1999 年	5	70	18	6
2001~2009 年	4	68	19	8
2010~2017 年	3	72	15	10

　　调查发现，风沙区除在个别水源地附近、村旁院落适宜零星种植乔木外，其余大部分地区主要适宜种植沙棘、柠条、沙柳、沙蒿、花棒等草灌木。该区的水土流失治理通常选用沙柳、柠条等耐旱耐寒的树种固定该区流动的沙丘，待风沙固定后，在沙柳林、柠条林的行间距中，栽植沙棘、樟子松或撒播黑沙蒿等草籽，以增加该区的植被覆盖度，提升该区的生态环境质量，增强区域生态环境的抗逆性。撒播的草籽往往位于灌木林和乔木林内，造成水土保持措施中种草实际治理面积往往小于统计面积，这也是风沙区各阶段措施累计面积比例中种草面积比例逐步降低的原因之一。

　　图 3-23 为干旱草原区历年各项水土保持措施累计面积占比的变化过程，表 3-12 为干旱草原区各时段各项水土保持措施累计面积占比，由图表可见，该区单项措施累计面积占比变化过程可分成三个阶段：2000 年以前、2000~2011 年、2011~2017 年。2000 年以前为平稳发展时段，此时各水土保持措施面积维持稳定的水平，基本维持在：梯田 2%，造

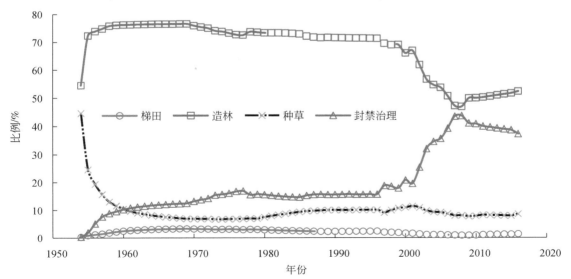

图 3-23　干旱草原区历年各项水土保持措施累计面积占比的变化过程

林73%，种草10%和封禁治理15%的水平；2000～2011年为封禁治理面积飞速发展时段，此时封禁治理累计面积比例由2000年的15%增加至2011年的35%的水平，至2011年后，各水土保持措施累计面积占比基本维持在：梯田1%，造林55%，种草9%，封禁治理35%。该区造林面积迅速下降可能与统计口径有关，初步分析可能与封禁治理面积统计时将以往成形的林区划作封禁治理区有关。同时也表明该区自2000年已转变水土流失治理观念，由传统意义上的造林种草作为主要水土流失治理措施的重治理观念，变为现在的轻治理、重保护、少管理、重封育的治理理念。

表3-12　干旱草原区各时段各项水土保持措施累计面积占比　　（单位：%）

时段	累计面积占比维持水平			
	梯田	造林	种草	封禁治理
1954～1959年	1	71	22	6
1960～1969年	3	76	8	12
1970～1979年	3	74	7	15
1980～1989年	3	73	9	15
1990～1999年	2	71	10	17
2001～2009年	1	56	9	34
2010～2017年	1	51	8	39

2. 土石山区和林区

（1）治理现状及治理模式

土石山区和林区主要分布在山西的吕梁山、太岳山、中条山，陕西、甘肃两省的秦岭、六盘山、黄龙山、子午岭、兴隆山、马衔山，河南的伏牛山、太行山，内蒙古的大青山、狼山，宁夏的贺兰山等地。总面积为15.25万 km^2，其中土石山区面积为13.28万 km^2，林区面积为1.97万 km^2。土石山区一般多是山脊部分为岩石或岩石的风化碎屑，形成石质山岭，山腰、山麓等部位有小片黄土分布，或是岩屑中混合有大量泥土，形成土石山区。其特点是石厚土薄，植被较好，水土流失较轻，大暴雨时常有山洪发生，年土壤侵蚀模数1000～5000t/（ $km^2 \cdot a$ ）。林区气候高寒湿润，林草茂密，人口稀少，土壤侵蚀模数100～1000t/（ $km^2 \cdot a$ ）。土石山区与林区范围分布图如图3-24所示。

多年来，土石山区开展了退耕还林、天然林保护等项目。经过治理，该区累计治理措施面积为330.63万 hm^2 ，其中，土石山区为263.01万 hm^2 ，林区为61.62万 hm^2 。

土石山区以改造中低产田和恢复林草植被建设为主，在缓坡地修筑水平梯田，荒草地进行生态修复或封山育草，有条件的地方发展特色林业产业，加强局部地区天然次生林保护。

该区综合治理措施是对太行山、秦岭等水源涵养林建设重点地区，通过实施封山育林育草和适度人工干预恢复植被，配合必要的沟道水土保持工程，完善和维护山区流域生态系统。大力推广以小流域为单元的综合治理，因地制宜，搞好川地、缓坡地农田的基本建设，对荒山荒沙地区建设谷坊、塘坝等拦沙蓄水工程，水池、水窖等集雨节灌工程，推广草田轮作、免耕法、留茬等农耕措施，加大封育治理力度。改变传统的牧业生产方式，变放养为圈养，在条件适宜地区发展人工种植草料基地建设，减轻植被破坏压力。大力营造农田林网和草场林网，建设风沙屏障。主要水土保持措施是修筑石坎梯田、石谷坊、实施封禁和造林种草。

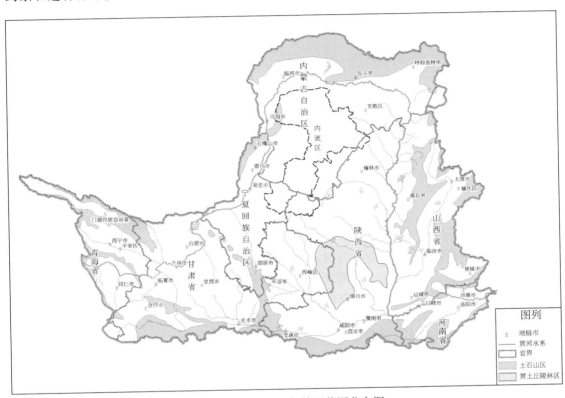

图 3-24　土石山区与林区范围分布图

（2）治理格局变化

根据该区主要水土保持措施，对梯田、林草等坡面措施进行治理格局分析。

A. 累计措施面积变化分析

土石山区是黄土高原重要的水源涵养区。陕西省子午岭国家级自然保护区被誉为"黄土高原的一叶肺"，说明具有良好生态环境的山区不仅可以保持水土，涵养水源，也能营造良好的小气候，降低空气中雾霾、二氧化硫和二氧化碳等污染物质，达到净化空气的作用，更能起到调控周边城市大气环境，美化居住环境的重要作用。因此，这一区域的水土保持措施主要表现为坡面植树造林和封山育林育草。

图 3-25 为土石山区历年累计水土保持措施面积的变化过程，由图可见，土石山区各项水土保持措施面积总体呈现逐年增加的趋势，大致分为三个阶段：1969 年以前，各类措施的增长速度缓慢；1970～1999 年，各曲线斜率增加，表明各项措施累计面积明显增长，

其中造林措施累计面积的增长速度最大；2000 年以后的水土保持措施累计面积增长速度更为显著，其中造林和封禁治理累计面积增长显著，梯田和种草相比较下表现得较为稳定。

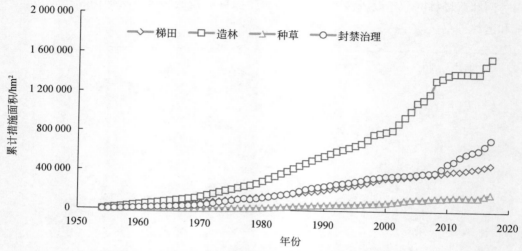

图 3-25　土石山区历年累计水土保持措施面积的变化过程

水土保持各类措施分布的变化与国家宏观调控紧密相连。政府出台的法律法规、规章制度和鼓励措施等深刻影响着黄土高原水土保持工作的开展。中华人民共和国成立初期，水土保持工作逐渐规模化，在保证农田稳产高产的目的下，农业合作化和人民公社化的背景下，分散治理发展为集体联合治理，水土保持措施主要包括坡耕地上培地埂，荒山荒坡造林种草，支毛沟修小型淤地坝等单项措施。20 世纪 70 年代后，随着水土保持的发展，黄河中游的许多地方以县为单位，在山区和丘陵区的小流域开展了兴修梯田、坝地、小片水地及造林种草等水土保持工作；到 80 年代国家政策和方案相继出台，大量配套资金涌入，推动了山区水土保持综合治理的发展，林业部的"三北"防护林建设、农业农村部的"三西"农业建设、陕北建设委员会的老区扶贫工程资助的小流域治理项目相继启动或实施；90 年代出台了一系列法律法规，水土保持工作法制化，《中华人民共和国水土保持法》正式公布，不仅建立了配套的法规体系和监督执法机构，开展预防监督执法试点，使水土保持步入法制轨道。

B. 累计面积占比变化分析

图 3-26 为土石山区历年各项水土保持措施累计面积占比的变化过程，由图可见，在黄土高原土石山区，区域内最为有效且显著的水土保持措施是造林措施，其历年措施配置占总措施面积的平均比例为 54%，其次是封禁治理，历年措施平均配置比例为 22.4%，梯田在土石山区的比例较其他区域有所较低，历年措施平均配置比例仅为 17%，种草平均配置只占到总措施面积的 5.7%。各项措施累计面积比例多年增长情况表现为造林平稳持续，梯田缓慢减少，封禁治理稳步增加，特别是在 20 世纪 90 年代后期，明显高于梯田措施；种草也表现为缓慢的增长趋势。

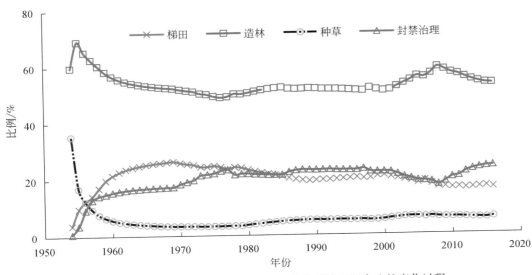

图 3-26　土石山区历年各项水土保持措施累计面积占比的变化过程

不同于黄土高原其他治理分区，过度地放牧、樵采等人为因素是造成山区发生坡面水土流失的主要原因之一。在山区开展封禁育林措施也是投资少，见效快的良好措施之一，其效果更为显著，特别像秦岭山区这类具有良好的自然气候条件和优越的地理位置的山区，封山禁牧育林，依靠自然的力量恢复植被，可以有效地增加植被覆盖面积，合理地经营各种林副产品的同时又可以增加山区群众的经济收入。

因此，针对黄土高原土石山区，要继续开展荒山荒坡营造水土保持林，远山边山和草场实施封育保护，推动退耕还林还草继续实施《全国水土保持规划（2015—2030 年）》。应加强坡耕地改造和雨水集蓄利用，发展特色林果产业，加强现有森林资源的保护，提高水源涵养能力［全国水土保持区划成果（小流域治理模式）］。在植被较好的区域实施封禁治理，加强生态保护，涵养水源。在山坡及丘陵中下部，营造水土保持林，提高植被覆盖，调节径流。

C. 面积增量占比变化分析

图 3-27 为土石山区历年各项水土保持措施面积增量占比的变化过程，由图可见，土石山区主要的水土保持措施主要为造林，占到新增总措施面积的 47.8%；其次是封禁治理，占到新增总措施面积的 27.3%；再次为梯田，占到新增总措施面积的 20.2%，种草措施的配置比例相对较小，仅占到新增总措施面积的 4.4%。

作为生态修复的重要措施之一，封禁治理面积在 2008 年之后显著增加。封禁治理不仅是培育森林资源的一种重要营林方式，更具有保持水土、涵养水源的功效。具有用工少、成本低等特点，对扩大森林面积，提高森林蓄水保土能力，改善林区土壤质量，丰富植被种类，增加经济林经济效益，促进社会经济发展发挥着重要作用。研究表明，原来的疏林地、灌丛地、灌木林地、具备封育条件的荒山荒地等经过 5~10 年的封育，大多成为有林地，而封育成本仅为人工造林的 1/10~1/5。

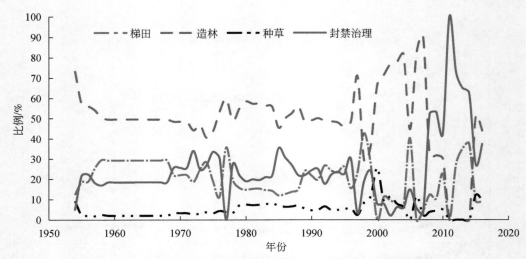

图 3-27 土石山区历年各项水土保持措施面积增量占比的变化过程

表 3-13 为土石山区各时段各项水土保持措施面积增量占比,由表可见,该区主要水土保持措施为造林措施,在 2010 年以前面积增量比例基本能达到 50% 及以上;梯田和封禁治理措施可共同认为是第二措施,种草措施面积增量比例逐时段缓慢增加。从各时段的措施配置情况看,造林是该区域首要和必要的措施,鉴于土石山区特殊的自然地理环境,梯田和封禁治理的配置比例相当,种草次之。

表 3-13　土石山区各时段各项水土保持措施面积增量占比　　　　（单位:%）

时段	累计面积占比维持水平			
	梯田	造林	种草	封禁治理
1954~1959 年	21	58	4	17
1960~1969 年	29	50	2	19
1970~1979 年	22	48	3	27
1980~1989 年	14	54	7	25
1990~1999 年	25	49	5	21
2001~2009 年	12	66	9	13
2010~2017 年	19	20	4	57

实施封山育林育草和适度人工干预恢复植被,配合必要的沟道水土保持工程,完善和维护山区流域生态系统。大力推广以小流域为单元的综合治理,因地制宜,搞好川地、缓坡地农田基本建设,荒山荒沙地区建设谷坊、塘坝等拦沙蓄水工程,水池、水窖等集雨节灌工程,推广草田轮作、免耕法、留茬等农耕措施,加大封育治理力度。改变传统的牧业生产方式,变放养为圈养,在条件适宜地区发展人工种植草料基地建设,减轻植被破坏压力。大力营造农田林网和草场林网,建设风沙屏障。

3.2.4　轻微水土流失区水土保持措施时空格局变化

黄土高原轻微水土流失区是黄土高原地区重要的农业区和区域经济活动中心地带，主要包括黄土阶地区、冲积平原区。该区总土地面积为 9.28 万 km²，其中，河谷平原区 6.90 万 km²，黄土阶地区 2.38 万 km²。轻微水土流失区在黄土高原的分布图如图 3-28 所示，主要包括宁夏、内蒙古、陕西、山西 4 省（区）112 个县（区、旗）。

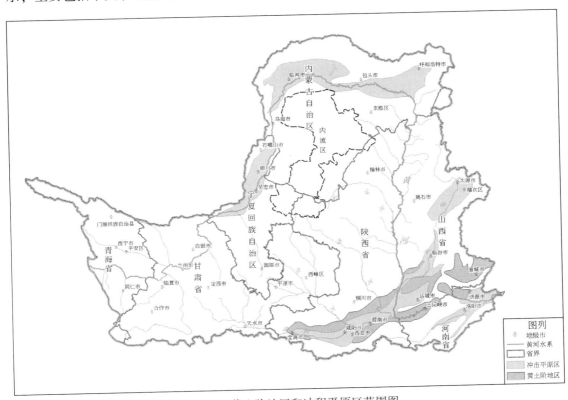

图 3-28　黄土阶地区和冲积平原区范围图

轻微水土流失区综合治理措施是建设功能完备、生态效益稳定的农田防护林，搞好"四旁"绿化，形成田、林、路、渠配套，为生态农业生产体系建设提供重要保障。同时，结合节水灌溉工程和河道生态治理工程，建设具有特色的经济林基地和人工饲草料基地，发展林粮、林果、林草、林药等农林混作生态农业生产技术，推广旱作农业技术和保护性耕作技术，培肥地力，发展畜牧业和农副产品加工等，提升农业产业化水平。

1. 黄土阶地区

（1）区域情况

黄土阶地区位于渭河、汾河谷地，区域内地势平，主要以平地为主。该区介于秦岭山脉和北山山系（桥山、子午岭及陇山等）之间，东北部过黄河与山西汾河平原相接。其西起宝鸡，东至潼关，海拔为325~600m，东西长约300km，自古灌溉发达，盛产小麦、棉花等，是我国重要的商品粮产区，也是中国最早被称为"天府之国"的地方，如图3-28所示。

黄土阶地区年平均气温为8~14℃，无霜期为150~230天。该区降雨丰富，黄土阶地区降水量在600~800mm，是黄土高原区内自然降水最丰富的地方，降雨时空不配不均且年际变化大，7~9月降水最多，占全年降水量的55%~65%。河套及银川平原及其西部降水最少，为150~200mm。黄土阶地区水系包括渭河、汾河、沁河、泾河、北洛河等多条一级支流。

黄土阶地区地势平坦，耕地集中连片，土壤以褐土、黄绵土为主，土层深厚，土质肥沃。属暖温带半湿润气候。汾河平原南北狭长，气候纬向差异明显；渭河平原东西差异较大，热量东部优于西部，降水则西部优于东部。总的来看，其气候条件较好，可以满足一年两熟或两年三熟的需要，是黄河中游区光热水土条件匹配最好的区域。农业开发历史悠久，既有丰富的传统农业经验，现代技术装备也较好，水利灌溉发达，农业机械化程度高。

（2）治理格局变化

图3-29为黄土阶地区历年累计水土保持措施面积的变化过程，由图可见，黄土阶地区各项水土保持措施均呈现逐年增加的趋势。造林措施是黄土阶地区主要的水保措施，面积最大，其次是梯田措施、封禁治理措施，相比而言，种草措施在该区域的面积较小，这主要与该区地形地貌有关，该区地势平坦，塬面更宜开垦农田，不宜兴修淤地坝等工程。2017年各项水土保持措施造林：梯田：封禁治理：种草：坝地累计面积比值为959：710：302：28：1；1954~2017年，造林、梯田、封禁治理、种草和坝地各项水土保持措施累计面积年均变化量分别为6690hm²、4966hm²、2115hm²、193hm²和7hm²。造林面积的年均变化量最高，表明该区域每年造林面积约为6690hm²，造林面积增加得也最多，由1954年的1163.29hm²增加至2017年的422 650.04hm²，增加约363倍；梯田面积由1954年的136.17hm²增加至2017年的313 018.92hm²，增加近2299倍，梯田累计面积的年均变化量为4966hm²，2011年开始该区域梯田累计面积呈现快速增长趋势。

图3-30为黄土阶地区历年各项水土保持措施累计面积占比的变化过程，由图可见，黄土阶地区各项措施的累计面积比例随着国家政策调整和各地开展整治情况发生变化，梯田累计面积基本占比36.5%，林地累计面积占比54.2%，草地累计面积占比1.6%，封禁治理累计面积占比7.6%，坝地面积占比0.1%。其中梯田措施的比例由1954年的9.16%增加至1969年的44.22%，之后的几年直至1980年均在40%以上，自1981年梯田措施的累计面积比例持续下降，到2011年降至29.73%。其原因是1980年以前，该区域人民主要是解决吃饭问题，开始大规模地兴修梯田，增加粮食种植面积，解决温饱问题，随着经济发展及其广种薄收观念的弱化，高质量种植和部门农民进城打工等情况的出现，梯田措施累计面积的比例开始下降。造林累计面积的比例基本维持在54%的水平，2011年后开始下降与该时段提高梯田质量有关。

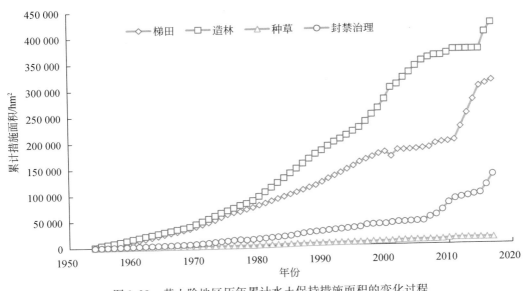

图 3-29　黄土阶地区历年累计水土保持措施面积的变化过程

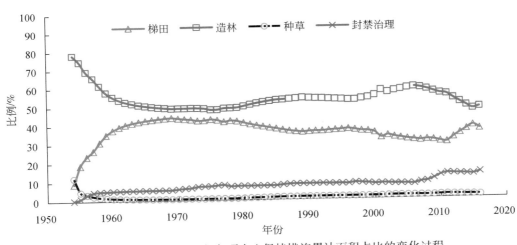

图 3-30　黄土阶地区历年各项水土保持措施累计面积占比的变化过程

黄土阶地区 1954～2017 年淤地坝累计坝地面积呈现逐年上升趋势，由 1954 年的 0.09hm²，近乎无淤地面积，增加至 2017 年的 440.88hm²，但从坝地占该区域总水土保持措施面积的比例来看，坝地面积占区域总措施面积的比例一直处于最低水平，2017 年仅占 0.05%。该区域淤地坝规模较小主要与该区域的地势地貌有关，该区域地形较缓，主要是以平原为主，沟壑零星分布，适宜建设淤地坝的区域范围较小；加之该区域降雨多，下垫面措施较好，林草措施能够较好地含蓄坡面水分，固定坡面土壤，这造成该区域淤地坝很难在预计年限达到淤积库容。

2. 冲积平原区

（1）区域情况

冲积平原区包括河套平原、汾渭盆地，区内地势平坦，为方便描述该区的自然状况，将河套平原统称为北部冲积平原，将位于汾渭盆地的称为南部冲积平原区，考虑到南部冲积平原区与黄土阶地区地形地貌一致，均位于汾渭盆地，该区土地肥沃，灌排便利，物产丰富，植被整体以荒漠草原和干草原为主，部分山地分布覆盖率较低的少量森林，且多以天然次生林为主。大部平原地带由于长期农业耕垦几无原生植被保存。

（2）治理格局变化

图 3-31 为冲积平原区历年累计水土保持措施面积的变化过程，由图可见，冲积平原区各项水土保持措施累计面积均呈现逐年增加的趋势。造林措施是冲积平原区的主要水保措施，面积最大，增速最快，其次是封禁治理和梯田措施，相比而言，种草措施在该区域的面积较小，增速也较缓。2017 年各项水土保持措施造林：封禁治理：梯田：种草：坝地累计面积比值为 425∶187∶161∶54∶1；1954～2017 年，造林、梯田、封禁治理、种草和坝地各项水土保持措施累计面积年均变化量分别为 11 868hm²、5221hm²、4502hm²、1504hm² 和 28hm²。造林措施年均变化量最高，表明该区域每年造林面积达 11 868hm²，该区域的造林面积由 1954 年的 1177.91hm² 增加至 2017 年的 748 877.24hm²，增加近 636 倍；封禁治理、注重自然修复的理念已在该区域得到了较好的发展，封禁治理面积由 1954 年的 18.93hm² 增加至 2017 年的 328 893.23hm²，增加约 17 374 倍；梯田面积由 1954 年的 85.14hm² 增加至 2017 年的 283 688.75hm²，增加约 3332 倍。

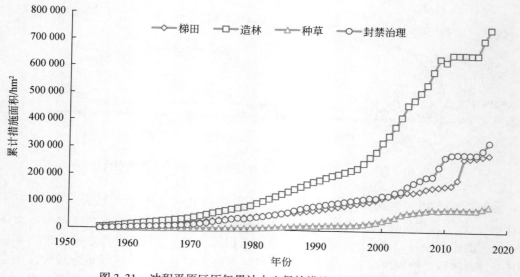

图 3-31　冲积平原区历年累计水土保持措施面积的变化过程

图 3-32 为冲积平原区历年各项水土保持措施累计面积占比的变化过程，由图可见，冲积平原地区各项措施的累计面积比例随着国家政策调整和各地开展整治情况发生变化，

造林、梯田、封禁治理、种草累计面积占总措施面积的比例分别为 51.92%、21.18%、20.63%、6.01%。

冲积平原地区 1954~2017 年淤地坝累计坝地面积呈现逐年上升趋势，由 1954 年的 0.30hm² 增加至 2017 年的 1762.86hm²，但从坝地占该区域总水土保持措施面积的比例来看，坝地面积占区域总措施面积比例与黄土阶地区一致，同样处于最低水平，2017 年仅占 0.12%。该区域淤地坝规模较小主要与该区域的地势地貌有关，该区域为冲积平原区，地形较缓，前后分布有宁夏平原和河套平原，不宜大范围建设淤地坝。

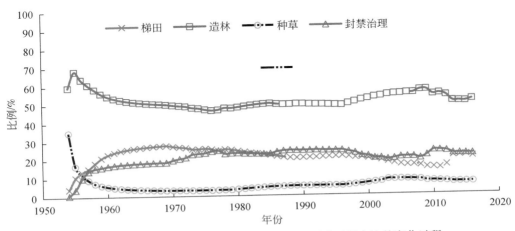

图 3-32 冲积平原区历年各项水土保持措施累计面积占比的变化过程

3.3 黄土高原水土流失动态变化监测分析

3.3.1 2019 年水土流失动态监测成果

根据 2019 年黄土高原水土流失动态监测结果，黄土高原地区水土流失面积为 23.57 万 km²，其中，水力侵蚀面积为 17.84 万 km²，风力侵蚀面积为 5.73 万 km²，如表 3-14 所示，由表可见，侵蚀强度等级以轻度与中度等级为主，其约占 85%，强烈及以上等级约占 15%。

表 3-14 黄土高原地区不同区域水土流失面积统计表

侵蚀类型		合计	轻度	中度	强烈	极强烈	剧烈
水土流失	面积/万 km²	23.57	14.23	5.70	2.23	1.12	0.29
	占比/%	100	60.37	24.18	9.46	4.75	1.23
水力侵蚀	面积/万 km²	17.84	9.83	4.8	1.95	1.05	0.21
	占比/%	100	55.10	26.91	10.93	5.89	1.18

侵蚀类型		合计	轻度	中度	强烈	极强烈	剧烈
风力侵蚀	面积/万 km²	5.73	4.4	0.9	0.28	0.07	0.08
	占比/%	100	76.79	15.71	4.89	1.22	1.40

黄土高原地区水土流失主要集中在内蒙古、陕西、甘肃 3 省（区），水土流失面积达 16.08 万 km²，约占黄土高原地区水土流失总面积的 68.22%，黄土高原各省（区）水土流失面积如表 3-15 所示，由表可见，各等级侵蚀强度的分布同黄河流域基本一致。

表 3-15　黄土高原地区各省（区）水土流失面积　　（单位：万 km²）

省（区）	水土流失面积	轻度	中度	强烈	极强烈	剧烈
青海	1.41	0.78	0.41	0.14	0.07	0.01
甘肃	4.47	2.44	1.15	0.50	0.30	0.08
宁夏	1.56	0.98	0.38	0.14	0.05	0.01
内蒙古	6.76	5.00	1.11	0.39	0.16	0.10
陕西	4.85	2.55	1.40	0.53	0.31	0.06
山西	3.80	1.95	1.10	0.50	0.22	0.03
河南	0.72	0.53	0.15	0.03	0.01	0.00
合计	23.57	14.23	5.70	2.23	1.12	0.29

（1）水力侵蚀

黄土高原地区水力侵蚀面积为 17.84 万 km²，约占黄土高原地区水土流失面积的 75.69%。水力侵蚀主要集中在陕西、甘肃、山西 3 省（区），面积为 12.89 万 km²，约占黄土高原地区水土流失总面积的 54.69%，黄土高原地区各省（区）水力侵蚀面积如表 3-16 所示。

表 3-16　黄土高原地区各省（区）水力侵蚀面积　　（单位：万 km²）

省（区）	水力侵蚀面积	轻度	中度	强烈	极强烈	剧烈
青海	1.4	0.77	0.41	0.14	0.07	0.01
甘肃	4.43	2.4	1.15	0.5	0.3	0.08
宁夏	1.06	0.59	0.3	0.11	0.05	0.01
内蒙古	1.77	1.19	0.33	0.14	0.09	0.02
陕西	4.66	2.4	1.36	0.53	0.31	0.06
山西	3.8	1.95	1.1	0.5	0.22	0.03
河南	0.72	0.53	0.15	0.03	0.01	0
合计	17.84	9.83	4.8	1.95	1.05	0.21

（2）风力侵蚀

黄土高原地区风力侵蚀面积为 5.73 万 km²，约占黄土高原地区水土流失面积的 24.31%。风力侵蚀主要集中在内蒙古，面积为 4.99 万 km²，约占黄土高原地区水土流失总面积的 21.17%，黄土高原地区各省（区）风力侵蚀面积如表 3-17 所示。

表 3-17　黄土高原地区各省（区）风力侵蚀面积　　　　（单位：万 km²）

省（区）	风力侵蚀面积	轻度	中度	强烈	极强烈	剧烈
青海	0.01	0.01	0.00	0.00	0.00	0.00
甘肃	0.04	0.04	0.00	0.00	0.00	0.00
宁夏	0.50	0.39	0.08	0.03	0.00	0.00
内蒙古	4.99	3.81	0.78	0.25	0.07	0.08
陕西	0.19	0.15	0.04	0.00	0.00	0.00
合计	5.73	4.4	0.9	0.28	0.07	0.08

3.3.2　1999~2019 年水土流失动态变化过程

图 3-33 为黄土高原地区水土流失动态变化过程，表 3-18 为黄土高原地区水土流失面积动态变化过程统计表，由图表可见，1999~2019 年黄土高原地区水土流失面积减少 16.5 万 km²，减幅为 41.18%，年均减少面积 0.83 万 km²。其中，1999~2011 年水土流失面积减少 13.51 万 km²，减幅为 33.72%，年均减少面积 1.13 万 km²；2011~2018 年水土流失面积减少 2.41 万 km²，减幅为 9.07%，年均减少面积 0.34 万 km²；2018~2019 年水土流失面积减少 0.58 万 km²，减幅为 2.4%。

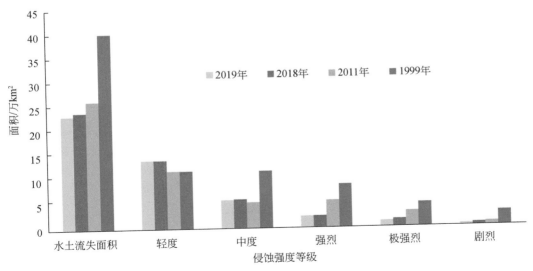

图 3-33　黄土高原地区水土流失动态变化过程

表 3-18　黄土高原地区水土流失面积动态变化过程统计表

年份		水土流失面积 /万 km²	轻度 /万 km²	中度 /万 km²	强烈 /万 km²	极强烈 /万 km²	剧烈 /万 km²
2019		23.57	14.23	5.7	2.23	1.12	0.29
2018		24.15	14.06	6.1	2.34	1.34	0.31
2011		26.56	11.86	5.55	5.29	3.15	0.71
1999		40.07	11.92	11.73	8.58	4.89	2.95
1999~2011 年	动态变化/万 km²	-13.51	-0.06	-6.18	-3.29	-1.74	-2.24
	变幅/%	-33.72	-0.50	-52.69	-38.34	-35.58	-75.93
2011~2018 年	动态变化/万 km²	-2.41	2.2	0.55	-2.95	-1.81	-0.4
	变幅/%	-9.07	18.55	9.91	-55.77	-57.46	-56.34
2018~2019 年	动态变化/万 km²	-0.58	0.17	-0.4	-0.11	-0.22	-0.02
	变幅/%	-2.40	1.21	-6.56	-4.70	-16.42	-6.45
1999~2019 年	动态变化/万 km²	-16.5	2.31	-6.03	-6.35	-3.77	-2.66
	变幅/%	-41.18	19.38	-51.41	-74.01	-77.10	-90.17

（1）水力侵蚀

表 3-19 为黄土高原地区水力侵蚀面积动态变化过程统计表，由表可见，1999~2019 年黄土高原地区水力侵蚀面积减少 11.83 万 km²，减幅为 39.87%，年均减少面积 0.59 万 km²。其中，1999~2011 年水力侵蚀面积减少 8.25 万 km²，减幅为 27.81%，年均减少面积 0.69 万 km²；2011~2018 年水力侵蚀面积减少 3.03 万 km²，减幅为 14.15%，年均减少面积 0.43 万 km²；2018~2019 年水力侵蚀面积减少 0.55 万 km²，减幅为 2.99%。

表 3-19　黄土高原地区水力侵蚀面积动态变化过程统计表

年份		水土流失面积 /万 km²	轻度 /万 km²	中度 /万 km²	强烈 /万 km²	极强烈 /万 km²	剧烈 /万 km²
2019		17.84	9.83	4.8	1.95	1.05	0.21
2018		18.39	9.89	4.98	2.12	1.15	0.25
2011		21.42	9.6	4.88	4.44	2.05	0.45
1999		29.67	8.97	8.53	6.93	3.91	1.33
1999~2011 年	动态变化/万 km²	-8.25	0.63	-3.65	-2.49	-1.86	-0.88
	变幅/%	-27.81	7.02	-42.79	-35.93	-47.57	-66.17
2011~2018 年	动态变化/万 km²	-3.03	0.29	0.1	-2.32	-0.9	-0.2
	变幅/%	-14.15	3.02	2.05	-52.25	-43.90	-44.44
2018~2019 年	动态变化/万 km²	-0.55	-0.06	-0.18	-0.17	-0.1	-0.04
	变幅/%	-2.99	-0.61	-3.61	-8.02	-8.70	-16.00

续表

年份		水土流失面积 /万 km²	轻度 /万 km²	中度 /万 km²	强烈 /万 km²	极强烈 /万 km²	剧烈 /万 km²
1999～2019 年	动态变化/万 km²	−11.83	0.86	−3.73	−4.98	−2.86	−1.12
	变幅/%	−39.87	9.59	−43.73	−71.86	−73.15	−84.21

（2）风力侵蚀

表 3-20 为黄土高原地区风力侵蚀面积动态变化过程统计表，由表可见，1999～2019 年黄土高原地区风力侵蚀面积减少 4.67 万 km²，减幅为 44.9%，年均减少面积 0.23 万 km²。其中，1999～2011 年风力侵蚀面积减少 5.26 万 km²，减幅为 50.58%，年均减少面积 0.44 万 km²；2011～2018 年风力侵蚀面积增加 0.62 万 km²，增幅为 12.06%，年均增加面积 0.09 万 km²；2018～2019 年风力侵蚀面积减少 0.03 万 km²，减幅为 0.52%。

表 3-20　黄土高原地区风力侵蚀面积动态变化过程统计表

年份		水土流失面积 /万 km²	轻度 /万 km²	中度 /万 km²	强烈 /万 km²	极强烈 /万 km²	剧烈 /万 km²
2019		5.73	4.4	0.9	0.28	0.07	0.08
2018		5.76	4.17	1.12	0.22	0.19	0.06
2011		5.14	2.27	0.66	0.85	1.1	0.26
1999		10.4	2.95	3.2	1.65	0.98	1.62
1999～2011 年	动态变化/万 km²	−5.26	−0.68	−2.54	−0.8	0.12	−1.36
	变幅/%	−50.58	−23.05	−79.38	−48.48	12.24	−83.95
2011～2018 年	动态变化/万 km²	0.62	1.9	0.46	−0.63	−0.91	−0.2
	变幅/%	12.06	83.70	69.70	−74.12	−82.73	−76.92
2018～2019 年	动态变化/万 km²	−0.03	0.23	−0.22	0.06	−0.12	0.02
	变幅/%	−0.52	5.52	−19.64	27.27	−63.16	33.33
1999～2019 年	动态变化/万 km²	−4.67	1.45	−2.3	−1.37	−0.91	−1.54
	变幅/%	−44.90	49.15	−71.88	−83.03	−92.86	−95.06

（3）动态变化过程

图 3-34 为黄土高原地区 1999～2019 年土壤侵蚀强度变化程度图，表 3-21 为黄土高原地区土壤侵蚀强度空间动态变化统计表，由图表可见，1999～2019 年黄土高原地区土壤侵蚀强度等级总体降低，53.12% 面积侵蚀强度等级降低，其中，侵蚀强度等级降低 2 级以上、降低 2 级、降低 1 级的分别占总面积的 17.20%、16.10%、19.82%；33.79% 面积土壤侵蚀强度等级未变化；14.27% 面积侵蚀强度等级加剧。

总体来看，黄河流域黄土高原地区呈水土流失面积减少、土壤侵蚀强度等级降低。由图 3-34 可见，黄河流域黄土高原地区水土流失面积减少和土壤侵蚀强度降低的区域主要位于水土流失严重的黄土丘陵沟壑区和黄土高原沟壑区，具体来说，主要集中于晋陕蒙丘

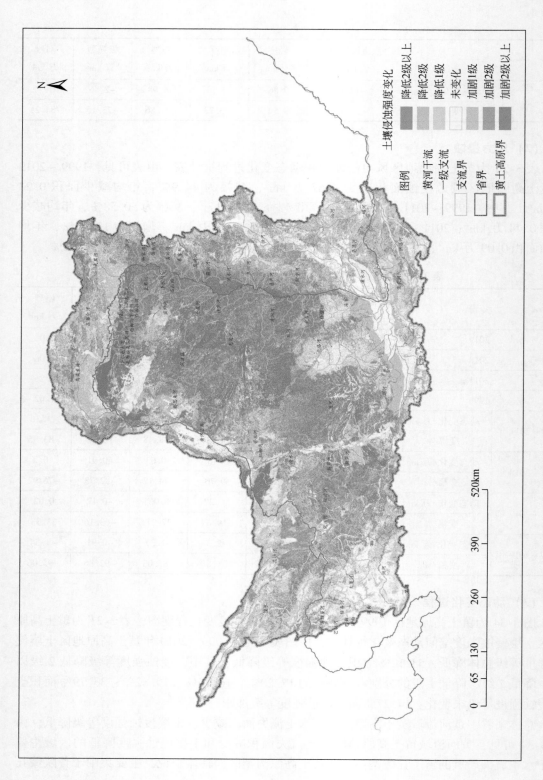

图3-34 黄土高原地区1999~2019年土壤侵蚀强度变化程度图

陵沟壑区中部和东南部、汾渭及晋城丘陵阶地区东南部、甘宁青山地丘陵沟壑区和晋陕甘高原沟壑区的大部分地区。水土流失土壤侵蚀强度降低和面积减少离不开党中央和各级地方政府在该区水土流失治理方面做出的贡献。

表 3-21　黄土高原地区土壤侵蚀强度空间动态变化统计表

时段	类别	土壤侵蚀强度等级变化面积及比例						
		降低 2 级以上	降低 2 级	降低 1 级	未变化	加剧 1 级	加剧 2 级	加剧 2 级以上
1999～2019 年	面积 /万 km²	10.89	10.19	12.55	21.39	6.46	1.83	0.75
	比例/%	17.20	16.10	19.82	33.79	10.20	2.89	1.18

中华人民共和国成立以来，党和国家领导人十分重视黄土高原地区的生态环境改善和人民脱贫问题，各级地方政府也因地施策采取了各种水土流失治理措施，在该区特别是水土流失严重的黄土丘陵沟壑区和黄土高原沟壑区，实施了各项水土保持重点工程，如退耕还林还草工程等，工程的实施明显改善了该区的生态环境，显著提升了该区的植被覆盖度。据统计，在潼关以上黄河主要产沙区，除了清水河、祖厉河、河龙区间西北部、十大孔兑地区和泾河西北部等年降水量 400mm 以下的地区植被覆盖度在 40% 左右外，其他地区的植被覆盖度均达到了 55%～70%[28]，其中汾河、河龙区间山西片和泾河高原区的植被覆盖度已经达到 70%～80%。各种措施的实施有效地减少了黄土高原地区向黄河的输沙量，促进了黄土高原生态环境建设与区域社会经济的发展。

3.3.3　水土流失动态变化原因

黄土高原地区的水土流失面积变化主要集中于黄河中游多沙区，黄河中游多沙区的水土流失变化，主要集中于黄河中游多沙粗沙区。相比于 1999 年，2019 年黄土高原地区水土流失面积减少了 16.50 万 km²，约有 51.72% 减少的水土流失面积位于黄河中游多沙区（减少了 8.53 万 km²）。在黄河中游多沙区，约有 35.77% 减少的水土流失面积位于黄河中游多沙粗沙区（减少了 3.05 万 km²）。

黄土高原地区历来是党和国家领导人关心的重点区域，自 1997 年 6 月，党中央发出"再造一个山川秀美的西北地区"的号召，该地区实施了大规模的退耕还林等一系列重大水土保持重点工作，区域生态环境逐步得到改善。党的十八大以来，以习近平总书记为核心的党中央把生态文明建设纳入"五位一体"总体布局，确定了"绿水青山就是金山银山"的生态文明思想，黄河流域生态环境明显改善，人为水土流失面积大幅减少，水土流失强度明显减弱，林草地植被覆盖度逐步提升，黄土高原地区由"黄"变"绿"。中游黄土高原蓄水保土能力显著增强，实现了人进沙退的治沙奇迹，库布齐沙漠植被覆盖度达到 53%。由表 3-18 中 1999 年、2011 年、2018 年、2019 年各期水土流失年均减少面积可以看出，1999 年以前黄河流域黄土高原地区水土流失治理处于依法防治阶段，水土流失治理速度较慢；党中央发出"再造一个山川秀美的西北地区"的号召后，黄河流域水土流失治理进入工程推动阶段，水土流失治理速度明显加快，1999～2011 年黄河流域黄土高原地区水土流失年均减少面积 1.13 万 km²，此时也是强烈及以上等级水土流失面积减少最多的时段，减少了 7.27 万 km²；到 2011～2019 年黄河流域水土流失治理进入以生态修复为主的生态治理阶段，树立了"尊重自然，顺应自然，保护自然"的生态文明理念，水土流失年均减少面积 0.33 万 km²。

1999 年以来，黄土高原地区水土流失面积逐步减少，土壤侵蚀强度逐步下降，生态环境持续向好，绿色发展成效显著，水土流失严重的状况得到了明显好转。综合分析其变化原因主要包括以下几方面。

1）生态保护政策完善，生态修复效果明显。1999～2011 年黄土高原地区水土流失面积年均减幅较 1999 年前明显提高，水土流失面积减幅达 1/3 以上；2011 年以来，水土流失面积减少。这主要得益于国家和地方一直以来十分重视黄河流域特别是黄土高原地区的生态环境保护，实施了一系列适宜的生态环境保护政策。尤其是陕西、甘肃、四川三省 2002 年全面落实退耕还林还草政策以来，区域内植被覆盖度明显提高，进一步起到蓄水保土、减免侵蚀、改良土壤等方面的作用，有效地减少了水土资源的流失。

2）法律法规落实到位，监管体系不断完善。以晋陕蒙接壤地区为例，该区是我国重要的能源化工基地，生产建设活动众多，人为水土流失风险大、监管任务繁重。但是其 1999～2019 年水土流失面积减少 2.22 万 km²，减幅达 47.25%，且土壤侵蚀强度等级降低 2 级及以上的面积占比达 17%。这主要是因为国家和地方切实贯彻与落实水土保持法，逐步健全完善了省（区）水土保持法实施办法或条例，水土保持补偿费征收使用、生态补偿机制、违法违规行为查处等法律法规制度和水土保持方案审批、监督检查、设施验收等技术标准体系，制定了政府水土保持目标责任制，形成了政府主导、部门联合、各司其职、上下联动、齐抓共管的水土保持工作格局。据不完全统计，"十二五"期间，黄土高原地区审批并实施水土保持方案 1 万多个，查处违法案件 400 余起，106 个县（区）按期达到全国水土保持监督管理能力建设标准并通过验收，自 2011 年，连续 8 年实现水利部审批的生产建设项目水保督查全覆盖，有力地推动了"三同时"制度落实，人为水土流失得到有效遏制。

3）综合整治力度加强，多措并举成效显著。1999～2019 年黄土高原地区土壤侵蚀强度等级总体降低，53.12% 面积侵蚀强度等级降低，约有 77.83% 的强烈及以上的土壤侵蚀面积转换成中度及以下强度等级土壤侵蚀。这与流域内相关地方政府采取多项措施开展生态环境治理、加大水土流失治理力度直接相关。例如，近年来陕西实施的"关中大地园林化、陕北高原大绿化、陕南山地森林化"生态建设战略，山西开展的"两山七河"生态治理工作，大幅提高了区域内植被覆盖度，减少了沙地面积，使得区域内生态状况明显改善。

4）人口结构发生变化，人为扰动相对减弱。随着社会经济的不断发展，黄河流域大量农业人口从农村流向城市成为市民，毁林开荒、过量采伐、砍树为薪等人为破坏植被的现象不断减少，有利于生态恢复，减少了水土流失。例如，陕西常住人口城镇化率由 2011 年的 47.30% 提升至 2017 年的 56.79%，宁夏常住人口城镇化率由 2011 年的 49.82% 提升至 2017 年的 57.98%，均高于全国同期的平均增幅水平。

3.4 黄土高原水土流失治理潜力和阈值分析

3.4.1 林草措施潜力与阈值

1. 黄土高原植被指数时空分布特征

由 SPOT/VEGETATION、MODIS 等卫星遥感影像得到的归一化植被指数（NDVI）数据已经在不同尺度的植被动态变化监测中得到了广泛应用。NDVI 可以准确反映地表植被覆盖状况，可作为植物生长状态及植被空间分布密度的最佳指示因子，其与植被分布密度呈线性相关[3]。全球清单建模和制图研究（global inventory modeling and mapping studies, GIMMS）数据是较早的归一化植被指数数据，1981 年起由美国国家航空航天局定时发布，空间分辨率为 8km，时间分辨率是 15 天，可作为 1980 年以来植被变化及量化研究的基础数据。

1980～2005 年黄土高原的水土保持工作进入：重点治理阶段（1980～1989 年）、依法防治阶段（1990～1995 年）和工程推动阶段（1996～2005 年）。重点治理阶段国家以小流域为单元进行水土保持综合治理在各地普遍推行，推动了多沙粗沙区小流域综合治理。尤其是依法防治阶段，《中华人民共和国水土保持法》《黄河流域黄土高原地区水土保持建设规划》《黄河流域水土保持规划》《黄河流域多沙粗沙严重水土流失区水土保持规划》等一系列法规通过，进一步调动了广大农民和社会各方面参与治理开发的积极性，推动了黄土高原小流域综合治理工作的持续和稳定发展。

图 3-35 为黄土高原九大类型区 1981 年和 2015 年的植被覆盖度，由图可见，经过持续治理，黄土高原地区林草覆盖度由 1981 年的 28.72% 提高至 2015 年的 58%。其中，黄土阶地区和黄土高原沟壑区增幅最大分别达到 17% 和 15%。

1999 年，国家实施了退耕还林（草）等一大批水土保持生态建设项目，黄土高原地区的植被生长状况发生了翻天覆地的变化，主色调呈现了"由黄变绿"的显著特征[7]。1999 年黄土高原地区植被覆盖度的年平均值为 0.55，1999 年黄土高原重点水土流失区植被覆盖度的年平均值为 0.43，当年退耕还林还草政策开始大规模实施，植被逐年开始恢复，到 2015 年植被覆盖度已经增加到 0.66，2015 年黄土高原重点水土流失区植被覆盖度的年平均值为 0.55，水土流失得到有效控制。2000 年以来，黄土高原 NDVI 呈现由东南向西北递减的分布格局[29]。根据最大值合成法生成的黄土高原逐年 MODIS 卫星遥感影像统计的黄土高原九大类型区 NDVI 的平均值。2000～2018 年黄土高原九大类型区 NDVI 的平均值介于 0.36～0.79，其中土石山区、风沙区、高地草原区、干旱草原区、黄土阶地区、黄土高原沟壑区、林区、冲积平原区、黄土丘陵沟壑区的 NDVI 平均值分别为 0.61、0.36、0.72、0.28、0.67、0.64、0.79、0.56、0.51，如图 3-36 所示。增幅最明显的区域为黄土丘陵沟壑区，2000～2018 年的 NDVI 指数由 0.49 增加到 0.61，说明该区域植被恢复潜力较大；其次为黄土高原沟壑区和风沙区，2018 年其 NDVI 指数增幅都达到 0.20。一直以来黄土高原植被状况最好的林区，不论是 2000 年还是 2018 年其 NDVI 指数均为最高，但增加幅度降低，2000～2018 年 NDVI 指数由 0.72 增加到 0.84，说明该区域植被恢复进入缓慢增长期，植被恢复潜力较小。

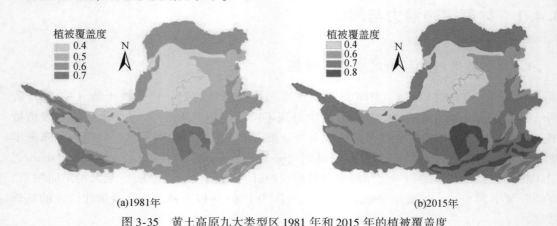

(a)1981年　　　　　　　　　(b)2015年

图 3-35　黄土高原九大类型区 1981 年和 2015 年的植被覆盖度

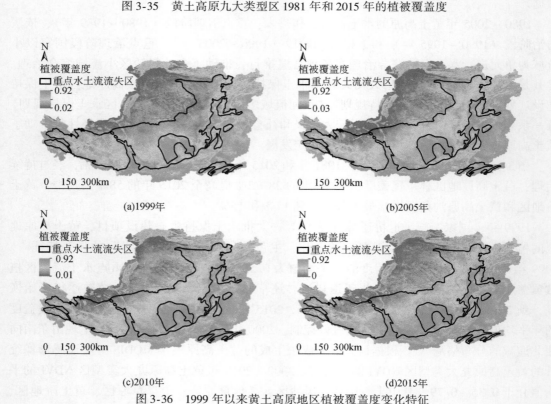

(a)1999年　　　　　　　　　(b)2005年

(c)2010年　　　　　　　　　(d)2015年

图 3-36　1999 年以来黄土高原地区植被覆盖度变化特征

1999～2015 年黄土高原地区植被覆盖度年均值表现出年际波动变化，但整体呈增加趋势，如图 3-37 所示。采用线性拟合法对这 17 年的黄土高原地区植被覆盖度年均值进行线性拟合，植被覆盖度年均值与年份的线性拟合斜率为 0.0096，F 检验结果通过了 0.01 的置信水平，表明黄土高原地区植被覆盖总体状况明显好转。根据 2018 年和 2000 年黄土高原地区 NDVI 的差值计算 NDVI 变化幅度值，如图 3-38 所示，由图可见，变幅最小值为 -53.96%，最大值为 60.10%，平均值为 13.52%。其中变幅小于 0 的面积比例仅为 3.53%，大于 0 的面积比例为 96.47%，其中，0% ~ 20% 的面积比例为 76.28%、20% ~ 40% 的面积比例为 20.12%，大于 40% 的面积比例为 0.07%。根据计算结果，增加趋势最明显的区域主要位于黄土高原中部河龙区间黄河两侧地区，该区域变幅的平均值为 21.59%。

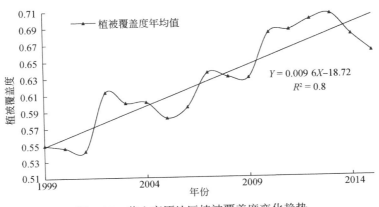

图 3-37　黄土高原地区植被覆盖度变化趋势

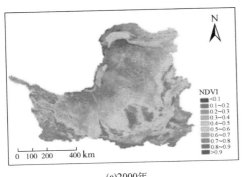

(a)2000年

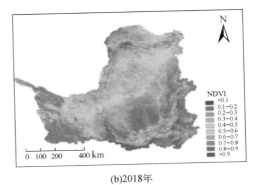

(b)2018年

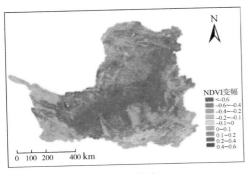

(c)2000~2018年

图 3-38　黄土高原九大类型区 2000 年和 2018 年 NDVI 变化及 2000 ~ 2018 年 NDVI 变幅图

2. 黄土高原植被变化与降雨的关系

(1) 黄土高原植被与降水的强弱变化关系

植被与降水之间的强弱变化关系在一定程度上可以反映两者之间是否存在明显的因果关系，即降水增多时植被覆盖度增大，降水减少时植被覆盖度减小[30]。因此，研究植被覆盖度与降水的强弱关系动态变化对于制定区域生态环境保护政策和进行水土保持规划等具有重要的指导意义。构建植被覆盖度与降水之间的均方根偏差（RMSD）来表示植被覆盖度与降水之间的强弱关系大小，基于曼-肯德尔（Mann-Kendall）检验和赫斯特（Hurst）指数来捕捉黄土高原 2000～2018 年植被覆盖度与水的降强弱关系大小的变化趋势与持续性，使用相对发展率 NICH 指数与重心转移模型识别植被覆盖度与降水强弱关系大小的时空变化差异，利用 Pettitt 检验方法诊断植被覆盖度与降水的强弱关系大小显著突变年份的时空分布。

本研究使用的降水数据来自黄土高原及其周边地区的 84 个气象站，时间序列为 2000～2013 年，数据由中国气象数据服务中心的中国地面气候资料的数据集提供，通过 ArcGIS 软件插值获得 2000～2013 年逐年降水栅格数据，黄土高原地区地理位置与地貌分区如图 3-39 所示。NDVI 由中国科学院计算机网络信息中心的国际科技数据镜像网站提供，数据时间为 2000～2013 年。自然环境中多种变量之间存在着复杂的相互作用，包括降水、气温、植被和其他要素。在某一时段，变量之间的相互作用总存在此消彼长的强弱转换。本研究使用均方根偏差法来分析黄土高原植被覆盖度和降水的强弱关系变化，公式如下：

$$\text{RMSD} = \sqrt{\frac{\sum_{i=1}^{n}(X_i - X)}{n-1}} \tag{3-1}$$

式中，RMSD 为均方根偏差；n 为黄土高原植被覆盖度和降水两个变量数目，这里取 2；X_i 为第 i 种变量的归一化值；X 为 n 种变量的归一化均值；本研究采用极差法得到植被覆盖度和降水的归一化值。

图 3-40 为双变量的强弱关系分析方法示意图，由图可见，A 点、B 点、C 点分别对应某一对植被覆盖度与降水的归一化值，其到对角线的垂直距离大小为 RMSD，RMSD 越大表示在植被覆盖度与降水两个变量中某一变量（植被覆盖度或降水）越强势，则偏离 1:1 对角线越远，当 RMSD 为 0 时，植被覆盖度与降水的强弱关系相当，处于均衡状态。图 3-40 中 A 点的 RMSD 大于 B 点的 RMSD，B 点的 RMSD 大于 C 点的 RMSD，但 B 点表示植被覆盖度强势，A 点和 C 点表示降水强势。

Mann-Kendall 检验由于能够很好地捕捉时间序列的变化趋势，因此，常被用于识别气象和水文时间序列的变化趋势[31]，采用 Mann-Kendall 检验识别植被覆盖度与降水的强弱关系大小的变化趋势。Hurst 指数（H）是一种广泛应用的定量表征时间序列持续性的指标，本研究使用 Hurst 指数来描述植被覆盖度与降水强弱关系变化的持续性。当 $H=0.5$ 时，植被覆盖度与降水量的权衡关系大小的变化是随机序列，是不可持续的。当 $H>0.5$ 时，植被覆盖度与降水量的权衡关系大小的变化与目前的趋势基本一致，表明可持

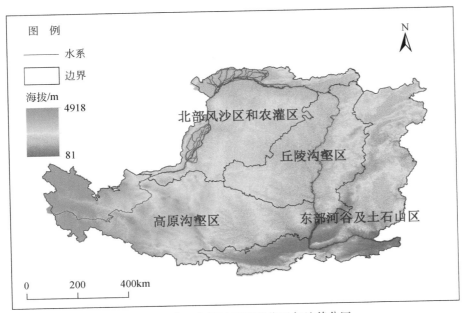

图 3-39 黄土高原地区地理位置与地貌分区

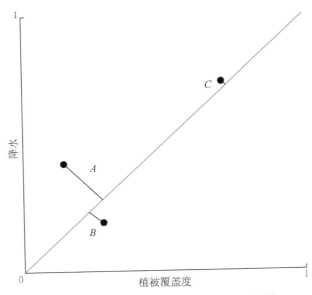

图 3-40 双变量的强弱关系分析方法示意图

续性是正向的。当 $H<0.5$，植被覆盖度与降水量的权衡关系大小的变化是负向的，未来变化将与当前趋势相反。Pettitt 检验法是一种常用的时间序列突变点检验方法，由于计算简单，广泛应用于水文时间序列的突变点分析，本研究使用该方法分析植被覆盖度与降水量的权衡关系大小的突变年份。NICH 指数是一种用于分析在研究期初期和末期，变量在研

究区不同子区域的变化量与研究区整体变化量差异的方法，本研究使用 NICH 指数分析植被覆盖度与降水量的权衡关系大小在黄土高原地区的变化差异，计算公式如下：

$$\text{NICH}_i = \frac{Y_{2i} - Y_{1i}}{Y_{2X} - Y_1} \tag{3-2}$$

式中，Y_{2i} 为 2013 年黄土高原地区第 i 个植被覆盖度与降水量的权衡关系大小；Y_{1i} 为 2000 年黄土高原地区第 i 个植被覆盖度与降水量的权衡关系大小；Y_2 为 2013 年黄土高原地区植被覆盖度与降水量的权衡关系大小的平均值；Y_1 为 2000 年黄土高原地区植被覆盖度与降水量的权衡关系大小的平均值。重心转移模型对可以很好地描述地理变量分布重心在空间上的变化特征，被用来研究黄土高原地区 2000 ~ 2013 年植被覆盖度与降水量的权衡关系大小的重心变化，计算公式如下：

$$X_{\text{m}} = \frac{\sum_{i=1}^{n} (c_{mi} \cdot x_i)}{\sum_{i=1}^{n} c_{mi}} \tag{3-3}$$

$$Y_{\text{m}} = \frac{\sum_{i=1}^{n} (c_{mi} \cdot y_i)}{\sum_{i=1}^{n} c_{mi}} \tag{3-4}$$

式中，X_{m} 和 Y_{m} 分别为植被覆盖度与降水强弱关系大小空间分布重心的经度和纬度；c_{mi} 为第 i 个栅格的植被覆盖度与降水强弱关系大小；x_i 为第 i 个栅格的经度；y_i 为第 i 个栅格的纬度。

（2）植被覆盖度与降水强弱关系的空间分布

黄土高原地区在 2000 ~ 2013 年植被覆盖度与降水的多年平均强弱关系空间分布如图 3-41（a）所示，由图可见，黄土高原大部分区域植被覆盖度处于强势地位，植被覆盖度强势区域和降水强势区域占区域总面积的比例分别为 90.90% 和 9.10%。降水强势区域分布于北部风沙区和农灌区北部及南部、黄土高原沟壑区中部和东部、黄土丘陵沟壑区西部三大分区，其面积占黄土高原总面积的比例分别为 3.11%、3.07%、1.34%。图 3-41（b）是 2000 ~ 2013 年黄土高原植被覆盖度与降水的 RMSD 的空间分布，其中区域最大值为 0.57，最小值为 0，RMSD 较高的地区主要位于北部风沙区和农灌区北部及西部，该区域为黄河流经沿岸地区，其植被变化容易受地表水影响。黄土高原沟壑区西部的 RMSD 也较高，这可能与黄土高原沟壑区的保护有关。

（3）植被覆盖度与降水强弱关系的动态变化

黄土高原地区植被覆盖度与降水之间强弱关系的 RMSD 在 2000 ~ 2013 年变化趋势如图 3-42（a）所示，由图可见，2000 ~ 2013 年植被覆盖度与降水之间的 RMSD 存在显著变化趋势，显著增加的区域主要集中东部河谷及土石山区、黄土高原沟壑区以及北部风沙区和农灌区，其面积分别占黄土高原总面积 6.87%、4.87% 和 2.00%，这说明在该地区植被覆盖度与降水之间强弱对比更为明显。RMSD 显著减少的区域主要集中在北部风沙区和农灌区，大约占黄土高原总面积 0.50%，这可能是因为该地区植被覆盖度逐渐增加，植被

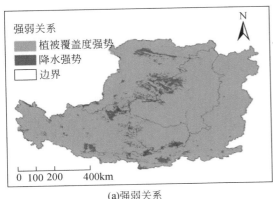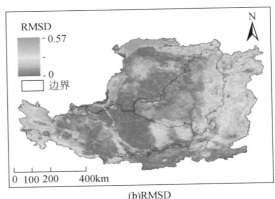

(a)强弱关系 (b)RMSD

图 3-41 黄土高原 2000～2013 年平均植被覆盖度与降水量强弱关系与 RMSD 分布

覆盖度与降水之间的强弱对比逐渐减弱。图 3-42（b）表明，黄土高原地区植被覆盖度与降水之间强弱关系的 RMSD 的 Hurst 指数在 2000～2013 年变化幅度在 0.20～0.71。RMSD 呈现正持续性的面积大约占区域总面积的 64.53%，集中分布于东部河谷及土石山区、黄土高原沟壑区。在北部风沙区和农灌区、黄土丘陵沟壑区也有部分区域 RMSD 呈现正持续性，RMSD 呈现显著增加趋势的地区在未来依旧保持增加趋势。

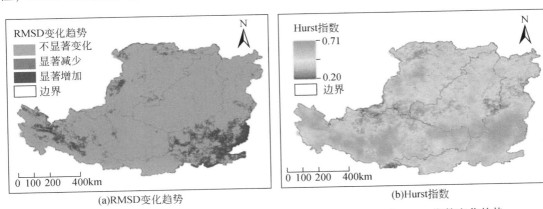

(a)RMSD变化趋势 (b)Hurst指数

图 3-42 黄土高原 2000～2013 年植被覆盖度与降水量的 RMSD 和 Hurst 指数变化趋势

（4）植被覆盖度与降水的强弱关系分布差异

采用 NICH 指数分析黄土高原地区 2000～2013 年植被覆盖度与降水之间 RMSD 的空间分布差异。如图 3-43（a）所示，NICH 指数的最大值为 48.02，最小值为 -45.50，NICH 指数为正值的区域占比大概为 52.92%，主要集中在北部风沙区和农灌区北部及西部、黄土高原沟壑区西部、东部河谷及土石山区南部和东部三大分区，该区域 RMSD 的增加量相比黄土高原总体来说更为大。图 3-43（b）为黄土高原地区植被覆盖度与降水之间 RMSD 在 2000～2013 年重心转移情况。总体来说，RMSD 的重心呈现发散-集中变化的特点，未存在明显的变化趋势，说明植被覆盖度与降水之间强度关系变化在空间上存在波动变化。

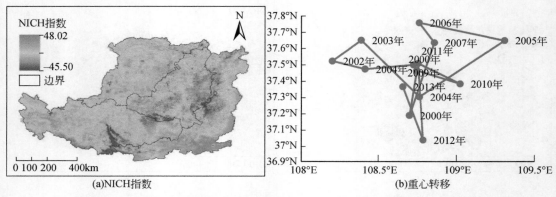

图 3-43 黄土高原植被覆盖度与降水 RMSD 大小的 NICH 指数分布与重心转移

（5） 植被覆盖度与降水的强弱关系大小的变异与突变点

变异系数 C_v 和 Pettitt 检验用来诊断 2000～2013 年黄土高原植被覆盖度与降水之间强弱关系的 RMSD 的变异情况，如图 3-44 所示。

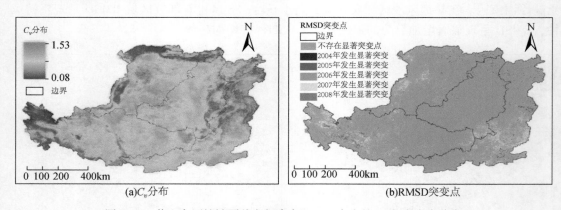

图 3-44 黄土高原植被覆盖度与降水 RMSD 大小的 C_v 与突变点分布

RMSD 的 C_v 在黄土高原空间变化幅度为 0.08～1.53，C_v 较低的地区主要分布在黄土高原边界区域，C_v 较高的地区集中分布在北部风沙区和农灌区、黄土丘陵沟壑区东部、东部河谷及土石山区南部等。2000～2013 年黄土高原地区植被覆盖度与降水之间强弱关系的 RMSD 突变点的时空分布如图 3-44 （b） 所示，由图可见，RMSD 在 2004～2008 年存在显著突变点，主要集中分布在北部风沙区和农灌区西部、黄土高原沟壑区西部、东部河谷及土石山区东部，这表明该区域植被覆盖度和降水变化较为剧烈。

（6） 植被覆盖度与降水之间强弱关系变化的原因

对于黄土高原地区，由于大规模的水土保持工程的实施，特别是在 1999 年实施退耕还林政策之后，植树造林活动明显增加，区域植被显著恢复，植被覆盖度显著增加。这有助于在植被覆盖度与降水的强弱关系对比中，植被覆盖度变得更加强势。

图 3-45 是 2000～2013 年黄土高原地区多年平均植被覆盖度强势区域与多年平均降水

强势区域的 RMSD 变化特征，由图可见，在大部分时间内植被覆盖强势区域的 RMSD 高于降水强势区域的 RMSD，说明植被覆盖度的增加是植被覆盖度与降水之间强弱关系的 RMSD 增加的主要原因，同时表明降水对植被的影响是有限的，黄土高原地区植被覆盖度的增加主要是由人类活动驱动的。主要认识如下：

1）2000~2013 年黄土高原大部分区域植被覆盖度处于强势地位，占区域总面积的比例为 90.90%。

2）黄土高原地区植被覆盖度与降水之间强弱关系存在显著变化趋势，显著增加区域主要集中于东部河谷及土石山区、黄土高原沟壑区以及北部风沙区和农灌区，分别占黄土高原地区总面积 6.87%、4.87% 和 2.00%，该地区植被覆盖与降水之间强弱对比更为明显。

3）黄土高原地区植被覆盖度与降水之间强弱关系在北部风沙区和农灌区北部及西部、黄土高原沟壑区西部、东部河谷及土石山区南部和东部三大分区相比黄土高原整体来说更大。重心呈现发散-集中变化的特点，植被覆盖度与降水之间强度关系变化未存在明显的变化趋势。

4）植被覆盖度与降水之间强弱关系存在显著突变点，主要集中分布在北部风沙区和农灌区西部、黄土高原沟壑区西部、东部河谷及土石山区东部，该区域植被覆盖度和降水变化较为剧烈，植被覆盖度的增加主要是由人类活动驱动的，植被覆盖度与降水关系逐渐均衡。

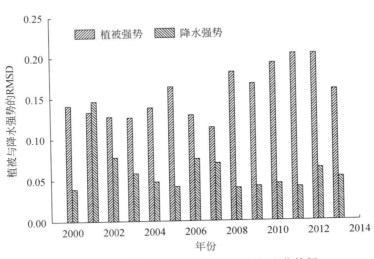

图 3-45　植被与降水强势 RMSD 的时间变化特征

3. 黄土高原植被与土壤水分的关系

黄土高原地区土壤水分是植物生长的限制因子[32,33]。因此，黄土高原地区植被承载力实际上是由土壤水分决定的。基于土壤水分状况适当调整植被类型、植被群落、植被密度以达到以水定需的目的。本节主要利用土壤水分主被动探测计划（SMAP）数据分析黄土高原九大类型区的土壤水分状况。

图 3-46 为黄土高原九大类型区的 NDVI 与表层土壤含水量（SMC）的变化过程，由图可见，2000～2013 年黄土高原九大类型区表层 SMC 的平均值介于 18.80～22.70cm³/cm³。土石山区、风沙区、高地草原区、干旱草原区、黄土阶地区、黄土高原沟壑区、林区、冲积平原区、黄土丘陵沟壑区 2000～2018 年的土壤含水量平均值分别为 22.71cm³/cm³、21.24cm³/cm³、 21.62cm³/cm³、 18.80cm³/cm³、 21.27cm³/cm³、 21.94cm³/cm³、22.20cm³/cm³、22.08cm³/cm³、20.71cm³/cm³。

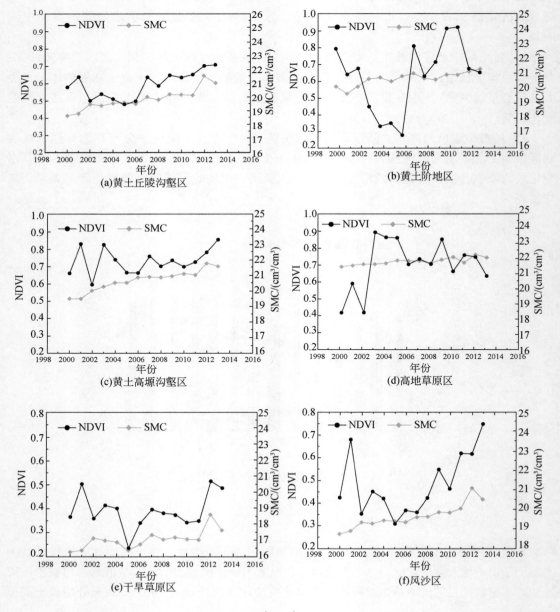

(a)黄土丘陵沟壑区　(b)黄土阶地区

(c)黄土高塬沟壑区　(d)高地草原区

(e)干旱草原区　(f)风沙区

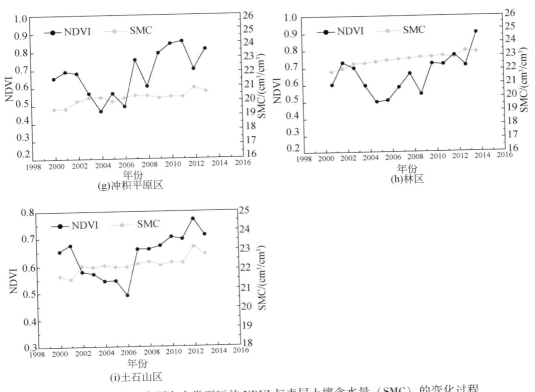

图 3-46　黄土高原九大类型区的 NDVI 与表层土壤含水量（SMC）的变化过程

　　黄土高原九大类型区的土壤水分从 2000 年以后都有一个先下降再上升的变化趋势，其中，2000 年以后表层土壤含水量下降较快的区域分别是黄土阶地区、土石山区、干旱草原区、风沙区、冲积平原区、林区，而黄土高原沟壑区、黄土丘陵沟壑区表层土壤含水量呈波动变化，高地草原区表层土壤含水量呈增加趋势。可能是 2000 ~ 2005 年林草措施中的造林面积比例大幅增加导致表层土壤含水量下降，随着植被恢复，植被更多利用深层土壤水分。黄土高原九大类型区的 NDVI 与表层 SMC 的相关性如表 3-22 所示。

表 3-22　黄土高原九大类型区的 NDVI 与表层 SMC 的相关性统计表

类别	土石山区 SMC	风沙区 SMC	高地草原区 SMC	干旱草原区 SMC	黄土阶地区 SMC	黄土高原沟壑区 SMC	林区 SMC	冲积平原区 SMC	黄土丘陵沟壑区 SMC
土石山区 NDVI	0.436	0.265	0.275	0.274	0.112	0.202	0.331	0.269	0.458*
风沙区 NDVI	0.606*	0.501*	0.278	0.379	0.24	0.340	0.516*	0.450	0.651**

续表

类别	土石山区 SMC	风沙区 SMC	高地草原区 SMC	干旱草原区 SMC	黄土阶地区 SMC	黄土高原沟壑区 SMC	林区 SMC	冲积平原区 SMC	黄土丘陵沟壑区 SMC
高地草原区 NDVI	0.428	0.265	0.324	0.162	0.106	0.220	0.373	0.362	0.485 *
干旱草原区 NDVI	0.561 *	0.377	0.167	0.535 *	0.227	0.334	0.444	0.339	0.592 *
黄土阶地区 NDVI	0.280	0.169	0.429	0.109	0.087	0.268	0.26	0.253	0.409
黄土高原沟壑区 NDVI	0.399	0.286	0.432	0.148	0.114	0.243	0.354	0.345	0.500 *
林区 NDVI	0.411	0.304	0.413	0.145	0.125	0.231	0.391	0.379	0.494 *
冲积平原区 NDVI	0.326	0.224	0.451	0.277	0.018	0.302	0.261	0.193	0.414
黄土丘陵沟壑区 NDVI	0.576 *	0.443	0.299	0.347	0.222	0.335	0.506 *	0.450	0.635 * *

* 显著相关。

* * 极显著相关。

4. 基于相似性原理的黄土高原林草植被潜力

植被恢复潜力确定的原则是相似的生境条件下植被具有基本相同的植被覆盖度[33]。按照类型区、地形、干旱指数等指标进行分区，在每个计算分区内，统计多年平均植被覆盖度的平均值、75%分位数值、90%分位数值及最大值。根据生境越相似的区域，植被恢复潜力越接近原则，在相似的生境条件下，应该有基本相同的植被覆盖度，从而得到黄土高原九大类型区林草植被恢复上限值，即植被恢复潜力。由表 3-23 可见，黄土阶地区、林区、冲积平原区的植被恢复潜力分别为 0.87、0.92、0.74，而 2018 年这三个地区的植被覆盖度分别达到 0.87、0.90、0.71。说明这三个类型区的植被已经接近植被恢复潜力。而黄土丘陵沟壑区和土石山区现状的植被覆盖度分别为 0.64 和 0.71，这两个类型区的植被恢复潜力分别为 0.75 和 0.81，植被恢复潜力较大。黄土高原沟壑区、风沙区、高地草原区、干旱草原区的植被恢复潜力分别为 0.84、0.51、0.84、0.40。综合以上分析可知，未来黄土高原植被恢复潜力较高的地区主要集中在黄土丘陵沟壑区的南部、西部的黄土高原沟壑区和北方干旱草原区及风沙区，而东南地区的土石山区和黄土阶地区的植被恢复潜力较低。

| 第 3 章 | 黄土高原水土流失治理格局变化与调整

表 3-23　黄土高原地区植被恢复潜力与阈值统计表

类型区名称	植被恢复潜力（P）	2018 年植被覆盖度（C）	植被减沙阈值（T）	恢复潜力（P–C）
黄土丘陵沟壑区	0.75	0.64	0.65	0.11
土石山区	0.81	0.71	0.65	0.10
干旱草原区	0.40	0.33	0.30	0.07
高地草原区	0.84	0.79	0.45	0.05
风沙区	0.51	0.46	0.40	0.05
黄土高原沟壑区	0.84	0.80	0.75	0.04
冲积平原区	0.74	0.71	0.40	0.03
林区	0.92	0.90	0.65	0.02
黄土阶地区	0.87	0.87	0.40	0

5. 黄土高原林草植被阈值分析

林草植被阈值确定原则：随着林草有效覆盖率增大产沙指数迅速降低，当达到林草植被的减沙阈值时，产沙指数趋于 0，此时的植被覆盖度为林草植被阈值。林草恢复的阈值将参考不同地貌类型区的林草有效覆盖率。

表 3-23 为黄土高原植被恢复潜力与阈值统计表，由表可见，黄土丘陵沟壑区、土石山区植被恢复潜力较大，分别还有 0.11 和 0.10 的上升空间。黄土丘陵沟壑区未达到植被减沙阈值 0.65，可继续进行植被恢复；冲积平原区、黄土阶地区、林区植被恢复潜力值分别为 0.74、0.87、0.92，已达到植被恢复潜力，应以提升质量与稳定性为主。其余类型区潜力较小，需维持目前的植被覆盖度。

对于植被减沙阈值来说，黄土高原九大类型区目前的植被覆盖度基本达到植被减沙阈值，但这里统计的只是九大类型区的平均林草植被覆盖度，实际上九大类型区内其植被空间分异特征也非常明显，如黄土丘陵沟壑区中的丘 5 区，即使林草有效覆盖率达到 60% 以上，也难以有效遏制产沙。

3.4.2　梯田建设潜力及阈值

1. 黄土高原梯田现状分布特征

截至 2019 年，黄土高原地区耕地面积为 1031 万 hm²，其中，坡耕地面积为 475 万 hm²，梯田面积为 395 万 hm²，平原耕地面积为 187 万 hm²。梯田主要分布在黄土丘陵沟壑区、黄土高原沟壑区及土石山区[34]，如图 3-47 和表 3-24 所示。

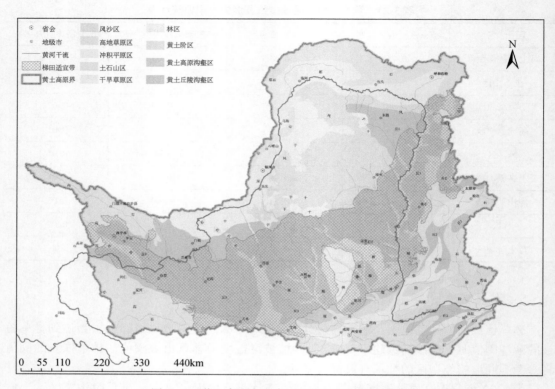

图 3-47 黄土高原九大类型区梯田空间分布特征

表 3-24 1996～2007 年黄土高原的梯田建设情况统计表 （单位：万 hm²）

年份	宁夏	山西	陕西	甘肃	河南	内蒙古	青海	黄土高原
1996	12.27	41.45	82.86	125.57	8.45	3.31	13.06	286.97
1997	14.16	43.79	81.97	132.97	9.25	3.39	14.04	299.55
1998	16.07	47.20	85.33	138.78	9.94	3.52	15.34	316.19
1999	18.04	49.98	85.47	145.43	10.85	4.02	16.76	330.54
2000	19.38	50.83	86.84	151.11	12.25	4.57	17.72	342.69
2001	20.76	46.33	85.49	156.57	13.36	4.87	17.93	345.29
2002	22.23	47.58	87.98	161.91	14.37	5.22	18.59	357.88
2003	24.11	48.42	87.01	166.02	14.86	5.93	18.72	365.07
2004	25.45	48.12	86.88	170.69	15.30	6.89	18.76	372.09
2005	27.16	48.81	87.05	175.10	15.64	7.15	18.76	379.67
2006	30.31	49.36	86.74	177.90	16.27	7.33	18.77	386.69
2007	29.55	50.61	87.77	179.60	17.19	7.55	18.78	391.03

2. 黄土高原梯田布设适宜条件

（1）黄土高原坡度特征

梯田的布设位置及断面尺寸主要受控于地形特征和土层厚度。黄土高原地形破碎，地表起伏大，地面坡度 5°以上的土地面积为 60.51 万 km²，占 94.5%，地面坡度 5°以下的土地面积为 3.55 万 km²，占 5.5%。黄土高原地区数字高程地图如图 3-48 所示，黄土高原地区的坡度分级统计如表 3-25 所示。

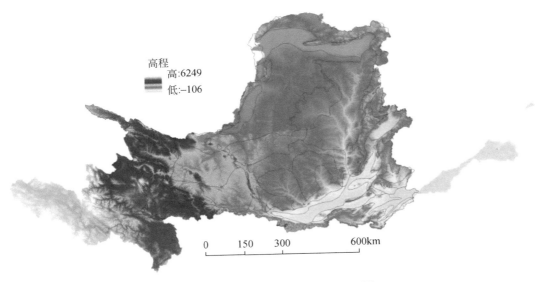

高程
高:6249
低:-106

0   150   300   600km

图 3-48　黄土高原地区数字高程地图

表 3-25　黄土高原地区的坡度分级统计表

坡度/(°)	面积/万 km²	比例/%
0～5	3.55	5.54
5～10	11.94	18.64
10～15	10.20	15.92
15～20	15.65	24.43
20～25	13.90	21.70
>25	8.82	13.77
合计	64.06	100

（2）黄土高原土壤与耕地状况

黄土高原九大类型区中黄土丘陵沟壑区和黄土高原沟壑区土层较为深厚，非常适宜修建梯田，而土石山区，土层厚度成为其主要的控制因素。因此，根据地面坡度和分区条件，共划分为五类梯田布设潜力区，分别是：一级潜力区，黄土高原丘陵沟壑区和黄土高原沟壑区，地面坡度为 0°～5°，土地利用类型为旱地；二级潜力区，黄土高原丘陵沟壑区和黄土高原沟壑区，地面坡度为 5°～10°，土地利用类型为旱地；三级潜力区，黄土高原丘陵沟壑区和黄土高原沟壑区，地面坡度为 10°～15°，土地利用类型为旱地；四级潜力区，土石山区，地面坡度为 0°～5°，土地利用类型为旱地；五级潜力区，黄土高原丘陵沟壑区和黄土高原沟壑区，地面坡度为 15°～25°，土地利用类型为旱地。

多沙粗沙区梯田面积为 264 万 hm²，占黄土高原地区梯田总面积的 71.5%，多沙区坡耕地面积为 210 万 hm²。占黄土高原地区坡耕地总面积的 44.19%，各省（区）坡耕地面积如表 3-26 所示。黄土高原主要类型区坡耕地面积如表 3-27 所示。

表 3-26　2018 年各省（区）坡耕地面积统计表

省（区）	省（区）面积/万 hm²	坡耕地面积/万 hm²	比例/%
青海	0.68	0.05	6.89
甘肃	5.99	0.78	13.00
宁夏	0.97	0.13	13.81
内蒙古	2.66	0.07	2.54
陕西	6.59	0.54	8.22
山西	3.63	0.38	10.40
河南	0.68	0.15	22.66
合计	21.2	2.10	77.52

表 3-27　黄土高原主要类型区坡耕地面积统计表

区域			耕地面积/万 hm²	坡耕地		梯田	
				面积/万 hm²	比例/%	面积/万 hm²	比例/%
黄土高原	多沙区	黄土丘陵沟壑区	363.35	141.44	38.93	191.22	52.63
		黄土高原沟壑区	70.32	20.57	29.25	35.09	49.90
		其他区域	108.14	48.03	44.41	37.61	34.78
		小计	541.81	210.04	38.77	263.93	48.71
	其他区域		489.22	265.21	54.21	105.04	21.47
合计			1031.03	475.25	46.09	368.97	35.79

（3）黄土高原水土流失状况

黄土高原地区的水土流失非常严重，尤其是多沙区。国土面积仅占黄土高原面积的 35%，2018 年水土流失动态监测调查结果显示，结合《土壤侵蚀分类分级标准》（SL 190—2007），土壤侵蚀模数大于 5000t/(km²·a) 的强烈以上侵蚀等级面积占黄土高原强烈以上侵蚀总面积的 56.39%，如表 3-28 所示。

表 3-28　黄土高原不同类型区水土流失面积统计表

区域		水土流失		强烈以上侵蚀	
		面积/万 hm²	比例/%	面积/万 hm²	比例/%
黄土高原		24.15	100	3.99	100
多沙区	黄土丘陵沟壑区	6.87	28.45	1.99	49.87
	黄土高原沟壑区	0.73	3.02	0.11	2.76
	其他区域	1.62	6.71	0.15	3.76
	小计	9.22	38.18	2.25	56.39

（4）黄土高原人口组成及其空间分布

黄土高原跨青海、甘肃、宁夏、内蒙古、陕西、陕西、河南 7 个省（区），大部分位于我国中西部地区。由于历史原因、自然条件的影响，其经济发展相对落后，与东部区域存在明显差异。随着国家西部大开发、中部崛起等战略的实施，黄土高原地区的经济得到快速发展。城镇化率也逐步提高，由于城镇化吸引了大量农村人口，农村劳动力骤减。目前农村常住人后仅占农业人口的 20%～30%。黄土高原尤其是多沙粗沙区的各省（区）面积和人口如图 3-49 和表 3-29 所示。

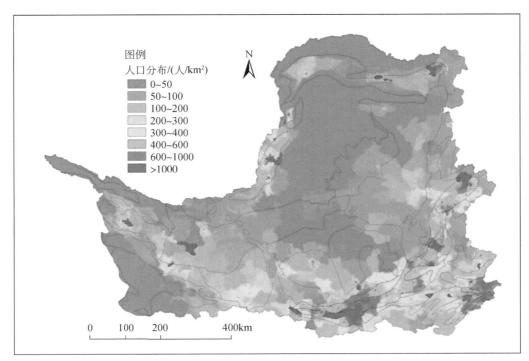

图 3-49　黄土高原地区人口分布

表 3-29 黄土高原地区梯田建设潜力统计表

潜力分区	面积/万 hm²	比例/%
一级潜力区	316.6	29.7
二级潜力区	283.6	26.6
三级潜力区	236.5	22.2
四级潜力区	73.3	6.9
五级潜力区	156.3	14.7
总计	1066.3	100.0

3. 适宜坡改梯的梯田条件

根据黄土高原地区的实际情况，适宜坡改梯应满足以下条件。

1）黄土高原 5°~15°的坡耕地；

2）土壤侵蚀分级为强度以上的区域；

3）黄土高原降雨带的空间分布特征；

4）人口分布较多、人均耕地较少且对粮食需求较大的区域。

梯田适宜建设区的寻找采用 ERDAS 软件实现，输入为土地利用图、坡度分级图及治理分区图，根据前述分析思路，建立判别函数，最终输出梯田潜力分区，如图 3-50 所示。

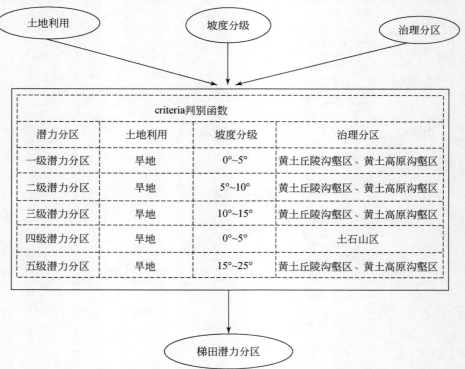

图 3-50 黄土高原梯田适宜建设区生成流程图

4. 黄土高原梯田建设潜力

通过梯田适宜建设区生成流程可得到黄土高原梯田建设潜力，由表 3-29 可见，黄土高原梯田建设总潜力为 1066.3 万 hm²，其中，一级潜力区面积为 316.6 万 hm²，比例为 29.7%；二级潜力区面积为 283.6 万 hm²，比例为 26.6%；三级潜力区面积为 236.5 万 hm²，比例为 22.2%；四级潜力区面积为 73.3 万 hm²，比例为 6.9%；五级潜力区面积为 156.3 万 hm²，比例为 14.7%。

从空间分布上看，一级潜力区主要分布在河流阶地、塬区及两侧的缓坡地带，二级潜力区主要分布在黄土高原中部的广大丘陵区梁峁顶，三级和五级潜力区主要分布在峁边线上部的坡耕地地带，而四级潜力区位于土石山区的沟道和阶地地带，如图 3-51 所示。

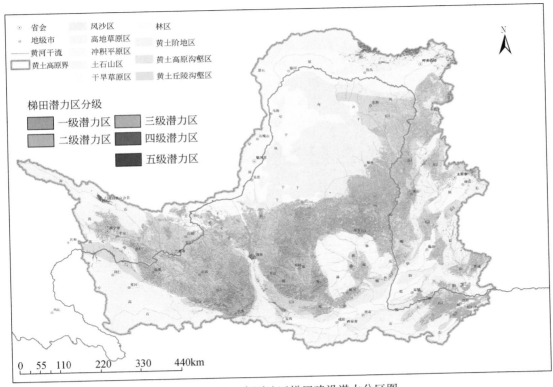

图 3-51　黄土高原地区梯田建设潜力分区图

5. 黄土高原梯田建设阈值

为科学描述各地区的梯田规模，引入梯田比概念，它是指某地区水平梯田面积占其轻度以上水蚀面积的比例，计算公式为

$$T_i = 100 \times A_t / A_{er} \tag{3-5}$$

式中，T_i为梯田比，%；A_t为水平梯田的面积，km^2；A_{er}为相应地区天然时期轻度以上水土流失的面积，km^2，采用黄河上中游管理局 2019 年黄土高原水土流失遥感成果。鉴于梯田一般建设在地表坡度大于 5°、林草植被稀疏的黄土丘陵坡面上，故梯田比实际上反映了梯田对流域主要产沙区的控制程度。刘晓燕等的研究结果表明[35,36]：①梯田对流域产沙的削减范围，不仅发生在梯田所在的坡面，还发生在其他梯田影响区。不过，当梯田比大于 30% 后，单位面积梯田的减沙作用逐渐变小。②当梯田比小于 25% 时，流域减沙幅度不太稳定，相同梯田比的减沙幅度可相差 1 倍。③梯田比大于 40% 后，流域的减沙幅度基本稳定。刘晓燕等[37]分析了流域尺度上的林草有效覆盖率与产沙指数的响应关系，认为在林草有效覆盖率小于等于 40% 时，产沙指数随林草植被的改善而迅速减少，但大于 70% 后产沙指数趋于稳定。因此，在流域尺度上，可将"流域梯田比大于 40%"作为可有效遏制黄土高原产沙的临界梯田规模，通过刘晓燕等的研究成果可确定不同类型区的梯田比。

由适宜坡改梯梯田条件的计算结果可知，黄土高原梯田建设的潜力区主要分布在黄土丘陵沟壑区和黄土高原沟壑区，大部分也是黄河流域的多沙粗沙区，结合相关规划可知，黄土高原地区未来旱作梯田建设潜力约为 1066 万 hm^2，其中黄土丘陵沟壑区和黄土高原沟壑区梯田适宜建设面积分别为 754hm^2 和 100hm^2。根据刘晓燕等的研究成果，将流域梯田比大于 40% 时的梯田面积作为可有效遏制黄土高原产沙的临界梯田规模，黄土高原现状梯田比和梯田面积阈值如表 3-30 所示。

表 3-30　黄土高原地区梯田建设面积阈值统计表

分区	水土流失类型分区	梯田面积/km^2	轻度以上土壤侵蚀面积/km^2	现状梯田比/%	梯田面积阈值/万 hm^2
严重水土流失区	黄土丘陵沟壑区	2.559	9.59	26.7	383.6
	黄土高原沟壑区	0.388	1.06	36.6	42.4
中度水土流失区	土石山区	0.517	4.25	12.2	170.0
	干旱草原区	0.005	2.76	0.2	110.4
	风沙区	0.006	1.15	0.5	46.0
	林区	0.067	0.86	7.8	34.4
	高地草原区	0.005	0.89	0.6	35.6
轻微水土流失区	冲积平原区	0.022	2.39	0.9	95.6
	黄土阶地区	0.047	3.01	1.6	120.4

3.4.3　淤地坝的建设潜力及阈值

1. 黄土高原淤地坝发展时空分布特征

截至 2018 年，黄土高原地区共有淤地坝 59 154 座，其中骨干坝 5877 座、中型坝 12 131 座、小型坝 41 146 座。其中骨干坝的 24%、中型坝的 68% 和小型坝的 69% 建成于

1980 年以前。中型以上淤地坝总控制面积 4.8 万 km^2, 拦蓄泥沙近 56.5 亿 t。骨干坝的建坝高峰期在 2000~2010 年, 近 50% 的骨干坝在此期间建设; 中型坝和小型坝的建坝高峰期在 20 世纪 70 年代, 47% 的中型坝和 48% 的小型坝在 20 世纪 70 年代建设, 如图 2-16、图 2-17、图 3-52 和图 3-53 所示。

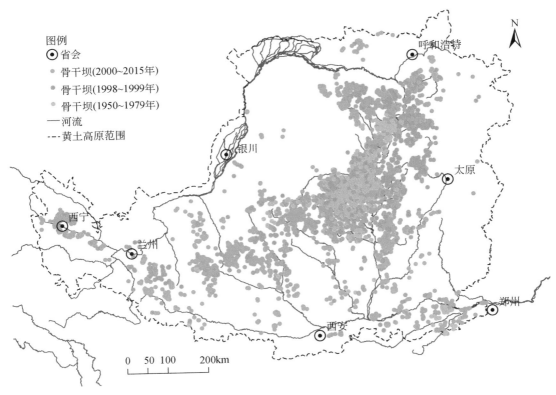

图 3-52　黄土高原地区骨干坝建坝时间及空间分布

　　80 年代中期以来, 黄河上中游治理局组织在陕北、晋西北、内蒙古南部、甘肃定西国家重点治理区、宁夏西海固地区和青海海东地区等开展了水土保持治沟骨干工程试点, 开展了规范建设、规模发展、完善坝系、建管并重的新阶段。

　　90 年代后期, 随着治沟骨干工程的大规模开展和旧坝加固工程及淤地坝配套建设, 国家更加大了淤地坝建设的投入, 从而进一步加快了淤地坝建设进程。

　　2003 年以来, 黄土高原地区水土保持淤地坝建设作为水利部启动的三大"亮点工程"之一取得了大规模的进展。黄土高原大中型淤地坝的淤积现状统计表明, 当前已完全淤积的淤地坝有 3635 座, 占淤地坝总量的 22.4%, 其中 3354 座为 1980 年以前修建。已投入使用但尚未淤积的淤地坝有 957 座, 占淤地坝总量的 5.9%, 其中 529 座为 2000 年以后修建。

　　从空间位置上看, 黄土高原地区淤地坝由 20 世纪 50 年代的 2000 余座 (含骨干坝及

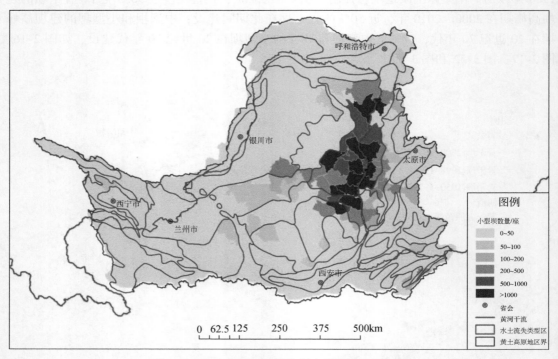

图 3-53　黄土高原地区淤地坝小型坝的空间分布

中型坝 490 余座）增加至 2015 年的 5.2 万余座（含骨干坝及中型坝 1.6 万余座），河龙区间和北洛河上游是黄土高原地区淤地坝的主要集聚区，目前该聚集区内的大型、中型和小型淤地坝数量分别占黄土高原地区各类型淤地坝总量的 70%、88% 和 91%。同时，该区域也是黄土高原地区老旧淤地坝的集聚区。1990 年以前，黄土高原地区的大型、中型淤地坝几乎全部分布在陕北的河龙区间和北洛河上游；山西、陕西两省约 3.5 万座小型淤地坝也主要分布于此且大多建成于 60 年代、70 年代。

2. 基于限制因素的黄土高原淤地坝建设潜力

考虑到流域的完整性以及便于和水沙过程进行分析，本研究主要以支流面积在 1000km^2 以上的流域为骨干单元进行单元划分，在 ArcGIS 软件水文分析模块的支持下，综合运用 90m（地形起伏大的地区）和 30m（地形起伏小的地区）DEM 数据，提取流域边界并划分流域。对于干流两侧，从上游至下游依次划分为贵德至兰州黄河沿岸、兰州至下河沿黄河沿岸、下河沿以下黄河沿岸及宁夏灌区、内蒙古北岸、内蒙古南岸、十大孔兑、鄂尔多斯内流区、大北干流区（托克托到龙门镇）、小北干流区（龙门镇到潼关）、三门峡库区、三门峡以下沿黄地区以及山西东部海河流域区。

淤地坝建设的影响因素可以概括为两大类：一类称为限制性因素（记为Ⅰ类因素），该类因素，回答能不能建的问题，即满足限制性条件的地区可以修建淤地坝，不满足限制性条件的地区不能修建淤地坝；另一类可以称为规模性因素（记为 II 类因素），该类因素，回答建多少的问题，淤地坝的建设规模会受到限制。

根据黄土高原地区淤地坝建设的长期经验，本书归纳出的限制性因素有 2 个，分别是地形条件（I 1）和物质条件（I 2）。最主要的规模性因素为土壤侵蚀模数（II 1）。

对于 I 1 因素而言，淤地坝不能修建于平缓地带，主要是河谷平原区和大河流阶地区。对于 I 2 因素而言，淤地坝主要是均质土坝，筑坝材料主要是黄土。因此，在风沙区和土石山区，由于筑坝材料缺乏，修建淤地坝受到限制，如图 3-54 所示。

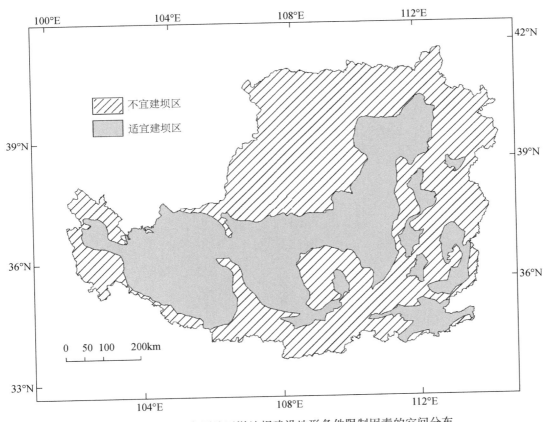

图 3-54　黄土高原地区淤地坝建设地形条件限制因素的空间分布

淤地坝建设的规模性因素主要是土壤侵蚀模数。本研究结合相关淤地坝建设规范以及实地调研，确定不同土壤侵蚀模数下，骨干坝的布设密度如下：土壤侵蚀模数>15 000t/（km² · a），骨干坝控制面积一般为 3km²；土壤侵蚀模数在 12 000 ~ 15 000t/（km² · a），骨干坝控制面积为 4km²；土壤侵蚀模数在 10 000 ~ 12 000t/（km² · a），骨干坝控制面积为 5km²；土壤侵蚀模数在 8000 ~ 10 000t/（km² · a），骨干坝控制面积为 6km²；土壤侵蚀模数在 6000 ~ 8000t/（km² · a），骨干坝控制面积为 7km²；土壤侵蚀模数小于 6000t/（km² · a），骨干坝控制面积为 8km²。

　　土壤侵蚀模数使用修正通用土壤流失方程（RUSLE），并在 ArcGIS 软件支持下确定土壤侵蚀模数，表达式为

$$A = R \cdot K \cdot S \cdot L \cdot C \cdot P \qquad\qquad (3\text{-}6)$$

式中，A 为年平均土壤流失量，$t/(hm^2 \cdot a)$；R 为降雨侵蚀力因子，$MJ \cdot mm/(hm^2 \cdot h \cdot a)$；$K$ 为土壤可蚀性因子，$t \cdot hm^2 \cdot h/(hm^2 \cdot MJ \cdot mm)$；$S$ 为坡度因子；L 为坡长因子；C 为作物覆盖–管理因子；P 为水土保持措施因子。

　　经 RUSLE 计算可知，黄土高原土壤侵蚀模数在 $0 \sim 1000t/(km^2 \cdot a)$ 的面积比例为 50.48%，主要分布在风沙区和平原区，由于 RUSLE 模型并未考虑风力侵蚀，在风沙区计算的土壤侵蚀模数存在低估现象。土壤侵蚀模数为 $1000 \sim 2500t/(km^2 \cdot a)$ 的面积比例为 16.33%，土壤侵蚀模数为 $2500 \sim 5000t/(km^2 \cdot a)$ 的面积比例为 13.39%，土壤侵蚀模数为 $5000 \sim 8000t/(km^2 \cdot a)$ 的面积比例为 7.57%，土壤侵蚀模数大于 $8000t/(km^2 \cdot a)$ 的面积比例为 12.23%。土壤侵蚀模数较高区主要分布在黄土高原腹地黄土丘陵沟壑区，如图 3-55 所示。

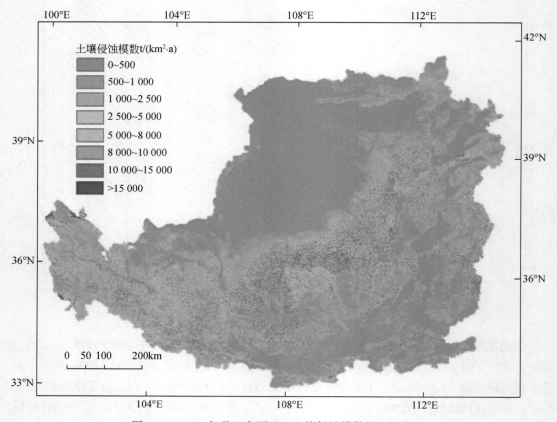

图 3-55　2015 年黄土高原地区土壤侵蚀模数的空间分布

3. 基于拦沙需求的黄土高原淤地坝建设潜力

(1) 黄土高原侵蚀沟分布

根据《第一次全国水利普查公报》，黄土高原地区长度在 0.5km 以上的沟道共计有 66.67 万条，通过对侵蚀沟的空间分布（图 3-56）与多沙区、多沙粗沙区、粗泥沙集中来源区（面积由大到小兼容）进行分析，由图 3-56 可见，多沙区的沟壑密度较大，该区面积占黄土高原地区总面积的 33%，但其范围内的沟道有 33.11 万条，占黄土高原地区沟道总数近 50%。其中，多沙粗沙区范围内的沟道有 16.87 万条，占黄土高原地区沟道总数的 25.3%；多沙粗沙区的面积占黄土高原地区约 1/8，但是沟道数量占黄土高原的 1/4 左右，多沙粗沙的沟壑密度最为集中。

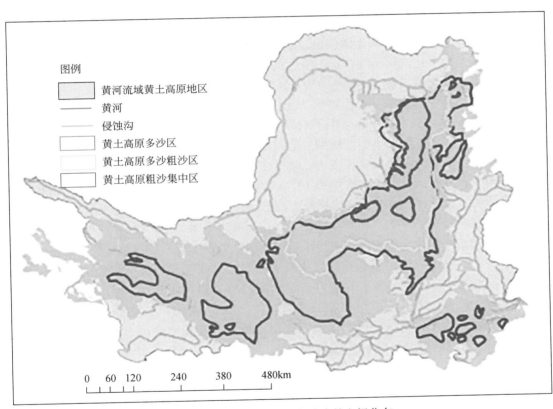

图 3-56　黄土高原地区侵蚀沟的空间分布

(2) 黄土高原土壤侵蚀特征

根据 1990 年全国土壤侵蚀遥感普查资料，黄土高原地区水土流失面积为 45.4 万 km^2，占总土地面积的 71%。其中，水蚀面积为 33.7 万 km^2，占水土流失面积的 74.2%。水力侵蚀划分为剧烈、极强烈、强烈、中度、轻度五个强度等级，其中强烈侵蚀以上〔土壤侵蚀模数在 5000t/（km^2·a）以上〕的面积为 14.6 万 km^2，集中分布在多沙区。

（3）黄土高原的拦沙需求

根据《黄河流域综合规划》（2012—2030 年）的规划目标，到 2030 年，水利水保措施年减少入黄泥沙达到 6.0 亿 ~6.5 亿 t，统计分析，现状各类水土保持措施年均减少入黄泥沙 4.35 亿 t，对现状工程拦泥情况分析可知，现有水保措施在规划期内仍可实现年均减少入黄泥沙 4.35 亿 t 的减沙能力。按 2035 年减少入黄泥沙 6.5 亿 t 计，需新增年减少入黄泥沙约 2.15 亿 t。经分析研究，沟道拦沙能力按 50% 计，到 2035 年，沟道工程年减少入黄泥沙约 1.08 亿 t[38]。

根据《黄土高原地区水土保持淤地坝规划》（2003 年），结合国家科技支撑计划《黄河水沙调控技术研究及应用成果》综合分析[3]，确定沟道工程减沙能力占总减沙能力的 50%。因此，到 2035 年，需沟道工程新增措施年减少入黄泥沙达 1 亿 t 左右。

4. 黄土高原地区淤地坝建设潜力分析

（1）方法一：考虑地形和土壤侵蚀控制的建坝潜力

结合黄土高原地区沟壑密度、水土流失状况等自然条件，根据各侵蚀分区的面积和多年平均侵蚀模数，计算出黄土高原多年平均侵蚀量为 25 亿 t，按照各侵蚀分区的 20 年侵蚀量和中小型淤地坝平均单坝淤积库容为 15 万 t，计算出各分区应布设的淤地坝潜力为 33.4 万座。再根据大型坝与中小型坝平均配置比例，计算出黄河流域黄土高原地区大型坝的建设潜力为 6.2 万座，中小型淤地坝的建设潜力数量为 27.2 万座。如果只考虑侵蚀强度在中轻度以下区域的淤地坝建坝潜力，确定黄土高原淤地坝建设潜力为 23.2 万座，其中大型坝为 3.8 万座，中小型淤地坝为 19.4 万座。参考陕西和山西因公路、矿产开发及其他建设活动对淤地坝的影响，将建坝潜力核减 10%，计算出的可能建坝潜力为 20.9 万座，其中大型坝为 3.4 万座。

（2）方法二：考虑土壤侵蚀和淤地坝控制面积的建坝潜力

根据黄土高原地区骨干坝的控制面积及土壤侵蚀强度可得到黄土高原的大型坝单坝控制面积一般为 4 ~6km^2，根据目前已建淤地坝的数量和空间分布，结合计算得出的淤地坝建设潜力即可知每个流域淤地坝的建设程度。图 3-57 为黄土高原九大类型区淤地坝现状值与潜力值比，通过比值可以确定每个流域的淤地坝建坝潜力，结合黄河流域综合规划及拦沙需求即可确定淤地坝的建设规模。黄土高原地区新建淤地坝涉及黄土丘陵沟壑区、黄土高原沟壑区及风水蚀交错区。其主要分布在河龙区间、泾洛渭河中上游，以及青海、内蒙古、河南沿黄部分地区；涉及青海、甘肃、宁夏、内蒙古、山西、陕西、河南七省（区）。

根据子区面积和骨干坝控制面积，可计算出每个子区骨干坝布设潜力数量。汇总后，可得出各个分析单元骨干坝建设潜力。汇总可得出整个黄土高原骨干坝建设潜力为 3.6 座。现状条件下，整个黄土高原骨干坝、中型坝和小型坝配置比为 1:2.04:13.50。按照此比例推算，黄土高原大型坝建设潜力为 3.6 万座，中型坝以及小型坝合计建设潜力为 17.5 万 ~55.3 万座。

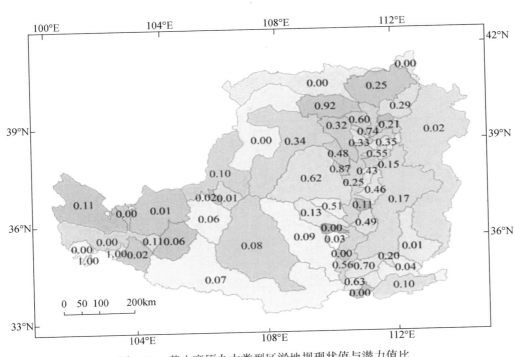

图 3-57 黄土高原九大类型区淤地坝现状值与潜力值比

5. 黄土高原淤地坝建设阈值分析

根据前述提出的淤地坝单坝、坝系、流域 3 个尺度的阈值，对于单个淤地坝，在未来淤地坝建设中，坝高的设计应高于支沟与主沟的交汇处的高程。对于淤地坝系，可采用坝系临界稳定系数作为坝系阈值，当坝系稳定系数达到 1/25 ~ 1/20 时，不同侵蚀强度区域的坝系基本可以达到稳定。对于流域而言，典型流域淤地坝的沟道控制比达到 40% ~ 50% 时水沙关系出现拐点，因此，可将 40% ~ 50% 的沟道控制比可作为流域淤地坝阈值。对黄土高原九大类型区采用流域尺度的阈值分析。在淤地坝潜力分析时得到了九大类型区淤地坝的适宜建设面积和建设潜力，由于适宜建设面积主要分布于存有沟道的区域，将淤地坝适宜建设面积与沟道控制比相乘，即可得到淤地坝建设的阈值面积。根据黄土高原已有骨干坝的控制面积平均值，可得到黄土高原九大类型区骨干坝的阈值，再减去黄土高原九大类型区现有的淤地坝数量，即可得到黄土高原九大类型区未来淤地坝的建设潜力数量及其空间分布，如表 3-31 所示。其中黄土丘陵沟壑区、黄土高原沟壑区潜力大、建坝阈值高，未来仍然是淤地坝布设重点区域。干旱草原区有建坝潜力，但应结合拦沙需求合理建坝。土石山区已达淤地坝阈值，未来应以优化坝系布局为主。

表 3-31　黄土高原地区骨干坝建设阈值统计表　　　　　　（单位：座）

类型区	淤地坝建设潜力	淤地坝阈值	现状淤地坝	未来可建坝
黄土丘陵沟壑区	25 577	7 673	4 631	3 042
土石山区	1 618	485	536	0
干旱草原区	2 343	703	21	682
高地草原区	216	65	45	20
风沙区	287	86	0	86
黄土高原沟壑区	4 044	1 213	374	839
冲积平原区	1 003	301	78	223
林区	201	60	94	0
黄土阶地区	1 084	325	126	199
合计	36 373	10 911	5 905	5 091

3.5　未来黄土高原水土流失治理格局调整

中华人民共和国成立以来，经过数代人不懈努力和艰苦奋斗，黄土高原水土保持取得了巨大成就，促使区域生态环境明显趋好，土壤侵蚀强度降低，减沙拦沙效果日趋明显，治理区生产生活条件得到显著改善，乡村增收渠道得到拓展。然而，随着工业化、城市化发展与社会经济结构的调整，新的水土流失灾害问题不断涌现，农村劳动力转移可能出现反复，人粮矛盾和人地协调问题突出。同时，因黄河流域水沙情势变化与区域环境承载力的约束，特别是黄土高原不同区域内水土流失治理的程度发生了很大的变化，一些区域内各种治理措施已达阈值，因此，黄土高原林草、梯田、淤地坝等措施布局也需做出相应调整[39,40]。

3.5.1　水土保持工作成效与面临挑战

1. 黄土高原水土保持工作成效

经过 70 多年水土流失治理，黄土高原水土保持取得了举世瞩目的巨大成效。截至2018 年底，水土保持累计投资 560 多亿元，初步治理水土流失面积 24.4 万 km^2，建设淤地坝 5.9 万座，黄河流域水土保持措施多年年均减沙 4.35 亿 t。大规模的水土保持措施发挥了显著的生态效益、经济效益和社会效益。

1）生态环境明显向好，对构建西北生态安全屏障起了重要作用。上游水源涵养能力稳定提升，中游黄土高原蓄水保土能力显著增强，植被覆盖度普遍增加，植被覆盖度达到

60% 以上的林草面积占总土地面积的 29.5%。库布齐沙漠植被覆盖度达到 53%，实现了人进沙退的治沙奇迹。黄土高原地区主色调已由"黄"变"绿"，生态环境呈现出总体改善、局部好转的向好态势。

2）有效减少了入黄泥沙，为确保黄河安澜做出了重要贡献。黄土高原地区近一半的水土流失面积得到治理，土壤侵蚀强度不同程度下降，水力侵蚀面积较 1990 年减少了47%，强烈以上水蚀面积减少了 78%。水土保持措施大幅减少入黄泥沙量，有效减缓了黄河下游河道淤积抬高速度。

3）改善了群众生产生活条件，促进了区域经济社会发展和进步。水土保持旱作梯田使原来的跑水、跑土、跑肥的"三跑田"变成保水、保土、保肥的"三保田"，坝地更成为当地老百姓的"保命田"，与产业结构调整结合，发展特色产业，促进农民增产增收。水土保持措施累计实现粮食增产 1.6 亿 t，产生经济效益 1.2 万亿元，助力黄土高原地区 200 多万人摆脱贫困，为国家脱贫攻坚战略和全面建设小康社会奠定了坚实基础。

4）总结了宝贵的严重水土流失区防治经验。在 70 多年的水土流失防治中，坚持以小流域为单元，山水林田湖草沙综合治理、系统治理、源头治理；坚持在侵蚀严重沟道开展以新材料、新工艺淤地坝为主的沟道工程体系建设；坚持在 5°~15° 坡耕地开展高标准旱作梯田建设和改造，15°~25° 设立生态缓冲带，以及 25° 以上全部退耕还林还草；坚持自然修复与人工造林相结合，因地制宜，以乡土树种为主，宜林则林，宜灌则灌，宜草则草；坚持推进水土保持重点工程、淤地坝建设、坡耕地整治和生态清洁小流域建设，提升水土流失防治体系和防治能力现代化水平，坚持依法预防、依法治理、依法管护、依法监督全面推进；坚持科学创新，深入研究水土流失问题，逐步满足人民群众对优质生态产品的需求。

2. 新形势下黄土高原水土流失治理面临的挑战

黄土高原水土流失综合治理虽然取得了阶段性成效，但与黄河流域生态保护和高质量发展的新要求相比，还面临着诸多挑战。

1）与构建流域生态安全屏障的要求相比，水土流失严重的现状依然是突出短板。由于特殊的地理位置、土壤特性、气候条件等自然因素和历史原因，黄土高原地区仍是我国水土流失最严重的区域之一，生态系统尚未进入良性循环。严重的水土流失，对构建坚实稳固、支撑有力的黄河流域生态安全屏障形成制约。黄土高原地区仍有水土流失面积近 24 万 km²，占流域水土流失面积的 90%，侵蚀沟 66.7 万条，占全国侵蚀沟总量的 69%。沟道重力侵蚀严重，塬面保护难度大，多沙粗沙区依然是黄河泥沙的主要来源区。

2）与流域高质量发展的要求相比，水土流失治理水平还处于初步阶段。多年来，黄河流域大部分地区水土流失治理投入强度不够，治理标准不高，措施配置不够精细，治理水平还处于初步阶段。水土保持在促进产业结构调整、推动经济社会发展方面的综合功能和整体效益，还没有得到充分发挥。黄土高原地区尚未改造的坡耕地还有 293 万 hm²，已改造的坡耕地中，田面窄、配套设施不完善的低标准梯田有58.68万hm²，一旦遇短时强降雨等恶劣天气极易被冲毁。同时现有中型以上淤地坝中，有6900多座存在设施不完善、工程老化失修、失去拦泥淤地功能、威胁下游安全的问题。老旧梯田和淤地坝效益逐步衰减，亟须提质改造。个别地方还处于水土保持只是挖坑种树种草传统治理阶段，对新理念、新方法、新技术、新材料等先进理论和科技运用力度还不够。

3）与加强流域生态环境保护的要求相比，最严格的人为水土流失监管局面尚未形成。黄河流域上中游地区的发展愿望十分迫切，发展与保护的矛盾较为突出，人为水土流失监管在较长时间仍面临很大压力。根据2019年全国水土流失动态监测成果，黄土高原地区人为水土流失面积为0.36万km²，占全国人为水土流失面积的14%，其中中度及以上侵蚀面积占比高达64%，是全国平均水平的1.7倍。一些地方还存在强监管认识不到位、能力不足、技术手段不多、责任追究不严等问题，人为水土流失监管制度体系还未形成有效衔接和闭环管理，与最严格制度最严密法治的要求相比仍有较大差距。监管还存在盲点、薄弱点，水土保持监测基础工作还需加强。个别地方生态保护和水土保持意识不强，重开发、轻保护，青海、甘肃祁连山等严重破坏生态环境事件还时有发生。

4）与系统治理的要求相比，水土流失治理工作机制还不够完善。水土流失治理既要考虑生态系统的整体性、系统性及生态各要素的关系，又要考虑生态各要素管理部门的统筹协调。当前黄土高原水土流失治理一定程度上还存在治山的只管治山、造林的只管造林、修田的只管修田等多龙治水、条条管理的情况，各部门协同推进大治理的格局尚未形成。有关部门出台的生态修复、生态环境保护、国土整治等规划，与水土保持规划还存在衔接不够、统筹考虑不足、项目不落实等问题。目前《全国重要生态系统保护和修复重大工程总体规划（2021—2035年）》覆盖范围不全，致使未来部分地区坡耕地治理难于落实。有的地方政府水土流失治理的主动意识不强，有的主管部门水土保持工作积极性不足，主体责任落实不够到位。水土保持规划考核评估机制不够健全，还存在考核评估不硬、指标不完善等问题，考核评估的指挥棒作用发挥还不到位。

5）与治理体系和治理能力现代化的要求相比，水土保持多元化的投入机制还不够健全。目前水土流失治理以国家投入为主。近年来，中央有关部门在黄土高原地区安排实施的小流域综合治理、坡耕地整治、退耕还林还草、山水林田湖草试点、国土整治和高标准农田等水土保持生态建设工程，虽然治理的水土流失面积占到总治理面积的80%以上，但水土保持整体投入不足，仍难以满足大规模治理的需要，黄土高原地区仍有约24万km²的水土流失面积亟待治理。村民自建、先建后补、以奖代补等建管机制推行力度不够。生态补偿、金融支持方面的制度政策还未建立健全，民间资本和项目区群众参与水土流失治理的积极性还未被充分激发，水土保持多元化的投入格局还未有效形成。

3.5.2 水土流失治理格局调整原则

（1）坚持保护与生态优先、自然恢复为主的方针

遵循生态系统的整体性、系统性及其内在规律，以系统工程的思路加快优化区域水土

保持规划体系、水土流失治理体系、技术支撑体系和严格的监管体系，促进区域生态修复，坚持以支流为骨架、以县域为单位、以小流域为单元，兼顾上下游左右岸，山水林田湖草沙系统治理，充分发挥大自然的自我修复能力，以分区、分类、分级水土流失精准治理为目标，推进黄土高原地区重要生态系统保护和修复，推动形成小流域水土保持综合治理、水源和水生态保护、农业集约化生产、人居环境改善协调发展的良好局面，构建人与自然和谐共生发展新格局。

（2）持续推进黄土高原生态环境综合治理系统工程

黄土高原水土流失治理成效显著，但脆弱的生态环境仍未根本改变，特大暴雨仍然造成剧烈的水土流失，水土保持治理措施仍需加强管理，持续维护，否则难以持久，应继续加大投资力度。生产建设项目引发的环境破坏问题依然严峻，尤其暴雨下灾害风险仍呈现加重趋势，人水不和谐，仍要强化河长制。因此，要继续推进退耕还林还草生态文明建设工作，保持政策的连续性，并巩固退耕还林还草生态成果。要探索实施分区精准防治战略，构建科学合理的水土流失防治战略空间格局。继续推进以小流域为单元的山水林田湖草综合治理，精准配置工程、林草、耕作等措施，逐步提高措施设计标准，提高水土保持措施抵御洪水灾害的能力，逐步完善综合治理体系，维护和增强区域水土保持功能。加快推进黄土高原地区的生态清洁小流域建设，有效减轻面源污染，全面改善流域生态系统服务功能，使水土流失治理水平与全面建成小康社会目标相适应。

（3）完善不同水土流失区适宜的水土流失治理模式

习近平总书记强调："水土保持不是简单挖几个坑种几棵树，黄土高原降雨量少，能不能种树，种什么树合适，要搞清楚再干。有条件的地方要大力建设旱作梯田、淤地坝等，有的地方则要以自然恢复为主，减少人为干扰，逐步改善局部小气候"。按照总书记要求，黄土高原地区生态恢复遵循的基本原则是因地制宜，工程与生物治理相结合，分区分类、因地制宜。因此，黄土高原水土流失治理要强调整体生态环境的分区治理和因地制宜，坚持山水林田湖草整体保护、分区分类、系统修复、区域统筹、综合治理。根据区域类型分区，明确生态建设对流域水文水循环过程影响的方向和强度，确定适宜当地气候条件、水资源消耗最低的生态建设强度，建立适宜区域水土流失治理的优化模式，达到生态效益与社会经济效益的最大化，有效推动生态建设和社会经济发展的良性互动、持续发展，力促水土流失治理工程从数量、规模到质量、效益的根本转变。在水土流失治理的同时兼顾区域特色生态产业发展，走适宜当地的特色水土保持发展的道路，促进当地农民脱贫增收。

（4）构建适应新水沙情势的黄土高原生态治理新格局

针对区域植被恢复建设水分承载力不足、农民工返乡创业下的土地资源供给与需求矛盾、个体农业到规模农业转变等新问题新情况，宜在黄土高原生态类型区划分的基础上，明确不同生态类型区的生态环境容量及其改善目标，合理配置林草、梯田及淤地坝等不同措施的比例与配置模式，据此提出黄土高原生态环境改善的长远目标及实现途径，构建适应新水沙情势的黄土高原生态治理新格局。局部区域植被覆盖度已到上限、有的地质单元因退耕还林出现耕地面积不足、部分区域因劳动力转移而优质梯田被大量弃耕、部分区域地形破碎使坡地梯田化潜力不足等，植被恢复与坡改梯政策需分类指导、分区推进。淤地坝工程实现了沟道侵蚀阻控与农业生产的有机统一，但由于设计依据的标准陈旧及下垫面变化，新建坝系很难短时期淤满，给汛期防洪带来巨大压力，这导致目前淤地坝建设停滞，但大暴雨事件下淤地坝仍是泥沙的重要汇集地，尤其骨干坝对径流与洪峰削减作用显著，沟道拦沙与水肥耦合的高产坝地仍有广阔的实际需求。

（5）创新黄土高原水土流失综合治理体制与机制

要进一步探索建立多渠道、多元化的水土流失治理投入机制。在加大中央投资力度的同时，将水土保持生态建设资金纳入地方各级政府的公共财政框架，保证一定比例的财政资金用于水土保持生态建设，并按每年财政增长的幅度同步增长。鼓励社会力量通过承包、租赁、股份合作等多种形式参与水土保持工程建设，以充分发挥民间资本参与水土流失治理的作用，进一步提高水土保持工程投资补助标准、提高治理效益、促进产业发展、改善人居环境，使治理成果更好地惠及群众。

3.5.3 水土流失治理格局调整方向与治理布局

2019年9月18日，习近平总书记在黄河流域生态保护和高质量发展座谈会上指出，"治理黄河，重在保护，要在治理。要坚持山水林田湖草综合治理、系统治理、源头治理，统筹推进各项工作，加强协同配合，推动黄河流域高质量发展。要坚持绿水青山就是金山银山的理念，坚持生态优先、绿色发展，以水而定、量水而行，因地制宜、分类施策，上下游、干支流、左右岸统筹谋划，共同抓好大保护，协同推进大治理，着力加强生态保护治理、保障黄河长治久安、促进全流域高质量发展、改善人民群众生活、保护传承弘扬黄河文化，让黄河成为造福人民的幸福河"。通过综合分析黄土高原水土流失防治政策及治理阶段、黄土高原主要水土保持措施格局变化、黄土高原水土流失动态变化和黄土高原水土流失治理潜力和需求分析等内容，得出黄土高原水土流失主要集中在以水力侵蚀为主的黄土丘陵沟壑区和黄土高原沟壑区及以风力侵蚀为主的风沙区。按照面临的新形势要求，分析比较黄土高原各区域内治理措施的潜力、需求和阈值；结合现状治理成果，调整黄土高原水土流失治理格局，提出新形势下严重水土流失区、中度水土流失区和轻微水土流失区的水土流失防治策略，以及黄土高原水土流失防治重点与主要措施布局，提出未来通过科学调整黄土高原水土流失治理格局，将入黄沙量控制在3亿t/a左右，达到黄土高原水土流失治理程度与黄河干流河道输沙的平衡，为未来黄土高原水土流失确定了治理目标[40,41]。

根据《黄河流域生态保护和高质量发展规划纲要》的新要求，按照保护优先、防治结合原则，统筹考虑各分区水土流失类型、地形、降雨等因素，突出重点、综合施策、精准配置，合理确定各分区建设任务和主要措施配置。按照严重、中度、轻微三大区及其九大类型区分别从林草、梯田、淤地坝方面提出黄土高原水土流失防治主要措施调整方向与布局。

1. 黄土高原林草措施未来调整方向与布局

调整方向：根据黄土高原地区林草植被阈值分析，未来黄土高原植被恢复潜力较高的地区主要集中在黄土丘陵沟壑区的南部、西部的黄土高原沟壑区、北方干旱草原区以及风沙区等，应坚持宜林则林、宜灌则灌、宜草则草。乔木林的适宜范围主要在兰州、固原、延安、榆林、呼和浩特一线以南地区，灌木林的适宜范围主要在兰州、固原以北和榆林、鄂尔多斯中西部地区，种草的适宜范围主要是鄂尔多斯西部和宁夏东部。需要充分考虑黄河流域的地理和自然条件，特别是水资源条件，量水而行。在降水量大于400mm的地区，以营造乔木林、乔灌混交林为主；在降水量为200~400mm的地区，以营造灌木林为主，乔木主要种植在沟底或水分条件较好的区域，种草主要在水蚀风蚀交错区；在降水量为200mm以下的地区，以种草、草原改良为主，沙漠绿洲区种植当地特色植物，固定沙丘区种植灌草，半流动沙丘区配置沙障并种植灌草。在砒砂岩地区，以沙棘建设为主。通过全面保护天然林，持续巩固退耕还林还草、退牧还草成果，加大对水源涵养林建设区的封山禁牧、轮封轮牧和封育保护力度，促进自然修复。植被建设以乡土树草种为主，科学选育人工造林树种，改善林相结构，提高林分质量。根据当地实际，适度发展经济林和林下经济，提高生态效益和农民收益。

治理措施布局与数量：分析黄土高原林草植被阈值情况，把各分区植被恢复现状值与阈值差值作为治理措施调整的主要依据，得出黄土丘陵沟壑区、土石山区和干旱草原区的植被恢复潜力。按照到2035年植被覆盖度达到68%的目标，到2025年，新增林草植被建设约2万km^2。到2035年，新增林草植被建设约8万km^2，实现黄河流域植被覆盖度68%的目标。

黄土高原气候暖干化的发展趋势，势必对未来潜在植被分布及土地利用规划产生重要影响，进而影响植被的产流产沙过程。对未来水沙变化预测，不仅需要了解植被的分布变化，更需要了解植被的可持续性，即构建的植被体系必须适应当地的气候环境。研究表明，黄土高原退耕以来人工植被建设不仅已经接近该地区的水资源上限，人工植被建设也会提高蒸散发[42]，降低径流量与土壤含水量，对植被的可持续性构成新的威胁。因此，了解不同气候变化情景下的植被格局变化及其对未来土地利用的影响，对预测未来水沙变化具有重要意义。

利用基于过程的动态植被模型LPJ-GUESS，模拟1981~2010年和2071~2100年潜在自然植被（PNV）分布，即无人类活动干扰的植被分布状态，为该区植被管理提供背景参考；与观测的土地利用比对，评估未来潜在的植被调整方案，为建立可持续的植被体系提供依据，如图3-58所示，由图可见：①与1981~2010的PNV格局相比，PNV在2071~2100的变化占黄土高原面积的27.6%~31.7%，其中林地占比从29.9%下降至（15.3±8.0）%，而草地占比从68.1%增加至（82.7±8.1）%，这由该区未来的暖干气候引起；②在1981~2010，现有55.2%的林地与PNV分布结果一致，而其余林地应该为草地，主要分布在黄土高原北部；78.4%的草地与PNV分布结果一致，其余草地有潜力发展为林地，主要分布在黄土高原南部和西部；③在林地类型中，温带阔叶林大面积地向温带针叶林转换，这也由该区未来的暖干气候引起；④在此暖干气候的背景下，25.3%~55.0%的林地和79.3%~91.9%的草地（2010年）可持续生长至21世纪末；⑤结合当前与未来PNV，在坡度大于25°的耕地中，58.6%~84.8%可退为草地，14.7%~40.7%可退为林地。将 PNV 与气候变化适应性进行结合，对植被工程的实施与可持续发展意义重大，这些研究结果可为黄土高原地区植被管理与土地利用格局调整提供参考，也对未来基于生态适应性的流域水沙管理提供重要参照依据。

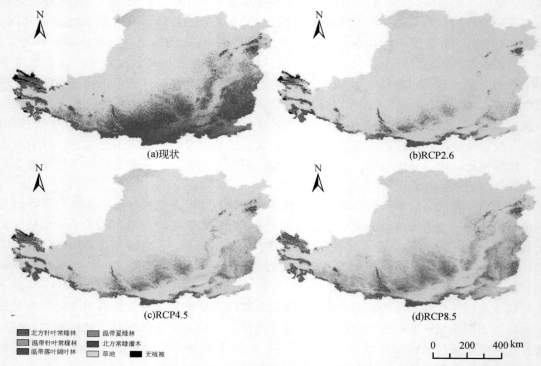

图 3-58   黄土高原未来植被类型的变化趋势

（1）严重水土流失区调整方向与治理措施布局

表 3-32 为黄土高原严重水土流失区林草措施调整方向，由表可见，严重水土流失区包括黄土丘陵沟壑区和黄土高原沟壑区两个区，是水土保持重点治理区。

表 3-32   黄土高原地区严重水土流失区林草措施调整方向

序号	类型区名称	植被恢复潜力（P）	2018 年现状植被指数（C）	植被减沙阈值（T）	恢复潜力（$P-C$）
1	黄土丘陵沟壑区	0.75	0.64	0.65	0.11
2	黄土高原沟壑区	0.84	0.80	0.75	0.04

1）黄土丘陵沟壑区：2019 年全国水土流失动态监测数据表明黄土丘陵沟壑区水土流失面积为 9.59 万 km²，强烈以上水土流失面积仍占 25%，因此，黄土丘陵沟壑区未来仍然是水土流失治理的重点区域之一。在林草措施方面，黄土丘陵沟壑区 2018 年现状植被指数为 0.64，植被恢复潜力为 0.75，因此，通过对比分析黄土丘陵沟壑区的 2018 年现状

植被指数与植被恢复潜力可以发现，黄土丘陵沟壑区未来植被恢复潜力较大，植被指数可从0.64提高到0.75。通过对比2018年现状植被指数和植被减沙阈值可知，黄土丘陵沟壑区2018年现状植被指数基本已达到植被减沙阈值，但由于黄土丘陵沟壑区跨越范围较大，空间分异特征明显，因此，黄土丘陵沟壑区的林草植被恢复应在遵守以水定草的基础上，保持在植被减沙阈值范围内。

2）黄土高原沟壑区：2019年全国水土流失动态监测数据表明黄土高原沟壑区水土流失面积为1.06万km²，强烈以上水土流失面积占比为10%，因此，黄土丘陵沟壑区未来也是水土流失治理的重点区域之一。黄土高原沟壑区2018年现状植被指数为0.80，植被恢复潜力为0.84，因此，黄土高原沟壑区林草措施恢复潜力较小。通过对比黄土高原沟壑区现状植被指数和植被阈值可知，黄土高原沟壑区2018年现状植被指数已经超过了植被阈值0.05，因此，该区应以高质量发展为主，以提高植被多样性、维持稳定的植被格局为主。

（2）中度水土流失区调整方向与治理措施布局

表3-33为黄土高原中度水土流失区林草措施调整方向。中度水土流失区包括土石山区、林区、高地草原区、干旱草原区和风沙区五个类型区。

表3-33　黄土高原地区中度水土流失区林草措施调整方向

序号	类型区名称	植被恢复潜力（P）	2018年现状植被指数（C）	植被减沙阈值（T）	恢复潜力（$P-C$）
1	土石山区	0.81	0.71	0.65	0.10
2	干旱草原区	0.40	0.33	0.30	0.07
3	风沙区	0.51	0.46	0.40	0.05
4	林区	0.92	0.90	0.65	0.02
5	高地草原区	0.84	0.79	0.45	0.05

1）土石山区：2019年全国水土流失动态监测数据表明土石山区水土流失面积为4.25万km²，土壤侵蚀以轻度、中度为主，占水土流失面积的比例分别为71%、20%。通过对比土石山区2018年现状植被指数和植被恢复潜力可知，土石山区2018年现状植被指数为0.71，未来土石山区植被恢复潜力为0.81，因此，土石山区植被恢复潜力较大。通过对比土石山区2018年现状植被指数和植被减沙阈值可知，土石山区2018年现状植被指数已超过其植被减沙阈值，未来应以高质量发展为主，以提高植被多样性、维持稳定的植被格局为主。

2）干旱草原区：2019年全国水土流失动态监测数据表明干旱草原区水土流失面积为2.76万km²，土壤侵蚀以轻度、中度为主，占水土流失面积的比例分别为78%、16%。通过对比干旱草原区2018年现状植被指数和植被恢复潜力可知，干旱草原区2018年现状植被指数为0.33，土石山区植被恢复潜力值为0.40，因此，干旱草原区植被恢复潜力中等。通过对比干旱草原区现状植被指数和植被减沙阈值可知，干旱草原区2018年现状植被指数刚超过植被减沙阈值，未来应以维持稳定的草地植被格局为主。

3）风沙区：2019 年全国水土流失动态监测数据表明风沙区水土流失面积为 1. 15 万 km²，土壤侵蚀以轻度、中度为主，占水土流失面积的比例分别为 63%、31%。通过对比风沙区 2018 年现状植被指数和植被恢复潜力可知，风沙区 2018 年现状植被指数为 0. 46，风沙区植被恢复潜力为 0. 51，因此，风沙区植被恢复潜力中等。通过对比风沙区 2018 年现状植被指数和植被减沙阈值可知，风沙区 2018 年现状植被指数已超过植被减沙阈值，未来应以高质量发展为主，以提高植被多样性、维持稳定的植被格局为主。

4）林区：2019 年全国水土流失动态监测数据表明黄土丘陵林区水土流失面积为 0. 86 万 km²，土壤侵蚀以轻度、中度为主，占水土流失面积的比例分别为 74%、22%。通过对比林区 2018 年现状植被指数和植被恢复潜力可知，林区 2018 年现状植被指数为 0. 90，林区的植被恢复潜力为 0. 92，林区植被恢复已经很好，因此，其植被恢复潜力较小，未来应以高质量发展为主，提高植被多样性、改善林区生态环境、维持植被稳定格局。通过对比林区 2018 年现状植被指数和植被阈值可知，林区 2018 年现状植被指数已远远超过植被减沙阈值，未来应以高质量发展为主，以提高植被多样性、维持稳定的植被格局为主。

5）高地草原区：2019 年全国水土流失动态监测数据表明高地草原区水土流失面积为 0. 86 万 km²，土壤侵蚀以轻度、中度为主，占水土流失面积的比例分别为 70%、20%。通过对比高地草原区 2018 年现状植被指数和植被恢复潜力可知，高地草原区 2018 年现状植被指数为 0. 79，高地草原区的植被恢复潜力值为 0. 84，因此，高地草原区植被恢复潜力中等。通过对比高地草原区 2018 年现状植被指数和植被减沙阈值可知，高地草原区来应以高质量发展为主，以提高植被多样性、维持稳定的植被格局为主。

（3）轻微水土流失区调整方向与治理措施布局

表3-34 为黄土高原轻微水土流失区林草措施调整方向。黄土高原轻微水土流失区是黄土高原地区重要的农业区和区域经济活动中心地带，主要包括黄土阶地区和冲积平原区。

表 3-34 黄土高原地区轻微水土流失区林草措施调整方向

序号	类型区名称	植被恢复潜力（P）	2018 年植被指数现状（C）	植被减沙阈值（T）	恢复潜力（$P-C$）
1	黄土阶地区	0. 87	0. 87	0. 40	0
2	冲积平原区	0. 74	0. 71	0. 65	0. 03

1）黄土阶地区：2019 年全国水土流失动态监测数据表明黄土阶地区水土流失面积为 0. 62 万 km²，土壤侵蚀以轻度、中度、强烈为主，占水土流失面积的比例分别为 66%、23%、8%。通过对比黄土阶地区 2018 年现状植被指数和植被恢复潜力可知，黄土阶地区 2018 年现状植被指数为 0. 87，黄土阶地区植被恢复潜力为 0. 87，表明黄土阶地区 2018 年现状植被指数刚好达到植被恢复潜力。通过对比黄土阶地区 2018 年现状植被指数和植被减沙阈值可知，黄土阶地区 2018 年现状植被指数已超过植被减沙阈值，因此。黄土阶地区来应以高质量发展为主，以提高植被多样性、维持稳定的植被格局为主。

2）冲积平原区：2019 年全国水土流失动态监测数据表明冲积平原区水土流失面积为

2.39 万 km², 土壤侵蚀以轻度、中度为主, 占水土流失面积的比例分别为 77% 和 13%。通过对比冲积平原区现状植被指数和植被恢复潜力可知, 冲积平原区 2018 年现状植被指数为 0.71, 冲积平原区植被恢复潜力为 0.74, 表明冲积平原区植被已接近恢复潜力。通过对比黄土阶地区 2018 年现状植被指数和植被减沙阈值可知, 冲积平原区 2018 年现状植被指数已超过植被减沙阈值, 因此, 冲积平原区来应以高质量发展为主, 以提高植被多样性、维持稳定的植被格局为主。

2. 黄土高原梯田未来调整方向与治理措施布局

1) 调整方向: 结合黄土高原梯田布设潜力分级、耕地需求及水土流失状况, 旱作梯田建设以黄土丘陵沟壑区、黄土高原沟壑区为重点。在年平均降雨 400mm 以上的区域, 坡度 5°~15° 坡耕地集中分布区, 大力建设旱作梯田。范围涉及青海、甘肃、宁夏、内蒙古、山西、陕西、河南七个省 (区) 的 308 个县 (区、旗、市), 黄土高原九大类型区梯田情况如表 3-35 和图 3-59 所示。在海东、陇中和陇东、陕北、宁南、晋西、豫西等区域, 选择坡耕地面积占比大、人地矛盾突出、群众需求迫切的地方, 按照近村、近路的原则新建旱作高标准梯田, 重点保障粮食安全。围绕乡村振兴、服务特色产业发展、兼顾中小地块坡耕地改造的需求, 合理安排老旧梯田改造。按照生产作业需要和农业机械化要求, 充分利用现有农村路网, 配套田间道路, 因地制宜地确定道路宽度、密度, 方便直接通达田块, 配套修建谷坊、涝池、塘坝、蓄水池、沟渠、泵站等农田灌排工程, 加强田间雨水收集利用, 提高作物产量。结合实际对老旧梯田进行改造, 窄幅梯田通过机修加宽, 缺少配套工程的增加田间配套工程。

表 3-35　黄土高原地区旱作梯田现状、潜力与阈值统计表

水土流失类型分区	现状梯田面积/万 hm²	梯田潜力面积/万 hm²	水土流失面积/万 hm²	现状梯田比/%	梯田阈值面积/万 hm²	达到40%还需建设的梯田面积/万 hm²	未来梯田可建设的面积/万 hm²	限制因素
黄土丘陵沟壑区	255.9	754.2	959	26.7	383.6	127.7	127.7	阈值限制
黄土高原沟壑区	38.8	100.5	106	36.6	42.4	3.6	3.6	阈值限制
土石山区	51.7	75.5	425	12.2	170.0	118.3	23.8	潜力限制
干旱草原区	0.5	36.0	276	0.2	110.4	109.9	35.5	潜力限制
风沙区	1.6	8.8	115	1.4	46.0	44.4	7.3	潜力限制
林区	6.7	8.6	86	7.8	34.4	27.7	1.9	潜力限制
高地草原区	6.5	10.0	89	7.3	35.6	29.1	3.5	潜力限制
冲积平原区	2.2	30.9	239	0.9	95.6	93.4	28.7	潜力限制
黄土阶地区	31.3	41.8	301	10.4	120.4	89.1	10.5	潜力限制
合计	395.2	1066.3	2596	11.5	1038.4	643.2	242.5	—

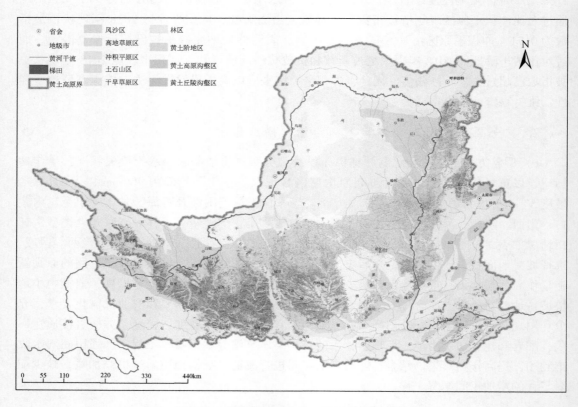

图 3-59　黄土高原九大类型区梯田现状分布

2）治理措施布局与数量：根据黄土高原地区梯田布设潜力分析，旱作梯田布设总潜力为 1066.3 万 hm²，有充足的建设资源[43]。其中黄土丘陵沟壑区梯田潜力面积为 754.2 万 hm²、黄土高原沟壑区为 100.5 万 hm²、土石山区为 75.5 万 hm²，分别占黄土高原梯田总潜力面积的比例为 70.7%、9.4%、7.1%。说明未来黄土高原梯田建设的潜力区主要为黄土丘陵沟壑区、黄土高原沟壑区和土石山区。按照阈值 40% 的梯田比，黄土丘陵沟壑区、黄土高原沟壑区和土石山区的梯田阈值面积分别为 383.6 万 hm²、42.4 万 hm² 和 170.0 万 hm²，通过将梯田阈值面积与现状梯田面积对比可知未来梯田可建设的面积，未来黄土丘陵沟壑区、黄土高原沟壑区、土石山区、干旱草原区、风沙区、林区、高地草原区、冲积平原区、黄土阶地区梯田可建设的面积分别为 127.7 万 hm²、3.6 万 hm²、23.8 万 hm²、35.5 万 hm²、7.3 万 hm²、1.9 万 hm²、3.5 万 hm²、28.7 万 hm²、10.5 万 hm²，黄土高原梯田现状分布、梯田建设潜力区分布、梯田适宜区范围和九大类型区梯田面积比例如图 3-60 ~ 图 3-62 所示。

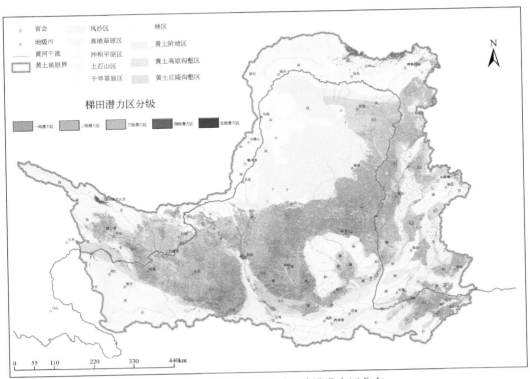

图 3-60　黄土高原地区梯田建设潜力区分布

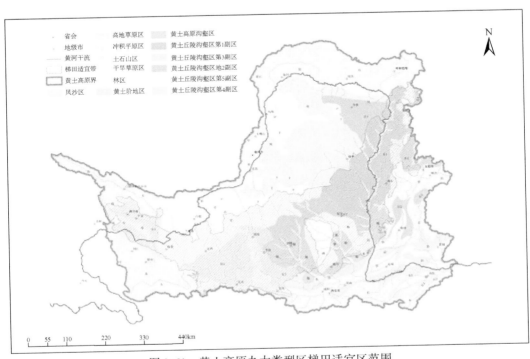

图 3-61　黄土高原九大类型区梯田适宜区范围

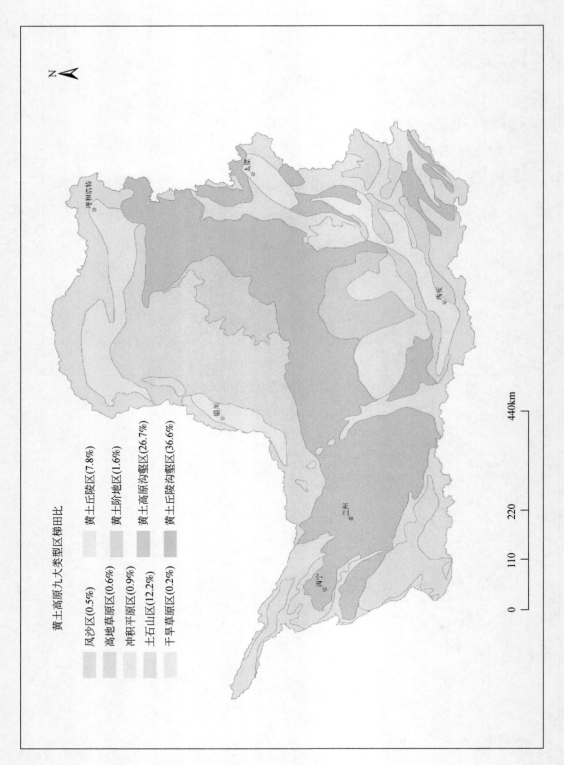

黄土高原九大类型区梯田比

风沙区(0.5%)　黄土丘陵区(7.8%)
高地草原区(0.6%)　黄土阶地区(1.6%)
冲积平原区(0.9%)　黄土高原沟壑区(26.7%)
土石山区(12.2%)　黄土丘陵沟壑区(36.6%)
干旱草原区(0.2%)

0　110　220　440km

图3-62　黄土高原九大类型区梯田比例

3. 黄土高原淤地坝未来调整方向与布局

1）调整方向：根据黄土高原淤地坝建设潜力分析，大型淤地坝建设潜力约为 3.6 万座，中小型淤地坝建设潜力在 17.5 万～55.3 万座。适宜范围在黄土高原多沙区范围内，以多沙粗沙区为重点，在沟壑发育活跃、重力侵蚀严重、水土流失剧烈的黄土高原丘陵区、黄土高原沟壑区及风水蚀交错区。范围涉及青海、甘肃、宁夏、内蒙古、山西、陕西、河南七个省（区）的 128 个县（区、旗、市），如图 3-63～图 3-65 所示。在多沙区，根据区域水土流失、侵蚀强度，结合实际合理布设淤地坝，考虑近年来产沙量减少的因素，以单坝为主，避免集中建设。在多沙粗沙区，坚持以重点支流为骨架，以小流域为单位，以大型坝为控制节点，合理配置中型、小型淤地坝，统一规划坝系，考虑行洪安全、水沙资源等因素，分步实施，确保工程效益发挥。在粗泥沙集中来源区，以拦沙为主要目的规划坝系建设。开展病险淤地坝的除险加固。试验推广柔性溢洪道等新标准新工艺；大型坝和重要中型坝按照坝体、放水设施和溢洪设施"三大件"设计，配套远程监控和安全预警设备。对部分区域存在人畜饮水、灌溉和生态环境等蓄水利用需求的，可以适当提高淤地坝建设标准，在确保安全的前提下非汛期适当蓄水，满足当地群众需求。开展病险淤地坝除险加固，对下游有人的地区增设溢洪道。对老旧淤地坝进行提质增效，宜加高的加高，坝地利用的增设排洪渠，失去功能的销号。开展对重要淤地坝的动态监控和安全风险预警。

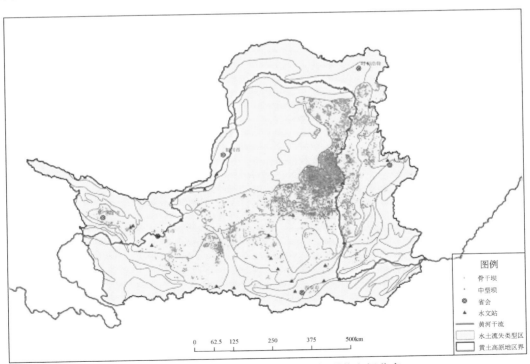

图 3-63　黄土高原九大类型区淤地坝现状空间分布

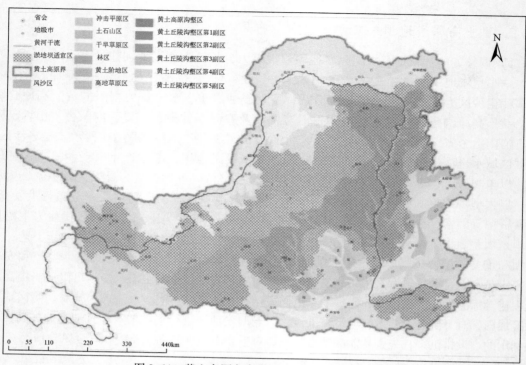

图 3-64 黄土高原九大类型区淤地坝适宜区范围

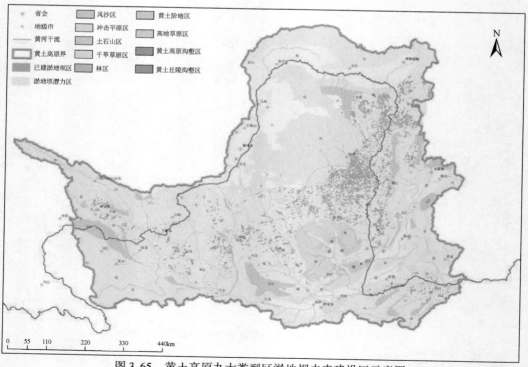

图 3-65 黄土高原九大类型区淤地坝未来建设区示意图

2）治理措施布局与数量：黄土高原骨干坝建设潜力约为 3.6 万座，主要集中在黄土丘陵沟壑区、黄土高原沟壑区和土石山区。黄土丘陵沟壑区、黄土高原沟壑区和土石山区的骨干坝建设潜力分别为 25 577 座、4044 座、1618 座，占黄土高原骨干坝总建设潜力的比例分别为 70.3%、11.1%、4.4%。在淤地坝建设潜力的基础上按照沟道控制比可知黄土丘陵沟壑区、黄土高原沟壑区和土石山区淤地坝阈值分别为 7673 座、1213 座、485 座，黄土丘陵沟壑区、黄土高原沟壑区和土石山区现有淤地坝 4631 座、374 座、536 座，因此，通过对比九个类型区淤地坝现状、潜力和阈值可知，未来黄土丘陵沟壑区、黄土高原沟壑区、干旱草原区、冲积平原区、黄土阶地区、风沙区、高地草原区淤地坝可分别建设 3042 座、839 座、682 座、223 座、199 座、86 座、20 座。因此，未来黄土高原淤地坝建设区主要集中在黄土丘陵沟壑区、黄土高原沟壑区、干旱草原区、冲积平原区四个区。土石山区现有淤地坝超过阈值，应以优化淤地坝布局为主。

按照《黄河流域综合规划》（2013 年），到 2035 年水利水保措施应新增年均减少入黄泥沙 1.65 亿 t，沟道拦沙能力按 50% 计，根据以往资料分析，大型淤地坝平均单坝库容按 75 万 m^3 计，大型与中小型淤地坝配置比例按 1∶4 计算，到 2025 年，新建淤地坝约 5500 座，病险淤地坝除险加固约 2600 座；到 2035 年，需新建大型淤地坝约 3100 座，中小型淤地坝约 1.24 万座，共计建设淤地坝约 1.55 万座，可实现年均新增减沙 1 亿 t[44]。

3.6　小　　结

1）梳理了黄土高原水土流失治理历程。1949 年中华人民共和国成立后，我国水土保持工作方针做了四次较大的调整与完善，水土保持防治基本政策与水土保持工作方针相对应，包括预防、治理、监督三大政策及综合政策。水土流失防治政策发展经历了合作化运动、家庭联产承包责任制、社会主义市场经济体制和生态环境建设与农村经济体制改革背景下的四个阶段。根据不同时段水土流失治理工作的重心与方式，可将中华人民共和国成立以来黄土高原水土流失治理工作分为试验示范、全面规划、小流域综合治理、重点治理、依法防治、工程推动、以生态修复为主的生态治理、生态保护与高质量发展八个阶段，不同时期的规划思想和措施配置相应也发生变化。

2）分析了黄土高原水土保持措施时空格局变化特征。黄土高原多年平均各项水土保持措施面积占比由大到小表现为造林 55%、梯田 24%、种草 9%、封禁治理 11%。按照地形地貌特征、土壤侵蚀强度和水土流失特点将黄土高原九大类型区划分严重水土流失区、中度水土流失区、轻微水土流失区三类区域。严重水土流失区包括黄土丘陵沟壑区和黄土高原沟壑区，以造林、梯田、淤地坝为主，1954～2017 年造林增加了 396 倍，梯田增加了 2223 倍，种草增加了 71 倍，封禁治理大幅增加，共修建淤地坝 4.94 万座；中度水土流失区包括土石山区、林区、高地草原区、干旱草原区和风沙区，以造林和封禁治理为主，1954～2017 年造林增加了 491 倍、梯田增加了 2152 倍、种草增加了 95 倍，封禁治理大幅增加，共修建淤地坝 0.80 万座；轻微水土流失区为黄土阶地区和冲积平原区，以造林和梯田为主，1954～2017 年造林增加了 500 倍，梯田增加了 2696 倍，种草增加了 123 倍，封禁治理大幅增加，共修建淤地坝 0.14 万座。1999 ~ 2019 年，严重、中度、轻微三个水土流失类型区水土流失面积分别减少 8.32 万、7.24 万、0.94 万 km²，减幅分别为43.86%、42.22%、23.80%。

3）分析了黄土高原水土流失动态变化过程。2019 年水土流失动态监测结果表明，黄河流域黄土高原地区水土流失面积 23.57 万 km²，侵蚀强度等级以轻度与中度等级为主，约占 85%，强烈及以上等级约占 15%。2018 年水土流失动态监测结果显示，黄土高原地区水土流失面积 24.15 万 km²，侵蚀强度等级以轻度与中度等级为主，约占 83%，强烈及以上等级仅约占 17%。经过 1999 ~ 2019 年的水土流失综合治理，该区水土流失面积减少16.50 万 km²，减幅为 41.18%。其中，1999 ~ 2011 年水土流失面积减少 13.51 万 km²，减幅为 33.72%；2011 ~ 2019 年水土流失面积减少 2.99 万 km²，减幅为 11.26%。从空间分布上来看，1999 ~ 2019 年区域土壤侵蚀强度等级总体降低，53.12%面积侵蚀强度等级降低，33.79%面积土壤侵蚀强度等级未变化；14.27%面积侵蚀强度等级加剧。约有77.83%的强烈及以上的土壤侵蚀面积转换成中度及以下强度等级土壤侵蚀。虽然生态环境逐渐好转，但水土流失问题依然是黄土高原地区主要问题。水土流失依然量大面广，水土流失强烈及以上等级占比较大，生态系统稳定性较差，水土保持措施标准有待提升，人为水土流失潜在危险依然存在。建议黄土高原地区加强全面水保监测，掌握水土流失动态变化；持续强化动态监管，遏制人为水土流失发生；创新综合治理体系，倡导因地制宜分类施策；不断研究先进技术，提高水土保持服务水平。

4）分析了未来黄土高原水土流失治理潜力与阈值。未来黄土高原黄土丘陵沟壑区和土石山区植被恢复潜力较大，植被指数分别可从现状的 0.64、0.71 提高到 0.75、0.81。从植被稳定减沙角度来说，除黄土丘陵沟壑区植被覆盖度未达到其植被减沙阈值外，其他八个类型区均已达到其相应的植被稳定减沙阈值。黄土高原梯田建设潜力总面积为 1066.3万 hm²，主要分布在黄土丘陵沟壑区、土石山区和黄土高原沟壑区，分别占黄土高原梯田建设潜力总面积的 71%、9% 和 7%。根据黄土高原梯田梯田面积阈值可知黄土丘陵沟壑区、土石山区和黄土高原沟壑区梯田阈值面积分别为 383.6 万 hm²、170.0 万 hm² 和 42.4万 hm²。黄土高原骨干坝建设潜力为 36 373 座、中型坝为 7.2 万座、小型坝为 48.1 万座。黄土高原骨干坝阈值为 10 911 座，未来可建设骨干坝数量为 5091 座。

5）提出了未来黄土高原水土流失治理格局调整方向。林草措施的调整方向：有潜力且未达阈值的区域可继续进行植被恢复，黄土丘陵沟壑区有潜力且未达到阈值的区域应以维持植被稳定为主，土石山区几乎达到潜力值的，未来应以提升生态系统质量和稳定性为主，林区和黄土阶地区几乎达到潜力值，未来应维持生态系统质量和稳定性。梯田调整方向：黄土丘陵沟壑区潜力大且未达到阈值，可适当建设淤地坝。黄土高原沟壑区潜力大但已接近阈值，未来以高质量管护为主。淤地坝调整方向：黄土丘陵沟壑区和黄土高原沟壑区由于潜力大且建坝阈值高，未来仍然是淤地坝的重点布设区，土石山区已达淤地坝阈值，未来应以优化坝系布局为主。

6）分析总结了黄土高原近 70 年的水土流失治理成效。在流域水沙情势变化与区域环境承载力约束因素的影响下，为积极践行黄河流域生态保护和高质量发展国家重大战略，促进流域生态系统良性发展，解决黄土高原生态环境脆弱、人与自然的矛盾，提出了新形势下黄土高原水土流失治理面临的五方面的挑战，以及黄土高原水土流失治理格局的调整原则。通过综合分析黄土高原水土流失防治政策及治理阶段、黄土高原主要水土保持措施格局变化、黄土高原水土流失动态变化和黄土高原水土流失治理潜力与阈值，提出了新形势下黄土高原九大类型区的水土流失防治策略、防治重点与调整方向。明确要坚持保护与生态优先、自然恢复为主的方针，继续推进退耕还林还草政策，坚持以小流域为单元的综合治理，协同推进黄土高原山水林田湖草沙整体保护、分区分类、系统修复、区域统筹，完善不同水土流失区适宜的水土流失治理模式，构建适应新水沙情势的黄土高原生态保护和高质量发展的新格局。

参 考 文 献

[1] 穆兴民，徐学选，陈国良. 黄土高原降雨量的地理地带性研究 [J]. 水土保持通报，1992，12
 （4）：27-32.

[2] 田风霞，赵传燕，冯兆东. 黄土高原地区降水的空间分布 [J]. 兰州大学学报（自科版），2009
 （5）：1-5.

[3] 柴慧霞. 基于 RS 与 GIS 陕北地区数字黄土地貌信息集成方法研究 [D]. 太原：太原理工大
 学，2006.

[4] 康玲玲，刘红梅，董飞飞，等. 黄河兰州以上地区近期天然径流量变化分析 [J]. 水力发电，2006，
 32（8）：8-10.

[5] 胡慧杰，崔凯，曹茜，等. 黄河近百年径流演变特征分析 [J]. 人民黄河，2019（9）：14-19.

[6] 胡春宏，陈绪坚，陈建国. 21 世纪黄河泥沙的合理安排与调控 [J]. 中国水利，2010（9）：13-16.

[7] 胡春宏，张晓明. 黄土高原水土流失治理与黄河水沙变化 [J]. 水利水电技术，2020，51（1）：
 1-11.

[8] 徐建华，吴成基，林银平，等. 黄河中游粗泥沙集中来源区界定研究 [J]. 水土保持学报，2006，
 20（14）：6-9.

[9] 赵广举. 黄土高原土壤侵蚀环境演变与黄河水沙历史变化及对策 [J]. 水土保持通报，2017，37
 （2）：351.

[10] 史红玲，胡春宏，王延贵，胡健. 黄河流域水沙变化趋势分析及原因探讨 [J]. 人民黄河，2014，
 36（4）：1-5.

[11] 刘晓燕. 黄河近年水沙锐减成因 [M]. 北京：科学出版社，2016.

[12] 水利部，中国科学院，中国工程院. 中国水土流失防治与生态安全（西北黄土高原区卷）[M].
 北京：科学出版社，2010.

[13] 黄河上中游管理局. 人民治黄 50 年水土保持效益分析 [R]. 西安：黄河水利委员会水土保持
 局，1996.

[14] 史志华，王玲，刘前进，等. 土壤侵蚀：从综合治理到生态调控 [J]. 中国科学院院刊，2018，33
 （2）：198-205.

[15] 蒲朝勇. 推动水土保持强监管补短板落地见效 [OL]. http：//www. sdsbxh. cn/display/67743. html
 [2019-01-08].

[16] 水利部，中国科学院，中国工程院. 中国水土流失防治与生态安全（水土流失防治政策卷）[M].
 北京：科学出版社，2010.

[17] 全国水土保持规划编制工作领导小组, 水利部水利水电规划设计总院. 中国水土保持区划 [M]. 北京: 中国水利水电出版社, 2016.

[18] 水利部黄河水利委员会编. 黄河流域综合规划（2012～2030 年）[M]. 郑州: 黄河水利出版社, 2013.

[19] 高健翎, 高燕, 马红斌, 等. 黄土高原近 70a 水土流失治理特征研究 [J]. 人民黄河, 2019, 41 (11): 65-69, 84.

[20] 黄自强. 黄土高原地区淤地坝建设的地位及发展思路 [J]. 中国水利, 2003 (17): 9-12.

[21] 王治国, 张超, 孙保平, 等. 全国水土保持区划概述 [J]. 中国水土保持, 2015 (12): 12-17.

[22] 汪岗, 范昭. 黄河水沙变化研究: 第一卷 [M]. 郑州: 黄河水利出版社, 2002.

[23] 黄河上中游管理局. 黄河流域水土保持概论 [M]. 郑州: 黄河水利出版社, 2011.

[24] 贾晓娟, 常庆瑞, 薛阿亮, 等. 黄土高原丘陵沟壑区退耕还林生态效应评价 [J]. 水土保持通报, 2008, 28 (3): 182-185.

[25] 陈妮, 李谭宝, 张晓萍, 等. 北洛河流域植被覆盖度时空变化的遥感动态分析 [J]. 水土保持通报, 2013, 33 (3): 206-210.

[26] 史晓亮, 王馨爽. 黄土高原草地覆盖度时空变化及其对气候变化的响应 [J]. 水土保持研究, 2018, 25 (4): 189-194.

[27] 彭镇华, 董林水, 张旭东, 等. 植被封禁保护是黄土高原植被恢复的重要措施 [J]. 世界林业研究, 2006, 19 (2): 61-67.

[28] 李登科, 范建忠, 王娟. 陕西省植被覆盖度变化特征及其成因 [J]. 应用生态学报, 2010, 21 (11): 2896-2903.

[29] 高海东, 庞国伟, 李占斌, 等. 黄土高原植被恢复潜力研究 [J]. 地理学报, 2017 (5): 863-874.

[30] 孙睿, 刘昌明, 朱启疆. 黄河流域植被覆盖度动态变化与降水的关系 [J]. 地理学报, 2001, 56 (6): 667-672.

[31] 王乐, 刘德地, 李天元, 等. 基于多变量 M-K 检验的北江流域降水趋势分析 [J]. 水文, 2015 (4): 85-90.

[32] 郭忠升, 邵明安. 半干旱区人工林草地土壤旱化与土壤水分植被承载力 [J]. 生态学报, 2003, 23 (8): 1640-1647.

[33] 徐炳成, 山仑, 陈云明. 黄土高原半干旱区植被建设的土壤水分效应及其影响因素 [J]. 中国水土保持科学, 2003, 1 (4): 32-35.

[34] 高云飞, 刘晓燕, 韩向楠. 黄土高原梯田运用对流域产沙的影响规律及阈值 [J]. 应用基础与工程科学学报, 2020, 28 (3): 46-56.

[35] 刘晓燕, 党素珍, 高云飞, 等. 黄土丘陵沟壑区林草变化对流域产沙影响的规律及阈值 [J]. 水利学报, 2020, 51 (5): 505-518.

[36] 刘晓燕, 杨胜天, 王富贵, 等. 黄土高原现状梯田和林草植被的减沙作用分析 [J]. 水利学报, 2014, 45 (11): 1293-1300.

[37] 刘晓燕, 党素珍, 高云飞, 等. 黄土丘陵沟壑区林草变化对流域产沙影响的规律及阈值 [J]. 水利学报, 2020, 51 (5): 505-518.

[38] 黄河上中游管理局旱作梯田建设规划编写组. 黄河流域黄土高原地区旱作梯田建设规划要点 (2020～2035 年) [R]. 2019.

[39] 胡春宏. 黄河水沙变化与治理方略研究 [J]. 水力发电学报, 2016, 35 (10): 1-11.

[40] 胡春宏, 张晓明. 关于黄土高原水土流失治理格局调整的建议 [J]. 中国水利, 2019 (23): 5-7.

［41］胡春宏，张治昊. 论黄河河道平衡输沙量临界阈值与黄土高原水土流失治理度［J］. 水利学报，2020，51（9）：1015-1025.

［42］Feng X，Fu B，Piao S，et al. Revegetation in China's Loess Plateau is approaching sustainable water resource limits［J］. Nature Climate Change，2016，8：1-6.

［43］胡春宏，张晓明. 黄土高原水土流失治理与黄河水沙变化［J］. 水利水电技术，2020，51（1）：11.

［44］黄河上中游管理局淤地坝规划编写组. 黄河流域黄土高原淤地坝规划要点（2020～2035 年）［R］. 2019.

第4章 黄河防洪减淤与水沙调控模式

水少沙多、水沙关系不协调是黄河复杂难治的症结所在。防洪减淤与水沙调控体系是应对黄河水少沙多、水沙关系不协调的关键治理措施。水沙调控的目的是协调水沙关系，形成黄河水沙平衡，维护黄河健康。人民治黄以来，通过在黄河干流修建龙羊峡水库、刘家峡水库、海勃湾水库、万家寨水库、三门峡水库、小浪底水库，支流修建陆浑水库、故县水库、河口村水库，初步形成黄河水沙调控工程体系，结合水沙调控非工程体系的建设，在防洪（防凌）、减淤、供水、灌溉、发电等方面发挥了巨大的综合效益，有力地支持了沿黄地区经济社会的可持续发展。然而由于目前黄河水沙调控体系尚未构建完善，现状骨干工程在流域生态保护和协调经济社会发展需求方面还存在较大的差距。本章总结了黄河防洪减淤与水沙调控运行现状及效果，分析了未来黄河防洪减淤与水沙调控需求，在此基础上，设计未来防洪减淤与水沙调控体系的不同建设情景，利用流域水沙数学模型计算，提出了未来黄河水沙调控的新模式。

4.1 黄河防洪减淤与水沙调控运行现状及效果

4.1.1 防洪减淤与水沙调控体系建设现状

黄河下游是防洪的重中之重，解决黄河洪水和泥沙问题采用"上拦下排、两岸分滞"调控洪水和"拦、调、排、放、挖"综合处理泥沙的方针[1]。防洪减淤工程总体布局以水沙调控体系为核心，河防工程为基础，多沙粗沙区拦沙工程、放淤工程、分滞洪工程等相结合，具体分述如下。

1）黄河水沙调控工程体系是以龙羊峡水库、刘家峡水库、黑山峡水库、碛口水库、古贤水库、三门峡水库、小浪底水库为主体，海勃湾水库、万家寨水库为补充，与支流陆浑水库、故县水库、河口村水库、东庄水库共同构成。通过水沙调控体系联合运用，管理洪水、拦减泥沙、调控水沙，对黄河下游和上中游河道防洪（防凌）减淤具有重要作用[2-4]。

2）河防工程包括两岸标准化堤防、河道整治工程、河口治理工程等，是提高河道排洪输沙能力、控制河势、保障防洪安全的重要屏障。河防工程建设以黄河下游和宁蒙河段等干流河段以及沁河下游、渭河下游等主要支流主要防洪河段为重点。

3）水土保持措施特别是多沙粗沙区拦沙工程，是防洪减淤体系的重要组成部分。

4）在黄河中游的小北干流、温孟滩、下游两岸滩地等有条件的地方实施放淤工程，是处理和利用泥沙的重要措施之一[5]。

5) 分滞洪工程是处理黄河下游超标准洪水,以牺牲局部利益保全大局的关键举措。东平湖滞洪区和北金堤滞洪区是黄河下游防洪体系的重要组成部分。下游滩区既是群众赖以生存的家园,又是滞洪沉沙的重要场所,加强滩区综合治理,实施滩区运用补偿政策,是实现滩区人水和谐、保障黄河防洪安全的重要措施。

人民治黄以来,黄河中下游先后建成干流三门峡水库、小浪底水库、万家寨水库和支流陆浑水库、故县水库、河口村水库等控制性工程,四次加高培厚下游临黄大堤[6],开展了标准化堤防工程建设,开辟了北金堤、东平湖滞洪区,开展了河道整治和滩区安全建设,基本形成了"上拦下排、两岸分滞"的防洪工程体系。在 2004 以后实施了多轮次的小北干流放淤试验,取得了一定的经验和认识[7]。

黄河上游已修建河防工程、水库和应急分洪区等防洪防凌工程[8]。其中,水库主要是龙羊峡水库、刘家峡水库和海勃湾水库,应急分洪区主要是在内蒙古河段两岸设置的乌兰布和、河套灌区及乌梁素海、杭锦淖尔、蒲圪卜、昭君坟、小白河六个应急分洪区,设计总分洪库容为 4.59 亿 m³。

4.1.2 防洪减淤与水沙调控体系工程运用情况

目前黄河水沙调控体系已建成工程包括干流的龙羊峡水库、刘家峡水库、海勃湾水库、万家寨水库、三门峡水库、小浪底水库,支流的陆浑水库、故县水库、河口村水库,如表 4-1 所示。

表 4-1 黄河水沙调控体系已建水库工程运用情况统计表

工程名称	开发任务	汛限水位/m		正常蓄水位/m	正常蓄水位相应原始库容/亿 m³	近期实际运用水位
		前汛期	后汛期			
龙羊峡水库	以发电为主	2588	2594	2600.0	247.0	汛期平均为 2582.14m,年内月均 2574m 以上
刘家峡水库	以发电为主	1726	1726	1735.0	57.0	月均水位基本在 1720m 以上
海勃湾水库	防凌、发电等	—	—	1076.0	4.87	月均最高为 1073.96m,最低为 1066.32m
万家寨水库	以供水、发电为主	966	966	977.0	8.96	供水期高于 970m,最高达到 977.23m
三门峡水库	防洪(防凌)、灌溉、发电和供水	305	305	335.0	96.4	汛期按 305m 控制,非汛期平均为 315m,最高不超过 318m
小浪底水库	以防洪(防凌)、减淤为主	235	248	275.0	126.5	最高为 270.10m(2012 年 11 月 19 日),多年平均为 241.16m
陆浑水库	以防洪为主	317.0	317.5	319.5	13.2(校核洪水位相应)	

续表

工程名称	开发任务	汛限水位/m		正常蓄水位/m	正常蓄水位相应原始库容/亿 m³	近期实际运用水位
		前汛期	后汛期			
故县水库	以防洪为主	527.3	534.3	534.8	11.75 （校核洪水位相应）	
河口村水库	以防洪、供水为主	238.0	275.0	275.0	3.17 （校核洪水位相应）	

龙羊峡水利枢纽位于青海共和县、贵南县交界处的黄河龙羊峡进口处，坝址控制流域面积为 13.1 万 km²，占黄河全流域面积的 17.5%。工程开发任务以发电为主，兼有防洪、灌溉、防凌、养殖、旅游等综合效益。水库正常蓄水位为 2600m，相应库容为 247 亿 m³，在校核洪水位 2607m 时的总库容为 274 亿 m³。正常死水位为 2560m，极限死水位为 2530m，防洪限制水位为 2594m，防洪库容为 45.0 亿 m³，调节库容为 193.6 亿 m³，属多年调节水库。水库 1986 年 10 月下闸蓄水，近年来龙羊峡水库汛期平均运用水位为 2582.14m，年平均运用水位在 2574m 以上。

刘家峡水利枢纽位于甘肃永靖县境内，下距兰州市 100km，控制流域面积为 18.2 万 km²，占黄河全流域面积的 1/4，工程开发任务以发电为主，兼顾防洪、防凌、灌溉、养殖等综合利用。设计正常蓄水位和设计洪水位均为 1735m，相应库容为 57 亿 m³；死水位为 1694m；校核洪水位为 1738m，相应库容为 64 亿 m³；设计汛限水位为 1726m，防洪库容为 14.7 亿 m³；兴利库容为 41.5 亿 m³，为不完全年调节水库。水库 1968 年 10 月下闸蓄水，近年来实际月均运用水位基本在 1720m 以上。

海勃湾水利枢纽位于内蒙古乌海市，宁蒙河段上首，坝址上距石嘴山水文站 50km，下游 87km 处为三盛公水利枢纽，工程开发任务为防凌、发电等综合利用。水库设计正常蓄水位为 1076m，相应原始库容为 4.87 亿 m³，设计洪水位为 1071.49m，校核洪水位为 1073.46m，死水位为 1069m。海勃湾水库 2013 年 8 月下闸蓄水，水库正常蓄水位为 1076m。

万家寨水利枢纽位于黄河北干流托克托至龙口峡谷河段内，坝址左岸隶属山西偏关县，右岸隶属内蒙古准格尔旗。控制流域面积为 39.5 万 km²。工程开发任务是供水结合发电调峰，同时兼有防洪、防凌等综合利用。水库最高蓄水位为 980m，汛限水位为 966m，正常蓄水位为 977m，相应原始库容为 8.96 亿 m³，调节库容为 4.45 亿 m³。工程于 1995 年 12 月截流，1998 年 10 月 1 日蓄水，近年来供水期运用水位高于 970m，最高达到 977.23m。

三门峡水利枢纽位于河南陕县和山西平陆县交界处，是黄河干流上修建的第一座以防洪为主的综合利用大型水利枢纽，上距潼关约 120km，下距花园口约 260km，坝址控制流域面积为 68.8 万 km²，占黄河全流域面积的 91.5%，控制黄河水量的 89%、沙量的 98%。工程开发任务是防洪（防凌）、灌溉、发电、供水。防洪标准为千年一遇洪水设计、万年一遇洪水校核。现状正常蓄水位为 335.0m，相应原始库容 96.4 亿 m³（1960 年）。工程 1958 年 11 月 25 日截流，1960 年 9 月初期"蓄水拦沙"投入运用。近年来水库汛期按 305m 水位控制，非汛期平均水位为 315m，最高不超过 318m。

小浪底水利枢纽上距三门峡水利枢纽 130km，下距花园口站 128km。坝址控制流域面积为 69.4 万 km²，占花园口以上流域面积的 95.1%，占黄河全流域面积的 92.3%。工程开发任务是以防洪（防凌）、减淤为主，兼顾供水、灌溉、发电。水库设计正常蓄水位为 275m，相应原始库容为 126.5 亿 m³，其中防洪库容为 40.5 亿 m³，拦沙库容为 75.5 亿 m³。千年一遇设计洪水位为 274m，万年一遇校核洪水位为 275m。设计正常死水位为 230m，非常死水位为 220m，正常运用期防洪限制水位为 254m。工程于 1997 年 10 月 28 日截流，1999 年 10 月 25 日下闸蓄水。水库运用分为拦沙初期（水库淤积量小于 21 亿~22 亿 m³）、拦沙后期（至拦沙库容淤满之前）、正常运用期，目前水库运用处于拦沙后期第一阶段。拦沙期汛限水位根据水库淤积情况逐步抬高，目前前汛期汛限水位为 235m，后汛期汛限水位为 248m，最高运用水位为 270.10m（2012 年 11 月 19 日），多年平均运用水位为 241.16m。

陆浑水利枢纽位于黄河支流伊河中游，控制流域面积为 3492km²，占伊河流域面积的 57.9%。工程以防洪为主，兼顾灌溉、发电综合利用。校核洪水位为 331.8m，相应原始库容为 13.2 亿 m³。设计前汛期汛限水位为 317m，正常蓄水位为 319.5m，蓄洪限制水位为 323m。

故县水利枢纽位于黄河支流洛河中游，控制流域面积为 5370km²，占洛河流域面积的 44.6%。工程以防洪为主，兼顾灌溉、供水、发电综合利用。校核洪水位为 551.02m，相应原始库容为 11.75 亿 m³。正常蓄水位为 534.8m。小浪底水库建成后，水库设计前汛期汛限水位为 527.3m，蓄洪限制水位为 548m。

河口村水利枢纽位于黄河支流沁河干流最后一段峡谷的出口处，控制流域面积为 9223km²，占沁河流域面积的 68.2%。工程以防洪、供水为主，兼顾灌溉、发电、改善河道基流等综合利用。水库 500 年一遇设计洪水位、2000 年一遇校核洪水位和蓄洪限制水位均为 285.43m，相应原始库容为 3.17 亿 m³。正常蓄水位为 275.0m。前汛期（7 月 1 日至 8 月 31 日）汛限水位 238.0m；后汛期（9 月 1 日至 10 月 31 日）汛限水位 275.0m。水库 2014 年 9 月开始下闸蓄水，2017 年实际运用前汛期汛限水位为 237.0m，后汛期汛限水位为 270.0m。

4.1.3　现状水库对水沙过程的调节作用

水库的兴建改变了天然河道的输沙特性[9]，调节了入库水沙过程，水库各时段的工程任务不同，其运用方式会发生相应改变，对进入水库下游河道的水沙条件产生了较大影响[10]。以下主要分析龙羊峡水库和刘家峡水库（简称龙刘水库）、三门峡水库和小浪底水库对入库水沙过程的调节。

1. 龙刘水库联合运用对水沙过程的调节作用

（1）龙刘水库蓄泄特性分析

龙刘水库蓄泄水情况统计如表 4-2 所示，由表可见，龙刘水库联合运用对黄河水量进行多年调节，蓄存丰水年和丰水期水量，补充枯水年和枯水期水量。1968 年 11 月~1986 年 10 月，刘家峡水库单库运用期间，汛期最大蓄水量为 44.9 亿 m³，平均蓄水量为 27.9 亿 m³，其中 7~8 月蓄水量为 12.3 亿 m³；非汛期平均泄水量为 26.7 亿 m³。1986 年 11 月龙羊峡水库投入运用后，龙刘水库联合调节，1986 年 11 月～2013 年 10 月龙羊峡水库汛期最大蓄水量为 117.2 亿 m³，平均蓄水量为 45.1 亿 m³，其中 7～8 月蓄水量为 26.9 亿 m³，非汛期平均泄水量为 31.5 亿 m³；刘家峡水库汛期最大蓄水量为 20.5 亿 m³，平均蓄水量为 5.7 亿 m³，其中 7～8 月蓄水量为 4.6 亿 m³，非汛期平均泄水量为 5.1 亿 m³；两个水库汛期平均蓄水量合计 50.8 亿 m³，其中 7～8 月蓄水量为 31.5 亿 m³。

表 4-2　黄河上游龙羊峡和刘家峡水库蓄泄水情况统计表 （+表示蓄水；−表示泄水）

水库	时段（运用年）	统计指标	11～6 月	7～10 月	7～8 月	11～10 月
龙羊峡	1986 年 11 月～2013 年 10 月	平均/亿 m³	−31.5	45.1	26.9	13.6
		汛期最大蓄水/亿 m³		117.2	69.8	
		非汛期最大泄水/亿 m³	−60.7			
刘家峡	1968 年 11 月～1986 年 10 月	平均/亿 m³	−26.7	27.9	12.3	1.2
		汛期最大蓄水/亿 m³		44.9	26.9	
		非汛期最大泄水/亿 m³	−42.7			
	1986 年 11 月～2013 年 10 月	平均/亿 m³	−5.1	5.7	4.6	0.6
		汛期最大蓄水/亿 m³		20.5	14	
		非汛期最大泄水/亿 m³	−17.6			

（2）龙刘水库联合运用对宁蒙河段水沙过程的影响

龙刘水库联合调蓄运用改变了黄河径流年内分配和过程：一方面，水库汛期拦蓄部分水量、沙量，把水量调节到非汛期下泄，改变了下游河道来水来沙的年内年际分配关系；另一方面，在调节径流的过程中，削减了进入下游河道的洪峰流量和洪量。

根据龙羊峡入库实测水沙资料，考虑龙羊峡水库、刘家峡水库水量蓄泄及库区冲淤，对下河沿站水沙过程进行还原。还原前后下河沿水沙量及汛期不同流量级水沙量统计如表 4-3 和表 4-4 所示，由表可见，还原后 1968 年 11 月～1986 年 10 月下河沿汛期水量比例由 53.1% 增加到 62.0%，1986 年 11 月～2013 年 10 月下河沿汛期水量比例由 42.8% 增加到 60.1%，汛期水量比例可以恢复到天然状态；从径流过程看，还原后 1968～1986 年下河沿 2000m³/s 以上流量出现天数可增加 13.4 天，1987～2013 年下河沿 2000m³/s 以上流量出现天数可增加 24.0 天，龙刘水库联合调蓄减少了进入下游河道的大流量过程，不利于下游河道泥沙输送。

表 4-3　黄河上游龙刘水库联合运用对下河沿站水量特征值影响统计表

还原前后	时段（运用年）	水量/亿 m³			水量比例/%		
		11～6 月	7～10 月	11～10 月	11～6 月	7～10 月	11～10 月
还原前（1）	1919 年 11 月～1968 年 10 月	120.9	193.0	313.9	38.5	61.5	100.0
	1968 年 11 月～1986 年 10 月	149.6	169.1	318.7	46.9	53.1	100.0
	1986 年 11 月～2013 年 10 月	146.2	109.3	255.5	57.2	42.8	100.0
	1968 年 11 月～2013 年 10 月	147.6	133.2	280.8	52.6	47.4	100.0

续表

还原前后	时段（运用年）	水量/亿 m³			水量比例/%		
		11~6 月	7~10 月	11~10 月	11~6 月	7~10 月	11~10 月
还原后（2）	1968 年 11 月~1986 年 10 月	121.3	197.5	318.8	38.0	62.0	100.0
	1986 年 11 月~2013 年 10 月	109.6	165.1	274.7	39.9	60.1	100.0
	1968 年 11 月~2013 年 10 月	114.3	178.0	292.3	39.1	60.9	100.0

表 4-4 黄河上游龙刘水库联合运用对下河沿站水沙过程影响统计表

时段	项目	流量级/(m³/s)	平均天数/天	平均水量/亿 m³	平均沙量/亿 t	平均含沙量/(kg/m³)	天数比例/%	水量比例/%	沙量比例/%
1968~1986 年	还原前（1）	0~1000	31.8	21.9	0.09	4.04	25.9	12.9	10.0
		1000~2000	60.7	71.4	0.44	6.16	49.3	42.2	48.9
		2000~3000	20.1	42.8	0.20	4.65	16.3	25.3	22.2
		3000~4000	8.6	25.8	0.14	5.26	7.0	15.3	15.6
		>4000	1.8	7.2	0.03	4.37	1.5	4.3	3.3
		>2000	30.5	75.8	0.37	4.83	24.8	44.9	41.1
	还原后（2）	0~1000	16.2	11.5	0.05	3.99	13.2	5.8	3.7
		1000~2000	62.9	78.1	0.51	6.58	51.2	39.5	37.5
		2000~3000	30.4	63.5	0.39	6.11	24.7	32.2	28.7
		3000~4000	9.5	27.9	0.28	10.04	7.7	14.1	20.6
		>4000	4.0	16.6	0.13	7.92	3.3	8.4	9.5
		>2000	43.9	108.0	0.80	7.41	35.7	54.7	58.8
1987~2013 年	还原前（3）	0~1000	69.6	47.4	0.17	3.62	56.5	43.4	34.7
		1000~2000	49.7	53.2	0.28	5.30	40.4	48.7	57.1
		2000~3000	2.3	4.9	0.03	6.11	1.9	4.5	6.1
		3000~4000	1.4	3.8	0.01	3.25	1.1	3.5	2.0
		>4000	0.0	0.0	0.00	0.00	0.0	0.0	0.0
		>2000	3.7	8.7	0.04	4.86	3.0	8.0	8.2
	还原后（4）	0~1000	27.9	18.9	0.08	4.24	22.7	11.5	10.1
		1000~2000	67.3	82.9	0.39	4.70	54.7	50.2	49.4
		2000~3000	21.4	44.0	0.18	4.03	17.4	26.7	22.8
		3000~4000	5.4	16.1	0.11	6.64	4.4	9.8	13.9
		>4000	0.9	3.2	0.03	9.66	0.8	1.9	3.8
		>2000	27.7	63.3	0.32	4.98	22.6	38.3	40.5

（3）龙刘水库联合运用改变了黄河中下游径流年内分配及过程

龙刘水库联合运用改变了进入宁蒙河段的水沙条件，改变了黄河上游径流年内分配比例，汛期比例减少，大流量相应的天数及水量大幅度减小。黄河流域 60% 的水量来自黄河上游，龙刘水库联合运用对黄河上游径流年内分配及过程的影响必然反映在中下游。

表 4-5 给出了黄河干流主要水文站实测水量不同时段年内分配对比情况，由表可见，黄河干流花园口水文站以上，1986 年以前，汛期水量一般可占年水量的 60% 左右，1986 年以来普遍降到了 47% 以下，且最大月水量与最小月水量比值也逐步缩小。2000 年小浪底水库投入运用以来，坝下游花园口断面汛期来水比例仅为 38%，考虑小浪底水库调节的影响，统计 6 ~ 10 月来水比例为 53%，与 1987 ~ 1999 年时段基本相同。

表 4-5　黄河干流主要水文站实测水量不同时段年内分配对比情况　　（单位：%）

时段	下河沿	头道拐	龙门	潼关
1919 ~ 1968 年	61.9（1950 ~ 1968 年）	62.5	60.7	60.7
1969 ~ 1986 年	54.4	54.8	53.8	53.8
1987 ~ 1999 年	39.6	40.0	42.9	42.9
2000 ~ 2013 年	40.2	38.6	41.0	41.0

图 4-1 为潼关站不同时段汛期 2000m³/s 以下流量级水沙特征值，由图可见，1987 年以来，潼关站 2000m³/s 以下流量级历时大大增加，相应水量、沙量所占比例也明显提高。1960 ~ 1968 年，潼关站日均流量小于 2000m³/s 出现天数占汛期比例为 36.3%，水量和沙量占汛期的比例为 18.1% 和 14.6%；1969 ~ 1986 年，潼关站该流量级出现天数比例为 61.5%，水量和沙量占汛期的比例分别为 36.7% 和 28.9%，与 1960 ~ 1968 年相比略有提高。而 1987 ~ 1999 年，潼关站该流量级出现天数比例增加至 87.8%，水量和沙量占汛期的比例也分别增加至 69.5% 和 47.9%，2000 ~ 2016 年该流量级出现天数比例增为 91.8%，水量和沙量占汛期的比例增为 76.9% 和 68.1%。

2. 三门峡水库对入库水沙的调节作用

1960 年 9 月三门峡水库蓄水拦沙运用，水库运用经历了蓄水拦沙、滞洪排沙和蓄清排浑三个运用阶段[11-13]，不同运用阶段对水沙的调节作用也不同。

蓄水拦沙期，主要体现在以下几点：一是洪峰流量大幅度削减，洪量减少；二是中小流量级历时增长，流量过程趋于均匀化；三是水库拦粗排细，年均入库（潼关站）沙量为 13.6 亿 t，年均出库（三门峡站）沙量为 7.16 亿 t，水库排沙比为 52.6%，出库沙量尤其是粗泥沙大大减少。

滞洪排沙期，主要体现在：一是改变了泥沙的年内分配，非汛期沙量大大增加；二是洪峰流量削减幅度仍然较大；三是小水带大沙。

蓄清排浑运用期（1973 年 11 月 ~ 1999 年 10 月），进入下游的水沙特点既不同于蓄水拦沙期，也不同于滞洪排沙期，对水沙过程的改变主要体现在：①非汛期 8 个月水库基本

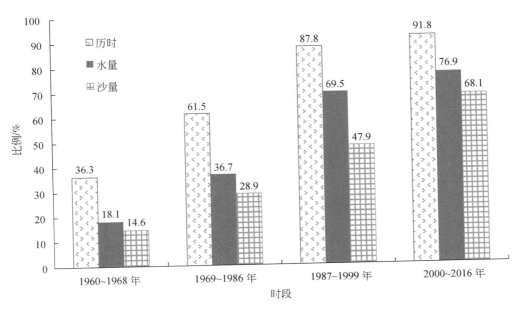

图 4-1　黄河中游潼关站不同时段汛期 2000m³/s 以下流量级水沙特征值

下泄清水，流量过程有所调平，每年的 3 月、4 月上游来的桃汛洪水被水库拦蓄，而汛期水库为尽快降低潼关高程，降低水位运用，也就是说，4 个月基本排泄全年泥沙，形成非汛期 8 个月清水，汛期 4 个月浑水，清、浑水交替出现的过程。②水库排沙比较大的流量级提高，水沙过程的搭配情况较滞洪排沙期有所改善，但非汛期水库淤积的泥沙主要集中在汛初小水时排沙，汛初小流量时常泄空排沙，使小水挟带大量泥沙进入下游，水沙关系不匹配。③高含沙洪水通过水库进入下游，入库、出库含沙量变化不大，但洪峰流量仍有削减。④水库已有的泄流排沙设施由于种种原因不能全部使用，一般仅达到设计能力的 80%～90%，超过 5000m³/s 的洪水，水库仍有自然削峰功能，但比前两个时段已经大大减弱。

蓄清排浑控制运用期（1999 年 10 月至今）：1999 年 10 月小浪底水库投入运用后，三门峡水库承担的防洪、防凌、灌溉和调沙减淤任务有所改变。在大水年份和严重的凌汛年份，必须配合小浪底水库分担防洪和防凌；一般年份在减轻水库淤积的前提下，充分发挥三门峡水库的效益。

三门峡水库不同时段实测入库、出库水沙量如表 4-6 所示，由表可见，蓄清排浑运用以来，汛期入库沙量占全年沙量比例为 68.4%～86.0%，出库比例增加至 92.9%～97.3%，即非汛期淤积的泥沙通过汛期调节出库。水库淤积泥沙在 2002 年以前，在汛初和洪水期排沙，2002 年以来与小浪底水库联合调水调沙运用，泥沙在调水调沙期间或洪水期间排出。

表 4-6 黄河中游三门峡水库不同时段实测入库、出库水沙量统计表

项目	时段	潼关（入库）			三门峡（出库）		
		汛期	全年	汛期占比/%	汛期	全年	汛期占比/%
水量/亿 m³	1960 年 11 月～1964 年 10 月	302.51	500.84	60.4	288.02	506.81	56.8
	1964 年 11 月～1973 年 10 月	205.24	382.71	53.6	207.55	390.91	53.1
	1973 年 11 月～1980 年 10 月	212.01	371.06	57.1	211.17	370.75	57.0
	1980 年 11 月～1985 年 10 月	270.21	442.78	61.0	268.43	443.00	60.6
	1985 年 11 月～1999 年 10 月	120.47	264.02	45.6	118.11	260.17	45.4
	1999 年 11 月～2018 年 10 月	113.13	235.47	48.0	108.67	223.62	48.6
沙量/亿 t	1960 年 11 月～1964 年 10 月	12.02	14.33	83.9	4.08	5.54	73.6
	1964 年 11 月～1973 年 10 月	12.07	14.40	83.8	12.70	16.16	78.6
	1973 年 11 月～1980 年 10 月	10.22	11.88	86.0	12.01	12.34	97.3
	1980 年 11 月～1985 年 10 月	6.93	8.47	81.8	9.29	9.64	96.4
	1985 年 11 月～1999 年 10 月	5.83	7.77	75.0	7.28	7.69	94.7
	1999 年 11 月～2018 年 10 月	1.82	2.66	68.4	2.75	2.96	92.9

3. 小浪底水库对入库水沙的调节作用

表 4-7 为 1999 年 11 月～2018 年 10 月小浪底水库实测入库、出库水沙量，由表可见，小浪底水库运用以来，水库运用调节改变了水量的年内分配，汛期水库蓄水，减小下泄水量，非汛期补水增加下泄水量。1999 年 11 月～2018 年 10 月，入库三门峡站年均汛期水量占年水量比例为 48.6%，经过小浪底水库调节后减小到 35.5%。除 2002 年汛期外，其他年份汛期出库水量占年水量的比例均小于入库。

表 4-7 黄河中游小浪底水库实测入库、出库水沙量统计表

项目	三门峡站（入库）			小浪底站（出库）		
	汛期	全年	汛期占比/%	汛期	全年	汛期占比/%
水量/亿 m³	108.67	223.5	48.6	84.69	238.86	35.5
沙量/亿 t	2.83	3.05	92.8	0.74	0.77	96.1

小浪底水库运用后，入库大部分泥沙淤积在库区。1999 年 11 月～2018 年 10 月，入库年均沙量为 3.05 亿 t，出库年均沙量为 0.77 亿 t，水库排沙比为 25.2%。

小浪底水库历年入库、出库各流量级出现天数及水沙量如表 4-8 所示，由表可见，经小浪底水库调节后，主汛期（7 月 11 日～9 月 30 日）小浪底水库出库 800～2600m³/s 流量级的天数较入库明显减少，入出库流量两极分化，其中，水库泥沙主要通过 2000m³/s 以上流量级排出，出库沙量占主汛期的 54.0%。由于汛前进行调水调沙，全年出库大流量（2600m³/s 以上）的天数较入库增加近一倍。

表 4-8　黄河中游小浪底水库入库、出库各流量级出现天数及水沙量

时段	流量级 /(m³/s)	入库各级流量出现天数及水沙量				出库各级流量出现天数及水沙量			
		出现天数 /天	出现概率 /%	水量 /亿 m³	沙量 /亿 t	出现天数 /天	出现概率 /%	水量 /亿 m³	沙量 /亿 t
1~12 月	0~800	262.6	71.9	101.43	0.37	255.2	69.9	102.73	0.06
	800~2000	88.6	24.3	86.06	1.06	92.0	25.2	87.03	0.16
	2000~2600	7.3	2.0	14.10	0.88	6.7	1.8	13.10	0.22
	>2600	6.8	1.8	19.23	0.72	11.4	3.1	32.65	0.19
	合计	365.3	100.0	220.82	3.03	365.3	100.0	235.51	0.63
7 月 11 日~ 9 月 30 日	0~800	40.1	48.8	14.64	0.27	63.6	77.5	23.27	0.05
	800~2000	31.3	38.1	34.14	0.69	13.7	16.7	14.15	0.12
	2000~2600	5.9	7.2	11.30	0.65	2.4	2.9	4.53	0.12
	>2600	4.8	5.9	13.45	0.45	2.4	2.9	5.95	0.08
	合计	82.1	100.0	73.53	2.06	82.1	100.0	47.90	0.37

4.1.4 水库冲淤对水沙调控的响应

挟沙水流进入水库壅水区后，泥沙沉降并逐渐淤积在库区[14]。本节研究了黄河龙羊峡水库、刘家峡水库、海勃湾水库、万家寨水库、三门峡水库和小浪底水库对水沙调控的响应情况。

目前，龙羊峡水库处于淤积状态。龙羊峡水库下闸蓄水之后，分别于 1995 年和 2017 年开展过库区测量，其中 1995 年测量仅包含水下地形（2565m 以下），2017 年库区库容测量实现了水库水下水上地形的全覆盖，测量结果较为真实可靠。与原始库容相比，2017 年实测各高程下库容均有所减少，水库淤积主要发生在 2550m 高程以下。与原始库容相比，2017 年龙羊峡水库实测正常蓄水位以下库容减少 4.13 亿 m³，死水位以下库容减少 10.8 亿 m³，调节库容增加 6.67 亿 m³，防洪库容增加 2.93 亿 m³，调洪库容增加 4.57 亿 m³。与设计库容（原始库容考虑 50 年淤积）相比，防洪库容增加 1.0 亿 m³，调洪库容增加 1.0 亿 m³。水库总库容淤损不足 20%。水库纵向淤积基本呈带状淤积形态。

刘家峡水库处于淤积状态，且淤积变缓，2013 年水库总淤积量为 16.87 亿 m³，库容淤积损失 30%。其中 1968~1988 年、1988~2003 年年均淤积量分别为 0.56 亿 t、0.34 亿 t，2003~2013 年水库淤积减缓，年均淤积泥沙 0.06 亿 t。2015 年底洮河口直达下游的排沙洞已贯通，预计后期洮河泥沙可全部排出库外。

海勃湾水库处于淤积状态，2014 年投运以来至 2019 年 10 月，水库累计淤积量为 1.91 亿 m³。水库沿程均为淤积，淤积主要发生在坝前 4.7~15.13km 库段，该库段累计淤积 1.55 亿 m³，占库区总淤积量的 78.8%。

万家寨水库处于冲淤平衡状态，1998 年水库投入运行，至 2010 年底水库已基本达到淤积平衡状态。1999 年 7~8 月万家寨水库坝前淤积面高程达到 912m，2001 年坝前淤沙

高程已基本与排沙孔进口底坎高程持平，2010 年底水库基本达到设计泥沙淤积平衡状态。2011 年起，万家寨水库汛期基本按照汛限水位 966m 控制运行，8 月、9 月水库转入 952～957m 低水位排沙运行。截至 2019 年 5 月，最高蓄水位 980m 以下库区淤积量为 3.35 亿 m^3。

三门峡水库处于冲淤平衡状态，1960 年蓄水运用至 2018 年 10 月，潼关以下库区共淤积泥沙 29.8 亿 m^3。其中蓄水拦沙运用期库区淤积泥沙 18.416 亿 m^3，年均淤积 9.2 亿 t；滞洪排沙运用期间库区淤积泥沙 7.967 亿 m^3，年均淤积 0.7 亿 t；蓄清排浑运用以来至 2019 年 4 月，库区淤积泥沙 3.017 亿 m^3，年均淤积 0.08 亿 t，水库基本冲淤平衡，库区 335m 高程以下有 58 亿 m^3 左右的有效库容长期保持。

小浪底水库目前处于拦沙后期第一阶段，水库 1999 年 10 月蓄水运用以来，至 2020 年 4 月库区累计淤积量为 32.86 亿 m^3，其中，干流淤积量为 25.49 亿 m^3，占总淤积量的 77.6%，支流淤积量为 7.37 亿 m^3，占总淤积量 22.4%。当前库区总淤积量已占水库设计拦沙库容（75.5 亿 m^3）的 43.5%。起调水位 210m 高程以下库容由 1997 年的 21.88 亿 m^3 减少至 0.89 亿 m^3。小浪底水库运用以来库区干流主要为三角洲淤积形态，纵剖面的变化与坝前水位变化幅度、异重流产生及运行、来水来沙条件等因素密切关系。水库运用水位高，淤积三角洲顶点距坝较远，高程较高，泥沙淤积部位比较靠上；水库运用水位低，三角洲顶点距坝较近，高程较低，泥沙淤积部位比较靠下。2020 年 4 月小浪底库区淤积三角洲顶点距坝 7.7km。

4.1.5 河道冲淤对水沙调控的响应

1. 宁蒙河段的冲淤响应

表 4-9 为宁蒙河段对水沙调控的冲淤响应，由表可见，1986 年龙刘水库联合运用后，汛期进入宁蒙河段的水量和利于输沙的大于流量 2000m^3/s 的过程大幅度减小，导致进入宁蒙河段的粒径小于 0.1mm 的细颗粒泥沙由冲刷变为淤积[15]。由于汛期水量及大流量减小，长距离输送泥沙的动力减弱，泥沙主要淤积在内蒙古巴彦高勒–头道拐河段河道的主槽内，导致该河段中水河槽过流能力由 20 世纪 80 年代的 3000～4000m^3/s 下降到目前的 1500～2000m^3/s，防凌防洪形势严峻[16-18]。显然，现状水沙调控不能有效解决宁蒙河道河槽淤积萎缩问题，调整龙羊峡水库、刘家峡水库的运用方式，增加汛期大流量过程，可以增加宁蒙河段的平滩流量减小河道淤积，但不能彻底解决问题，并且对工农业用水、梯级发电产生不利影响。

表 4-9　黄河上游宁蒙河段对水沙调控的冲淤响应

时段	年均冲淤量/亿 t		分组沙冲淤量/亿 t		内蒙古巴彦高勒–头道拐河段过流能力/(m^3/s)	龙刘水库运用状态
	年均	汛期	<0.1mm	>0.1mm		
1960～1968 年	−0.327	−0.369	−0.575	0.260		无水库
1968～1986 年	0.210	0.029	−0.068	0.267	3000～4000	刘家峡水库单库运用
1986～2012 年	0.605	0.476	0.434	0.182	1500～2000	龙刘水库联合运用

2. 小北干流的冲淤响应

表4-10为小北干流对水沙调控的冲淤响应，由表可见，小北干流冲淤主要受三门峡水库和来水来沙条件影响[19]。三门峡水库蓄水拦沙运用阶段，水库运用水位较高，汛期平均水位达324.03m，非汛期平均运用最高水位为332.58m，小北干流淤积严重，年均淤积量达1.55亿 m³，潼关高程抬高约2m，1962年汛前潼关高程为326.10m。三门峡水库滞洪排沙运用阶段，水库汛期平均运用水位逐渐由320m降到300m以下，非汛期平均运用最高水位仍在327.91m，小北干流年均淤积1.35亿 m³，潼关高程抬高约2m，1973年汛前潼关高程为328.13m，汛后为326.64m；1973年11月三门峡水库实行蓄清排浑运用至1986年，水库汛期平均运用水位为304.35m，非汛期平均运用最高水位为325.95m，小北干流年均淤积0.08亿 m³，潼关高程相对保持稳定。1986~2002年，由于来水来沙条件不利，小北干流年均淤积0.43亿 m³，潼关高程又抬高了1.5m；2002年三门峡水库改变运用方式，进一步降低平均运用水位，同期来水来沙条件较为有利，小北干流年均冲刷0.21亿 m³，潼关高程维持在328m附近。潼关高程长期居高不下，造成渭河下游防洪形势严峻。长期治黄实践表明，调控北干流河段洪水泥沙塑造大流量过程是冲刷降低潼关高程的有效措施。当前北干流河段缺少控制性骨干工程，在控制潼关高程和治理小北干流方面存在局限性。

表 4-10 黄河中游小北干流对水沙调控的冲淤响应

三门峡水库运用阶段	时段	三门峡水库平均运用水位		河道年均冲淤量/亿 m³	潼关高程变化	备注
		汛期	非汛期			
蓄水拦沙	1960~1962年	324.03m	最高332.58m	1.55	升2m（1962年汛前326.10m）	三门峡水库蓄水影响
滞洪排沙	1962~1973年	320m降到300m以下	最高327.91m	1.35	升2m（1973年汛前328.13m，汛后326.64m）	三门峡水库滞洪及不利水沙
蓄清排浑	1973~1986年	304.35m	最高325.95m	0.08	相对保持稳定	三门峡水库运用影响及水沙条件有利
	1986~2002年	303.77m	最高324.06m	0.43	升1.5m（2002年汛后328.19m）	来水来沙条件不利
	2002~2020年	305m	平均315m，不超过318m	-0.21	维持在328m附近	三门峡水库运用影响及水沙条件有利

3. 黄河下游河道的冲淤响应

水库修建后会对进入下游河道的水沙条件产生较大影响[20]，进而影响河道冲淤变化[21-24]。小浪底水库位于黄河中游最后一个峡谷的出口，对下游河道的影响最直接、最敏感[25,26]。水库拦沙运用在减少下游河道淤积和改善河道过流能力方面发挥了重要的作用[27]。截至 2020 年 4 月小浪底水库库区累计淤积泥沙 32.86 亿 m³，水库蓄水拦沙和调水调沙使黄河下游河道全线冲刷，断面主槽展宽下切，河道平滩流量增加。表 4-11 为小浪底水库运用以来黄河下游河道各河段冲淤量，由表可见，1999 年 10 月至 2020 年 4 月下游河道累计冲刷量达 29.24 亿 t，利津以上河段冲刷全年 28.29 亿 t，从冲刷量的沿程分布来看，高村以上河段冲刷较多，冲刷 19.56 亿 t，占利津以上河段总冲刷量的 69.1%。从冲刷量的时间分布来看，冲刷主要发生在汛期，利津以上河段汛期冲刷量为 16.82 亿 t，占该河段总冲刷量的 59.5%。

表 4-11　黄河下游河道 1999 年 10 月~2020 年 4 月冲淤量统计表　（单位：亿 t）

时间	花园口以上	花园口至高村	高村至艾山	艾山至利津	利津以上	下游
汛期	-2.13	-4.65	-4.70	-5.33	-16.82	-18.32
非汛期	-5.12	-7.66	0.08	1.22	-11.47	-10.92
全年	-7.25	-12.31	-4.62	-4.11	-28.29	-29.24

4.1.6　黄河水沙调控的效果

黄河水沙调控的内涵是通过水库群联合运用，科学管理洪水，为防洪、防凌安全提供重要保障；利用骨干水库的拦沙库容拦蓄泥沙并调控水沙，特别是合理拦蓄对下游河道淤积危害最大的粗泥沙，协调水沙关系，减少河道淤积；合理配置和优化调度水资源，协调生活、生产、生态用水要求[28,29]。本节重点分析小浪底水库运用以来为减轻水库和下游河道淤积开展的多次水沙调控，其中 2002~2016 年开展了 3 次调水调沙试验，16 次调水调沙生产运行，2018 年以来按照"一高一低"调度，兼顾中下游水库和河道排沙输沙，实施了水沙一体化调度、大尺度对接。水沙调控在减轻下游河道淤积、调整库区淤积形态、改善河口生态等方面起到了显著效果[30-32]。

1. 现状水沙调控模式

根据黄河干支流水情和水库蓄水情况，2002~2018 年，水利部黄河水利委员会组织开展了 19 次黄河调水调沙。经多年研究与实践，提出了小浪底水库单库调节为主、干流水库群水沙联合调度、空间尺度水沙对接的黄河调水调沙三种基本模式[33-35]。2018 年 7 月为主动应对渭河洪水过程，按照主动防御的思想，采用防洪预泄方式，小浪底水库自 7 月 3 日实施了长达 20 余天的防洪预泄[36]，2018 年以来按照"一高一低"调度思想实施了水库调度。

（1）小浪底水库单库调节为主的运用模式

利用小浪底水库汛限水位以上蓄水进行调水调沙运用，水库清水下泄，冲刷下游河槽泥沙，扩大主槽过流能力，同时兼顾河口生态补水。

（2）干流水库群水沙联合调度模式

利用万家寨水库、三门峡水库、小浪底水库蓄水，通过干流水库群联合调度，在小浪底库区塑造人工异重流，调整其库尾段淤积形态，并加大小浪底水库排沙量。同时，利用进入下游河道水流富余的挟沙能力，扩大下游河段尤其是卡口河段主槽过洪能力。2004～2016 年共进行的 17 次汛前调水调沙，采用的都是此种模式。干流水库群水沙联合调度关键是在小浪底水库成功塑造异重流，提高排沙效率。

（3）空间尺度水沙对接模式

利用小浪底水库不同泄水孔洞组合塑造一定历时和大小的流量、含沙量及泥沙颗粒级配过程，加载于小浪底水库下游伊洛河、沁河的"清水"之上，并使之在花园口站准确对接，形成花园口站协调的水沙关系，实现既排出小浪底水库的库区泥沙，又使小浪底至花园口区间"清水"不空载运行，黄河下游河道不淤积的目标。该模式只在 2003 年进行了一次试验，其关键技术是小浪底水库下泄浑水与下游支流清水对接技术。重点在于解决两大关键问题，一是小浪底至花园口区间洪水、泥沙的准确预报，二是准确对接（黄河干流）小浪底、（伊洛河）黑石关、（沁河）武陟三站在花园口站形成的水沙过程。

（4）"一高一低"干支流水库群联合调度模式

考虑流域整体防洪，兼顾中下游水库和河道排沙输沙，实施水沙一体化调度、大尺度对接。上游龙羊峡水库、刘家峡水库拦洪蓄水，保持高水位运行，统筹防洪和水资源安全；中游小浪底水库降低水位泄洪排沙，延长小浪底水库拦沙库容使用年限，塑造持续动力输沙入海，2018 年采用了该调控模式。

2. 黄河水沙调控实践效果

2002 年以来的黄河水沙调控的实践证明，黄河水沙调控在减轻下游河道淤积、调整库区淤积形态、改善河口生态等方面起到了显著效果。

（1）人工塑造异重流加大了水库排沙比，优化了库区淤积形态

2004 年以来提出了利用万家寨水库、三门峡水库蓄水和河道来水，冲刷小浪底水库淤积三角洲形成人工异重流的技术方案，在小浪底库区塑造出人工异重流并排沙出库。通过对影响人工异重流排沙因素的深入分析研究，不断优化人工塑造异重流的各项技术指标，加大了水库排沙比。据统计，19 次调水调沙期间，小浪底水库入库累计水量为 238.54 亿 m^3，出库水量为 678.46 亿 m^3，入库累计沙量为 10.72 亿 t，出库沙量为 6.60 亿 t，排沙比达 62%，同期其他时段水库排沙比不足 11%。2010 年、2011 年、2012 年和 2013 年汛前调水调沙水库异重流排沙比均超过 100%，分别达到 137%、145%、208% 和 204%。

小浪底水库蓄水运用初期，由于水库壅水，库尾出现了明显的翘尾巴现象，侵占了部分有效库容。调水调沙期间，根据来水来沙条件，相应降低小浪底水库水位，利用三门峡水库泄放的持续大流量过程冲刷小浪底库区尾部段，实现了库区淤积形态的优化调整，恢复小浪底水库调节库容的功能，如图 4-2 所示。

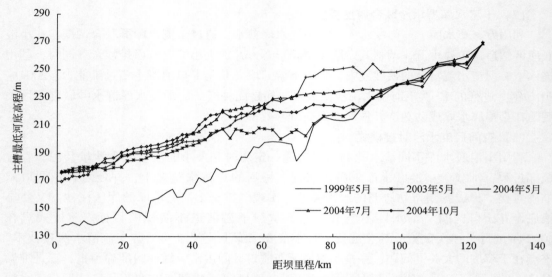

图 4-2 黄河中游小浪底水库蓄水运用初期库区深泓线变化

2018 年实施"一高一低"干支流水库群联合调度以来，小浪底水库累计排沙 13.4 亿 t，有效地恢复了库容；库区三角洲顶点由距坝 16.39km 推进到距坝 7.74km，顶点高程由 222.36m 降至 212.40m，调整了库区淤积形态，如图 4-3 所示。下游河道各主要水文站同流量水位未出现明显降低，提高了河道输沙效率。

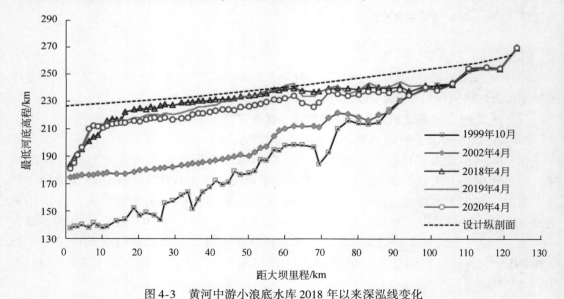

图 4-3 黄河中游小浪底水库 2018 年以来深泓线变化

（2）黄河下游河道得到全线冲刷，尤其高村以下河段冲刷明显

黄河下游高村至艾山河段是制约黄河下游行洪输沙能力的卡口河段，也是"二级悬河"发育较为严重的河段，对下游河道防洪威胁较大，冲刷并扩大卡口河段过流能力是历次调水调沙的重要目标。

黄河历次调水调沙期间，进入下游河道的水量为 716.49 亿 m³，沙量为 5.92 亿 t，累计入海总水量为 640.04 亿 m³，累计入海总沙量为 9.66 亿 t，下游河道共冲刷泥沙 4.30 亿 t，其中高村至艾山河段和艾山至利津河段分别冲刷 1.615 亿 t 和 1.113 亿 t，分别占水库运用以来相应河段总冲刷量的 41% 和 30%，调水调沙期间上述两河段的冲刷效率（河道冲刷量和所需水量的比值）分别是其他时期的 3.1 倍和 1.9 倍。

2018 年实施"一高一低"干支流水库群联合调度以来，部分泥沙暂存于下游河道，主要是位于高村以上河段。高村至艾山河段和艾山至利津河段发生冲刷，冲刷量分别为 0.464 亿 t 和 0.399 亿 t，如表 4-12 所示。

表 4-12　黄河下游河道 2002 ~ 2020 年冲淤量统计表

类别		小浪底至花园口	花园口至高村	高村至艾山	艾山至利津	利津以上
总冲淤量 （2002 年 7 月 ~ 2020 年 4 月）	累计/亿 t	-6.255	-10.456	-3.920	-3.665	-24.296
	年均/亿 t	-0.417	-0.697	-0.261	-0.244	-1.620
调水调沙期间	累计/亿 t	-0.021	-1.332	-1.615	-1.113	-4.080
	年均/亿 t	-0.001	-0.095	-0.115	-0.080	-0.291
	占总冲淤量的比例/%	0.34	12.74	41.20	30.37	16.79
"一高一低"调度以来 （2018 年 7 月 ~ 2020 年 4 月）	累计/亿 t	1.009	0.509	-0.464	-0.399	0.655
	年均/亿 t	0.505	0.254	-0.232	-0.199	0.327

（3）黄河下游行洪输沙能力普遍提高，河槽形态得到调整

通过小浪底水库拦沙和调水调沙运用，黄河下游主槽冲刷降低了 2.55m，河道最小平滩流量由 2002 年汛前的 1800m³/s 恢复到 2020 年汛前的 4350m³/s。目前，下游河道适宜的中水河槽规模已经形成，卡口河道断面形态得到有利调整，洪水时滩槽分流比得到初步改善，"二级悬河"形势开始缓解。

（4）改善了河口生态，增加了湿地面积

自 2008 年汛前调水调沙实施生态补水以来，汛前调水调沙年均向河口三角洲生态补水 1853 万 m³，湿地水面面积平均增加 4.5873 万亩。2010 年以来，还实现了刁口河流路全线过水。2020 年实施防御大洪水实战演练，大规模、全方位实施河口三角洲生态补水，国家级自然保护区的刁口河一千二管理区、黄河口管理区、大汶流管理区三大区域全部进水，累计补水 1.55 亿 m³，创历史新高，首次补水进入自然保护区核心区刁口河区域。通过生态补水，河口三角洲水面面积增加 45.35km²，如表 4-13 所示。

表 4-13　黄河下游汛前调水调沙生态补水情况统计表

项目	2008 年	2009 年	2010 年	2011 年	2012 年	2013 年	2014 年	2015 年	均值
补水量/万 m³	1 356	1 508	2 041	2 248	3 036	2 156	803	1 679	1 853
湿地水面面积增加值/亩	3 345	52 200	48 700	35 500	50 849	74 080	90 480	11 828	45 873

4.2 未来黄河防洪减淤与水沙调控需求

4.2.1 主要控制站的水沙代表系列

对黄河主要水文站实测径流量、输沙量资料的统计分析表明，由于气候变化和人类活动对下垫面的影响，以及区域经济社会发展使用水量大幅增加，20 世纪 80 年代中期以来进入黄河的水沙量发生了显著变化，呈现逐步减少趋势，2000 年以来水沙量减少幅度更大，如表 4-14 所示。

表 4-14　黄河中游潼关水文站实测水沙量变化统计表

时段	径流量/亿 m³			输沙量/亿 t			含沙量/(kg/m³)		
	汛期	非汛期	全年	汛期	非汛期	全年	汛期	非汛期	全年
1919~1959 年	259.02	167.12	426.14	13.40	2.52	15.92	51.73	15.08	37.36
1960~1986 年	230.35	172.44	402.79	10.13	1.95	12.08	43.98	11.31	29.99
1987~1999 年	119.43	141.19	260.62	6.12	1.95	8.07	51.24	13.81	30.96
2000~2018 年	113.13	125.94	239.07	1.89	0.54	2.43	16.71	4.29	10.16

黄河水沙情势剧变，直接影响黄河水沙调控体系布局等未来治黄方略的制定[37,38]，但在今后相当长时期内黄河仍将是一条多泥沙的河流，如何利用"拦、排、放、调、挖"等各种治理措施，对未来较长时期的黄河泥沙进行合理安排，是黄河治理需要考虑的重要问题之一[39]。

黄河未来水沙量变化既受自然气候因素的影响，又与流域水利工程、水土保持生态建设工程和经济社会发展等人类活动密切相关[40-42]。半个多世纪以来的实测资料分析表明，黄河流域降水总体上变化不大，基本上呈周期性的变化，从未来长时期来看，流域降水对水沙变化的影响有限，水沙变化仍以人类活动影响为主[43-45]。淤地坝拦沙作用具有一定时效性，但淤满的淤地坝因抬高沟道及沟坡产沙基准面，其发挥减少沟道侵蚀和减缓坡面水力侵蚀作用具有长效性。黄河干支流已建水库的拦沙库容淤满后不再发挥累计性拦沙作用。林草植被覆盖率将进一步提高，其发挥的减水减沙作用具有长效性，但遇高强度、长历时暴雨其作用将打折。梯田能够长久保存的情况下，其发挥的减蚀拦沙作用具有长效性，遇超标准暴雨洪水，减蚀拦沙作用降低。总体来看，随着国家生态文明建设的逐步深入，一般情况下人类活动的减沙作用将得到维持或加强，但遇特殊的气候条件产沙量还会有所增加。目前对历史上人类活动影响较小时期的研究成果，黄土高原侵蚀产沙一般在 6 亿~10 亿 t/a，可作为参考。相对 1919~1959 年天然情况，未来入黄水沙量将有较大幅度的减少。目前对未来黄河输沙量的认识范围一般为 3 亿~8 亿 t/a，具体数字尚有分歧[46]。本章采用黄河龙门、华县、河津、状头四站来沙 8 亿 t/a、6 亿 t/a、3 亿 t/a、1 亿 t/a 四种情景方案，分析未来黄河中游水库及下游河道冲淤变化趋势。

考虑黄河上游来水来沙特点及研究工作需要，选择下河沿水文站作为上游干流代表性水文站，宁蒙河段冲淤计算考虑区间水沙和入黄风积沙。在近年来水沙变化及其成因分析的基础上[16]，以水利部审查通过的 1956～2010 年天然径流系列为基础系列，考虑国家批准的各河段工农业用水和现状水库的调节作用，计算下河沿站现状工程条件下各年各月水量过程，日流量过程根据计算的各年各月水量与实测各年各月水量的比值，对实测日流量过程进行同倍比缩小求得。下河沿断面未来沙量考虑干流龙羊峡、李家峡等大型水库较长时期的拦沙作用和坡面措施减沙影响，采用 0.95 亿 t；月输沙量采用近期实测资料建立的水沙关系对月输沙量进行初步计算，再按照采用沙量均值对计算的月输沙量过程进行适当修正；日输沙率过程，根据月沙量与实测沙量的比值，对实测日输沙率进行同倍比缩小求得。宁蒙河段支流水沙采用相应系列的实测过程，多年平均水量为 6.97 亿 m³、年均沙量为 0.61 亿 t，入黄风积沙量采用 20 世纪 90 年代以来的年平均情况 0.16 亿 t。

1. 未来不同情景水沙条件

(1) 未来黄河来沙 8 亿 t/a 情景方案

结合《黄河古贤水利枢纽工程可行性研究报告》的相关研究成果[47]，未来黄河来沙 8 亿 t/a 情景方案如表 4-15 和图 4-4 所示，龙门站多年平均水量和沙量分别为 213.7 亿 m³ 和 4.86 亿 t，其中，汛期水量为 104.3 亿 m³，占全年总水量的 48.8%；汛期沙量为 4.17 亿 t，占全年总沙量的 85.7%，汛期和全年含沙量分别为 39.9kg/m³ 和 22.7kg/m³。

表 4-15　未来来沙 8 亿 t/a 情景黄河各站水沙特征值统计表（1956～2010 年系列）

水文站	径流量/亿 m³			输沙量/亿 t			含沙量/(kg/m³)		
	汛期	非汛期	全年	汛期	非汛期	全年	汛期	非汛期	全年
下河沿	133.6	152.8	286.4	0.76	0.18	0.94	5.7	1.2	3.3
龙门	104.3	109.4	213.7	4.17	0.69	4.86	39.9	6.3	22.7
华县	28.5	17.1	45.6	2.41	0.18	2.59	84.6	10.3	56.8
河津	4.6	3.4	8.0	0.10	0.01	0.11	22.3	2.0	13.8
状头	2.9	1.9	4.8	0.43	0.02	0.45	146.4	12.6	93.8
四站	140.3	131.8	272.1	7.11	0.90	8.01	50.7	6.8	29.4
黑石关	13.2	6.7	19.9	0.06	0.00	0.07	4.9	0.6	3.0
武陟	3.9	2.3	6.2	0.02	0.00	0.02	5.1	0.8	3.2

四站（龙门、华县、河津、状头四站）多年平均水量为 272.1 亿 m³，其中汛期水量为 140.3 亿 m³，占全年总水量的 51.6%；年平均沙量为 8.01 亿 t，汛期沙量为 7.11 亿 t，占全年总沙量的 88.8%。汛期和全年含沙量分别为 50.7kg/m³ 和 29.4kg/m³。

该系列下河沿站最大年水量为 461.95 亿 m³，最小年水量为 220.53 亿 m³，两者比值为 2.1；最大年沙量为 2.55 亿 t，最小沙量为 0.34 亿 t，两者比值为 7.5。龙门站最大年水量为 416.9 亿 m³，最小年水量为 142.8 亿 m³，两者比值为 2.92；最大年沙量为 15.78 亿 t，最小沙量为 0.80 亿 t，两者比值为 19.73。四站最大年水量为 497.8 亿 m³，最小年水量为 169.9 亿 m³，两者比值为 2.93；最大年沙量为 21.04 亿 t，最小沙量为 2.13 亿 t，两者比值为 9.88。

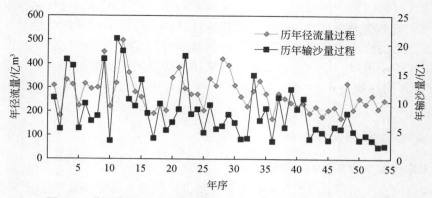

图 4-4　黄河中游四站历年径流量和输沙量过程（8 亿 t/a 情景）

（2）未来黄河来沙 6 亿 t/a 情景方案

结合《黄河古贤水利枢纽工程可行性研究报告》（黄河勘测规划设计研究院有限公司，2018 年 12 月）的相关研究成果，未来黄河来沙 6 亿 t/a 情景方案如表 4-16 和图 4-5 所示，龙门站多年平均水量和沙量分别为 205.8 亿 m³ 和 3.64 亿 t，其中，汛期水量为 100.4 亿 m³，占全年总水量的 48.8%；汛期沙量为 3.12 亿 t，占全年总沙量的 85.7%，汛期和全年含沙量分别为 31.1kg/m³ 和 17.7kg/m³。

表 4-16　未来来沙 6 亿 t/a 情景黄河各站水沙特征值统计表（1956～2010 年系列）

水文站	径流量/亿 m³			输沙量/亿 t			含沙量/（kg/m³）		
	汛期	非汛期	全年	汛期	非汛期	全年	汛期	非汛期	全年
下河沿	133.6	152.8	286.4	0.76	0.18	0.94	5.7	1.2	3.3
龙门	100.4	105.4	205.8	3.12	0.52	3.64	31.1	4.9	17.7
华县	27.5	16.5	44.0	1.81	0.13	1.94	65.8	7.9	44.1
河津	4.4	3.2	7.6	0.08	0.01	0.09	18.2	3.1	11.8
状头	2.8	1.8	4.6	0.32	0.02	0.34	114.3	11.1	73.9
四站	135.1	126.9	262.0	5.33	0.68	6.01	39.5	5.4	22.9
黑石关	13.2	6.7	19.9	0.06	0.00	0.06	4.9	0	3.0
武陟	3.9	2.3	6.2	0.02	0.00	0.02	5.1	0	3.2

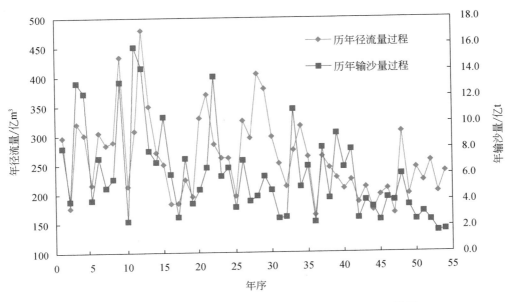

图 4-5　黄河中游四站历年径流量和输沙量过程（6 亿 t/a 情景）

四站多年平均水量为 262.0 亿 m³，其中，汛期水量为 135.1 亿 m³，占全年总水量的 51.6%；年平均沙量为 6.01 亿 t，汛期沙量为 5.33 亿 t，占全年总沙量的 88.7%。全年和汛期平均含沙量分别为 39.5kg/m³ 和 22.9kg/m³。

该系列龙门站最大年水量为 401.6 亿 m³，最小年水量为 137.6 亿 m³，两者比值为 2.92；最大年沙量为 11.83 亿 t，最小沙量为 0.60 亿 t，两者比值为 19.72。四站最大年水量为 479.5 亿 m³，最小年水量为 163.6 亿 m³，两者比值为 2.93；最大年沙量为 15.78 亿 t，最小沙量为 1.60 亿 t，两者比值为 9.86。

（3）未来黄河来沙 3 亿 t/a 情景方案

对于黄河来沙量 3 亿 t/a 情景，该沙量体现黄河近一段时期来沙量，2000~2013 年四站实测沙量 2.996 亿 t，与设计 3 亿 t 情景最接近，因此，直接选用 2000~2013 年实测水沙过程作为 3 亿 t/a 情景方案的设计水沙条件。可选取 2000 年以后实测水沙资料组成设计代表系列。2000 年以来四站实测径流量和输沙量过程如图 4-6 所示。

（4）未来黄河来沙 1 亿 t/a 情景方案

根据 2000 年以来中游四站实测水沙资料，实测来沙在 1 亿 t/a 左右的年份为 2008 年、2009 年、2011 年、2014 年、2015 年和 2016 年，年均水量为 225.44 亿 m³，年均沙量为 1.03 亿 t，作为该情景方案下四站来水量和来沙量。未来黄河来沙 1 亿 t/a 情景方案，可选取 2000 年以后实测水沙资料组成设计代表系列，根据实测来沙 1 亿 t/a 左右的水沙量，按比例对设计代表系列进行打折。2000 年以来黄河中游四站实测水沙量如表 4-17 所示。

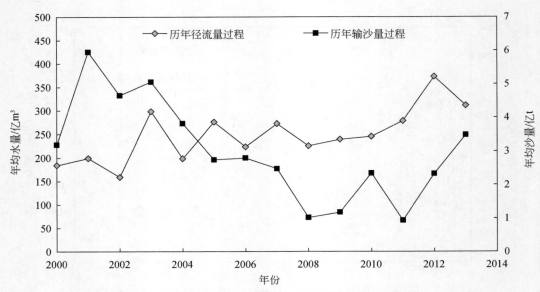

图 4-6　2000 年以来黄河中游四站实测径流量和输沙量过程

表 4-17　2000～2016 年黄河中游四站实测水沙量统计表

时段	水量/亿 m³			沙量/亿 t			含沙量/(kg/m³)		
	汛期	非汛期	全年	汛期	非汛期	全年	汛期	非汛期	全年
2000 年 7 月～2001 年 6 月	83.29	100.70	183.99	2.88	0.31	3.19	34.6	3.1	17.3
2001 年 7 月～2002 年 6 月	68.69	130.24	198.93	4.02	1.94	5.96	58.5	14.9	30.0
2002 年 7 月～2003 年 6 月	66.06	92.88	158.94	4.29	0.36	4.65	64.9	3.9	29.3
2003 年 7 月～2004 年 6 月	164.65	133.41	298.06	4.68	0.38	5.06	28.4	2.8	17.0
2004 年 7 月～2005 年 6 月	81.54	116.66	198.20	3.37	0.45	3.82	41.3	3.9	19.3
2005 年 7 月～2006 年 6 月	124.71	150.88	275.59	2.42	0.32	2.74	19.4	2.1	9.9
2006 年 7 月～2007 年 6 月	102.18	121.08	223.26	2.41	0.38	2.79	23.6	3.1	12.5
2007 年 7 月～2008 年 6 月	128.46	143.64	272.10	2.05	0.42	2.47	16.0	2.9	9.1
2008 年 7 月～2009 年 6 月	87.44	137.60	225.04	0.78	0.24	1.02	8.9	1.7	4.5
2009 年 7 月～2010 年 6 月	89.69	149.16	238.85	0.96	0.22	1.18	10.7	1.5	4.9
2010 年 7 月～2011 年 6 月	126.01	119.02	245.03	2.19	0.15	2.34	17.4	1.3	9.5
2011 年 7 月～2012 年 6 月	128.53	149.44	277.97	0.82	0.15	0.97	6.4	1.0	3.5
2012 年 7 月～2013 年 6 月	220.68	151.85	372.53	2.16	0.19	2.35	9.8	1.3	6.3
2013 年 7 月～2014 年 6 月	171.68	139.18	310.86	3.38	0.10	3.48	19.7	0.7	11.2
2014 年 7 月～2015 年 6 月	116.48	141.25	257.73	0.52	0.11	0.63	4.5	0.8	2.4
2015 年 7 月～2016 年 6 月	67.10	99.47	166.57	0.59	0.17	0.76	8.8	1.7	4.6
2016 年 7 月～2017 年 6 月	82.93	103.53	186.46	1.51	0.14	1.65	18.2	1.4	8.8
多年平均	112.36	128.23	240.59	2.30	0.35	2.65	20.5	2.7	11.0

2. 不同情景方案水沙代表系列选取

(1) 系列长度

水沙系列长度采用 50 年。

(2) 选取原则

平均水沙量尽可能接近设计值、系列尽可能连续;选取的水沙代表系列应由尽量少的自然连续系列组合而成;选取的水沙系列应反映丰水年、平水年、枯水年的水沙变化情况。

(3) 不同情景方案水沙代表系列

A. 8 亿 t/a 和 6 亿 t/a 情景方案

1956 ~ 2010 年 (54 年) 基本系列中,四站水量,前 13 年处于连续偏丰时段;14 ~ 19 年,处于连续偏枯时段;20 ~ 35 年,处于连续平偏丰时段;36 ~ 54 年,处于连续偏枯时段。沙量,前 15 年处于连续偏丰时段;16 ~ 41 年,处于连续平偏枯时段;42 ~ 54 年,处于连续偏枯时段,如图 4-7 所示。

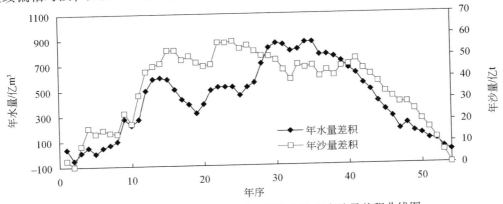

图 4-7 1956 ~ 2009 年黄河中游四站基本系列水沙量差积曲线图

本章从平均水沙量尽可能接近设计值、系列尽可能连续的角度考虑,选取 1959 ~ 2008 年 (50 年) 设计水沙系列作为 8 亿 t/a、6 亿 t/a 情景方案的水沙代表系列。

黄河主要控制站水沙量如表 4-18 和表 4-19 所示,由表可见,宁蒙河段干流年水量为 286.4 亿 m³,年沙量为 0.94 亿 t,支流年沙量为 0.61 亿 t,年风积沙为 0.16 亿 t。8 亿 t 情景,四站年水量为 272.29 亿 m³、年沙量为 7.94 亿 t。6 亿 t 情景,四站年水量为 262.29 亿 m³,年沙量为 5.95 亿 t。

表 4-18 黄河上游宁蒙河段主要控制站水沙量统计表

河道及水文站		径流量/亿 m³			输沙量/亿 t		
		汛期	非汛期	全年	汛期	非汛期	全年
宁蒙河段	下河沿	133.6	152.8	286.4	0.76	0.18	0.94
	支流	4.05	2.92	6.97	0.56	0.05	0.61
	风积沙	—	—	—	0.027	0.133	0.16

表 4-19 不同水沙情景黄河中游四站水沙量统计表

情景	水文站	水量/亿 m³				沙量/亿 t			
		汛期	非汛期	全年	占四站比例/%	汛期	非汛期	全年	占四站比例/%
8 亿 t/a	龙门	104.29	109.85	214.14	78.64	4.12	0.69	4.81	60.58
	华县	28.35	17.15	45.50	16.71	2.39	0.18	2.57	32.37
	河津	4.45	3.34	7.79	2.86	0.10	0.01	0.11	1.39
	状头	2.91	1.95	4.86	1.78	0.42	0.03	0.45	5.67
	四站	140.00	132.29	272.29	100.00	7.03	0.91	7.94	100.00
6 亿 t/a	龙门	100.46	105.81	206.27	78.64	3.09	0.52	3.61	60.67
	华县	27.31	16.52	43.83	16.71	1.79	0.14	1.93	32.44
	河津	4.29	3.22	7.51	2.86	0.07	0.01	0.08	1.34
	状头	2.80	1.88	4.68	1.78	0.31	0.02	0.33	5.55
	四站	134.86	127.43	262.29	100.00	5.26	0.69	5.95	100.00
3 亿 t/a	龙门	77.49	108.36	185.85	75.41	1.28	0.30	1.58	52.84
	华县	32.29	18.77	51.06	20.72	1.15	0.08	1.23	41.14
	河津	2.53	1.89	4.42	1.79	0.00	0.00	0.00	0
	状头	3.20	1.91	5.11	2.07	0.17	0.01	0.18	6.02
	四站	115.51	130.93	246.44	100.00	2.60	0.39	2.99	100.00
1 亿 t/a	龙门	71.73	98.64	170.37	75.57	0.44	0.11	0.55	53.92
	华县	28.16	18.17	46.33	20.55	0.38	0.03	0.41	40.20
	河津	2.33	1.84	4.17	1.85	0.00	0.00	0.00	0
	状头	2.84	1.73	4.57	2.03	0.06	0.00	0.06	5.88
	四站	105.07	120.38	225.44	100.00	0.88	0.14	1.02	100.00

B. 3 亿 t/a 情景方案

2000~2013 年四站实测沙量为 2.996 亿 t，与设计 3 亿 t/a 情景最接近，因此，直接选用 2000~2013 年实测 14 年系列（连续循环 3 次），和 2002~2009 年组成 50 年系列作为该情景方案的水沙代表系列。主要控制站水沙量如表 4-19 所示，四站年水量为 246.44 亿 m³、年沙量为 2.99 亿 t。

C. 1 亿 t/a 情景方案

1 亿 t/a 情景方案年均水量为 225.44 亿 m³，年均沙量为 1.02 亿 t。采用 2000~2016 年实测系列连续循环组成 50 年系列后，四站水量过程按设计水量为 225.44 亿 m³ 和 2000~2016 年实测系列年均水量为 240.59 亿 m³ 的比值打折，沙量过程按设计沙量 1.0 亿 t/a 和 2000~2016 年实测系列年均沙量 2.65 亿 t 的比值打折，作为该情景方案的水沙代表系列。

4.2.2 未来水库和河道冲淤演变趋势

采用一维泥沙冲淤计算数学模型[48]开展了现状工程条件下未来水库和河道冲淤计算，预测未来水库和河道冲淤演变趋势。用三门峡水库、小浪底水库和宁蒙河段、小北干流、渭河下游、黄河下游河道泥沙冲淤实测资料对采用的数学模型进行了验证。

1. 宁蒙河段

采用 2012 年实测地形（最新实测资料），开展宁蒙河段泥沙冲淤计算。图 4-8 为现状条件下宁蒙河段泥沙冲淤计算结果图，由图可见，现状条件，未来 50 年宁蒙河段年均淤积量为 0.59 亿 t，淤积主要集中在内蒙古河段，年均淤积量为 0.54 亿 t。随着河道的淤积，中水河槽逐渐萎缩，过流能力减小，最小平滩流量将由现状的 1600m³/s 减小到 1000m³/s 左右（巴彦高勒至头道拐河段）。

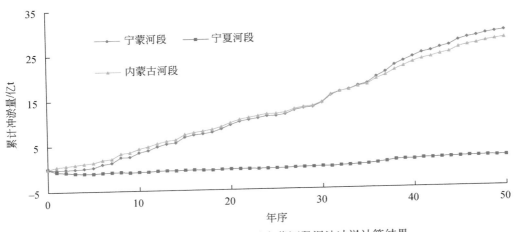

图 4-8　现状条件下黄河上游宁蒙河段泥沙冲淤计算结果

《黄河黑山峡河段开发功能定位论证项目专题报告》深入论证了调整龙羊峡水库、刘家峡水库（简称龙刘水库）运用方式的冲淤作用，提出减少水库汛期蓄水，并根据河道泥沙冲淤特性泄放大流量过程，对减少宁蒙河段淤积、恢复中水河槽行洪输沙功能具有一定的作用，与现状运用方式相比，龙刘水库汛期少蓄水 30 亿 m³左右，宁蒙河段年均减淤量为 0.22 亿 t 左右，平滩流量增加至 1800m³/s 左右。

然而，调整龙刘水库运用方式也带来了不利影响，随着龙刘水库汛期增泄水量增大，将会影响龙羊峡水库的多年调节能力，造成流域内缺水量增加。与现状相比，龙刘水库汛期少蓄水 30 亿 m³，多年平均河道外配置水量均减少 18.9 亿 m³，将严重影响黄河流域经济社会供水，同时使黄河干流梯级电站的发电效益特别是保证出力和非汛期电能指标减少较大，电站保证出力降低 1766MW，非汛期电量减少 106.9 亿 kW·h，将影响西北电网调峰和"西电东送"的高峰期送电任务，严重影响电网的供电安全。除此之外，调整龙羊峡水库运用方式还涉及经济、社会等多方面因素，涉及管理体制的制约，实际操作起来非常困难[49]。

2. 小北干流和渭河下游

采用 2017 年实测地形，设计水沙系列使用两次组成 100 年水沙过程，利用渭河下游（咸阳-渭河口）、小北干流（黄淤 68-潼关）、三门峡库区（潼关-黄淤 1）汇流区河段一维泥沙冲淤计算模型，开展不同情景方案小北干流和渭河下游泥沙冲淤计算。

（1）小北干流泥沙冲淤计算结果

不同水沙情景方案下，黄河中游小北干流河道累计冲淤量变化过程的计算结果如图 4-9 所示。

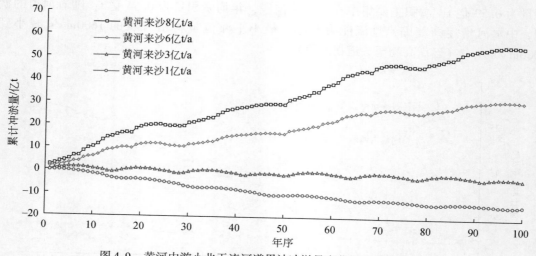

图 4-9 黄河中游小北干流河道累计冲淤量变化过程的计算结果

黄河来沙 8 亿 t/a 情景方案，进入小北干流的干流龙门站、支流汾河河津站合计年均水量和年均沙量分别为 221.94 亿 m³ 和 4.92 亿 t，其中，汛期水量和沙量分别为 108.74 亿 m³ 和 4.21 亿 t，分别占年均水量和年均沙量的 49% 和 85.6%。计算期 100 年末河道累计淤积泥沙 55.86 亿 t，年均淤积 0.56 亿 t。

黄河来沙 6 亿 t/a 情景方案，干流龙门站、支流汾河河津站合计年均水量和年均沙量分别为 213.78 亿 m³ 和 3.69 亿 t，其中，汛期水量和沙量分别为 104.75 亿 m³ 和 3.16 亿 t，分别占年均水量和年均沙量的 49% 和 85.6%。计算期 100 年末河道累计淤积泥沙 31.64 亿 t，年均淤积 0.32 亿 t。

黄河来沙 3 亿 t/a 情景方案，干流龙门站、支流汾河河津站合计年均水量和年均沙量分别为 190.28 亿 m³ 和 1.59 亿 t，其中，汛期水量和沙量分别为 80.03 亿 m³ 和 1.28 亿 t，分别占年均水量和年均沙量的 42% 和 81%。计算期 100 年末河道微冲，年均冲刷泥沙 0.03 亿 t。

黄河来沙 1 亿 t/a 情景方案，干流龙门站、支流汾河河津站合计年均水量和年均沙量分别为 172.95 亿 m³ 和 0.57 亿 t，其中，汛期水量和沙量分别为 73.39 亿 m³ 和 0.46 亿 t，分别占年均水量和年均沙量的 42% 和 81% 。计算期 100 年末河道累计冲刷泥沙 14.02 亿 t，年均冲刷泥沙 0.14 亿 t。

（2）渭河下游河道泥沙冲淤计算结果

不同水沙情景方案下，渭河下游河道累计冲淤量变化过程的计算结果如图 4-10 所示。

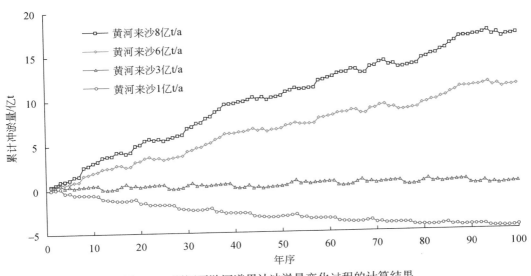

图 4-10　渭河下游河道累计冲淤量变化过程的计算结果

黄河来沙 8 亿 t/a 情景方案，渭河华县站年均水量和年均沙量为 45.50 亿 m³ 和 2.57 亿 t，其中，汛期水量和沙量分别为 28.35 亿 m³ 和 2.39 亿 t，分别占年均水量和年均沙量的 62.3% 和 93.0%。计算期 100 年末河道累计淤积泥沙 17.10 亿 t，年均淤积 0.17 亿 t。

黄河来沙 6 亿 t/a 情景方案，渭河华县站年均水量和沙量为 43.83 亿 m³ 和 1.93 亿 t，其中，汛期水量和沙量分别为 27.31 亿 m³ 和 1.79 亿 t，分别占年水量和沙量的 62.3% 和 92.7%。计算期 100 年末河道累计淤积泥沙 11.28 亿 t，年均淤积 0.11 亿 t。

黄河来沙 3 亿 t/a 情景方案，渭河华县站年均水量和年均沙量为 51.06 亿 m³ 和 1.23 亿 t，其中，汛期水量和沙量分别为 32.29 亿 m³ 和 1.15 亿 t，分别占年均水量和年均沙量的 63.2% 和 93.5%。河道微淤，年均淤积 0.004 亿 t。

黄河来沙 1 亿 t/a 情景方案，渭河华县站年均水量和年均沙量为 45.91 亿 m³ 和 0.42 亿 t，其中，汛期水量和沙量分别为 27.91 亿 m³ 和 0.39 亿 t，分别占年均水量和年均沙量的 60.8% 和 92.9%。计算期 100 年末河道累计冲刷泥沙 4.59 亿 t，年均冲刷 0.05 亿 t。

（3）潼关高程计算结果

不同水沙情景方案下，潼关高程变化过程的计算结果如图 4-11 所示。

黄河来沙 8 亿 t/a 情景方案，潼关高程淤积抬升，年均抬升 0.009m；黄河来沙 6 亿 t/a 情景方案，潼关高程淤积抬升，年均抬升 0.006m；黄河来沙 3 亿 t/a 情景方案，潼关高程基本维持在 328m 附近；黄河来沙 1 亿 t/a 情景方案，汛期来水量和大流量过程较少，对潼关高程冲刷作用有限，潼关高程略有降低。

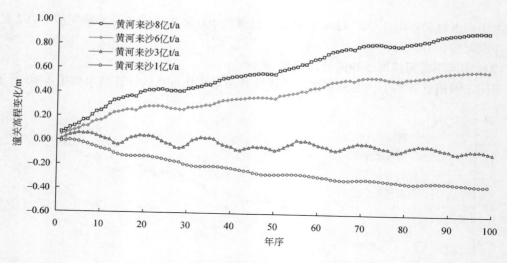

图 4-11 黄河中游潼关高程变化过程的计算结果

3. 三门峡水库

近年来，三门峡水库汛期敞泄排沙，运用水位按 305m 控制，非汛期平均水位不超过 315m，最高运用水位不超过 318m，水库基本保持冲淤平衡。

本节采用 2017 年实测地形，开展了三门峡水库泥沙冲淤计算，计算期为 100 年。不同水沙情景方案水库泥沙冲淤计算结果如图 4-12 所示。由图可见，不同水沙情景方案，三门峡水库基本冲淤平衡。

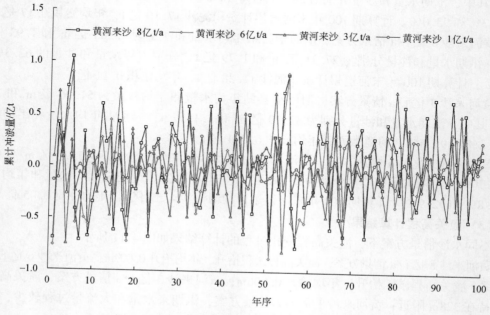

图 4-12 黄河中游三门峡水库泥沙冲淤计算结果

4. 小浪底水库

利用一维泥沙冲淤计算模型，开展不同情景方案小浪底水库泥沙冲淤计算。

（1）计算条件

采用 2017 年实测地形，开展小浪底水库泥沙冲淤计算，计算期为 100 年。黄河小北干流、渭河下游冲淤调整后，不同水沙情景方案下进入小浪底库区的水沙量如表 4-20 所示。

表 4-20　不同水沙情景方案下进入小浪底库区的水沙量统计表

情景	时段	水量/亿 m³				沙量/亿 t			
		汛期 （7~10 月）	非汛期 （11~6 月）	全年	汛期占比 /%	汛期 （7~10 月）	非汛期 （11~6 月）	全年	汛期占比 /%
8 亿 t/a	1~50 年	132.35	120.06	252.41	52.43	6.81	0.30	7.11	95.78
	50~100 年	132.36	120.06	252.42	52.44	6.96	0.31	7.27	95.74
	1~100 年	132.36	120.06	252.42	52.44	6.89	0.31	7.20	95.69
6 亿 t/a	1~50 年	127.30	115.27	242.57	52.48	5.23	0.23	5.46	95.79
	50~100 年	127.31	115.27	242.58	52.48	5.32	0.24	5.56	95.68
	1~100 年	127.31	115.27	242.58	52.48	5.28	0.24	5.52	95.65
3 亿 t/a	1~50 年	108.80	118.05	226.85	47.96	2.86	0.16	3.02	94.70
	50~100 年	108.79	118.05	226.84	47.96	2.86	0.16	3.02	94.70
	1~100 年	108.79	118.05	226.84	47.96	2.86	0.16	3.02	94.70
1 亿 t/a	1~50 年	97.56	106.54	204.09	47.80	1.26	0.08	1.34	94.03
	50~100 年	97.59	106.54	204.13	47.81	1.10	0.07	1.17	94.02
	1~100 年	97.57	106.54	204.11	47.80	1.18	0.07	1.25	94.40

（2）计算结果

不同水沙情景方案下，小浪底水库累计冲淤量变化过程的计算结果如图 4-13 所示。

8 亿 t/a 情景方案，小浪底水库剩余拦沙库容淤满时间为计算期的第 13 年即 2030 年，未来拦沙期 13 年内水库年均淤积量为 3.33 亿 m³；6 亿 t/a 情景方案，小浪底水库剩余拦沙库容淤满时间为计算期的第 20 年即 2037 年，未来拦沙期 20 年内水库年均淤积量为 2.17 亿 m³；3 亿 t/a 情景方案，小浪底水库剩余拦沙库容淤满时间为计算期的第 43 年即 2060 年，未来拦沙期 43 年内水库年均淤积量为 1.01 亿 m³；1 亿 t/a 情景方案，计算期 100 年末水库即将拦满，未来水库年均淤积量为 0.40 亿 m³。

5. 下游河道

（1）未来河道冲淤演变趋势

采用 2018 年实测地形，利用下游河道一维泥沙冲淤计算模型，开展不同情景方案下游河道泥沙冲淤计算。计算期为 100 年。不同水沙情景方案下进入黄河下游河道设计水沙量如表 4-21 所示。

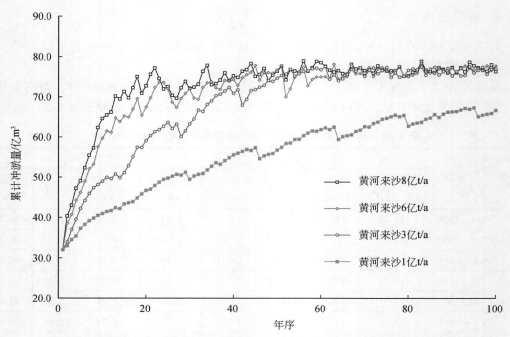

图 4-13　黄河中游小浪底水库累计冲淤量变化过程的计算结果

表 4-21　不同水沙情景方案下进入黄河下游河道设计水沙量统计表

情景	时段	水量/亿 m³				沙量/亿 t			
		汛期 (7~10 月)	非汛期 (11~6 月)	全年	汛期占比 /%	汛期 (7~10 月)	非汛期 (11~6 月)	全年	汛期占比 /%
8 亿 t/a	1~50 年	140.81	136.97	277.78	50.69	5.89	0.01	5.90	99.83
	50~100 年	146.40	131.92	278.32	52.60	7.19	0.01	7.20	99.86
	1~100 年	143.61	134.44	278.05	51.65	6.54	0.01	6.55	99.85
6 亿 t/a	1~50 年	133.39	134.55	267.94	49.78	4.26	0.01	4.27	99.77
	50~100 年	140.14	127.98	268.12	52.27	5.50	0.01	5.51	99.82
	1~100 年	136.77	131.26	268.03	51.03	4.88	0.01	4.89	99.80
3 亿 t/a	1~50 年	109.83	141.72	251.55	43.66	1.84	0.00	1.84	100.00
	50~100 年	120.79	131.01	251.80	47.97	2.84	0.00	2.84	100.00
	1~100 年	115.31	136.37	251.68	45.82	2.34	0.00	2.34	100.00
1 亿 t/a	1~50 年	88.44	138.91	227.35	38.90	0.68	0.00	0.68	100.00
	50~100 年	97.73	129.62	227.35	42.99	0.89	0.00	0.89	100.00
	1~100 年	93.08	134.26	227.34	40.94	0.79	0.00	0.79	100.00

　　不同水沙情景方案下，黄河下游河道泥沙冲淤计算结果如图 4-14 所示，黄河下游河道最小平滩流量计算结果如图 4-15 所示。

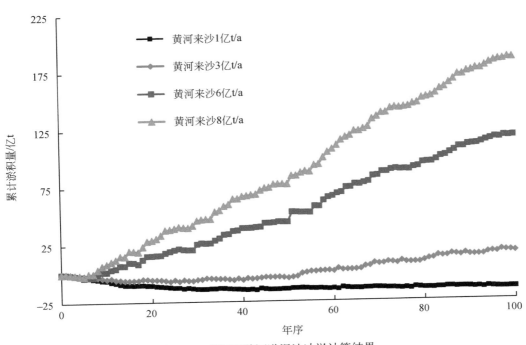

图 4-14 黄河下游河道泥沙冲淤计算结果

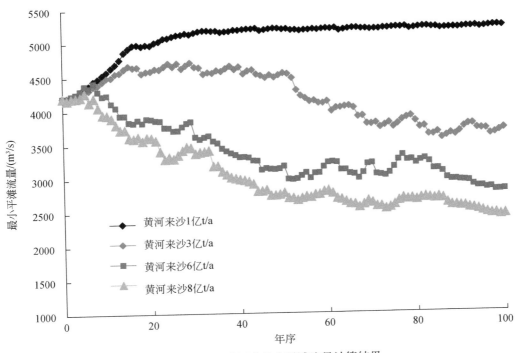

图 4-15 黄河下游河道最小平滩流量计算结果

8 亿 t/a 情景方案，小浪底水库 2030 年淤满，淤满后 50 年内下游河道年均淤积 2.04 亿 t，随着下游河道淤积最小平滩流量将降低至 2440m³/s；6 亿 t/a 情景方案，小浪底水库 2037 年淤满，淤满后 50 年内下游河道年均淤积 1.37 亿 t，随着下游河道淤积最小平滩流量将降低至 2800m³/s；3 亿 t/a 情景方案，小浪底水库 2060 年淤满，淤满后 50 年内下游河道年均淤积泥沙 0.37 亿 t，拦沙库容淤满至计算期末，下游河道最小平滩流量减小约 900m³/s；1 亿 t/a 情景方案，小浪底水库计算期 100 年内即将淤满，计算期末下游河道累计冲刷 14.78 亿 t。从下游河道最小平滩流量过程来看，最小平滩流量在达到 5000m³/s 后，不再随着河道的冲刷继续扩大，反而呈现逐渐减少趋势。统计 1 亿 t/a 情景方案下计算得到的下游各河段累计冲淤量如表 4-22 所示，计算期末，花园口以上、花园口至高村河段累计冲刷量分别为 4.01 亿 t、10.58 亿 t，高村至艾山河段累计淤积 3.18 亿 t，艾山至利津累计冲刷 3.38 亿 t。最小平滩流量出现在高村至艾山的卡口河段，随着该河段淤积，河道最小平滩流量减少。

表 4-22　来沙 1 亿 t/a 时黄河下游河道累计分段淤积量统计表　（单位：亿 t）

计算时段	花园口以上	花园口至高村	高村至艾山	艾山至利津	利津以上
1～50 年	−3.80	−8.26	0.91	−3.21	−14.36
1～100 年	−4.01	−10.58	3.18	−3.38	−14.78

（2）未来河道河势变化分析

河势演变是来水来沙与河床边界相互作用、相互影响的结果，大量研究成果表明，系统的河道治理有利于限制主流游荡摆动，有利于窄深稳定河槽的形成；相较于洪水和枯水流路，中水流路对不同的来水条件适应性更强，控制并维持下游河势，需要有配套完善的河道整治工程，同时需要有适宜的流量过程塑造并维持与河道整治工程适应的中水河槽规模，进而形成稳定的中水流路。

调查近年来黄河下游洪水时"横河"和"斜河"发生情况，黄河下游兰考至东明河段已经修筑大量的控导工程，取得了显著的防洪效益，但是从黄河总体走势上看，黄河下游河道在此段由东转向东北，东坝头是近直角的大弯，其河道主流转弯角度大于 90°。大洪水时可能直冲大堤，1855 年黄河改道即发生于此。黄河过东坝头后，于禅房控导工程着溜送至右岸蔡集控导工程处，大洪水时可能直冲大堤至险工处，可能发生大堤决口。大水在控导工程着溜送溜，振荡下行，还可能在王高寨控导工程、老君堂控导工程后行至大堤，可能在樊庄与谢寨闸等处发生决口。东明至东平湖河段已经修筑大量的控导工程，但大洪水时仍可能直冲大堤。

统计 2000 年以来进入下游的大于 2500m³/s 的洪水过程年均天数仅 13.11 天，年均水量为 36.68 亿 m³。未来黄河来沙 1 亿 t/a 情景方案，进入下游的大于 2500m³/s 的洪水过程年均天数 13.06 天，年均水量为 35.95 亿 m³。未来黄河来沙 1 亿 t/a 情景方案进入下游的大流量过程进一步减少，小流量天数进一步增加。小水形成的过分弯曲的小弯道得不到调整，直河段因水流能力小得不到应有的发展，在没有河道整治工程控制且河床土质含黏量低的河段，斜河或横河等畸形河弯将进一步发育，主流直冲大堤，将可能造成堤防根基松动，发生堤身坍塌，进而发展成口门，发生洪水决溢的风险。

4.2.3 未来防洪减淤与水沙调控需求

1. 未来黄河上游防洪减淤与水沙调控需求

不同来源洪水过程在宁蒙河段的冲淤表现。1986 年龙刘水库联合运用后，汛期进入宁蒙河段的水量和利于输沙的大流量过程大幅度减小，水流长距离输沙动力减弱，导致河道汛期由冲刷变为淤积、粒径小于 0.1mm 的泥沙大量落淤，河道淤积加重，淤积的泥沙主要在内蒙古巴头河段的主槽内，中水河槽过流能力由 20 世纪 80 年代的 3000～4000m³/s 下降到目前的 1500～2000m³/s，导致目前宁蒙河段防凌防洪形势十分严峻。

从表 4-23 给出的不同来源洪水在宁蒙河段冲淤作用来看，干流发生洪水期间宁蒙河段总体表现为冲刷，支流发生洪水期间宁蒙河段主要表现为淤积，干支流共同发生洪水期间支流来沙淤积比大幅度减小。为减轻宁蒙河段淤积需要对干流来水进行有效调控，增加大流量过程[50]。

表 4-23 不同来源洪水对黄河上游宁蒙河段的冲淤作用

项目		洪水场次	来沙量/亿 t	河段累计冲淤量/亿 t	排沙比/%
干流洪水	非漫滩洪水	75	13.676	−6.946	−50.8
	漫滩洪水	7	5.146	2.262	44
	汇总	82	18.822	−4.684	−24.9
支流		23	11.136（其中干流 0.208）	1.676	15.1
干支流洪水遭遇		3	3.411（其中干流 1.684）	1.82	53.4

由图 4-16 所示的黄河中游宁蒙河段不同流量级不同含沙量级洪水冲淤效率可见，下河沿洪水量级达到 2500～3000m³/s，才能在宁蒙河段达到较好的冲刷（或减淤）效果。由图 4-17 和图 4-18 黄河中游宁蒙河段 2500～3000m/s 量级洪水持续历时和宁蒙河段冲淤的关系可见，15 天以上的洪水过程才能在宁蒙河段达到较好的冲刷（或减淤）效果，洪水持续历时达到 30 天冲刷效果最好。

由表 4-24 给出的下河沿站设计水沙条件看，未来 50 年 2500m³/s 以上的洪水过程尤其是持续 15 天以上且大于 2500m³/s 的洪水过程明显无法满足冲刷恢复宁蒙河段中水河槽的需要，导致河道年均淤积量为 0.59 亿 t，平滩流量最小降低至 1000m³/s 左右。

调整龙刘水库运用方式，增加汛期大流量过程，可以增加宁蒙河段的平滩流量减小河道淤积，但是不能彻底解决问题，且增加汛期下泄水量会造成流域内缺水量增加，对工农业用水、梯级发电产生不利影响。除协调水沙关系外，目前龙刘水库联合承担宁蒙河段防凌任务，影响两库综合效益，根据相关研究防凌还需要约 38.4 亿 m³ 反调节库容。因此，未来上游仍需修建大型骨干工程。

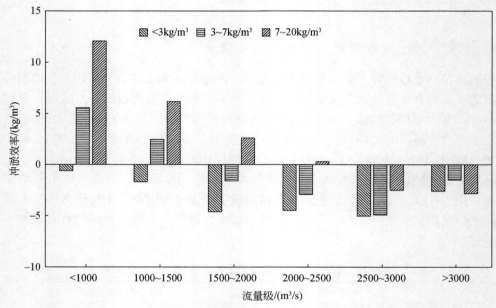

图 4-16　黄河中游宁蒙河段不同流量级不同含沙量级洪水冲淤效率

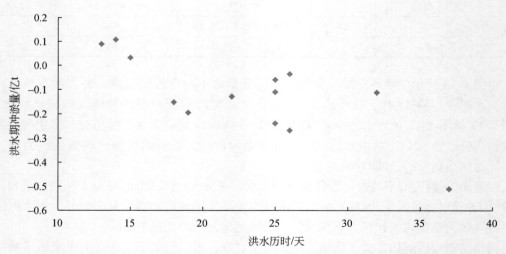

图 4-17　黄河中游宁蒙河段 2500~3000m³/s 量级洪水持续历时与洪水期冲淤量的关系

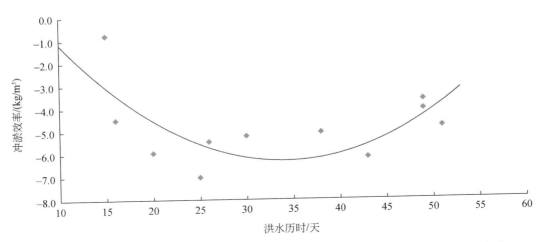

图 4-18　黄河中游宁蒙河段 2500～3000m³/s 量级洪水持续历时与洪水期冲淤效率的关系

表 4-24　黄河上游下河沿站设计水沙条件

时段	>2500m³/s 的洪水			持续 15 天以上>2500m³/s 的洪水			平滩流量变化 /（m³/s）
	年均场次	年均天数/天	水量占汛期水量比例/%	年均场次	年均天数/天	水量占汛期水量比例/%	
未来 50 年（设计水沙系列）	0.8	4.3	8.8	0.1	1.4	3.3	2000～1000
1965～1986 年（21 年）	2.3	26.6	39.1	0.6	17	26.2	3500～4400
1986～2014 年（28 年）	0.3	2.1	5.1	0.1	1.6	3.9	4400（1986 年）～1200（2004 年）～1600（2014 年）

2. 未来黄河中下游防洪减淤与水沙调控需求

(1) 冲刷降低潼关高程

潼关高程长期居高不下，即使在 2000 年以来黄河实测来沙量显著减小，潼关高程仍长期维持在 328m 附近，这是造成渭河下游防洪问题突出的重要因素。近期，随着三门峡水库运用水位的改善，潼关高程的变化主要取决于潼关断面来水来沙因素。

采用 1973 年以来的实测资料，建立的潼关断面汛期水量和潼关高程升降的相关关系如图 4-19 和图 4-20 所示，由图可见，潼关高程升降值和汛期水量尤其是 2000m³/s 以上的大流量水量变化过程具有较好的趋势关系，2000m³/s 以上流量相应的水量越大，潼关高程下降值越大。因此，为了有效冲刷降低潼关高程，需要塑造一定量级和一定历时的大流量水量变化过程。

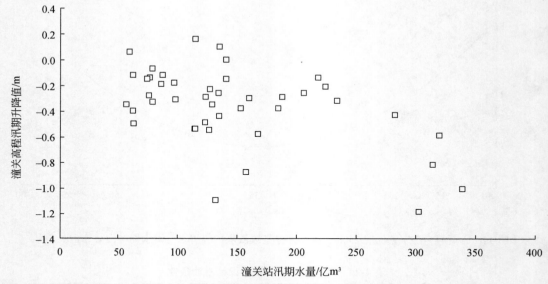

图 4-19　黄河中游潼关高程变化与汛期水量的关系

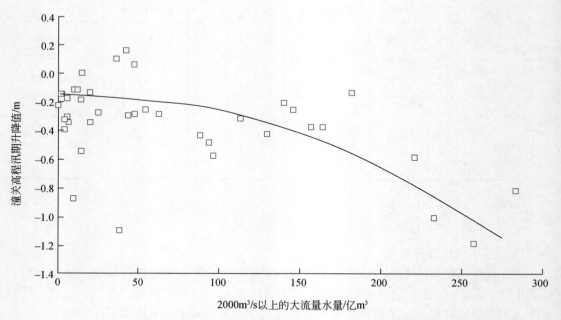

图 4-20　黄河中游潼关高程变化与2000m³/s以上的大流量水量的关系

　　进一步分析桃汛期洪水与潼关高程变化的关系，如图4-21和图4-22所示，由图可见：①洪峰流量小于2000m³/s时，潼关高程表现为抬升，洪峰流量在2000～2500m³/s时，潼关高程可冲刷下降0.10～0.20m；②洪量在13亿m³以上时，潼关高程可下降0.10～

0.20m；③洪水历时不低于 8~10 天，能达到较好冲刷降低潼关高程效果。

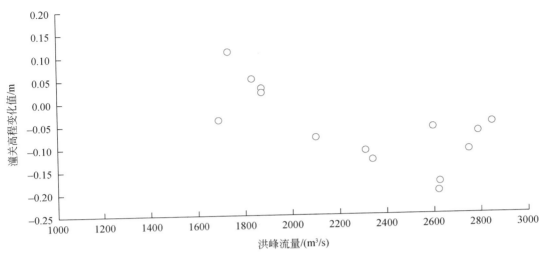

图 4-21　黄河中游潼关高程变化值与洪峰流量的关系

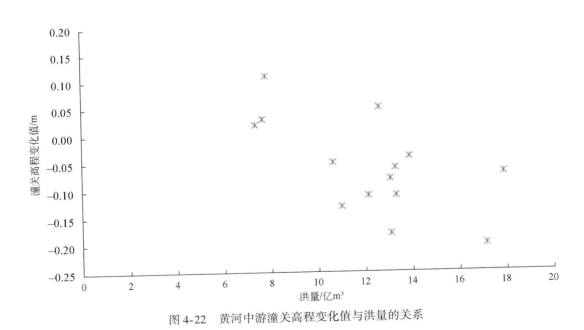

图 4-22　黄河中游潼关高程变化值与洪量的关系

从表 4-25 给出的中游四站设计水沙条件看，未来 50 年黄河来沙 6 亿 t/a 情景方案和来沙 3 亿 t/a 情景方案，四站大流量过程远远不能满足冲刷降低潼关高程的要求。因此，未来冲刷降低潼关高程需要在潼关以上建设骨干水库，拦沙并塑造一定历时、一定量级的大流量。

（2）冲刷小浪底水库恢复调水调沙库容

小浪底水库拦沙库容淤满后，协调小浪底水库恢复库容和下游河道减淤需要采用 3500m³/s 以上的大流量过程冲刷库区，水量需要达到 16 亿 m³ 以上（考虑一次大流量过程排沙 1 亿 t 左右）。目前，三门峡水库、万家寨水库汛期调控库容小，无法满足冲刷小浪底库区恢复和保持有效库容的需要，需要在潼关以上建设骨干水库调控水沙。小浪底水库拦沙库容淤满后，水库只有 10 亿 m³ 的调水调沙库容，依靠水库蓄水难以满足一次有效冲刷恢复黄河下游中水河槽的调水调沙水量要求，下游河道还将进一步淤高，中水河槽将难以维持。

表 4-25 黄河中游四站设计水沙条件统计表

时段		>2500m³/s 的洪水			持续 10 天以上>2500m³/s 的洪水			同期潼关高程变化/m
		年均场次	天数/天	水量占汛期水量比例/%	年均场次	天数/天	水量占汛期水量比例/%	
设计水沙	6 亿 t/a 情景	2.8	10.92	11.6	0.22	4.76	5.4	年均抬升 0.01m
	3 亿 t/a 情景	1.62	5.64	13	0.06	1.74	3.7	维持不变
1973~1986 年（13 年）		7.23	39.77	50.1	1	25.4	32.8	326.64~326.64
1986~2016 年（30 年）		2.2	6.63	15.8	0.1	2.1	4.8	326.64（1986 年）~328.33（2000 年）~327.88（2016 年）

（3）减轻下游河道淤积

未来 50 年黄河中游来沙 8 亿 t/a，小浪底水库 2030 年淤满，淤满后 50 年内下游河道年均淤积 2.04 亿 t，最小平滩流量将降低至 2440m³/s；黄河中游来沙 6 亿 t/a，小浪底水库 2037 年淤满，淤满后 50 年内下游河道年均淤积 1.37 亿 t，最小平滩流量将降低至 2800m³/s；黄河中游来沙 3 亿 t/a，小浪底水库拦沙库容淤满后下游河道年均淤积 0.37 亿 t，平滩流量将降低至 3500m³/s 左右；黄河来沙 1 亿 t/a，下游河道整体表现为冲刷，但计算期末高村至艾山河段累计淤积 3.18 亿 t，最小平滩流量出现在高村至艾山的卡口河段，随着该河段淤积，中水河槽难以长期维持。未来仍需要利用中游水库群开展调水调沙，协调进入黄河下游的水沙关系。2004 年以来，探索了通过现状万家寨水库、三门峡水库、小浪底水库群联合调度冲刷小浪底水库和黄河下游河道淤积的泥沙，协调了黄河水沙关系、减少了下游河道淤积、延长了水库拦沙库容使用寿命，但万家寨水库、三门峡水库调节库容较小，所能提供的水流动力条件不足，水库出库含沙量较小。若中游发生高含沙洪水，水库仅能依靠异重流排沙，出库水流含沙量较小，不仅不能充分发挥水流的输沙功能，而且造成大量泥沙在库区淤积，影响水库拦沙库容的使用寿命。

（4）稳定下游河道河势

黄河下游堤防为土质堤防，历史上堤防决口形式一般可分为漫决、冲决、溃决、扒决。据统计，1855～1935 年的 80 年中，兰考至东明、东明至东平湖河段共发生堤防决口的年份有 35 年，决口 56 处，其中兰考（东坝头）至东明河段决口 19 处，东明至东平湖（桩号 336+600）决口 37 处。按照决口性质统计，堤防冲决占 53%，漫决占 19%，溃决占 16%。因此，冲决是该河段堤防决口的主要形式。济南以下河段共发生堤防决口的年份有 24 年，决口 54 处。按照决口性质统计，堤防冲决占 25%，漫决占 17%，溃决占 40%。历史上漫决不追究河官之罪，不排除冲决和溃决被记录为漫决，由此可见，黄河堤防决口应该以冲决和溃决为主，漫决所占比例较小。人民治黄以来，随着黄河下游防洪工程体系建设，花园口断面设防标准已经提高到近 1000 年一遇，大洪水漫决的概率非常小，因此，未来黄河下游堤防最可能的决口形式为冲决和溃决。

黄河水少、沙多，水沙关系不协调，是黄河复杂难治的症结。经过人民对黄河持续的系统治理，防洪减灾体系基本建成，但是黄河下游防洪短板依然突出，洪水依然是最大威胁。当前下游还有 299km 游荡型河段河势未完全控制，其危及大堤安全。未来随着流域生态保护和经济社会用水发展，水沙关系不协调的矛盾将长期存在。特别是若未来黄河中游来水来沙量进一步减小，持续的小水过程必然造成河势上提下挫，畸形河湾将进一步发育。由于现状工程是按照 4000m³/s 的整治流量进行布局的，未来若河势上提下挫，局部畸形河湾过度发育，现状工程布局将不再适应未来河势，现状工程的控制能力将持续降低，黄河主流发生摆动，河势突变风险会逐渐增加。一旦河势发生突变，黄河将很快形成"斜河"或"横河"，主流直冲大堤，堤防偎水后，将可能造成堤防根基松动，发生堤身坍塌，进而发展成口门，发生洪水决溢风险。稳定下游河势需要有配套完善的河道整治工程和长期维持中水河槽规模，需要上游水库泄放一定历时的流量和水量来维持。

因此，未来仍需要在小浪底水库上游修建骨干水库进行水沙调控，上级水库为下级水库排沙提供动力，下级水库对上级水库出库水沙过程进行二次调控，共同协调进入黄河下游的水沙关系，减缓水库淤积，实现黄河下游河床不抬高，较长期维持中水河槽行洪输沙功能，维持下游河势稳定。

4.3 未来黄河防洪减淤与水沙调控模式

4.3.1 现状水库运用方式优化

1. 方案拟定

近十多年来，三门峡水库汛期敞泄排沙，运用水位按 305m 控制，非汛期最高运用水位不超过 318m，水库基本冲淤平衡。三门峡水库运用仍按现状方式，以下重点针对小浪底水库运用方式优化进行研究。

截至 2020 年 4 月，小浪底水库累计淤积泥沙量为 32.86 亿 m³，水库运用处于拦沙后期第一阶段。小浪底水利枢纽拦沙后期运用调度的目标为按设计确定的条件、指标及有关运用原则，考虑近期和长远利益，合理利用淤沙库容，塑造合理的库区泥沙淤积形态，保持长期有效库容，正确处理各项开发任务的需求，充分发挥枢纽以防洪减淤为主的综合利用效益[51]。根据小浪底水库开发目标及近期入库水沙特点，其拦沙后期的运用方式为：汛期采取防洪、拦沙和调水调沙的运用方式，非汛期按照防断流、灌溉、供水、发电要求进行调节，即多年调节泥沙、相应降低水位冲刷、拦沙和调水调沙运用的防洪减淤运用方式，汛期逐步抬高汛限水位运用。

小浪底水库运用方式的优化从水库综合效益方面进行比选。基于小浪底水库运用现状，结合入库水沙条件，拟定了逐步抬高汛限水位运用（逐步抬高汛限水位方案）和一次抬高汛限水位运用（一次抬高汛限水位方案）两种方案，分析水库运用减淤、发电效益，对不同来沙情景方案下小浪底水库运用方式进行优化。

2. 黄河来沙 8 亿 t/a 情景方案下运用方式及效果

(1) 小浪底水库泥沙冲淤

黄河来沙 8 亿 t/a 情景方案下，不同运用方案水库泥沙冲淤计算结果如图 4-23 所示，由图可见，逐步抬高汛限水位方案，小浪底水库剩余拦沙库容淤满时间为计算期的第 13 年（即 2030 年），未来拦沙期 13 年内水库年均淤积量为 3.33 亿 m³。运用一次抬高汛限水位方案，水库运用水位高，库区淤积速率快，小浪底水库剩余拦沙库容淤满时间为计算期的第 9 年（即 2026 年），未来拦沙期 9 年内水库年均淤积量为 4.82 亿 m³。

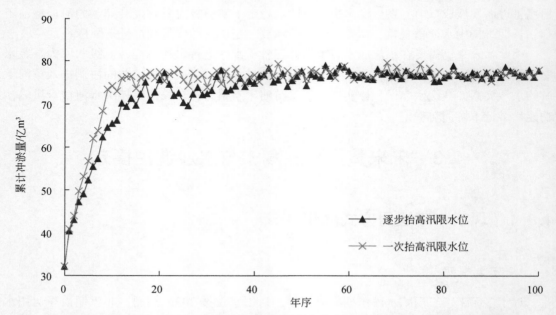

图 4-23　黄河来沙 8 亿 t/a 情景方案下不同运用方案小浪底水库泥沙冲淤计算结果图

（2）黄河下游河道泥沙冲淤

表 4-26 为水库运用前 20 年进入黄河下游河道水沙量的统计表，由表可见，一次抬高汛限水位方案，水库以蓄水拦沙为主，库区运用水位高，淤积速率快，进入下游河道的大流量（>2500m³/s）天数、水量、沙量和含沙量均小于逐步抬高汛限水位方案。

表 4-26　未来黄河来沙 8 亿 t/a 情景方案下水库运用前 20 年进入黄河下游河道水沙量的统计表

时段	流量级 /(m³/s)	逐步抬高汛限水位①			一次抬高汛限水位②			②-①		
		天数 /天	水量 /亿 m³	沙量 /亿 t	天数 /天	水量 /亿 m³	沙量 /亿 t	天数 /天	水量 /亿 m³	沙量 /亿 t
1~20 年	0~500	143.10	53.11	0.24	139.75	51.75	0.30	-3.35	-1.36	0.06
	500~1000	162.30	96.65	0.27	160.15	95.71	0.38	-2.15	-0.94	0.11
	1000~1500	13.05	13.71	0.05	20.10	21.09	0.09	7.05	7.38	0.04
	1500~2000	6.95	10.49	0.06	7.80	11.86	0.10	0.85	1.37	0.04
	2000~2500	6.00	11.62	0.08	6.10	11.69	0.05	0.10	0.07	-0.03
	2500~3000	4.95	11.54	0.10	8.19	8.19	0.11	-1.45	-3.35	0.01
	3000~3500	3.30	9.30	0.10	3.10	8.71	0.06	-0.20	-0.59	-0.04
	3500~4000	13.25	43.95	3.05	11.20	36.11	2.25	-2.05	-7.84	-0.80
	>4000	12.10	44.25	0.71	13.30	49.37	0.80	1.20	5.12	0.09
	>2500	33.60	109.04	3.96	31.10	102.38	3.22	-2.50	-6.66	-0.74
	合计	365.00	294.62	4.66	365.00	294.48	4.14	0.00	-0.14	-0.52

两个方案下黄河下游河道泥沙冲淤变化过程的计算结果如图 4-24 所示，最小平滩流量变化过程的计算结果如图 4-25 所示，由图可见，逐步抬高汛限水位方案，小浪底水库 2030 年淤满，淤满后 50 年内下游河道年均淤积 2.04 亿 t，随着下游河道淤积最小平滩流量将降低至 2440m³/s。一次抬高汛限水位方案，小浪底水库 2026 年淤满，淤满后 50 年内下游河道年均淤积量与现状运用方案相当，随着下游河道淤积最小平滩流量将降低至 2300m³/s。

（3）发电效益

水轮机发电量可用式（4-1）表示：

$$N = 9.81\eta QH \tag{4-1}$$

式中，Q 为通过水电站水轮机的流量；H 为水电站的净水头；η 为水电站效率。表 4-27 给出了不同运用方案下小浪底电站的年均发电量，由表可见，小浪底水库拦沙期内，逐步抬高汛限水位方案，水库拦沙期还有 13 年，拦沙期内电站年均发电量为 59.38 亿 kW·h，拦沙库容淤满后 50 年电站年均发电量为 58.84 亿 kW·h。一次抬高汛限水位方案，水库拦沙期还有 9 年，比逐步抬高汛限水位方案少 4 年，由于运用水位高，拦沙期内电站年均发电量为 65.31 亿 kW·h，比逐步抬高汛限水位方案多 5.93 亿 kW·h。水库进入正常运用期后运用方式相同，两方案拦沙库容淤满后 50 年电站年均发电量相同。

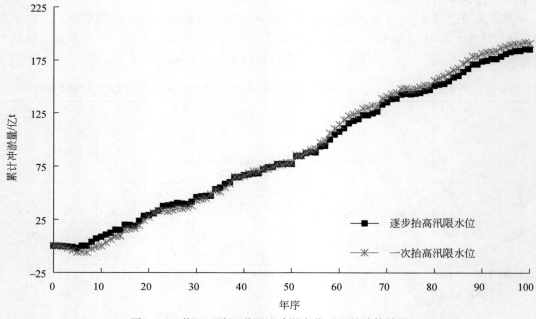

图 4-24 黄河下游河道泥沙冲淤变化过程的计算结果

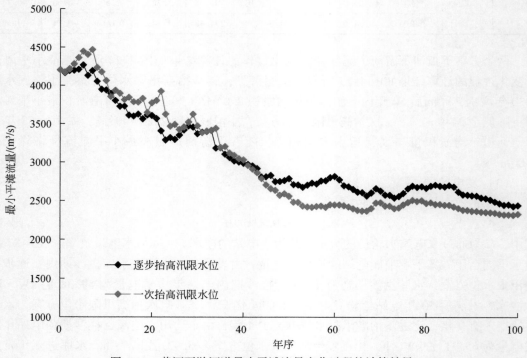

图 4-25 黄河下游河道最小平滩流量变化过程的计算结果

表 4-27　不同运用方案下小浪底电站的年均发电量

方案	剩余拦沙库容淤满年限/年	年均发电量/(亿 kW·h)	
		拦沙期内	拦沙库容淤满后 50 年
逐步抬高汛限水位①	13（2030 年淤满）	59.38	58.84
一次抬高汛限水位②	9（2026 年淤满）	65.31	58.84
差值（②-①）	-4	5.93	0

（4）运用方式推荐

通过比较水库运用前 20 年、前 50 年的综合效益，推荐来沙 8 亿 t/a 情景方案下水库的运用方式。两个方案的比较结果如表 4-28 所示。

表 4-28　未来黄河来沙 8 亿 t/a 情景方案下水库和河道冲淤计算结果的统计表

方案	水库剩余拦沙库容淤满年限/年	水库拦沙期内		水库拦沙库容淤满后 50 年		计算期 20 年		计算期 50 年	
		下游河道年均冲淤量/亿 t	电站年发电量/(亿 kW·h)	下游河道年均冲淤量/亿 t	电站年均发电量/(亿 kW·h)	下游河道年均冲淤量/亿 t	电站年均发电量/(亿 kW·h)	下游河道年均冲淤量/亿 t	电站年均发电量/(亿 kW·h)
逐步抬高汛限水位①	13（2030 年淤满）	0.46	59.38	2.04	58.84	1.08	59.16	1.63	58.97
一次抬高汛限水位②	9（2026 年淤满）	0.13	65.31	2.04	58.84	1.25	61.43	1.70	59.88
差值（②-①）	-4	-0.33	5.93	0	0	0.17	2.27	0.07	0.91

逐步抬高汛限水位方案，小浪底水库剩余拦沙库容淤满年限还有 13 年（2030 年淤满），计算期 20 年内下游河道年均淤积 1.08 亿 t，年均发电量为 59.16 亿 kW·h。计算期 50 年内下游河道年均淤积 1.63 亿 t，年均发电量为 58.97 亿 kW·h。

一次抬高汛限水位方案，小浪底水库剩余拦沙库容淤满年限还有 9 年（2026 年淤满）。计算期 20 年内下游河道年均淤积 1.25 亿 t，年均发电量为 61.43 亿 kW·h。计算期 50 年下游河道年均淤积 1.70 亿 t，年均发电量为 59.88 亿 kW·h。

黄河下游河道减淤量国民经济效益计算采用最优等效替代工程费用法，以挖河为替代措施，按减淤效益 35 元/m³ 计算。发电效益采用替代火电站的边际成本费用 0.40 元/(kW·h)计算。则计算期 20 年内，逐步抬高汛限水位方案年均增加减淤效益 4.20 亿元，发电效益少 0.91 亿元，则逐步抬高汛限水位方案减淤、发电效益合计比一次抬高汛限水位方案多 3.49 亿元；计算期 50 年内，逐步抬高汛限水位方案年均增加减淤效益 1.75 亿元，发电效益少 0.36 亿元，则逐步抬高汛限水位方案减淤、发电效益合计比一次抬高汛限水位方案多 1.40 亿元。

综上所述，黄河来沙 8 亿 t/a 情景方案下，水库按逐步抬高汛限水位方案取得的减淤效益优于按一次抬高汛限水位方案取得的发电效益，推荐按逐步抬高汛限水位方案运用。

3. 黄河来沙 6 亿 t 情景方案下运用方式及效果

（1）小浪底水库泥沙冲淤

黄河来沙 6 亿 t/a 情景方案下，不同运用方案水库泥沙冲淤计算结果如图 4-26 所示，由图可见，逐步抬高汛限水位方案，小浪底水库剩余拦沙库容淤满时间为计算期第 20 年（即 2037 年），未来拦沙期内水库年均淤积量为 2.17 亿 m³。一次抬高汛限水位方案，小浪底水库剩余拦沙库容淤满时间为计算期第 14 年（即 2031 年），未来拦沙期内水库年均淤积量为 3.10 亿 m³。

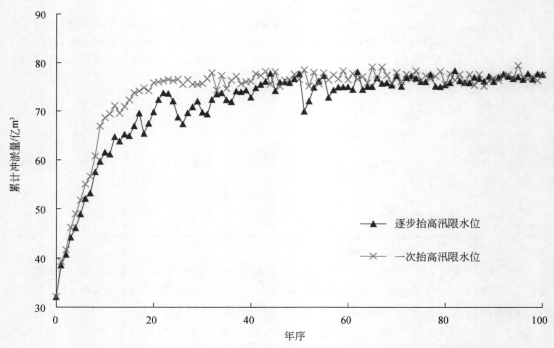

图 4-26　黄河来沙 6 亿 t/a 情景方案下不同运用方案小浪底水库泥沙冲淤计算结果

（2）黄河下游河道泥沙冲淤

表 4-29 为水库运用前 20 年进入黄河下游河道水沙量的统计表，由表可见，一次抬高汛限水位运用方案，水库以蓄水拦沙为主，库区运用水位高，淤积速率快，进入下游河道的大流量（>2500m³/s）天数、水量、沙量和含沙量均小于逐步抬高汛限水位方案。

表 4-29　未来黄河来沙 6 亿 t/a 情景方案下水库运用前 20 年进入黄河下游河道水沙量的统计表

时段	流量级 /(m³/s)	逐步抬高汛限水位①			一次抬高汛限水位②			②-①		
		天数 /天	水量 /亿 m³	沙量 /亿 t	天数 /天	水量 /亿 m³	沙量 /亿 t	天数 /天	水量 /亿 m³	沙量 /亿 t
1~20 年	0~500	143.10	53.11	0.24	139.75	51.75	0.30	-3.35	-1.36	0.06
	500~1000	162.30	96.65	0.27	160.15	95.71	0.38	-2.15	-0.94	0.11
	1000~1500	13.05	13.71	0.05	20.10	21.09	0.09	7.05	7.38	0.04
	1500~2000	6.95	10.49	0.06	7.80	11.86	0.10	0.85	1.37	0.04
	2000~2500	6.00	11.62	0.08	6.10	11.69	0.05	0.10	0.07	-0.03
	2500~3000	4.95	11.54	0.10	3.50	8.19	0.11	-1.45	-3.35	0.01
	3000~3500	3.30	9.30	0.10	3.10	8.71	0.06	-0.20	-0.59	-0.04
	3500~4000	13.25	43.95	3.05	11.20	36.11	2.25	-2.05	-7.84	-0.80
	>4000	12.10	44.25	0.71	13.30	49.37	0.80	1.20	5.12	0.09
	>2500	33.60	109.04	3.96	31.10	102.38	3.22	-2.50	-6.66	-0.74
	合计	365.00	294.62	4.66	365.00	294.48	4.14	0.00	-0.14	-0.52

　　两个方案下黄河下游河道泥沙冲淤变化过程的计算结果如图 4-27 所示，最小平滩流量变化过程如图 4-28 所示，由图可见，逐步抬高汛限水位方案，小浪底水库 2037 年淤满，淤满后 50 年内下游河道年均淤积 1.37 亿 t，随着下游河道淤积最小平滩流量将降低至 2800m³/s。一次抬高汛限水位方案，小浪底水库 2031 年淤满，淤满后 50 年内下游河道年均淤积量与现状运用方案相当，随着下游河道淤积最小平滩流量将降低至 2490m³/s。

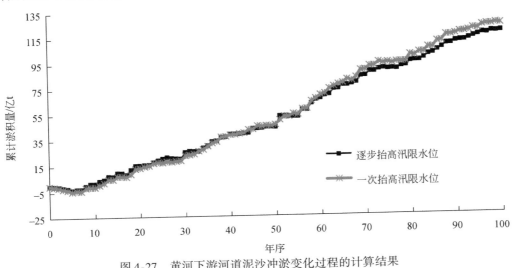

图 4-27　黄河下游河道泥沙冲淤变化过程的计算结果

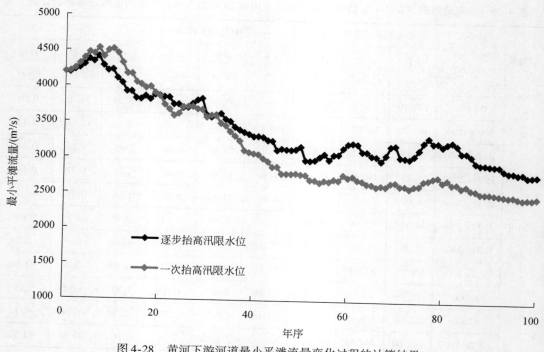

图 4-28 黄河下游河道最小平滩流量变化过程的计算结果

（3）发电效益

经计算，小浪底水库拦沙期内，逐步抬高汛限水位方案，水库拦沙期还有 20 年，拦沙期内电站年均发电量为 55.52 亿 kW·h，拦沙库容淤满后 50 年电站年均发电量为 54.61 亿 kW·h。一次抬高汛限水位方案，水库拦沙期还有 14 年，比逐步抬高汛限水位方案短 6 年，由于运用水位高，拦沙期内电站年均发电量为 59.65 亿 kW·h，比逐步抬高汛限水位方案多 4.13 亿 kW·h。水库进入正常运用期后运用方式相同，两个方案拦沙库容淤满后 50 年电站年均发电量相同，具体如表 4-30 所示。

表 4-30　不同运用方案下小浪底电站发电量

方案	剩余拦沙库容淤满年限/年	年均发电量/（亿 kW·h）	
		拦沙期内	拦沙库容淤满后 50 年
逐步抬高汛限水位①	20（2037 年淤满）	55.52	54.61
一次抬高汛限水位②	14（2031 年淤满）	59.65	54.61
差值（②-①）	-6	4.13	0

（4）运用方式推荐

通过比较水库运用前 20 年、前 50 年的综合效益，推荐来沙 6 亿 t/a 情景方案下水库的运用方式。两个方案的比较结果如表 4-31 所示。

表 4-31　未来黄河来沙 6 亿 t/a 情景方案下水库河道冲淤计算结果的统计表

方案	水库剩余拦沙库容淤满年限/年	水库拦沙期内		水库拦沙库容淤满后 50 年		计算期 20 年		计算期 50 年	
		下游河道年均冲淤量/亿 t	电站年发电量/(亿 kW·h)	下游河道年均冲淤量/亿 t	电站年均发电量/(亿 kW·h)	下游河道年均冲淤量/亿 t	电站年均发电量/(亿 kW·h)	下游河道年均冲淤量/亿 t	电站年均发电量/(亿 kW·h)
逐步抬高汛限水位①	20 (2037 年淤满)	0.23	55.52	1.37	54.61	0.23	55.52	0.87	54.97
一次抬高汛限水位②	14 (2031 年淤满)	-0.08	59.65	1.37	54.61	0.33	58.14	0.91	56.02
差值 (②-①)	-6	-0.31	4.13	0	0	0.10	2.62	0.04	1.05

逐步抬高汛限水位方案，小浪底水库剩余拦沙库容淤满年限还有 20 年（2037 年淤满），计算期 20 年内下游河道年均淤积 0.23 亿 t，年均发电量为 55.52 亿 kW·h。计算期 50 年内下游河道年均淤积量为 0.87 亿 t，年均发电量为 54.97 亿 kW·h。

一次抬高汛限水位方案，小浪底水库剩余拦沙库容淤满年限还有 14 年（2031 年淤满）。计算期 20 年内下游河道年均淤积 0.33 亿 t，年均发电量为 58.14 亿 kW·h。计算期 50 年下游河道年均淤积为 0.91 亿 t，年均发电量为 56.02 亿 kW·h。

黄河下游河道减淤量国民经济效益计算采用最优等效替代工程费用法，以挖河为替代措施，按减淤效益 35 元/m³ 计算。发电效益采用替代火电站的边际成本费用 0.40 元/(kW·h) 计算。则计算期 20 年内，逐步抬高汛限水位方案年均增加减淤效益 2.50 亿元，发电效益少 1.05 亿元，则逐步抬高汛限水位方案减淤、发电效益合计比一次抬高汛限水位方案多 1.55 亿元；计算期 50 年内，逐步抬高汛限水位方案年均增加减淤效益 1.0 亿元，发电效益少 0.42 亿元，则逐步抬高汛限水位方案减淤、发电效益合计比一次抬高汛限水位方案多 0.62 亿元。

综上所述，黄河来沙 6 亿 t/a 情景方案下，水库按逐步抬高汛限水位方案取得的减淤效益优于按一次抬高汛限水位方案取得的发电效益，推荐按逐步抬高汛限水位方案运用。

4. 黄河来沙 3 亿 t/a 情景方案下运用方式及效果

(1) 小浪底水库泥沙冲淤

黄河来沙 3 亿 t/a 情景方案下，不同运用方案水库泥沙冲淤变化过程的计算结果如

图4-29所示，由图可见，逐步抬高汛限水位方案，小浪底水库剩余拦沙库容淤满时间为计算期第43年（即2060年），未来拦沙期内水库年均淤积量为1.01亿 m³。一次抬高汛限水位方案，小浪底水库剩余拦沙库容淤满时间为计算期第30年（即2047年），未来拦沙期内水库年均淤积量为1.45亿 m³。

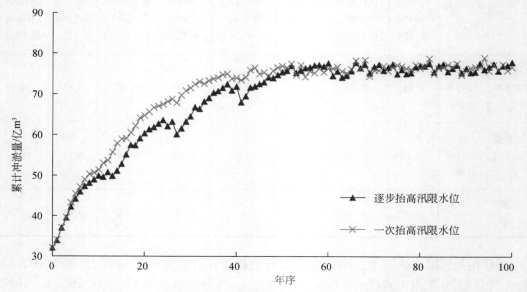

图4-29　不同运用方案小浪底水库泥沙冲淤变化过程的计算结果

（2）黄河下游河道泥沙冲淤

表4-32为水库运用前50年进入黄河下游河道水沙量的统计表，由表可见，一次抬高汛限水位方案，水库以蓄水拦沙为主，库区运用水位高，淤积速率快，进入下游河道的大流量（>2500m³/s）天数、水量、沙量和含沙量均小于逐步抬高汛限水位方案。

表4-32　未来黄河来沙3亿 t/a 情景方案下水库运用前50年进入黄河下游河道水沙量的统计表

时段	流量级/(m³/s)	逐步抬高汛限水位①			一次抬高汛限水位②			②-①		
		天数/天	水量/亿 m³	沙量/亿 t	天数/天	水量/亿 m³	沙量/亿 t	天数/天	水量/亿 m³	沙量/亿 t
1~50年	0~500	163.20	60.52	0.18	162.56	60.07	0.26	-0.64	-0.45	0.08
	500~1000	160.30	96.45	0.18	158.84	96.03	0.31	-1.46	-0.42	0.13
	1000~1500	10.18	10.84	0.04	11.94	12.86	0.11	1.76	2.02	0.07
	1500~2000	9.14	13.64	0.01	10.38	15.30	0.06	1.24	1.66	0.05
	2000~2500	2.94	5.67	0.05	3.00	5.76	0.09	0.06	0.09	0.04

时段	流量级 /(m³/s)	逐步抬高汛限水位①			一次抬高汛限水位②			②-①		
		天数 /天	水量 /亿 m³	沙量 /亿 t	天数 /天	水量 /亿 m³	沙量 /亿 t	天数 /天	水量 /亿 m³	沙量 /亿 t
1~50 年	2500~3000	1.38	3.22	0.04	1.30	3.02	0.01	-0.08	-0.20	-0.03
	3000~3500	0.76	2.11	0.06	0.94	2.60	0.01	0.18	0.49	-0.05
	3500~4000	8.70	28.70	1.25	6.48	20.90	0.78	-2.22	-7.80	-0.47
	>4000	8.40	30.39	0.03	9.56	34.98	0.09	1.16	4.59	0.06
	>2500	19.24	64.42	1.38	18.28	61.50	0.89	-0.96	-2.92	-0.49
	合计	365.00	251.54	1.84	365.00	251.52	1.72	0.00	-0.02	-0.12

　　两个方案下黄河下游河道泥沙冲淤变化过程的计算结果如图 4-30 所示，最小平滩流量变化过程如图 4-31 所示，由图可见，逐步抬高汛限水位方案，小浪底水库 2060 年淤满，淤满后 50 年内下游河道年均淤积 0.37 亿 t，最小平滩流量减小约 900m³/s。一次抬高汛限水位运用方案，小浪底水库 2047 年淤满后 50 年内下游河道年均淤积量与现状运用方案相当，最小平滩流量减小约 1100m³/s。

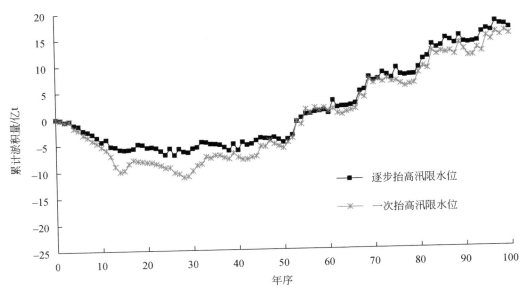

图 4-30　黄河下游河道泥沙冲淤变化过程计算结果

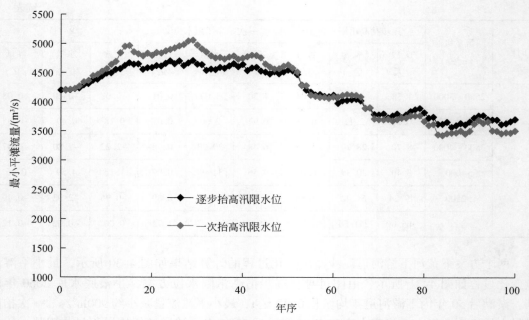

图 4-31   黄河下游河道最小平滩流量变化过程的计算结果

（3）发电效益

经计算，小浪底水库拦沙期内，逐步抬高汛限水位方案，水库拦沙期还有 43 年，拦沙期内电站年均发电量为 53.42 亿 kW·h，拦沙库容淤满后 50 年电站年均发电量为 53.06 亿 kW·h。一次抬高汛限水位方案，水库拦沙期还有 30 年，比逐步抬高汛限水位方案短 13 年，由于运用水位高，拦沙期内电站年均发电量为 56.72 亿 kW·h，比逐步抬高汛限水位方案多 3.30 亿 kW·h。水库进入正常运用期后运用方式相同，两方案拦沙库容淤满后 50 年电站年均发电量相同，具体如表 4-33 所示。

表 4-33   不同运用方案下小浪底电站的年均发电量

方案	剩余拦沙库容淤满年限/年	年均发电量/（亿 kW·h）	
		拦沙期内	拦沙库容淤满后 50 年
逐步抬高汛限水位	43（2060 年淤满）	53.42	53.06
一次抬高汛限水位②	30（2047 年淤满）	56.72	53.06
差值（②-①）	-13	3.30	0

（4）运用方式推荐

通过比较水库运用前 20 年、前 50 年的综合效益，推荐来沙 3 亿 t/a 情景方案下水库的运用方式。两个方案的比较结果如表 4-34 所示。

表 4-34　未来黄河来沙 3 亿 t/a 情景方案下水库河道冲淤计算结果的统计表

方案	水库剩余拦沙库容淤满年限/年	水库拦沙期内		水库拦沙库容淤满后 50 年		计算期 20 年		计算期 50 年	
		下游河道年均冲淤量/亿 t	电站年发电量/(亿 kW·h)	下游河道年均冲淤量/亿 t	电站年均发电量/(亿 kW·h)	下游河道年均冲淤量/亿 t	电站年均发电量/(亿 kW·h)	下游河道年均冲淤量/亿 t	电站年均发电量/(亿 kW·h)
逐步抬高汛限水位 ①	43（2060 年淤满）	-0.22	53.42	0.37	53.06	-0.22	53.42	-0.13	53.36
一次抬高汛限水位 ②	30（2047 年淤满）	-0.38	56.72	0.37	53.06	-0.38	56.72	-0.11	55.33
差值（②-①）	-13	-0.16	3.3	0	0	-0.16	3.30	0.02	1.97

　　逐步抬高汛限水位方案，小浪底水库剩余拦沙库容淤满年限还有 43 年（2060 年淤满），计算期 20 年内下游河道年均冲刷 0.22 亿 t，年均发电量为 53.42 亿 kW·h。计算期 50 年内下游河道年均冲刷 0.13 亿 t，年均发电量为 53.36 亿 kW·h。

　　一次抬高汛限水位方案，小浪底水库剩余拦沙库容淤满年限还有 30 年（2047 年淤满）。计算期 20 年内下游河道年均冲刷 0.38 亿 t，年均发电量为 56.72 亿 kW·h。计算期 50 年下游河道年均冲刷 0.11 亿 t，年均发电量为 55.33 亿 kW·h。

　　两个方案下下游河道在未来 50 年内还将处于冲刷状态。比较两个方案的发电效益，发电效益采用替代火电站的边际成本费用 0.40 元/（kW·h）计算，计算期 20 年内，逐步抬高汛限水位方案年均发电效益少 1.32 亿元；计算期 50 年内，逐步抬高汛限水位方案年均发电效益少 0.79 亿元。

　　因此，黄河来沙 3 亿 t/a 情景方案下，小浪底水库可由逐步抬高汛限水位方案调整为一次抬高汛限水位方案运用，在实现下游河道减淤的前提下，取得更大的发电效益。

5. 黄河来沙 1 亿 t/a 情景方案下运用方式及效果

（1）小浪底水库泥沙冲淤

　　黄河来沙 1 亿 t/a 情景方案下，不同运用方案水库泥沙冲淤变化过程的计算结果如图 4-32 所示，由图可见，逐步抬高汛限水位方案，小浪底水库计算期 100 年末即将淤满，水库年均淤积量为 0.40 亿 m³。一次抬高汛限水位方案，小浪底水库剩余拦沙库容淤满时间为计算第 75 年即 2092 年，未来拦沙期内水库年均淤积量为 0.58 亿 m³。

（2）黄河下游河道泥沙冲淤

　　表 4-35 为水库运用 100 年进入黄河下游河道水沙量，由表可见，一次抬高汛限水位运用方案，水库以蓄水拦沙为主，库区运用水位高，淤积速率快，进入下游河道的大流量

（>2500m³/s）天数、水量、沙量和含沙量均小于逐步抬高汛限水位方案。

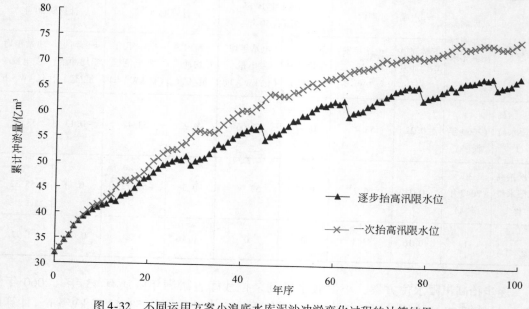

图 4-32　不同运用方案小浪底水库泥沙冲淤变化过程的计算结果

表 4-35　未来黄河来沙 1 亿 t/a 情景方案下水库运用 100 年进入黄河下游河道水沙量的统计表

时段	流量级 /(m³/s)	逐步抬高汛限水位①			一次抬高汛限水位②			②-①		
		天数 /天	水量 /亿 m³	沙量 /亿 t	天数 /天	水量 /亿 m³	沙量 /亿 t	天数 /天	水量 亿 m³	沙量 亿 t
1～100 年	0～500	178.74	65.20	0.10	178.50	64.77	0.18	-0.24	-0.43	0.08
	500～1000	155.07	93.45	0.08	152.79	92.46	0.18	-2.28	-0.99	0.10
	1000～1500	9.30	9.72	0.01	11.04	11.92	0.07	1.74	2.20	0.06
	1500～2000	6.19	9.10	0.01	7.21	10.53	0.02	1.02	1.43	0.01
	2000～2500	2.04	3.94	0.02	2.65	5.06	0.04	0.61	1.12	0.02
	2500～3000	0.84	1.98	0.03	1.21	2.88	0.00	0.37	0.90	-0.03
	3000～3500	0.48	1.36	0.04	0.78	2.19	0.00	0.30	0.83	-0.04
	3500～4000	6.09	19.99	0.49	4.44	14.31	0.13	-1.65	-5.68	-0.36
	>4000	6.25	22.62	0.01	6.38	23.23	0.01	0.13	0.61	0.00
	>2500	13.66	45.95	0.57	12.81	42.61	0.14	-0.85	-3.34	-0.43
	合计	365.00	227.36	0.79	365.00	227.35	0.63	0.00	-0.01	-0.16

　　两个方案下黄河下游河道泥沙冲淤变化过程的计算结果如图 4-33 所示，最小平滩流量变化过程的计算结果如图 4-34 所示。由图可见，逐步抬高汛限水位方案，小浪底水库计算期 100 年内即将淤满，计算期末下游河道累计冲刷 14.78 亿 t，下游河道最小平滩流

量维持在 5200m³/s 左右。一次抬高汛限水位方案，小浪底水库 2092 年淤满，下游河道冲刷量和最小平滩流量略大于逐步抬高汛限水位运用方案。

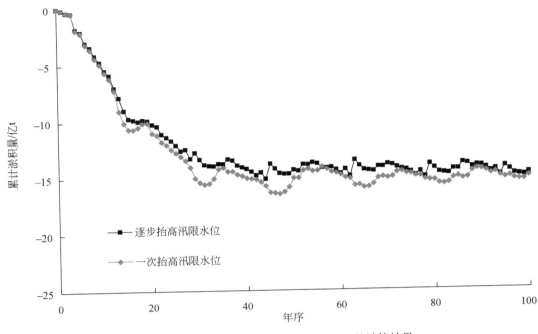

图 4-33　黄河下游河道泥沙冲淤变化过程的计算结果

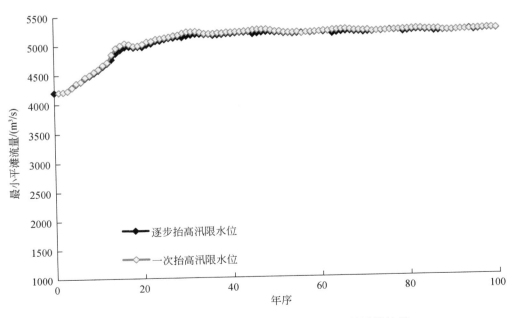

图 4-34　黄河下游河道最小平滩流量变化过程的计算结果

（3）发电效益

经计算，小浪底水库拦沙期内，逐步抬高汛限水位方案，水库计算期 100 年内即将淤满，年均发电量为 46.09 亿 kW·h。一次抬高汛限水位方案，水库拦沙期还有 75 年，由于运用水位高，电站年均发电量为 48.91 亿 kW·h，比逐步抬高汛限水位方案年均多 2.82 亿 kW·h，具体如表 4-36 所示。

表 4-36　不同运用方案下小浪底电站的年均发电量

方案	剩余拦沙库容淤满年限/年	年均发电量/（亿 kW·h）
逐步抬高汛限水位①	即将淤满	46.09
一次抬高汛限水位②	75（2092 年淤满）	48.91
差值（②-①）	—	2.82

（4）运用方式推荐

通过比较水库运用 100 年的综合效益，推荐来沙 1 亿 t/a 情景方案下水库的运用方式。两个方案的比较结果如表 4-37 所示。

表 4-37　未来黄河来沙 1 亿 t/a 情景方案下水库河道冲淤计算结果的统计表

方案	水库剩余拦沙库容淤满年限/年	下游河道累计冲淤量/亿 t
逐步抬高汛限水位①	即将淤满	-14.78
一次抬高汛限水位②	75（2092 年淤满）	-15.09
差值（②-①）	—	-0.31

逐步抬高汛限水位方案，小浪底水库计算期 100 年内即将淤满，计算期末下游河道累计冲刷 14.78 亿 t，年均发电量为 46.09 亿 kW·h。

一次抬高汛限水位方案，小浪底水库剩余拦沙库容淤满年限还有 75 年（2092 年淤满），下游河道冲刷量略大于逐步抬高汛限水位方案，年均发电量为 48.91 亿 kW·h。

两个方案下下游河道在未来 50 年内还将处于冲刷状态。比较两个方案的发电效益，发电效益采用替代火电站的边际成本费用 0.40 元/（kW·h）计算，逐步抬高汛限水位方案年均发电效益少 1.13 亿元。

因此，黄河来沙 1 亿 t/a 情景方案下，小浪底水库可由逐步抬高汛限水位方案调整为一次抬高汛限水位方案运用，在实现下游河道减淤的前提下，取得更大的发电效益。

4.3.2　未来黄河上游水沙调控模式及效果

1. 水库建设情景设置

基于前述防洪减淤与水沙调控需求的分析结果，未来 50 年黄河上游来水来沙过程无法满足冲刷恢复宁蒙河段中水河槽的需要，河道年均淤积量为 0.59 亿 t，平滩流量最小降低至 1000m³/s 左右，调整龙羊峡水库、刘家峡水库运用方式不能彻底解决问题。从解决协调宁蒙河段水沙关系和供水发电矛盾的需求出发，未来需要在黄河上游干流修建黑山峡水利枢纽工程[52]，其与龙羊峡水库和刘家峡水库联合运用。《黄河流域综合规划（2012—2030 年）》提出，黑山峡水利枢纽要根据维持黄河健康生命和促进经济社会发展的要求，研究确定其合理的开发时机。根据上游防洪减淤与水沙调控需求、水沙调控体系工程布局及各工程前期情况，在现状水沙调控体系的基础上，结合来水来沙条件，考虑《黄河流域综合规划（2012—2030 年）》提出的黑山峡水库 2030 年建设生效。

黄河黑山峡河段位于黄河上游，甘肃和宁夏的接壤处，起于甘肃靖远县大庙，在宁夏中卫市小湾出峡谷后进入宁蒙河套平原，峡谷出口处控制流域面积为 25.2 万 km²，天然年均径流量为 317 亿 m³，约占黄河天然年均径流量的 62%。考虑功能要求和淹没影响等方面，黄河黑山峡河段开发有一级、二级、四级的开发方案。红山峡、五佛、小观音和大柳树的四级开发方案为径流式电站开发，无调控水沙的能力，本研究重点研究黑山峡河段大柳树一级开发方案、红山峡+大柳树二级开发方案，如图 4-35 所示。

黑山峡河段大柳树一级开发方案，大柳树水库坝址位于黑山峡峡谷出口以上 2km。水库正常蓄水位为 1374m，死水位为 1330m，汛期限制水位为 1360m，设计洪水位 1362.92m，校核洪水位为 1377.85m。水库正常蓄水位 1374m 以下的原始库容为 99.86 亿 m³，原始调节库容约 70.62 亿 m³，电站装机容量为 2000MW。

黑山峡河段红山峡+大柳树二级开发方案，红山峡电站为低坝径流式电站，主要考虑淹没控制和发电要求，确定正常蓄水位为 1374m，死水位为 1366m，装机容量为 320MW；大柳树水库考虑与红山峡电站梯级衔接问题以及调水调沙、供水、发电等综合利用要求，确定正常蓄水位、汛限水位均为 1355m，死水位为 1317m，水库回水在红山峡电站坝下，正常蓄水位以下原始库容为 62.5 亿 m³，电站装机容量为 1600MW。

2. 黄河上游水沙调控模式

黄河上游龙羊峡、刘家峡和黑山峡三座骨干工程联合运用，构成黄河水沙调控体系中的上游水量调控子体系主体。根据黄河径流年内、年际变化大的特点，为了确保黄河枯水年不断流、保障沿黄城市和工农业供水安全，龙羊峡水库和刘家峡水库联合对黄河水量进行多年调节，以丰补枯，增加黄河枯水年特别是连续枯水年的水资源供给能力，提高梯级发电效益。黑山峡水库主要对上游梯级电站下泄水量进行反调节，结合防凌蓄水将非汛期富余的水量调节到汛期，调控流量 2500m³/s 以上、历时不小于 15 天、年均应达到 30 天的大流量过程，改善宁蒙河段水沙关系，消除龙羊峡水库、刘家峡水库汛期大量蓄水运用对宁蒙河段造成的不利影响，并调控凌汛期流量，保障宁蒙河段防凌安全，实时为中游子体系提供动力，同时调节径流以为宁蒙河段工农业和生态灌区适时供水。

在黑山峡水库建成以前，刘家峡水库和龙羊峡水库联合调控凌汛期流量，调节径流为宁蒙河段工农业和生态灌区供水；同时要合理优化汛期水库运用方式，适度减少汛期蓄水量，适当恢复有利于宁蒙河段输沙的洪水流量过程，改善目前宁蒙河段主槽淤积萎缩的不利局面。

图 4-35　黄河上游黑山峡河段开发方案梯级位置示意图

　　海勃湾水利枢纽主要配合上游骨干水库防凌运用。在凌汛期流凌封河期,调节流量平稳下泄,避免流量波动形成小流量封河,开河期在遇到凌汛险情时应急防凌蓄水。在汛期配合上游骨干水库调水调沙运用。

　　根据黄河宁蒙河段冲淤演变规律,协调防洪、减淤、防凌、供水、发电、改善生态等多目标需求,构建黄河上游水库联合运用的水沙调控指标如表 4-38 所示,由表可见,一级指标主要考虑水库综合利用层面的需求，二级指标主要体现不同调度应考虑的判别条件，三级指标主要是调控阈值。

表 4-38　黄河上游骨干水库群调控指标汇总表（下河沿断面）

一级指标（综合利用层面的需求）	二级指标（判别条件）	三级指标（调控阈值）/（m³/s）
防洪	洪峰流量	5600
减淤	调度时机 7~9 月蓄水量>21.0 亿 m³	2500
防凌	控泄流量	650（11 月） 450（12 月） 420（1 月） 360（2 月） 350（3 月）
供水	需水流量	370（4 月）
发电	发电流量	770（5 月）
生态	最小生态流量	950（6 月）

3. 水沙调控效果分析

黄山峡河段一级开发方案为大柳树坝址方案，水库正常蓄水位 1374m 以下库容为 99.86 亿 m³。黑山峡河段红山峡+大柳树二级开发方案，红山峡水库正常蓄水位 1374m 以下库容为 1.19 亿 m³，大柳树水库正常蓄水位 1355m 以下库容为 62.5 亿 m³。

由表 4-39 给出的计算结果可见，黑山峡一级开发大柳树坝址方案，黑山峡水库拦沙年限为 100 年，水库运用前 50 年宁蒙河段年均冲刷 0.07 亿 t，平滩流量可维持在 2500m³/s；水库运用 50~100 年宁蒙河段年均淤积 0.19 亿 t，平滩流量基本维持在 2500m³/s。二级开发方案，黑山峡水库拦沙年限为 60 年，水库运用前 50 年宁蒙河段年均冲刷 0.05 亿 t，平滩流量可维持在 2500m³/s；水库运用 50~100 年宁蒙河段年均淤积 0.39 亿 t，最小平滩流量为 1770m³/s。

表 4-39　黄河上游不同情景方案的计算结果统计表

开发方案	黑山峡水库拦沙年限/年	宁蒙河段年均冲淤量/亿 t			宁蒙河段平滩流量/（m³/s）		
		运用前 50 年	运用 50~100 年	运用 100 年后	运用前 50 年	运用 50~100 年	运用 100 年后
一级	100	−0.07	0.19	0.53	2500（维持）	2500（基本维持）	2000（最小）
二级	60	−0.05	0.39	0.53	2500（维持）	1770（最小）	

综上分析，黑山峡水库可长期改善宁蒙河段水沙关系，较长时期维持宁蒙河段平滩流量 2500m³/s，消除龙羊峡水库和刘家峡水库汛期大量蓄水运用对宁蒙河段造成的不利影响，调节径流为宁蒙河段工农业和生态灌区适时供水。从长期维持宁蒙河段中水河槽和防凌、供水等综合兴利效益方面看，黑山峡河段一级开发方案优于二级开发方案。

4.3.3 未来黄河中下游水沙调控模式及效果

1. 水库建设情景设置

(1) 水库建设情景方案

如前所述，未来 50 年黄河来沙 8 亿 t/a 情景方案，小北干流河段年均淤积 0.56 亿 t，渭河下游河道年均淤积 0.32 亿 t，潼关高程年均抬升 0.009m，小浪底水库 2030 年淤满，淤满后 50 年内下游河道年均淤积 2.04 亿 t，最小平滩流量将降低至 2440m³/s。黄河来沙 6 亿 t/a 情景方案，小北干流河段年均淤积 0.32 亿 t，渭河下游河道年均淤积 0.11 亿 t，潼关高程年均抬升 0.006m，小浪底水库 2037 年淤满，淤满后 50 年内下游河道年均淤积 1.37 亿 t，最小平滩流量将降低至 2800m³/s。黄河来沙 3 亿 t/a 情景方案，潼关高程仍会维持在 328m 附近，小浪底水库拦沙库容淤满后下游河道年均淤积 0.37 亿 t，平滩流量将降低至 3500m³/s；黄河来沙 1 亿 t/a 情景方案，潼关高程冲刷下降幅度有限，然而小流量天数增加、畸形河湾发育、有形成"斜河""横河"的风险。

按照大堤不决口、河道不断流、河床不抬高等多目标要求，从冲刷降低潼关高程、协调渭河下游和黄河下游水沙关系、减轻水库和河道泥沙淤积、维持下游河势稳定的需求出发，黄河中游仍需要在干支流修建水利枢纽工程，完善黄河中游洪水泥沙调控子体系，联合管理黄河洪水、泥沙，优化配置水资源。

《黄河流域综合规划（2012—2030 年）》要求东庄水利枢纽力争 2020 年建成生效；古贤水利枢纽争取在"十二五"期间立项建设，2020 年前后建成生效；碛口由于与古贤、小浪底水库联合运用对协调水沙关系、优化配置水资源等具有重要作用，应加强前期工作，促进立项建设。目前，东庄水利枢纽已进入全面建设阶段，预计 2025 年建成生效；古贤水利枢纽正在进行可研工作，根据《黄河古贤水利枢纽工程可行性研究报告》的论证成果，规划的古贤水利枢纽工程 2030 年建成生效；根据《黄河流域水沙调控体系建设规划》，规划的碛口水利枢纽工程 2050 年建成生效。

根据黄河中下游防洪减淤与水沙调控需求、水沙调控体系工程规划布局及黄河中游骨干工程前期工作情况，黄河来沙 8 亿 t/a、6 亿 t/a 情景方案下，在现状工程的基础上，考虑了古贤 2030 年生效、古贤 2030 年生效+碛口 2050 年生效方案。黄河来沙 3 亿 t/a 情景方案，现状工程条件下小浪底水库剩余拦沙库容淤满年限还有 43 年，计算期 50 年内黄河下游河道仍然呈现冲刷状态，古贤水利枢纽工程建成投运时机拟定 2030 年、2035 年、2050 年三个方案进行论证，不再考虑碛口水利枢纽工程生效方案。黄河来沙 1 亿 t/a 情景方案，从维持下游河势稳定的角度分析未来防洪减淤与水沙调控模式。具体如表 4-40 所示。

表4-40　黄河中下游防洪减淤与水沙调控模式骨干工程建设情景方案设计

来沙情景方案	序号	骨干工程建设情景	待建工程生效时间
8亿t/a	方案1	现状工程	—
	方案2	现状工程+古贤+东庄	古贤水库2030年、东庄水库2025年
	方案3	现状工程+古贤+东庄+碛口	古贤水库2030年、东庄水库2025年、碛口水库2050年
6亿t/a	方案4	现状工程	—
	方案5	现状工程+古贤+东庄	古贤水库2030年、东庄水库2025年
	方案6	现状工程+古贤+东庄+碛口	古贤水库2030年、东庄水库2025年、碛口水库2050年
3亿t/a	方案7	现状工程	—
	方案8	现状工程+古贤+东庄	古贤水库2030年、东庄水库2025年
	方案9	现状工程+古贤+东庄	古贤水库2035年、东庄水库2025年
	方案10	现状工程+古贤+东庄	古贤水库2050年、东庄水库2025年

（2）待（在）建工程建设规模

古贤水利枢纽工程位于龙门水文站上游72.5km处，上距碛口坝址238.4km，下距壶口瀑布和禹门口铁桥分别为10.1km和74.8km。坝址右岸为陕西省宜川县，左岸为山西省吉县，控制流域面积为489 948km²，占三门峡水库控制流域面积的71%。古贤水利枢纽作为水沙调控体系的骨干工程，控制了黄河全部泥沙的66%，粗泥沙的80%。根据《黄河古贤水利枢纽工程可行性研究报告》的论证成果，古贤水利枢纽的开发任务以防洪减淤为主，兼顾发电、供水和灌溉等综合利用。水库正常蓄水位为627.0m，死水位为588.0m，汛期限制水位为617.0m，1000年一遇设计洪水位为627.34m，5000年一遇校核洪水位为628.51m。水库总库容为129.42亿m³，死库容为60.49亿m³，拦沙库容为93.42亿m³，电站装机容量为2100MW。

碛口水利枢纽工程，位于黄河中游北干流中段，古贤坝址上游238km处，控制流域面积为431 090km²，控制着黄河中游洪水和泥沙的主要来源区，尤其是粗泥沙来源区。根据规划，碛口水利枢纽的开发任务以防洪减淤为主，兼顾发电、供水和灌溉等综合利用。水库正常蓄水位为785m，死水位为745m，汛限水位为775m（初期为780m），设计洪水位为781.19m（初期为782.10m），校核洪水位为785.38m（初期为784.45m）。总库容为125.7亿m³，淤积平衡后剩余库容约36.1亿m³，电站装机容量为1800MW。碛口水库与古贤、小浪底等水利枢纽工程联合运用，对协调水沙关系、优化配置水资源具有重要作用。碛口水库运用可直接减少进入古贤、三门峡和小浪底的泥沙，减少水库和中下游河道淤积。

东庄水利枢纽工程位于泾河干流最后一个峡谷段出口（张家山水文站）以上29km处，坝址控制流域面积为4.31万km²，占泾河流域面积的95%，占渭河华县站控制流域面积的40.5%，几乎控制了泾河的全部洪水泥沙。坝址断面实测年均悬移质输沙量为2.48亿t，约占渭河来沙的70%，黄河来沙的1/6。工程开发任务以防洪减淤为主，兼顾供水、发电和改善生态等综合利用。水库正常蓄水位为789.0m，正常运用期死水位为756.0m，汛期限制水位为780.0m，100年一遇防洪高水位为796.78m，大坝1000年一遇设计洪水位为 799.61m，大坝 5000 年一遇校核洪水位为 803.57m。水库总库容为 32.76 亿 m³，死库容为 14.37 亿 m³，拦沙库容为 20.53 亿 m³，防洪库容为 4.57 亿 m³，电站装机容量为 120MW。

2. 黄河中下游水沙调控模式

古贤水库、碛口水库、东庄水库建成运用后，黄河中游将形成完善的洪水泥沙调控子体系。中游水库群联合调控，可根据水库和下游河道的冲淤状态，灵活采用"上库高蓄调水，下库速降排沙，拦排结合，适时造峰"的联合拦沙和调水调沙调控模式，充分发挥水沙调控体系的整理合力，增强黄河径流泥沙调节的能力，如图 4-36 所示。

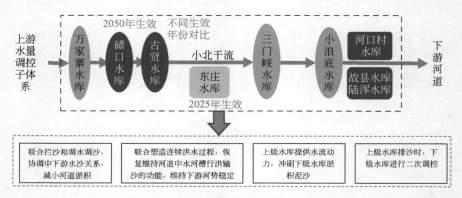

图 4-36 黄河中游骨干水库联合运用模式

（1）现状调控模式

在现状工程条件下，主汛期协调黄河下游水沙关系的任务主要由小浪底水库承担，三门峡水库、万家寨水库配合小浪底水库调控水沙，当支流来水较大时，支流陆浑水库、故县水库、河口村水库配合小浪底水库进行实时空间尺度的水沙联合调度，通过时间差、空间差的控制，实现水、沙过程在花园口的对接，塑造协调的水沙关系，充分发挥中游水沙调控体系的作用。现状工程调水调沙运用，相机形成持续一定历时的较大流量过程（与下游河道平滩流量相适应），利用大水输沙，充分发挥下游河道输沙的能力，提高输沙效果，减轻下游河道淤积。当发生洪水时（同时考虑伊洛沁河及小花间来水情况），三门峡水库、小浪底水库与支流的陆浑水库、故县水库、河口村水库联合防洪调度运用。

（2）古贤水库投入运用后

古贤水库建成投入运用后的拦沙初期，水库排沙能力弱，首先利用起始运行水位以下部分库容拦沙和调水调沙，冲刷小北干流河道，降低潼关高程，冲刷恢复小浪底水库部分槽库容，并维持黄河下游河道中水河槽行洪输沙的能力，为古贤水库与小浪底水库在一个较长的时期内联合调水调沙运用创造条件，同时尽量满足发电最低运用水位的要求，发挥综合利用效益。古贤水库起始运行水位以下库容淤满后，古贤水库与小浪底水库联合调水调沙运用，协调黄河下游水沙关系，根据黄河下游平滩流量和小浪底水库库容的变化情况，适时蓄水或利用天然来水冲刷黄河下游和小浪底库区，较长期维持黄河下游中水河槽行洪输沙的功能，并尽量保持小浪底水库调水调沙库容；遇合适的水沙条件，适时冲刷古贤水库淤积的泥沙，尽量延长水库拦沙的运用年限。古贤水库正常运用期，在保持两水库防洪库容的前提下，利用两水库的槽库容对水沙进行联合调控，增加黄河下游和两水库库区大水排沙和冲刷的概率，长期发挥水库的调水调沙作用。

古贤水库在联合调水调沙运用中的作用为：①初期拦沙和调水调沙，冲刷小北干流河道，恢复主槽过流能力，降低潼关高程，并部分冲刷恢复小浪底水库的调水调沙库容，为水库联合进行水沙调控创造条件；②与小浪底水库联合运用，调控黄河水沙，为小浪底水库调水调沙提供后续动力，塑造恢复、维持黄河下游和小北干流河段中水河槽行洪排沙功能的水沙过程，减少河道淤积；③在小浪底水库需要冲刷恢复调水调沙库容时，提供水流动力条件，延长小浪底拦沙年限并长期保持小浪底水库一定的调节库容。

三门峡水库在联合调水调沙中的作用为：配合古贤水库、小浪底水库的调水调沙运用。

小浪底水库在联合调水调沙中的作用为：①与古贤水库联合运用，塑造进入黄河下游的协调水沙关系，维持中水河槽行洪排沙的功能；②对古贤水库下泄的水沙和泾河、洛河、渭河的来水来沙进行调控，减少下游河道淤积；③在古贤水库排沙期间，对入库水沙进行调控，尽量改善进入下游的水沙条件。

东庄水库在联合调水调沙中的作用为：①调控泾河洪水泥沙，拦减高含沙小洪水、泄放高含沙大洪水，结合渭河来水塑造一定历时的较大流量洪水，减轻渭河下游河道淤积；②相机配合干流调水调沙，补充小浪底水库的后续动力。

黄河中下游骨干水库群调控指标如表 4-41 所示。

（3）碛口水库投入后

碛口水库投入运用后，通过与中游的古贤水库、三门峡水库和小浪底水库联合拦沙和调水调沙，可长期协调黄河水沙关系，减少黄河下游及小北干流河道的淤积，维持河道中水河槽行洪输沙的能力。同时，承接上游子体系水沙过程，适时蓄存水量，为古贤水库、小浪底水库提供调水调沙的后续动力，在减少河道淤积的同时，恢复水库的有效库容，长期发挥调水调沙效益。当碛口水库泥沙淤积严重需要排沙时，可利用其上游的来水和万家寨水库的蓄水量对其进行冲刷以恢复库容。

碛口水库拦沙期，通过较大的拦沙库容拦减入黄粗泥沙，减缓古贤水库淤积速度，同时碛口水库、古贤水库、三门峡水库和小浪底水库对上游来水来沙及区间的水沙进行联合调控，协调进入河道的水沙过程，尽量减少河道的淤积。当下游河道主槽淤积萎缩时，碛口水库、古贤水库、小浪底水库联合塑造洪水过程冲刷下游主槽淤积的泥沙，恢复中水河槽过流能力；当小浪底水库淤积严重需要排沙时，碛口水库与古贤水库联合塑造适合小浪底水库排沙和下游河道输沙的洪水流量过程，冲刷小浪底库区淤积的泥沙，并尽量减少下游河道的淤积；当古贤水库需要排沙时，碛口水库结合上游来水，塑造适合古贤水库排沙的洪水过程。

碛口水库正常运用期，根据河道减淤和长期维持中水河槽的要求，利用各水库的调水调沙库容联合调水调沙运用，满足调水调沙对水量和水沙过程的要求。上级水库根据下级水库对其要求进行调节，在上级水库排沙时，下级水库根据入库水沙条件，对水沙过程进行控制和调节，通过水库群联合调度，实现流量过程对接，塑造满足河道输沙要求的水沙过程，以利于河道输沙，减少河道泥沙淤积或冲刷河道。

表4-41 黄河中下游骨干水库调控指标汇总表

一级指标(综合利用)	二级指标(调度分类)	三级指标(调度指令)							
		古贤水库		三门峡水库		小浪底水库		东庄水库	
		启动条件	调度指令	启动条件	调度指令	启动条件	调度指令	启动条件	调度指令
防洪	大洪水	$Q_{潼}\geq10\,000m^3/s$	$10\,000\ m^3/s$	$Q_{潼}>1\,500m^3/s$	敞泄	$Q_{三黑武}\geq8\,000m^3/s$	$8\,000\sim10\,000m^3/s$	$Q_{华县}\geq10\,300m^3/s$	泾河 5 420m³/s、渭河下游 10 300m³/s
防洪	中常洪水	$W_{古}+W_{小}+W_{未水}\geq14$ 亿 m³($W_{可调}$)、下游平滩流量<4 000m³/s	4 000m³/s	—	—	$4\,000<Q_{三黑武}<8\,000m^3/s$	4 000~8 000 m³/s	$5\,760m^3/s\leq Q_{华县}<10\,300m^3/s$	泾河 5 420m³/s、渭河下游 5 760m³/s
防洪	中常洪水	$W_{古}+W_{小}+W_{未水}\geq17$ 亿 m³($W_{可调}$)、下游平滩流量≥4 000m³/s	4 000m³/s	—	—	同古贤	4 000m³/s,与古贤水库联合运用		
减淤	蓄满造峰					同古贤	4 000m³/s,与古贤水库联合运用	$Q_{入}+Q_{咸阳}\leq2\,500m^3/s$,$W_{东庄}\geq3$ 亿 m³	渭河下游 1 000m³/s
减淤	洪泄造峰	—				$W_{小蓄}\geq6$ 亿 m³、($Q_{潼关}+Q_{三门峡}$)/2≥2 600m³/s	2 600~4 000m³/s		

续表

一级指标(综合利用)	二级指标(调度分类)	三级指标(调度指令)							
		古贤水库		三门峡水库		小浪底水库		东庄水库	
		启动条件	调度指令	启动条件	调度指令	启动条件	调度指令	启动条件	调度指令
综合利用	减淤 高含沙洪水	$Q_入 \geq 2600 m^3/s$、$S_入 \geq 150 kg/m^3$、$W_古贤 \geq 6亿 m^3$ 或下游平滩流量 < 4000 m^3/s	$2600 \sim 4000 m^3/s$	$Q_潼 > 1500 m^3/s$	敞泄	$Q_入库 \geq 2600 m^3/s$ 且 $S_入库 \geq 200 kg/m^3$	$2600 \sim 4000 m^3/s$	$Q_入 + Q_咸阳 > 2500 m^3/s$、入库平均含沙量 $\geq 300 kg/m^3$	入出库平衡
	减淤 降水排沙	$Q_入 \geq 2600 m^3/s$、$S_入 \geq 150 kg/m^3$、$W_古蓄 < 6亿 m^3$、下游平滩流量 $\geq 4000 m^3/s$	$2600 \sim 4000 m^3/s$	—	—	$W_淤积 \geq 42亿 m^3$、$(Q_潼关 + Q_三门峡)/2 \geq 2600 m^3/s$	$2600 \sim 4000 m^3/s$	$Q_入 + Q_咸阳 \leq 2500 m^3/s$、$W_东庄 < 3亿 m^3$、$Q_入 \geq 300 m^3/s$	入出库平衡
	减淤 恢复库容	$W_淤积 \geq 93.42亿 m^3$、连续两天 $Q_入 \geq 2000 m^3/s$	敞泄	$Q_潼 > 1500 m^3/s$	敞泄	$W_淤积 \geq 79亿 m^3$	$2600 \sim 4000 m^3/s$	$W_淤积 \geq 23.53亿 m^3$	敞泄
防凌、供水、发电、改善生态等	综合利用调度	调度时机 耗水量 发电流量 最小生态流量	按等流量调节	调度时机 耗水量 发电流量 最小生态流量	200 m^3/s	调度时机 耗水量 发电流量 最小生态流量	11~12月,300 m^3/s 1月,50 m^3/s 2月,30 m^3/s 3月,50 m^3/s 4月,20 m^3/s 5月,30 m^3/s 6月,80 m^3/s	调度时机 耗水量 发电流量 最小生态流量	5.33~58.0 m^3/s

3. 黄河来沙 8 亿 t/a 情景方案下调控效果

（1）碛口水库

碛口水库入库水沙条件如表 4-42 所示，由表可见，8 亿 t/a 情景方案下，全年来水量和来沙量分别为 198.39 亿 m³ 和 2.90 亿 t，其中，汛期水量和沙量分别为 95.31 亿 m³ 和 2.35 亿 t，分别占全年水量和沙量的 48.04% 和 81.03%。

表 4-42　黄河中游碛口水库入库水沙条件统计表

项目	汛期（7~10 月）	非汛期（11~6 月）	全年	汛期占比/%
水量/亿 m³	95.31	103.08	198.39	48.04
沙量/亿 t	2.35	0.55	2.90	81.03

利用碛口水库水沙数学模型，计算碛口水库 2050 年生效（水库建设情景方案 3）碛口水库累计淤积变化过程如图 4-37 所示，由图可见，计算期末（2117 年），碛口水库拦沙量为 88.79 亿 m³，水库尚未淤满。

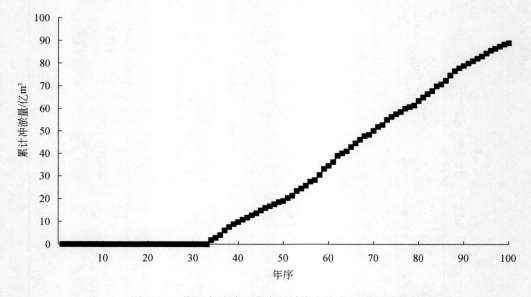

图 4-37　黄河中游碛口水库累计淤积变化过程的计算结果

（2）古贤水库

古贤水库入库水沙条件如表 4-43 所示。由表可见，8 亿 t/a 情景方案下，无碛口水库，全年入库水量和沙量分别为 214.14 亿 m³ 和 4.81 亿 t，其中，汛期水量和沙量分别为 104.29 亿 m³ 和 4.12 亿 t，分别占全年水量和沙量的 48.70% 和 85.57%。有碛口水库，全年入库水量和沙量分别为 213.02 亿 m³ 和 3.66 亿 t，其中，汛期水量和沙量分别为 103.17 亿 m³ 和 3.34 亿 t，分别占全年水量和沙量的 48.43% 和 91.26%。碛口水库生效后拦减了进入古贤水库的沙量。

利用古贤水库一维水沙数学模型，采用2017年河床边界条件得到了黄河来沙8亿t/a情景方案下有无碛口方案时古贤水库累计淤积变化过程的计算结果，如图4-38所示，由图可见，古贤水库2030年生效（计算期第13年生效）。无碛口水库方案，古贤水库拦沙库容使用年限为44年即2074年淤满，计算期末水库累计淤积量为102.61亿m³；有碛口水库方案，古贤水库拦沙库容使用年限为56年即2086年淤满，计算期末水库累计淤积量为103.10亿m³。

表4-43　黄河中游古贤水库入库水沙条件

工况	项目	汛期（7~10月）	非汛期（11~6月）	全年	汛期占比/%
无碛口	水量/亿m³	104.29	109.85	214.14	48.70
	沙量/亿t	4.12	0.69	4.81	85.57
有碛口	水量/亿m³	103.17	109.85	213.02	48.43
	沙量/亿t	3.34	0.32	3.66	91.26

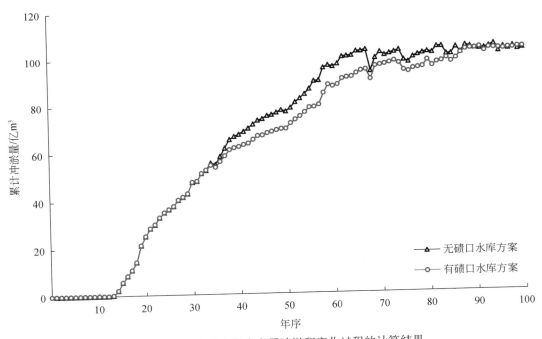

图4-38　黄河中游古贤水库累计淤积变化过程的计算结果

（3）小北干流

进入黄河中游小北干流的水沙条件如表4-44所示，由表可见，经古贤水库、碛口水库调节后，进入小北干流河道的水沙量减少。

表 4-44　进入黄河中游小北干流的水沙条件

情景	水文站	水量/亿 m³				沙量/亿 t			
		汛期	非汛期	全年	占四站比例/%	汛期	非汛期	全年	占四站比例/%
现状①	龙门	104.29	109.85	214.14	78.64	4.12	0.69	4.81	60.58
	华县	28.35	17.15	45.50	16.71	2.39	0.18	2.57	32.37
	河津	4.45	3.34	7.79	2.86	0.10	0.01	0.11	1.39
	状头	2.91	1.95	4.86	1.78	0.42	0.03	0.45	5.67
	四站	140.00	132.29	272.29	100.00	7.03	0.91	7.94	100.00
古贤水库 2030 年生效、东庄水库 2025 年生效②	龙门	90.82	95.38	186.20	76.37	3.27	0.12	3.39	56.78
	华县	26.54	18.43	44.97	18.44	1.68	0.34	2.02	33.84
	河津	4.45	3.34	7.79	2.86	0.10	0.01	0.11	1.84
	状头	2.91	1.95	4.86	1.78	0.42	0.03	0.45	7.54
	四站	124.72	119.10	243.82	100.00	5.47	0.50	5.97	100.00
古贤水库 2030 年生效、东庄水库 2025 年生效、碛口水库 2050 年生效③	龙门	90.17	95.38	185.55	76.30	2.54	0.12	2.66	50.76
	华县	26.54	18.43	44.97	18.49	1.68	0.34	2.02	38.55
	河津	4.45	3.34	7.79	3.20	0.10	0.01	0.11	2.10
	状头	2.91	1.95	4.86	2.00	0.42	0.03	0.45	8.59
	四站	124.07	119.10	243.17	100.0	4.74	0.50	5.24	100.00
差值②-①	龙门	-13.47	-14.47	-27.94	-2.28	-0.85	-0.57	-1.42	-3.80
	华县	-1.81	1.28	-0.53	1.73	-0.71	0.16	-0.55	1.47
	河津	0.00	0.00	0.00	0.33	0.00	0.00	0.00	0.46
	状头	0.00	0.00	0.00	0.21	0.00	0.00	0.00	1.87
	四站	-15.28	-13.19	-28.47	0.00	-1.56	-0.41	-1.97	0.00
差值③-①	龙门	-14.12	-14.47	-28.59	-2.34	-1.58	-0.57	-2.15	-9.82
	华县	-1.81	1.28	-0.53	1.78	-0.71	0.16	-0.55	6.18
	河津	0.00	0.00	0.00	0.34	0.00	0.00	0.00	0.71
	状头	0.00	0.00	0.00	0.21	0.00	0.00	0.00	2.92
	四站	-15.93	-13.19	-29.12	0.00	-2.29	-0.41	-2.70	0.00

　　利用小北干流河道一维水沙数学模型,采用 2017 年河床边界条件得到了 8 亿 t/a 情景方案下,现状工程条件,古贤水库 2030 年生效、东庄水库 2025 年生效,古贤水库 2030 年生效、东庄水库 2025 年生效、碛口水库 2050 年生效方案小北干流河道累计淤积变化过程的计算结果,如图 4-39 所示,由图可见,现状工程条件下,小北干流河道计算期 100 年末河道累计淤积 55.86 亿 t,年均淤积 0.56 亿。古贤水库、碛口水库建成生效后,河道冲淤受水库出库水沙条件的影响。根据模型的计算结果,古贤水库 2030 年生效后,由于水库拦沙和调水调沙,计算期 100 年末,河道累计淤积 8.97 亿 t,相比现状工程条件可减

少河道淤积 46.89 亿 t。碛口水库生效后,与古贤水库联合运用,改变了小北干流河道持续淤积的现象,计算期 100 年末,河道累计冲刷量为 5.45 亿 t,相比现状工程条件可减少河道淤积 61.31 亿 t。

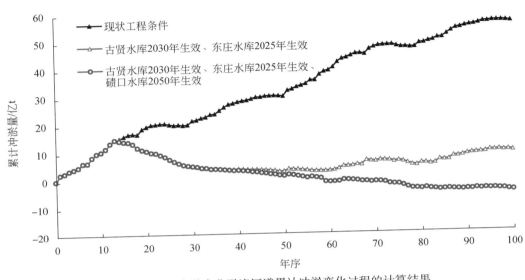

图 4-39　黄河中游小北干流河道累计冲淤变化过程的计算结果

现状工程条件,古贤水库 2030 年生效、东庄水库 2025 年生效,古贤水库 2030 年生效、东庄水库 2025 年生效、碛口水库 2050 年生效方案,潼关高程变化过程的计算结果如图 4-40 所示,由图可见,现状工程条件下,潼关高程淤积抬升,计算期 100 年淤积抬升 0.92m;

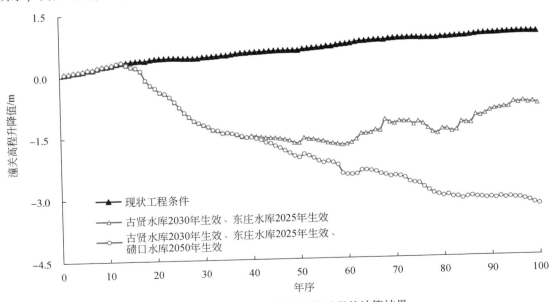

图 4-40　黄河中游潼关高程变化过程的计算结果

古贤水库 2030 年生效、东庄水库 2025 年生效后，通过拦减泥沙、协调水沙过程，潼关高程冲刷降低，计算期 100 年末潼关高程冲刷降低 0.83m。碛口水库生效后，与古贤水库联合运用，计算期 100 年末潼关高程冲刷降低 3.26m，较现状方案降低 4.18m。

（4）东庄水库

东庄水库入库水沙条件如表 4-45 所示。由表可见，黄河来沙 8 亿 t/a 情景方案下，系列全年来水量和来沙量分别为 11.63 亿 m³ 和 1.67 亿 t，其中，汛期水量和沙量分别为 7.17 亿 m³ 和 1.62 亿 t，分别占全年水量和沙量的 61.65% 和 97.01%。

表 4-45　东庄水库入库水沙条件统计表

项目	汛期（7~10 月）	非汛期（11~6 月）	全年	汛期占比/%
水量/亿 m³	7.17	4.46	11.63	61.65
沙量/亿 t	1.62	0.05	1.67	97.01

利用东庄水库一维水沙数学模型，采用 2017 年河床边界条件得到了黄河来沙 8 亿 t/a 情景方案下东庄水库累计淤积变化过程的计算结果，如图 4-41 所示，由图可见，东庄水库 2025 年生效后（计算期第 8 年生效），拦沙库容使用年限为 24 年即 2049 年淤满，计算期末水库累计淤积量为 23.10 亿 m³。

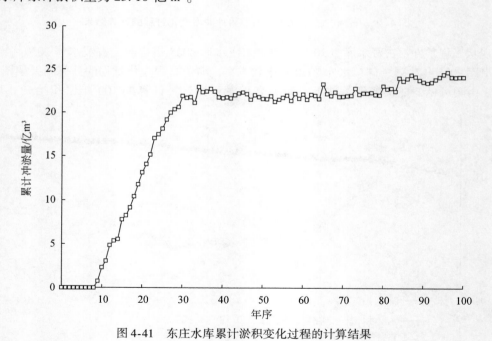

图 4-41　东庄水库累计淤积变化过程的计算结果

（5）渭河下游

华县站的水沙过程如表 4-44 所示。利用渭河下游河道一维水沙数学模型，采用 2017 年河床边界条件得到了黄河来沙 8 亿 t/a 情景方案下现状工程条件和古贤水库 2030 年生效、东庄水库 2025 年生效渭河下游河道累计淤积变化过程的计算结果，如图 4-42 所示，由图可见，现状工程条件下，渭河下游河道计算期 100 年末河道累计淤积 17.10 亿 t，年均淤积 0.17 亿 t。东庄水库建成生效后，河道冲淤受水库出库水沙条件的影响。根据模型的计算结果，东庄水库 2025 年生效后，由于水库拦沙和调水调沙，计算期 100 年末河道累计淤积 7.85 亿 t，相比现状工程减淤 9.25 亿 t。

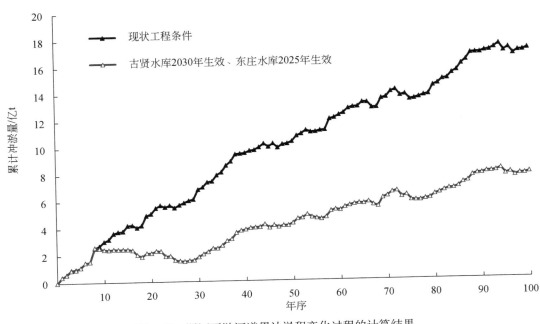

图 4-42　渭河下游河道累计淤积变化过程的计算结果

（6）三门峡水库

利用三门峡水库一维水沙数学模型，采用 2017 年河床边界条件得到了黄河来沙 8 亿 t/a 情景方案下各个水库建设情景方案三门峡水库累计淤积变化过程的计算结果，如图 4-43 所示，由图可见，三门峡水库库区多年冲淤平衡。

（7）小浪底水库

现状工程条件（水库建设情景设置方案 1）、古贤水库 2030 年生效、东庄水库 2025 年生效（水库建设情景设置方案 2）、古贤水库 2030 年生效、东庄水库 2025 年生效、碛口水库 2050 年生效（水库建设情景设置方案 3），进入小浪底水库的入库水沙条件如表 4-46 所示，由表可见，古贤水库、东庄水库生效后，进入小浪底水库的水沙量减少，由于古贤水库和东庄水库汛期排沙，进入小浪底水库汛期的沙量占全年沙量的比例增大。碛口水库生效后，进一步拦减了进入小浪底水库的沙量。

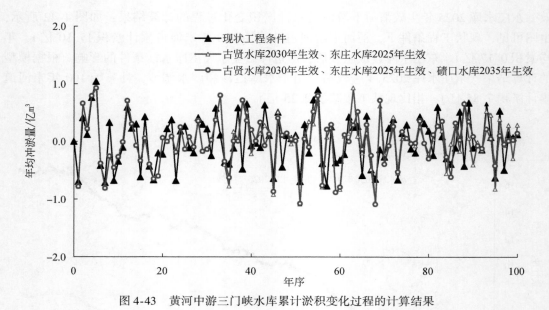

图 4-43　黄河中游三门峡水库累计淤积变化过程的计算结果

表 4-46　黄河中游小浪底水库的入库水沙条件

工程条件	时段	水量/亿 m³				沙量/亿 t			
		汛期 （7~10 月）	非汛期 （11~6 月）	全年	汛期 占比/%	汛期 （7~10 月）	非汛期 （11~6 月）	全年	汛期 占比/%
现状①	1~50 年	132.35	120.06	252.41	52.43	6.81	0.30	7.11	95.78
	50~100 年	132.36	120.06	252.42	52.44	6.96	0.31	7.27	95.74
	1~100 年	132.36	120.06	252.42	52.44	6.89	0.31	7.20	95.69
古贤水库 2030 年生效、 东庄水库 2025 年生效②	1~50 年	126.17	116.08	242.25	52.08	4.92	0.21	5.13	95.91
	50~100 年	125.48	113.22	238.70	52.57	6.39	0.15	6.54	97.71
	1~100 年	125.82	114.65	240.47	52.32	5.66	0.18	5.92	96.92
古贤水库 2030 年生效、 东庄水库 2025 年生效、 碛口水库 2050 年生效③	1~50 年	124.85	115.8	240.65	51.88	4.65	0.2	4.85	95.88
	50~100 年	122.18	114.35	236.53	51.66	4.72	0.15	4.87	96.92
	1~100 年	123.52	115.08	238.60	51.77	4.69	0.18	4.87	96.30
差值②-①	1~50 年	-6.18	-3.98	-10.16	-0.35	-1.89	-0.09	-1.98	0.13
	50~100 年	-6.88	-6.84	-13.72	0.13	-0.57	-0.16	-0.73	1.97
	1~100 年	-6.54	-5.41	-11.95	-0.12	-1.23	-0.13	-1.36	1.22

续表

工程条件	时段	水量/亿 m³				沙量/亿 t			
		汛期 (7~10月)	非汛期 (11~6月)	全年	汛期 占比/%	汛期 (7~10月)	非汛期 (11~6月)	全年	汛期 占比/%
差值③-①	1~50年	−7.50	−4.26	−11.76	−0.55	−2.16	−0.10	−2.26	0.10
	50~100年	−10.18	−5.71	−15.89	−0.78	−2.24	−0.16	−2.40	1.18
	1~100年	−8.84	−4.98	−13.82	−0.67	−2.20	−0.13	−2.33	0.61

利用小浪底水库一维水沙数学模型，采用 2017 年河床边界条件得到了各个水库建设情景方案小浪底水库累计淤积变化过程的计算结果，如图 4-44 所示，由图可见，现状工程条件下，小浪底水库 2030 年淤满。水库建设情景方案 2、方案 3 古贤水库 2030 年生效后，三种工程条件下，小浪底水库累计淤积量差别不大。

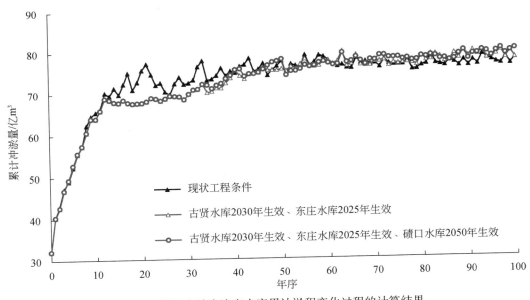

图 4-44 黄河中游小浪底水库累计淤积变化过程的计算结果

(8) 黄河下游河道

统计了小浪底水库拦沙期（计算期前 13 年）、正常运用期（计算期第 14~第 100 年）的黄河下游河道水沙量，如表 4-47 和表 4-48 所示，由表可见，与现状工程条件相比，小浪底水库正常运用期的情况下，古贤水库 2030 年生效、东庄水库 2025 年生效，中游水库群联合运用协调进入下游河道的水沙关系，进入下游河道的大流量（>2500m³/s）天数和水量增大，沙量和含沙量减少；碛口水库生效后进一步增加了进入下游河道的大流量（>2500m³/s）天数和水量，减少了沙量和含沙量。

表 4-47　进入黄河下游河道水沙量（小浪底水库拦沙期）

时段	流量级 /(m³/s)	现状工程条件			古贤水库 2030 年生效、 东庄水库 2025 年生效			古贤水库 2030 年生效、 东庄水库 2025 年生效、 碛口水库 2050 年生效		
		天数 /天	水量 /亿 m³	沙量 /亿 t	天数 /天	水量 /亿 m³	沙量 /亿 t	天数 /天	水量 /亿 m³	沙量 /亿 t
拦沙期	0 ~ 500	135.08	51.02	0.32	135.31	51.11	0.30	135.31	51.11	0.30
	500 ~ 1000	162.54	97.22	0.38	162.85	97.29	0.35	162.85	97.29	0.35
	1000 ~ 1500	13.92	14.73	0.12	13.31	14.03	0.11	13.31	14.03	0.11
	1500 ~ 2000	5.92	8.82	0.08	5.46	8.09	0.08	5.46	8.09	0.08
	2000 ~ 2500	5.77	11.26	0.04	4.92	9.52	0.12	4.92	9.52	0.12
	2500 ~ 3000	4.69	11.05	0.03	4.92	11.57	0.03	4.92	11.57	0.03
	3000 ~ 3500	3.23	9.04	0.34	2.15	5.94	0.34	2.15	5.94	0.34
	3500 ~ 4000	15.77	52.26	3.94	18.62	61.47	3.64	18.62	61.47	3.64
	>4000	18.08	65.94	1.15	17.46	63.24	0.93	17.46	63.24	0.93
	>2500	41.77	138.29	5.46	43.15	142.22	4.94	43.15	142.22	4.94
	合计	365	321.34	6.4	365	322.26	5.9	365	322.26	5.9

表 4-48　进入黄河下游水沙量（小浪底水库正常运用期）

时段	流量级 /(m³/s)	现状工程条件			古贤水库 2030 年生效、 东庄水库 2025 年生效			古贤水库 2030 年生效、 东庄水库 2025 年生效、 碛口水库 2050 年生效		
		天数 /天	水量 /亿 m³	沙量 /亿 t	天数 /天	水量 /亿 m³	沙量 /亿 t	天数 /天	水量 /亿 m³	沙量 /亿 t
正常运用期	0 ~ 500	146.16	53.14	0.32	162.08	60.2	0.14	161.88	60.31	0.12
	500 ~ 1000	159.75	95.28	0.6	158.75	95.2	0.38	158.24	95.27	0.32
	1000 ~ 1500	16.18	17.21	0.23	11.99	12.68	0.14	11.80	12.08	0.12
	1500 ~ 2000	10.02	14.9	0.24	3.51	5.52	0.14	3.43	5.06	0.13
	2000 ~ 2500	6.66	12.78	0.26	1.48	3.24	0.11	1.43	2.74	0.30
	2500 ~ 3000	4.3	10.1	0.31	2.54	3.9	0.15	2.66	3.54	0.14
	3000 ~ 3500	2.74	7.71	0.41	2.06	2.86	0.21	1.37	1.88	0.19
	3500 ~ 4000	11.64	38.7	3.84	14.3	49.26	2.61	15.88	57.94	2.17
	>4000	7.58	28.01	0.75	8.29	31.14	0.5	8.31	29.86	0.36
	>2500	26.26	84.52	5.31	27.19	86.64	3.47	28.22	93.22	2.86
	合计	365	277.83	6.96	365	263.48	4.38	365	268.68	3.85

　　黄河下游河道累计冲淤量的计算结果如图 4-45 所示，最小平滩流量变化过程的计算结果如图 4-46 所示，由图可见，现状工程条件下，计算期 50 年末下游河道累计淤积 77.02 亿 t，年均淤积 1.54 亿 t；小浪底水库 2030 年淤满后 50 年内下游河道年均淤积 2.04 亿 t，随着下游河道淤积最小平滩流量将降低至 2440m³/s。

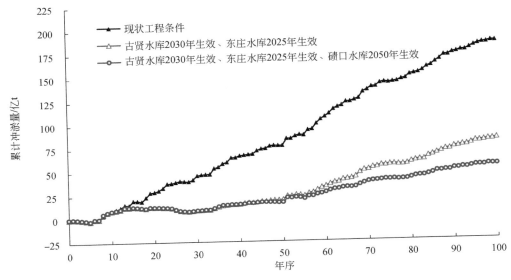

图 4-45　黄河下游河道累计冲淤量的计算结果

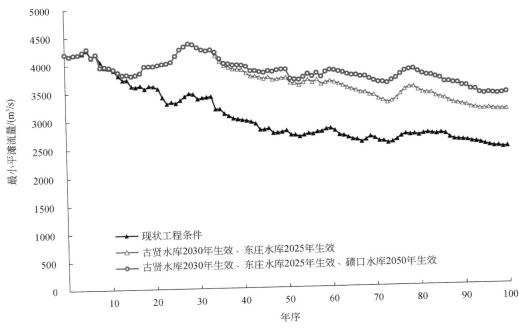

图 4-46　黄河下游河道最小平滩流量变化过程的计算结果

古贤水库 2030 年生效、东庄水库 2025 年生效后，计算期 50 年末下游河道累计淤积 19.58 亿 t，年均淤积 0.39 亿 t；小浪底水库 2030 年淤满后 50 年内下游河道年均淤积 0.52 亿 t，比现状工程条件年均减少淤积 1.52 亿 t，随着下游河道淤积最小平滩流量将降低至 3100m³/s，比现状工程条件大 660m³/s。与现状工程条件相比，计算期末可累计减少黄河下游河道淤积 102.11 亿 t。古贤水库生效后，拦沙期内其发挥了拦沙减淤效益，减轻了下游河道淤积，拦沙期结束后下游河道年均淤积仍达到 1.55 亿 t，仍需要建设碛口水库完善水沙调控体系，提高对水沙的调控能力，进一步减轻河道淤积。

古贤水库 2030 年生效、东庄水库 2025 年生效、碛口 2050 年生效后，计算期 50 年末下游河道累计淤积 16.55 亿 t，年均淤积 0.33 亿 t；小浪底水库 2030 年淤满后 50 年内下游河道年均淤积 0.35 亿 t，比现状工程条件年均减少淤积 1.69 亿 t，随着下游河道淤积最小平滩流量将降低至 3400m³/s，比现状工程条件大 960m³/s。与现状工程条件相比，古贤水库、东庄水库、碛口水库生效后，计算期末可累计减少黄河下游河道淤积 131.10 亿 t。

（9）综合分析

计算结果表明，在未来黄河来沙 8 亿 t/a 情景方案的现状工程条件下，小北干流河道多年年均淤积 0.56 亿 t，潼关高程 100 年累计抬升 0.92m，渭河下游河道年均淤积 0.17 亿 t，未来 50 年黄河下游河道年均淤积 1.54 亿 t，小浪底水库 2030 年拦沙库容淤满后 50 年黄河下游河道年均淤积 2.04 亿 t，随着下游河道淤积最小平滩流量将降低至 2440m³/s，如表 4-49 所示，黄河中下游的防洪减淤形势非常严峻。

表 4-49　未来黄河来沙 8 亿 t/a 情景方案下水库河道冲淤计算结果统计表（2017~2116 年）

项目		工程条件	现状工程	古贤水库 2030 年生效、东庄水库 2025 年生效	古贤水库 2030 年生效、东庄水库 2025 年生效、碛口水库 2050 年生效
水库	碛口水库	拦沙库容使用年限/年	—	—	—
		淤积量/亿 m³	—	—	88.79
	古贤水库	拦沙库容使用年限/年	—	44（2074 年）	56（2086 年）
		淤积量/亿 m³	—	102.61	103.10
	东庄水库	拦沙库容使用年限/年	—	24（2049 年）	24（2049 年）
		淤积量/亿 m³	—	23.10	23.10
	小浪底水库	剩余拦沙库容使用年限/年	13（2030 年）	13（2030 年）	13（2030 年）
		淤积量/亿 m³	77.75	77.77	78.48
河道		小北干流淤积量/亿 t	55.86	8.97	−5.45
		渭河下游淤积量/亿 t	17.10	7.85	7.85
		黄河下游淤积量/亿 t	185.12	83.01	54.02

项目	工程条件	现状工程	古贤水库 2030 年生效、东庄水库 2025 年生效	古贤水库 2030 年生效、东庄水库 2025 年生效、碛口水库 2050 年生效
新建工程累计减淤	小北干流/亿 t		46.89	61.31
	渭河下游淤积量/亿 t		9.25	9.25
	黄河下游淤积量/亿 t		102.11	131.10
	合计/亿 t		158.25	201.66

古贤水库 2030 年生效、东庄水库 2025 年生效方案，古贤水库拦沙期 2030～2074 年小北干流河道发生冲刷，计算期 100 年河道平均每年淤积 0.09 亿 t；潼关高程最大降低 2.03m，100 年末降低 0.83m；渭河下游河道 100 年年均淤积 0.08 亿 t；黄河下游河道未来 50 年年均淤积 0.39 亿 t，小浪底水库 2030 年淤满后 50 年内年均淤积 0.52 亿 t，古贤水库 2074 年拦沙库容淤满后年均淤积 1.55 亿 t，随着下游河道淤积最小平滩流量将降低至 3100m³/s。古贤水库拦沙库容淤满后黄河中下游的防洪减淤形势依然严峻。与现状工程条件相比，古贤水库、东庄水库生效后，可累计减少小北干流河道淤积 46.89 亿 t，减少黄河下游河道淤积 102.11 亿 t。

古贤水库 2030 年生效、东庄水库 2025 年生效、碛口水库 2050 年生效方案，古贤水库生效时，小浪底水库已淤满，古贤水库拦沙库容使用年限为 56 年，计算期末碛口水库拦沙库容尚未淤满，小北干流河道累计冲刷量为 5.45 亿 t，改变了河道持续淤积的现象，100 年末潼关高程冲刷降低 3.26m；计算期 50 年末黄河下游河道年均淤积 0.33 亿 t，小浪底水库 2030 年淤满后 50 年内下游河道年均淤积 0.35 亿 t，最小平滩流量为 3400m³/s。古贤水库、东庄水库、碛口水库生效后，可累计减少小北干流河道淤积 61.31 亿 t，可累计减少黄河下游河道淤积 131.10 亿 t。

综上所述，现状工程条件下，小浪底水库拦沙库容淤满后黄河中下游的防洪减淤形势非常严峻，需要尽快在黄河中游建设骨干工程，完善水沙调控体系，控制潼关高程，减少渭河下游和黄河下游的河道淤积。古贤水库 2030 年生效后，拦沙期内其发挥了拦沙减淤效益，减轻了下游河道淤积，但拦沙期结束后下游河道年均淤积仍达到 1.55 亿 t，仍需要建设碛口水库完善水沙调控体系，提高对水沙的调控能力，进一步减轻河道淤积。古贤水利枢纽工程应尽早开工建设。

古贤水库和碛口水库生效后，与现状工程联合，灵活采用"上库高蓄调水，下库速降排沙，拦排结合，适时造峰"的联合减淤运用方式，可使黄河下游河道 2060 年前河床不抬高，未来坚持"拦、调、排、放、挖"多种措施综合处理和利用黄河泥沙，在下游温孟滩等滩区实施放淤，局部河段实施挖河疏浚，可长期实现黄河下游河床不抬高。

4. 黄河来沙 6 亿 t 情景方案下调控效果

（1）碛口水库

黄河中游碛口水库的入库水沙条件如表 4-50 所示，由表可见，6 亿 t/a 情景方案下，全年来水量和来沙量分别为 198.39 亿 m³ 和 2.18 亿 t，其中，汛期水量和沙量分别为 95.31 亿 m³ 和 1.77 亿 t，分别占全年水量和沙量的 48.04% 和 81.19%。

表 4-50　黄河中游碛口水库的入库水沙条件

项目	汛期（7~10月）	非汛期（11~6月）	全年	汛期占比/%
水量/亿 m³	95.31	103.08	198.39	48.04
沙量/亿 t	1.77	0.41	2.18	81.19

利用碛口水库水沙数学模型，计算了碛口水库 2050 年生效黄河来沙 6 亿 t/a 碛口水库累计淤积变化过程，计算结果如图 4-47 所示，由图可见，计算期末（2117 年），碛口水库拦沙量为 67.81 亿 m³，水库尚未淤满。

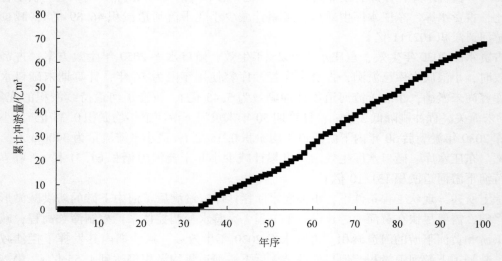

图 4-47　黄河中游碛口水库累计淤积变化过程的计算结果

（2）古贤水库

黄河中游古贤水库的入库水沙条件如表 4-51 所示，由表可见，6 亿 t/a 情景方案下，无碛口水库，全年来水量和来沙量分别为 214.14 亿 m³ 和 3.61 亿 t，其中，汛期水量和沙量分别为 104.29 亿 m³ 和 3.09 亿 t，分别占全年水量和沙量的 48.70% 和 85.60%。有碛口水库，全年入库水量和沙量分别为 213.17 亿 m³ 和 2.73 亿 t，其中，汛期水量和沙量分别为 103.32 亿 m³ 和 2.49 亿 t，分别占全年水量和沙量的 48.47% 和 91.21%。碛口水库生效后拦减了进入古贤水库的沙量。

表 4-51 黄河中游古贤水库的入库水沙条件

工况	项目	汛期（7~10月）	非汛期（11~6月）	全年	汛期占比/%
无碛口水库	水量/亿 m³	104.29	109.85	214.14	48.70
	沙量/亿 t	3.09	0.52	3.61	85.60
有碛口水库	水量/亿 m³	103.32	109.85	213.17	48.47
	沙量/亿 t	2.49	0.24	2.73	91.21

利用古贤水库一维水沙数学模型，采用 2017 年河床边界条件得到了黄河来沙 6 亿 t/a 情景方案下古贤水库累计淤积变化过程的计算结果，如图 4-48 所示，由图可见，古贤水库 2030 年生效后（计算期第 13 年生效），无碛口水库方案，古贤水库拦沙库容使用年限为 67 年即 2097 年淤满，计算期末水库累计淤积量为 102.32 亿 m³；有碛口水库方案，计算期 100 年末（2117 年），古贤水库拦沙库容淤满进入正常运用期，水库累计淤积量为 94.72 亿 m³。

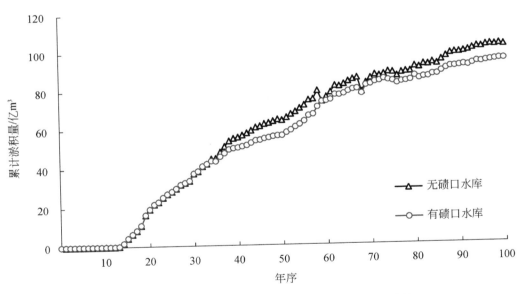

图 4-48 黄河中游古贤水库累计淤积变化过程的计算结果

（3）小北干流

进入黄河中游小北干流的水沙条件如表 4-52 所示，由表可见，经古贤水库和碛口水库调节，进入小北干流河道的水沙量减少。

表 4-52　进入黄河中游小北干流的水沙条件

情景	水文站	水量/亿 m³				沙量/亿 t			
		汛期	非汛期	全年	占四站比例/%	汛期	非汛期	全年	占四站比例/%
现状①	龙门	100.46	105.81	206.27	78.64	3.09	0.52	3.61	60.67
	华县	27.31	16.52	43.83	16.71	1.79	0.14	1.93	32.44
	河津	4.29	3.22	7.51	2.86	0.07	0.01	0.08	1.34
	状头	2.80	1.88	4.68	1.78	0.31	0.02	0.33	5.55
	四站	134.86	127.43	262.29	100.00	5.27	0.68	5.95	100.00
古贤水库2030年生效、东庄水库2025年生效②	龙门	88.88	96.46	185.34	76.96	2.16	0.09	2.25	55.42
	华县	25.42	17.88	43.30	18.02	1.08	0.31	1.39	34.24
	河津	4.29	3.22	7.51	2.90	0.07	0.01	0.08	1.97
	状头	2.80	1.88	4.68	1.80	0.31	0.02	0.33	8.13
	四站	121.38	119.44	240.82	100.00	3.62	0.43	4.05	100.00
古贤水库2030年生效、东庄水库2025年生效、碛口水库2050年生效③	龙门	88.32	96.46	184.78	76.91	1.49	0.09	1.58	46.75
	华县	25.42	17.88	43.30	18.02	1.08	0.31	1.39	41.12
	河津	4.29	3.22	7.51	3.13	0.07	0.01	0.08	2.37
	状头	2.80	1.88	4.68	1.95	0.31	0.02	0.33	9.76
	四站	120.83	119.44	240.27	100.00	2.95	0.43	3.38	100.00
差值②-①	龙门	-11.58	-9.35	-20.93	-1.68	-0.93	-0.43	-1.36	-5.12
	华县	-1.89	1.36	-0.53	1.27	-0.71	0.17	-0.54	1.88
	河津	0.00	0.00	0.00	0.26	0.00	0.00	0.00	0.63
	状头	0.00	0.00	0.00	0.16	0.00	0.00	0.00	2.60
	四站	-13.48	-7.99	-21.47	0.00	-1.65	-0.25	-1.90	0.00
差值③-①	龙门	-12.14	-9.35	-21.49	-1.74	-1.60	-0.43	-2.03	-13.93
	华县	-1.89	1.36	-0.53	1.31	-0.71	0.17	-0.54	8.69
	河津	0.00	0.00	0.00	0.26	0.00	0.00	0.00	1.02
	状头	0.00	0.00	0.00	0.16	0.00	0.00	0.00	4.22
	四站	-14.02	-7.99	-22.02	0.00	-2.32	-0.25	-2.57	0.00

　　利用小北干流河道一维水沙数学模型，采用 2017 年河床边界条件得到了黄河来沙 6 亿 t/a 情景方案下，现状工程条件，古贤水库 2030 年生效、东庄水库 2025 年生效，古贤水库 2030 年生效、东庄水库 2025 年生效、碛口水库 2050 年生效方案小北干流河道累计冲淤量变化过程的计算结果，如图 4-49 所示，由图可见，现状工程条件下，小北干流河道计算期 100 年末河道累计淤积 31.64 亿 t，年均淤积 0.32 亿 t。古贤水库建成生效后，河道冲淤受水库出库水沙条件的影响。根据模型的计算结果，古贤水库 2030 年生效后，由于水库拦沙和调水调沙，小北干流河道发生冲刷，计算期 100 年末，河道累计

冲刷 8.94 亿 t，相比现状工程条件方案，减少淤积 40.58 亿 t。碛口水库生效后，与古贤水库联合运用，计算期 100 年末，河道累计冲刷 13.43 亿 t，相比现状工程条件减淤 45.07 亿 t。

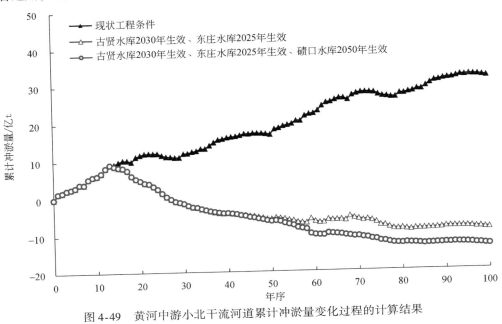

图 4-49　黄河中游小北干流河道累计冲淤量变化过程的计算结果

现状工程条件，古贤水库 2030 年生效、东庄水库 2025 年生效，古贤水库 2030 年生效、东庄水库 2025 年生效、碛口水库 2050 年生效方案，潼关高程变化过程的计算结果如图 4-50 所示，由图可见，现状工程条件下，潼关高程淤积抬升，计算期 100 年末较现状

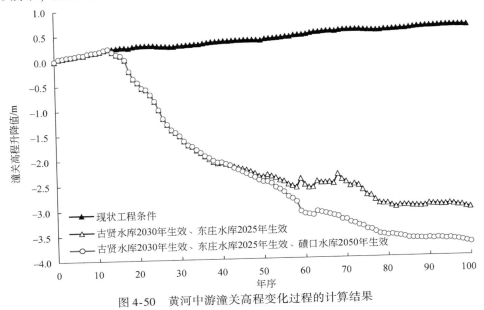

图 4-50　黄河中游潼关高程变化过程的计算结果

抬升 0.60m；古贤水库 2030 年生效、东庄水库 2025 年生效后，通过拦减泥沙、协调水沙过程，潼关高程冲刷降低，计算期 100 年末较现状冲刷降低 3.04m。碛口水库生效后，与古贤水库联合运用，计算期 100 年末潼关高程冲刷降低 3.74m，较现状工程条件降低 4.34m。

（4）东庄水库

东庄水库的入库水沙条件如表 4-53 所示，由表可见，黄河来沙 6 亿 t/a 情景方案下，系列全年来水量和来沙量分别为 11.63 亿 m³ 和 1.25 亿 t，其中，汛期水量和沙量分别为 7.17 亿 m³ 和 1.22 亿 t，分别占全年水量和沙量的 61.65% 和 96.83%。

表 4-53　东庄水库的入库水沙条件

项目	汛期（7~10 月）	非汛期（11~6 月）	全年	汛期占比/%
水量/亿 m³	7.17	4.46	11.63	61.65
沙量/亿 t	1.22	0.04	1.25	96.83

利用东庄水库一维水沙数学模型，采用 2017 年河床边界条件得到了黄河来沙 6 亿 t/a 情景方案下东庄水库累计淤积变化过程的计算结果，如图 4-51 所示，由图可见，东庄水库 2025 年生效后（计算期第 8 年生效），拦沙库容使用年限为 30 年即 2055 年淤满，计算期末水库累计淤积量为 21.40 亿 m³。

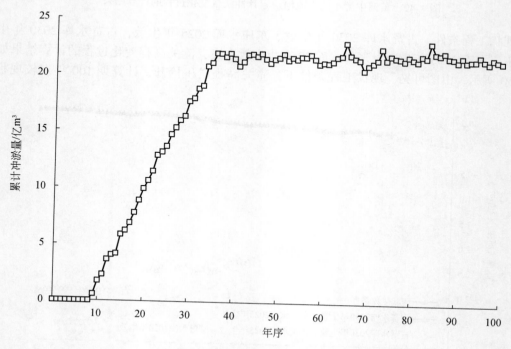

图 4-51　东庄水库累计淤积变化过程的计算结果

（5）渭河下游

华县站的水沙过程统计如表 4-52 所示。利用渭河下游河道一维水沙数学模型，采用 2017 年河床边界条件得到了黄河来沙 6 亿 t/a 情景方案下现状工程条件和古贤水库 2030 年生效、东庄水库 2025 年生效渭河下游河道累计淤积变化过程的计算结果，如图 4-52 所示，由图可见，现状工程条件下，渭河下游河道计算期 100 年末河道累计淤积 11.28 亿 t，年均淤积 0.11 亿 t。东庄水库建成生效后，河道冲淤受水库出库水沙条件的影响。根据模型的计算结果，东庄水库 2025 年生效后，由于水库拦沙和调水调沙，计算期 100 年末，河道累计淤积 6.90 亿 t，相比现状工程条件减淤 4.38 亿 t。

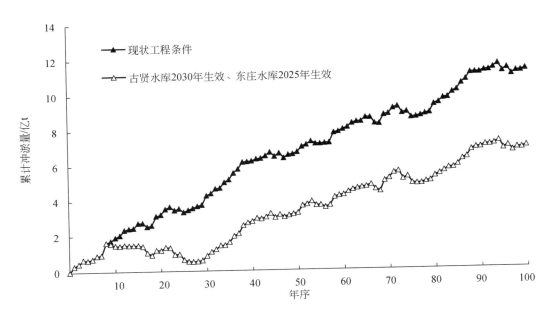

图 4-52　渭河下游河道累计淤积变化过程的计算结果

（6）三门峡水库

利用三门峡水库一维水沙数学模型，采用 2017 年河床边界条件得到了 6 亿 t/a 情景不同方案下三门峡水库累计冲淤量变化过程的计算结果，如图 4-53 所示，由图可见，各方案下，三门峡水库库区多年冲淤平衡。

（7）小浪底水库

现状工程条件，古贤水库 2030 年生效、东庄水库 2025 年生效，古贤水库 2030 年生效、东庄水库 2025 年生效、碛口水库 2050 年生效后，黄河中游小浪底水库的入库水沙条件如表 4-54 所示，由表可见，古贤水库和东庄水库生效后，进入小浪底水库的水沙量减少，由于古贤水库和东庄水库汛期排沙，进入小浪底水库汛期的沙量占全年沙量的比例增大。碛口水库生效后，进一步拦减了进入小浪底水库的沙量。

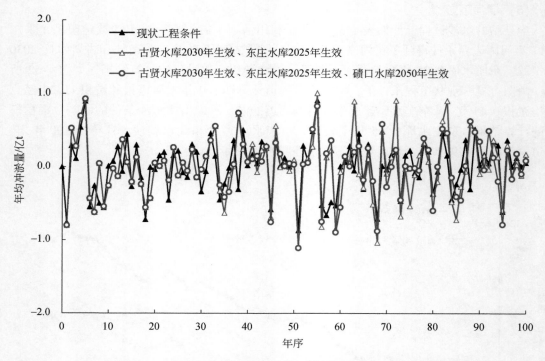

图 4-53 黄河中游三门峡水库累计冲淤量变化过程的计算结果

表 4-54 黄河中游小浪底水库的入库水沙条件

工程条件	时段	水量/亿 m³				沙量/亿 t			
		汛期 （7～10月）	非汛期 （11～6月）	全年	汛期 占比/%	汛期 （7～10月）	非汛期 （11～6月）	全年	汛期 占比/%
现状①	1～50 年	127.30	115.27	242.58	52.48	5.23	0.23	5.46	95.79
	50～100 年	127.31	115.27	242.58	52.48	5.32	0.24	5.56	95.68
	1～100 年	127.31	115.27	242.58	52.48	5.28	0.24	5.52	95.65
古贤水库 2030 年生效、 东庄水库 2025 年生效②	1～50 年	125.89	115.85	241.74	52.08	4.11	0.19	4.30	95.58
	50～100 年	121.45	115.58	237.03	51.24	5.04	0.14	5.18	97.30
	1～100 年	123.67	115.71	239.38	51.66	4.58	0.17	4.75	96.42
古贤水库 2030 年生效、 东庄水库 2025 年生效、 碛口水库 2050 年生效③	1～50 年	122.95	116.22	239.17	51.41	3.95	0.19	4.14	95.41
	50～100 年	113.06	115.92	228.98	49.38	3.76	0.13	3.89	96.66
	1～100 年	118.01	116.07	234.08	50.41	3.85	0.16	4.01	96.01

续表

工程条件	时段	水量/亿 m³				沙量/亿 t			
		汛期 (7~10 月)	非汛期 (11~6 月)	全年	汛期 占比/%	汛期 (7~10 月)	非汛期 (11~6 月)	全年	汛期 占比/%
差值②-①	1~50 年	-1.41	0.58	-0.84	-0.40	-1.12	-0.04	-1.16	-0.21
	50~100 年	-5.86	0.31	-5.55	-1.24	-0.28	-0.10	-0.38	1.61
	1~100 年	-3.64	0.44	-3.20	-0.82	-0.70	-0.07	-0.77	0.77
差值③	1~50 年	-4.35	0.95	-3.41	-1.07	-1.28	-0.04	-1.33	-0.38
	50~100 年	-14.25	0.65	-13.60	-3.11	-1.56	-0.11	-1.67	0.97
	1~100 年	-9.30	0.80	-8.51	-2.07	-1.43	-0.08	-1.49	0.36

利用小浪底水库一维水沙数学模型，采用 2017 年河床边界条件得到了黄河来沙 6 亿 t/a 情景方案下小浪底水库累计淤积变化过程的计算结果，如图 4-54 所示，由图可见，现状工程条件下，小浪底水库 2037 年淤满。古贤水库 2030 年生效、东庄水库 2025 年生效后，小浪底水库 2047 年淤满，拦沙库容年限延长 10 年。碛口水库 2050 年生效时，小浪底水库已经淤满。

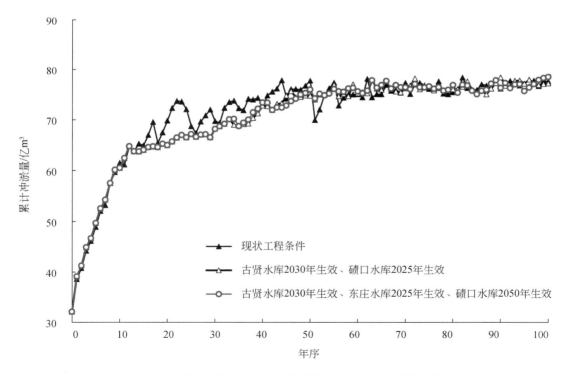

图 4-54　黄河中游小浪底水库累计淤积变化过程的计算结果

(8) 黄河下游河道

统计了小浪底水库拦沙期（计算期前 20 年）、正常运用期（计算期第 21~第 100 年）进入黄河下游河道的水沙量，如表 4-55 和表 4-56 所示，由表可见，与现状工程条件相比，在小浪底水库正常运用期的情况下，古贤水库 2030 年生效、东庄水库 2025 年生效，中游水库群联合运用协调进入下游河道的水沙关系，进入下游河道的大流量（>2500m³/s）天数和水量增大，沙量和含沙量减少；碛口水库生效后进一步增加了进入下游河道的大流量（>2500m³/s）天数和水量，减少了沙量和含沙量。

表 4-55　进入黄河下游河道的水沙量（小浪底水库拦沙期）

时段	流量级 /(m³/s)	现状工程条件			古贤水库 2030 年生效、东庄水库 2025 年生效			古贤水库 2030 年生效、东庄水库 2025 年生效、碛口水库 2050 年生效		
		天数 /天	水量 /亿 m³	沙量 /亿 t	天数 /天	水量 /亿 m³	沙量 /亿 t	天数 /天	水量 /亿 m³	沙量 /亿 t
拦沙期	0~500	143.10	53.11	0.24	149.40	55.30	0.20	149.40	55.30	0.20
	500~1000	162.30	96.65	0.27	159.75	94.89	0.26	159.75	94.89	0.26
	1000~1500	13.05	13.71	0.05	10.25	10.72	0.10	10.25	10.72	0.10
	1500~2000	6.95	10.49	0.06	4.00	5.96	0.09	4.00	5.96	0.09
	2000~2500	6.00	11.62	0.08	3.30	6.39	0.04	3.30	6.39	0.04
	2500~3000	4.95	11.54	0.10	3.30	7.77	0.02	3.30	7.77	0.02
	3000~3500	3.30	9.30	0.10	1.65	4.57	0.23	1.65	4.57	0.23
	3500~4000	13.25	43.95	3.05	19.15	64.14	2.67	19.15	64.14	2.67
	>4000	12.10	44.25	0.71	14.20	51.31	0.45	14.20	51.31	0.45
	>2500	33.60	109.04	3.96	38.30	127.79	3.37	38.30	127.79	3.37
	合计	365.00	294.62	4.66	365.00	301.05	4.06	365.00	301.05	4.06

表 4-56　进入黄河下游河道的水沙量（小浪底水库正常运用期）

时段	流量级 /(m³/s)	现状工程条件			古贤水库 2030 年生效、东庄水库 2025 年生效			古贤水库 2030 年生效、东庄水库 2025 年生效、碛口水库 2050 年生效		
		天数 /天	水量 /亿 m³	沙量 /亿 t	天数 /天	水量 /亿 m³	沙量 /亿 t	天数 /天	水量 /亿 m³	沙量 /亿 t
拦沙期	0~500	150.26	54.34	0.28	175.00	64.79	0.12	187.21	77.25	0.08
	500~1000	159.52	95.11	0.46	154.10	91.23	0.28	148.86	87.51	0.26

续表

时段	流量级 /(m³/s)	现状工程条件			古贤水库 2030 年生效、 东庄水库 2025 年生效			古贤水库 2030 年生效、 东庄水库 2025 年生效、 碛口水库 2050 年生效		
		天数 /天	水量 /亿 m³	沙量 /亿 t	天数 /天	水量 /亿 m³	沙量 /亿 t	天数 /天	水量 /亿 m³	沙量 /亿 t
拦沙期	1000~1500	16.16	17.22	0.12	10.53	10.93	0.14	6.86	6.94	0.25
	1500~2000	9.38	14.00	0.16	3.30	4.90	0.09	1.16	1.72	0.08
	2000~2500	6.08	11.69	0.21	1.57	3.07	0.12	0.41	0.81	0.10
	2500~3000	3.76	8.81	0.19	1.20	2.82	0.15	0.38	0.90	0.18
	3000~3500	2.72	7.64	0.29	0.83	2.33	0.07	0.25	0.71	0.03
	3500~4000	10.92	36.25	3.02	12.03	41.43	1.38	13.25	47.35	0.95
	>4000	6.20	22.91	0.56	6.40	23.02	0.17	6.61	23.13	0.08
	>2500	23.6	75.61	4.06	20.46	69.6	1.77	20.49	72.09	1.24
	合计	365	267.97	5.29	365	244.52	2.52	365	246.32	2.01

黄河下游河道累计冲淤量的计算结果如图 4-55 所示,最小平滩流量变化过程如图 4-56 所示,由图可见,现状工程条件下,计算期 50 年末下游河道累计淤积 44.00 亿 t,年均淤积 0.88 亿 t;小浪底水库 2037 年淤满后 50 年内下游河道年均淤积 1.37 亿 t,随着下游河道淤积最小平滩流量将降低至 2800m³/s。

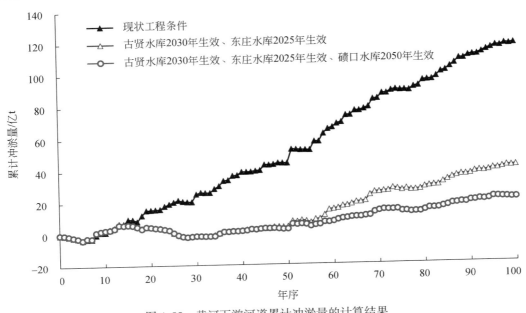

图 4-55 黄河下游河道累计冲淤量的计算结果

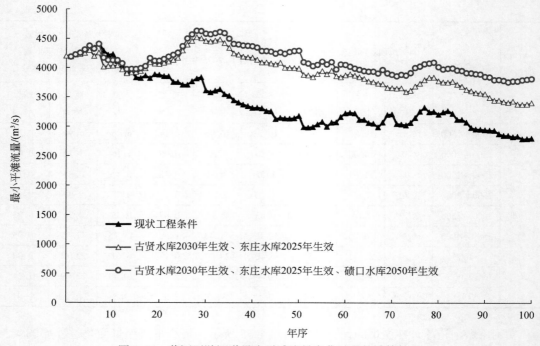

图 4-56　黄河下游河道最小平滩流量变化过程的计算结果

古贤水库 2030 年生效、东庄水库 2025 年生效后，计算期 50 年末下游河道累计淤积泥沙 8.37 亿 t，小浪底水库 2047 年淤满后 50 年内下游河道年均淤积 0.42 亿 t，比现状工程条件年均减少淤积 0.95 亿 t，随着下游河道淤积最小平滩流量将降低至 3400m³/s，比现状工程条件大 600m³/s。古贤水库生效后，拦沙期内其发挥了拦沙减淤效益，减轻了下游河道淤积，拦沙期结束后下游河道多年平均淤积 0.96 亿 t，仍需要建设碛口水库完善水沙调控体系，提高对水沙的调节能力，进一步减轻河道淤积。

古贤水库 2030 年生效、东庄水库 2025 年生效、碛口水库 2050 年生效后，计算期 50 年末下游河道累计淤积 2.45 亿 t，小浪底水库 2047 年淤满后 50 年内下游河道年均淤积 0.28 亿 t，比现状工程条件年均减少淤积 1.09 亿 t，随着下游河道淤积最小平滩流量将降低至 3800m³/s，比现状工程条件大 1000m³/s。与现状工程条件相比，古贤水库生效后，计算期末可累计减少黄河下游河道淤积 76.43 亿 t；古贤水库、东庄水库、碛口水库生效后，计算期末可累计减少黄河下游河道淤积 96.99 亿 t。

（9）综合分析

计算结果表明，在未来黄河来沙 6 亿 t/a 情景方案的现状工程条件下，小北干流河道多年年均淤积 0.32 亿 t，潼关高程 100 年累计抬升 0.60m，渭河下游河道年均淤积 0.11 亿 t，计算期 50 年末黄河下游河道多年平均淤积 0.88 亿 t，小浪底水库 2037 年拦沙库容淤满后 50 年黄河下游河道多年平均淤积 1.37 亿 t，随着下游河道淤积最小平滩流量将降低至 2800m³/s，如表 4-57 所示，黄河中下游的防洪减淤形势依然严峻。

古贤水库 2030 年生效、东庄水库 2025 年生效方案，小浪底水库拦沙年限较现状工程条件下延长 10 年（拦沙库容 2047 年淤满），古贤水库拦沙库容使用年限 67 年（拦沙库容 2097 年淤满），小北干流河道发生冲刷，计算期 100 年河道累计冲刷 8.94 亿 t；100 年末潼关高程降低 3.04m；渭河下游河道 100 年年均淤积 0.07 亿 t；黄河下游河道计算期 50 年末累计淤积 8.37 亿 t，年均淤积 0.17 亿 t，小浪底水库拦沙库容淤满后 50 年内年均淤积 0.42 亿 t，古贤水库拦沙库容淤满后下游河道年均淤积仍有 0.96 亿 t，随着下游河道淤积最小平滩流量将降低至 3400m³/s。与现状工程条件相比，古贤水库和东庄水库生效后，可累计减少小北干流河道淤积 40.58 亿 t，减少渭河下游河道淤积 4.38 亿 t，减少黄河下游河道淤积量 76.43 亿 t。

表 4-57　未来黄河来沙 6 亿 t/a 情景方案下水库河道冲淤计算结果统计表（2017～2117 年）

项目	工程条件		现状工程	古贤水库 2030 年生效、东庄水库 2025 年生效	古贤水库 2030 年生效、东庄水库 2025 年生效、碛口水库 2050 年生效
水库	碛口水库	拦沙库容使用年限/年	—	—	—
		淤积量/亿 m³			67.81
	古贤水库	拦沙库容使用年限/年	—	67（2097 年）	87（2117 年）
		淤积量/亿 m³		102.32	94.72
	东庄水库	拦沙库容使用年限/年	—	30（2055 年）	30（2055 年）
		淤积量/亿 m³		21.40	21.40
	小浪底水库	剩余拦沙库容使用年限/年	20（2037 年）	30（2047 年）	30（2047 年）
		淤积量/亿 m³	77.60	77.20	78.50
河道	小北干流淤积量/亿 t		31.64	−8.94	−13.43
	渭河下游淤积量/亿 t		11.28	6.90	6.90
	黄河下游淤积量/亿 t		117.36	40.93	20.38
新建工程累计减淤	小北干流/亿 t			40.58	45.07
	渭河下游淤积量/亿 t			4.38	4.38
	黄河下游淤积量/亿 t			76.43	96.98
	合计/亿 t			121.39	146.43

古贤水库 2030 年生效、东庄水库 2025 年生效、碛口水库 2050 年生效方案，因碛口水库在小浪底水库拦沙库容淤满后投入，小浪底水库拦沙库容使用年限仍较现状工程条件延长 10 年（拦沙库容 2047 年淤满），古贤水库拦沙库容使用年限为 87 年（拦沙库容 2117 年淤满），计算期末碛口水库拦沙库容尚未淤满，计算期 100 年小北干流河道累计冲刷量为 13.43 亿 t，100 年末潼关高程冲刷降低 3.74m；计算期 50 年末黄河下游河道累计淤积 2.45 亿 t，年均淤积 0.05 亿 t，小浪底水库 2047 年淤满后 50 年内下游河道年均淤积 0.28 亿 t，最小平滩流量为 3800m³/s。古贤水库、东庄水库、碛口水库生效后，可累计减少小北干流河道淤积 45.07 亿 t，可累计减少黄河下游河道淤积量 96.98 亿 t。

综上所述，在黄河来沙 6 亿 t/a 情景方案的现状工程条件下，小浪底水库拦沙库容淤满后黄河中下游的防洪减淤形势依然严峻，需要尽快在黄河中游建设骨干工程，完善水沙调控体系，控制潼关高程，减少渭河下游和黄河下游的河道淤积。古贤水库 2030 年生效后，拦沙期内其发挥了拦沙减淤效益，减轻了下游河道淤积，但拦沙期结束后下游河道年均淤积仍达到 0.96 亿 t，仍需要建设碛口水库完善水沙调控体系，提高对水沙的调控能力，进一步减轻河道淤积。古贤水利枢纽应尽早开工建设。

古贤水库和碛口水库生效后，与现状工程联合，灵活采用"上库高蓄调水，下库速降排沙，拦排结合，适时造峰"的联合减淤运用方式，可使黄河下游河道 2072 年前河床不抬高，未来坚持"拦、调、排、放、挖"多种措施综合处理和利用黄河泥沙，在下游温孟滩等滩区实施放淤，局部河段实施挖河疏浚，可长期实现黄河下游河床不抬高。

5. 黄河来沙 3 亿 t/a 情景方案下调控效果

（1）古贤水库

黄河中游古贤水库的入库水沙条件如表 4-58 所示，由表可见，3 亿 t/a 情景方案下，系列全年来水量和来沙量分别为 185.89 亿 m³ 和 1.58 亿 t，其中，汛期水量和沙量分别为 77.49 亿 m³ 和 1.28 亿 t，分别占全年水量和沙量的 41.69% 和 81.01%。

表 4-58 黄河中游古贤水库的入库水沙条件

项目	汛期（7～10 月）	非汛期（11～6 月）	全年	汛期占比/%
水量/亿 m³	77.49	108.4	185.89	41.69
沙量/亿 t	1.28	0.30	1.58	81.01

利用古贤水库一维水沙数学模型，采用 2017 年河床边界条件得到了 3 亿 t/a 情景方案下古贤水库累计淤积变化过程的计算结果，如图 4-57 所示，由图可见，古贤水库 2030 年

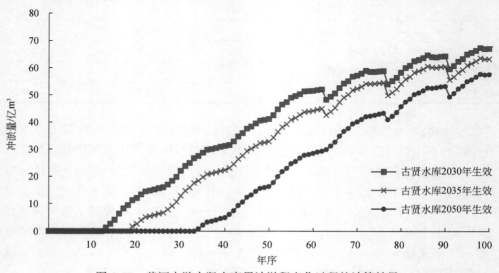

图 4-57 黄河中游古贤水库累计淤积变化过程的计算结果

生效后（计算期第 13 年生效），计算期末 100 年水库累计淤积量为 67.09 亿 m³。古贤水库 2035 年生效后（计算期第 18 年生效），计算期末 100 年水库累计淤积量为 63.33 亿 m³。古贤水库 2050 年生效后（计算期第 33 年生效），计算期末 100 年水库累计淤积量为 57.68 亿 m³。不同方案水库均处于拦沙期。

（2）小北干流

进入黄河中游小北干流的水沙条件如表 4-59 所示，由表可见，经古贤水库调节后，进入小北干流河道的水沙量减少。古贤生效时间越早，对进入小北干流的水沙调节作用越强。

表 4-59　进入黄河中游小北干流的水沙条件

情景	水文站	水量/亿 m³				沙量/亿 t			
		汛期	非汛期	全年	占四站的比例/%	汛期	非汛期	全年	占四站的比例/%
现状①	龙门	77.49	108.36	185.85	75.41	1.28	0.30	1.58	52.84
	华县	32.29	18.77	51.06	20.72	1.15	0.08	1.23	41.14
	河津	2.53	1.89	4.42	1.79	0.00	0.00	0.00	0.00
	状头	3.20	1.91	5.11	2.07	0.17	0.01	0.18	6.02
	四站	115.51	130.93	246.44	100.00	2.60	0.39	2.99	100.00
古贤水库 2030 年生效、东庄水库 2025 年生效②	龙门	69.43	88.68	158.11	72.54	0.66	0.05	0.71	40.34
	华县	30.60	19.73	50.33	23.09	0.78	0.09	0.87	49.43
	河津	2.53	1.89	4.42	2.03	0.00	0.00	0.00	0.00
	状头	3.20	1.91	5.11	2.34	0.17	0.01	0.18	10.23
	四站	105.76	112.21	217.97	100.00	1.61	0.15	1.76	100.00
古贤水库 2035 年生效、东庄水库 2025 年生效③	龙门	70	89.94	159.94	72.77	0.69	0.07	0.76	41.99
	华县	30.6	19.73	50.33	22.90	0.78	0.09	0.87	48.07
	河津	2.53	1.89	4.42	2.01	0.00	0.00	0.00	0.00
	状头	3.2	1.91	5.11	2.32	0.17	0.01	0.18	9.94
	四站	106.33	113.47	219.80	100.00	1.64	0.17	1.81	100.00
古贤水库 2050 年生效、东庄水库 2025 年生效④	龙门	71.16	93.44	164.60	73.33	0.72	0.11	0.83	44.15
	华县	30.6	19.73	50.33	22.42	0.78	0.09	0.87	46.28
	河津	2.53	1.89	4.42	1.97	0.00	0.00	0.00	0.00
	状头	3.2	1.91	5.11	2.28	0.17	0.01	0.18	9.57
	四站	107.49	116.97	224.46	100.00	1.67	0.21	1.88	100.00
差值②-①	龙门	-8.06	-19.68	-27.74	-2.88	-0.62	-0.25	-0.87	-12.50
	华县	-1.69	0.96	-0.73	2.37	-0.37	0.01	-0.36	8.29
	河津	0.00	0.00	0.00	0.23	0.00	0.00	0.00	0.00
	状头	0.00	0.00	0.00	0.27	0.00	0.00	0.00	4.21
	四站	-9.75	-18.72	-28.47	0.00	-0.99	-0.24	-1.23	0.00

情景	水文站	水量/亿 m³				沙量/亿 t			
		汛期	非汛期	全年	占四站的比例/%	汛期	非汛期	全年	占四站的比例/%
差值③-①	龙门	-7.49	-18.42	-25.91	-2.65	-0.59	-0.23	-0.82	-10.85
	华县	-1.69	0.96	-0.73	2.18	-0.37	0.01	-0.36	6.93
	河津	0.00	0.00	0.00	0.22	0.00	0.00	0.00	0.00
	状头	0.00	0.00	0.00	0.25	0.00	0.00	0.00	3.92
	四站	-9.18	-17.46	-26.64	0.00	-0.96	-0.22	-1.18	0.00
差值④-①	龙门	-6.33	-14.92	-21.25	-2.08	-0.56	-0.19	-0.75	-8.69
	华县	-1.69	0.96	-0.73	1.70	-0.37	0.01	-0.36	5.14
	河津	0.00	0.00	0.00	0.18	0.00	0.00	0.00	0.00
	状头	0.00	0.00	0.00	0.20	0.00	0.00	0.00	3.55
	四站	-8.02	-14.92	-26.64		-0.93	-0.20	-1.11	
差值②-③	四站	-0.57	-1.26	-1.83	0.00	-0.03	-0.02	-0.05	0.00
差值③-④	四站	-1.16	-3.50	-4.66	0.00	-0.03	-0.02	-0.07	0.00

利用小北干流河道一维水沙数学模型，采用 2017 年河床边界条件得到了 3 亿 t/a 情景方案下，现状工程条件和古贤水库、东庄水库生效小北干流河道累计冲淤变化过程的计算结果，如图 4-58 所示。

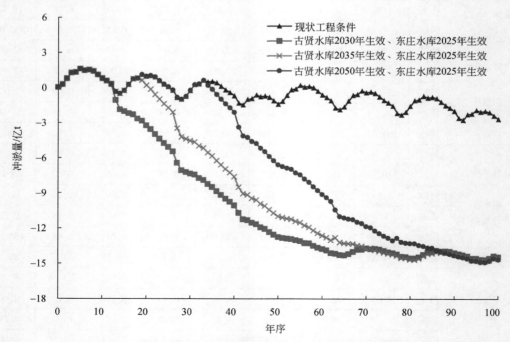

图 4-58　黄河中游小北干流河道累计冲淤变化过程的计算结果

现状工程条件下，小北干流河道计算期 100 年末累计冲刷泥沙 2.65 亿 t，年均冲刷泥沙 0.03 亿。古贤水库建成生效后，河道冲淤受水库出库水沙条件的影响。根据模型的计算结果，古贤水库生效后，由于水库拦沙和调水调沙，小北干流河道发生冲刷，随着河床粗化，河道冲刷发展速率变缓并趋于稳定。计算期 100 年末，古贤水库 2030 年生效、2035 年生效、2050 年生效方案，小北干流累计冲刷量相差不大，分别为 14.33 亿 t、14.36 亿 t、14.57 亿 t。相比现状工程条件，增加的冲刷量分别为 11.68 亿 t、11.71 亿 t、11.92 亿 t。

现状工程条件和古贤水库 2030 年生效、2035 年生效、2050 年生效（东庄水库 2025 年生效），潼关高程变化过程的计算结果如图 4-59 所示，由图可见，现状工程条件下，潼关高程基本维持在 328m 附近；古贤水库、东庄水库生效后，通过拦减泥沙、协调水沙过程，潼关高程冲刷降低；古贤水库 2030 年生效、2035 年生效、2050 年生效方案，潼关高程相差不大，计算期内最大降低分别为 2.80m、2.75m、2.70m。

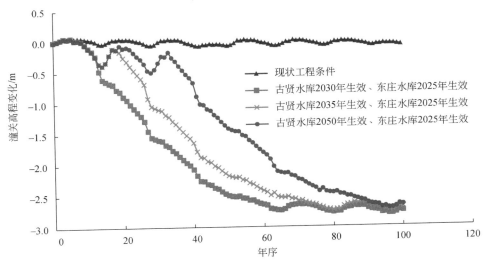

图 4-59　黄河中游潼关高程变化过程的计算结果

（3）东庄水库

东庄水库的入库水沙条件如表 4-60 所示，由表可见，黄河来沙 3 亿 t/a 情景方案下，系列平均全年来水量和来沙量分别为 10.79 亿 m³ 和 1.03 亿 t，其中，汛期水量和沙量分别为 6.54 亿 m³ 和 0.98 亿 t，分别占全年水量和沙量的 60.61% 和 95.15%。

表 4-60　东庄水库的入库水沙条件

项目	汛期（7~10 月）	非汛期（11~6 月）	全年	汛期占比/%
水量/亿 m³	6.54	4.25	10.79	60.61
沙量/亿 t	0.98	0.05	1.03	95.15

利用东庄水库一维水沙数学模型，采用 2017 年河床边界条件得到了黄河来沙 3 亿 t/a 情景方案下东庄水库累计淤积变化过程的计算结果，如图 4-60 所示，由图可见，东庄水

库 2025 年生效（计算期第 8 年生效）后，拦沙库容使用年限为 40 年即 2065 年淤满，计算期末水库累计淤积量为 21. 15 亿 m³。

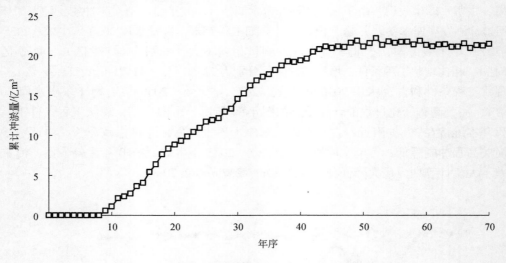

图 4-60　东庄水库累计淤积变化过程的计算结果

（4）渭河下游

利用渭河下游河道一维水沙数学模型，采用 2017 年河床边界条件得到了黄河来沙 3 亿 t/a 情景方案下不同水库建设方案渭河下游河道累计冲淤量变化过程的计算结果，如图 4-61 所示，由图可见，现状工程条件下，计算期 100 年末河道微淤，年均淤积 0.004 亿 t。东庄水库建成生效后，河道冲淤受水库出库水沙条件的影响。根据模型的计算结果，东庄

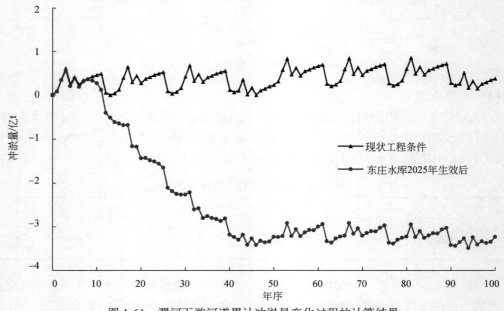

图 4-61　渭河下游河道累计冲淤量变化过程的计算结果

水库 2025 年生效后，由于水库拦沙和调水调沙，渭河下游河道发生冲刷，随着床沙粗化，河道冲刷速率下降并趋于稳定，计算期 100 年末，河道累计冲刷量为 3.23 亿 t，相比现状工程条件减淤 3.63 亿 t。

（5）三门峡水库

利用三门峡水库一维水沙数学模型，采用 2017 年河床边界条件得到了黄河来沙 3 亿 t/a 情景方案下古贤水库生效、东庄水库生效三门峡水库累计淤积变化过程的计算结果，如图 4-62 所示，由图可见，三门峡水库库区多年冲淤平衡。

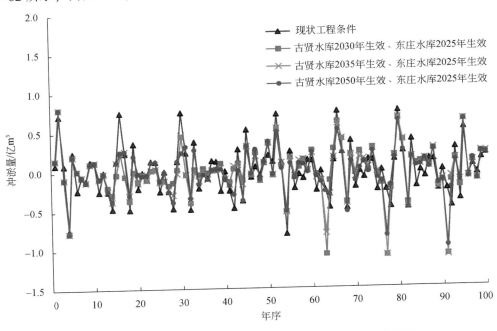

图 4-62　黄河中游三门峡水库累计淤积变化过程的计算结果

（6）小浪底水库

不同水库建设方案下小浪底水库的入库水沙条件如表 4-61 所示，由表可见，古贤水库、东庄水库生效后，进入小浪底水库的水沙量减少，由于古贤水库、东庄水库汛期排沙，古贤水库、东庄水库投入运用后至计算期 100 年末，进入小浪底水库汛期的沙量占全年沙量比例增大。

表 4-61　不同水库建设方案下小浪底水库的入库水沙条件

工程条件	时段	水量/亿 m³				沙量/亿 t			
		汛期 （7~10 月）	非汛期 （11~6 月）	全年	汛期 占比/%	汛期 （7~10 月）	非汛期 （11~6 月）	全年	汛期 占比/%
现状①	1~50 年	108.80	118.05	226.85	47.96	2.86	0.16	3.02	94.70
	50~100 年	108.79	118.05	226.84	47.96	2.86	0.16	3.02	94.70
	1~100 年	108.79	118.05	226.84	47.96	2.86	0.16	3.02	94.70

续表

工程条件	时段	水量/亿 m³				沙量/亿 t			
		汛期 (7~10月)	非汛期 (11~6月)	全年	汛期 占比/%	汛期 (7~10月)	非汛期 (11~6月)	全年	汛期 占比/%
古贤水库 2030年生效、 东庄水库 2025年生效②	1~50年	107.38	109.59	216.97	49.49	1.64	0.12	1.76	93.18
	50~100年	107.10	106.39	213.49	50.17	2.20	0.06	2.26	97.35
	1~100年	107.24	107.99	215.23	49.83	1.92	0.09	2.01	95.52
古贤水库 2035年生效、 东庄水库 2025年生效③	1~50年	107.70	110.86	218.56	49.28	1.81	0.13	1.94	93.30
	50~100年	107.14	106.41	213.55	50.17	2.11	0.06	2.17	97.24
	1~100年	107.42	108.64	216.06	49.72	1.96	0.10	2.06	95.15
古贤水库 2050年生效、 东庄水库 2025年生效④	1~50年	107.85	114.56	222.41	48.49	2.13	0.15	2.28	93.42
	50~100年	107.27	106.45	213.72	50.19	1.93	0.07	2.00	96.50
	1~100年	107.56	110.51	218.07	49.32	2.03	0.11	2.14	94.86
差值②-①	1~50年	-1.42	-8.46	-9.88	1.53	-1.22	-0.04	-1.26	-1.52
	50~100年	-1.69	-11.66	-13.35	2.21	-0.66	-0.10	-0.76	2.64
	1~100年	-1.55	-10.06	-11.61	1.87	-0.94	-0.07	-1.01	0.82
差值③-①	1~50年	-1.10	-7.19	-8.29	1.32	-1.05	-0.03	-1.08	-1.40
	50~100年	-1.65	-11.64	-13.29	2.21	-0.75	-0.10	-0.85	2.53
	1~100年	-1.37	-9.41	-10.78	1.76	-0.90	-0.06	-0.96	0.44
差值④-①	1~50年	-0.95	-3.49	-4.44	0.53	-0.73	-0.01	-0.74	-1.28
	50~100年	-1.52	-11.60	-13.12	2.23	-0.93	-0.09	-1.02	1.80
	1~100年	-1.23	-7.54	-8.77	1.36	-0.83	-0.05	-0.88	0.16

  利用小浪底水库一维水沙数学模型,采用2017年河床边界条件得到了黄河来沙3亿t/a情景小浪底水库累计淤积变化过程的计算结果,如图4-63所示,由图可见,现状工程条件下,小浪底水库剩余拦沙库容淤满年限还有43年即2060年淤满。古贤水库2030年生效、东庄水库2025年生效,小浪底水库剩余拦沙库容淤满年限还有70年即2087年淤满,可延长小浪底水库拦沙库容使用年限27年。古贤水库2035年生效、东庄水库2025年生效,小浪底水库剩余拦沙库容淤满年限还有68年即2085年淤满,可延长小浪底水库拦沙库容使用年限25年。古贤水库2050年生效、东庄水库2025年生效,小浪底水库剩余拦沙库容淤满年限还有54年即2071年淤满,可延长小浪底水库拦沙库容使用年限11年。上述计算结果表明,古贤水库投入时间越早,对减缓小浪底水库淤积越有利。

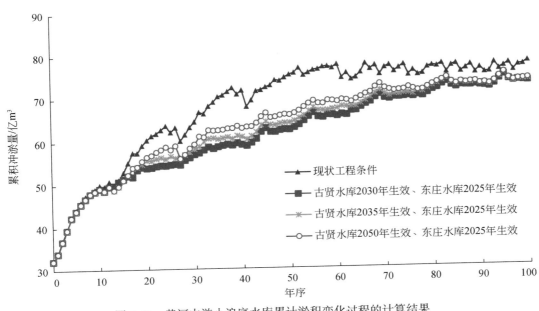

图 4-63　黄河中游小浪底水库累计淤积变化过程的计算结果

(7) 黄河下游河道

统计了小浪底水库拦沙期（按平均前 50 年统计）、正常运用期（按平均第 51 ~ 第 100 年）进入黄河下游河道的水沙量，如表 4-62 和表 4-63 所示，由表可见，与现状工程条件相比，古贤水库、东庄水库生效后，中游水库群联合运用协调进入下游河道的水沙关系，进入下游河道的大流量（>2500m³/s）天数和水量增大，沙量和含沙量减少。

表 4-62　进入黄河下游河道的水沙量（拦沙期）

时段	流量级/(m³/s)	现状			古贤水库 2030 年生效、东庄水库 2025 年生效			古贤水库 2035 年生效、东庄水库 2025 年生效			古贤水库 2050 年生效、东庄水库 2025 年生效		
		天数/天	水量/亿 m³	沙量/亿 t	天数/天	水量/亿 m³	沙量/亿 t	天数/天	水量/亿 m³	沙量/亿 t	天数/天	水量/亿 m³	沙量/亿 t
拦沙期	0 ~ 500	163.20	60.52	0.18	177.12	66.03	0.04	175.76	65.58	0.06	171.62	63.99	0.09
	500 ~ 1000	160.30	96.45	0.18	153.46	92.44	0.12	154.14	92.76	0.14	156.66	94.17	0.15
	1000 ~ 1500	10.18	10.84	0.04	10.36	10.72	0.07	10.22	10.63	0.07	9.50	9.96	0.06
	1500 ~ 2000	9.14	13.64	0.01	3.78	5.69	0.06	3.94	5.94	0.05	5.22	7.86	0.04
	2000 ~ 2500	2.94	5.67	0.05	1.16	2.20	0.03	1.56	2.99	0.03	2.08	4.02	0.04
	2500 ~ 3000	1.38	3.22	0.04	1.36	3.24	0.12	1.34	3.18	0.08	1.36	3.21	0.10
	3000 ~ 3500	0.76	2.11	0.06	0.42	1.15	0.02	0.50	1.38	0.02	0.56	1.58	0.06

时段	流量级/(m³/s)	现状			古贤水库2030年生效、东庄水库2025年生效			古贤水库2035年生效、东庄水库2025年生效			古贤水库2050年生效、东庄水库2025年生效		
		天数/天	水量/亿m³	沙量/亿t	天数/天	水量/亿m³	沙量/亿t	天数/天	水量/亿m³	沙量/亿t	天数/天	水量/亿m³	沙量/亿t
拦沙期	3500~4000	8.70	28.70	1.25	9.46	32.31	0.41	9.52	32.42	0.57	9.06	30.47	0.78
	>4000	8.40	30.39	0.03	7.88	27.95	0.05	8.02	28.45	0.05	8.94	31.95	0.05
	>2500	19.24	64.42	1.38	19.12	64.65	0.60	19.38	65.43	0.72	19.92	67.21	0.99
	合计	365.00	251.54	1.84	365.00	241.73	0.92	365.00	243.33	1.07	365.00	247.21	1.37

表 4-63　进入黄河下游河道的水沙量（正常运用期）

统计时段	流量级/(m³/s)	现状			古贤水库2030年生效、东庄水库2025年生效			古贤水库2035年生效、东庄水库2025年生效			古贤水库2050年生效、东庄水库2025年生效		
		天数/天	水量/亿m³	沙量/亿t	天数/天	水量/亿m³	沙量/亿t	天数/天	水量/亿m³	沙量/亿t	天数/天	水量/亿m³	沙量/亿t
正常运用期	0~500	159.24	57.67	0.21	180.6	67.25	0.09	180.30	67.10	0.08	180.30	67.09	0.08
	500~1000	157.72	95.87	0.25	150.12	90.54	0.16	150.48	90.79	0.16	150.24	90.59	0.15
	1000~1500	14.20	15.11	0.19	10.88	11.23	0.07	10.82	11.22	0.08	10.88	11.25	0.08
	1500~2000	12.72	19.02	0.13	4.02	5.97	0.09	4.00	5.95	0.08	4.04	6.01	0.09
	2000~2500	4.16	7.97	0.21	1.18	2.25	0.03	1.20	2.29	0.04	1.30	2.48	0.04
	2500~3000	2.02	4.76	0.08	1.92	4.52	0.22	1.96	4.62	0.22	2.10	4.95	0.24
	3000~3500	1.28	3.54	0.15	0.64	1.79	0.07	0.64	1.78	0.07	0.50	1.40	0.05
	3500~4000	7.68	25.44	1.56	9.76	33.56	1.00	9.78	33.63	0.92	9.92	34.14	0.81
	>4000	5.98	22.42	0.07	5.88	21.05	0.10	5.82	20.83	0.12	5.72	20.49	0.09
	>2500	16.96	56.16	1.86	18.20	60.92	1.39	18.2	60.86	1.33	18.24	60.98	1.19
	合计	365	251.8	2.85	365	238.16	1.83	365	238.21	1.77	365	238.4	1.63

　　3亿t/a 情景方案下，黄河下游河道累计冲淤量变化过程的计算结果如图 4-64 所示，平滩流量变化过程的计算结果如图 4-65 所示，由图可见，现状工程条件下，小浪底水库 2060 年淤满 50 年内下游河道年均淤积 0.37 亿t，随着下游河道淤积最小平滩流量降低至 3500m³/s 左右。

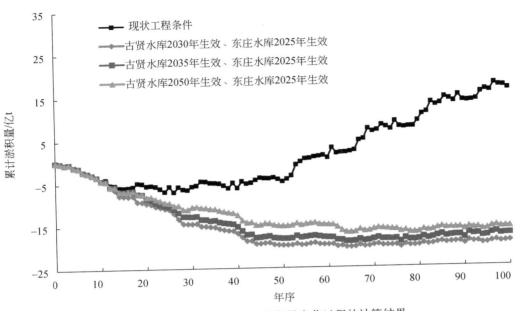

图 4-64 黄河下游河道泥沙冲淤量变化过程的计算结果

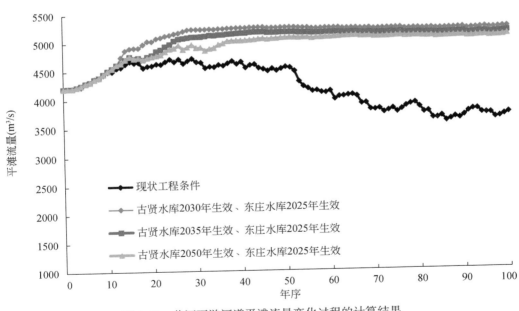

图 4-65 黄河下游河道平滩流量变化过程的计算结果

古贤水库 2030 年生效、东庄水库 2025 年生效后，小浪底水库 2087 年（计算期第 70 年）淤满后至计算期 100 年末下游河道年均淤积 0.015 亿 t，计算期末最小平滩流量在 5000m³/s 左右。与现状工程条件相比，古贤水库生效可减少黄河下游河道淤积 35.66 亿 t。

古贤水库 2035 年生效、东庄水库 2025 年生效后，小浪底水库 2085 年（计算期第 68 年）淤满后下游河道年均淤积 0.04 亿 t，计算期末最小平滩流量在 5100m³/s 左右。与现状工程条件相比，古贤水库生效可减少黄河下游河道淤积 33.89 亿 t。

古贤水库 2050 年生效、东庄水库 2025 年生效后，小浪底水库 2071 年（计算期第 54 年）淤满后下游河道年均淤积 0.059 亿 t，计算期末最小平滩流量在 5000m³/s 左右。与现状工程条件相比，古贤水库生效可减少黄河下游河道淤积 32.24 亿 t。

（8）综合分析

计算结果表明，在未来黄河来沙 3 亿 t/a 情景方案下的现状工程条件下，小北干流河道计算期 100 年末河道累计冲刷泥沙 2.65 亿 t，年均冲刷泥沙 0.03 亿 t，潼关高程基本维持在 328m 附近，渭河下游河道微淤，年均淤积 0.004 亿 t，小浪底水库剩余拦沙库容使用年限还有 43 年即 2060 年淤满，小浪底水库 2060 年淤满后 50 年内下游河道年均淤积 0.37 亿 t，随着下游河道淤积中水河槽萎缩，最小平滩流量将降低至 3500m³/s 左右，如表 4-64 所示。

表 4-64　未来黄河来沙 3 亿 t/a 情景方案下水库河道冲淤计算结果统计表

项目		工程条件	现状工程	古贤水库 2030 年生效、东庄水库 2025 年生效	古贤水库 2035 年生效、东庄水库 2025 年生效	古贤水库 2050 年生效、东庄水库 2025 年生效
水库	古贤水库	拦沙库容使用年限/年	—	—	—	—
		淤积量/亿 m³	—	67.09	63.33	57.68
	东庄水库	拦沙库容使用年限/年	—	40	40	40
		淤积量/亿 m³	—	21.15	21.15	21.15
	小浪底水库	剩余拦沙库容使用年限/年	43 (2060 年)	70 (2087 年)	68 (2085 年)	54 (2071 年)
		淤积量/亿 m³	77.83	73.06	73.48	73.70
河道		小北干流淤积量/亿 t	−2.65	−14.33	−14.36	−14.57
		渭河下游淤积量/亿 t	0.37	−3.23	−3.23	−3.23
		黄河下游淤积量/亿 t	16.37	−19.29	−17.52	−15.87
新建工程累计减淤		小北干流/亿 t		11.68	11.71	11.92
		渭河下游淤积量/亿 t		3.60	3.60	3.60
		黄河下游淤积量/亿 t		35.66	33.89	32.24
		合计/亿 t		50.94	49.20	47.76

建设古贤水库、东庄水库，可降低潼关高程，延长小浪底水库拦沙库容使用年限，减少河道淤积，维持黄河下游河道 5000m³/s 流量左右的中水河槽。古贤水库 2030 年生效时，可降低潼关高程 2.80m，延长小浪底水库拦沙库容使用年限 27 年，减少小北干流河道泥沙淤积量为 11.68 亿 t，减少渭河下游河道泥沙淤积量为 3.60 亿 t，减少黄河下游河道泥沙淤积量为 35.66 亿 t，累计减淤量为 50.94 亿 t。古贤水库 2035 年生效时，可降低潼

关高程 2.75m，可延长小浪底水库拦沙库容使用年限 25 年，减少小北干流河道泥沙淤积量 11.71 亿 t，减少渭河下游河道泥沙淤积量 3.60 亿 t，减少黄河下游河道泥沙淤积量为 33.89 亿 t，累计减淤量为 49.20 亿 t。古贤水库 2050 年生效时，可降低潼关高程 2.70m，可延长小浪底水库拦沙库容使用年限 11 年，减少小北干流河道泥沙淤积量 11.92 亿 t，减少渭河下游河道泥沙淤积量为 3.60 亿 t，减少黄河下游河道泥沙淤积量为 32.24 亿 t，累计减淤量为 47.76 亿 t。

由此可知，古贤水库投入运用越早，对减缓小浪底水库淤积、延长小浪底水库拦沙库容使用年限、减缓下游河道淤积越有利。因此，需要尽早开工建设古贤水库，完善水沙调控体系，充分发挥水库的综合利用效益。古贤水库生效后，与现状工程联合，灵活采用"上库高蓄调水，下库速降排沙，拦排结合，适时造峰"的联合减淤运用方式，可长期实现黄河下游河床不抬高。

6. 黄河来沙 1 亿 t/a 情景方案下调控效果

计算结果表明，在未来黄河来沙量减至 1 亿 t/a 时，下游河道总体发生冲刷，但高村至艾山卡口河段仍呈淤积趋势。近期黄河水沙调控能力和防洪能力有所提高，但未来持续小水过程形成的过分弯曲的小弯道得不到调整，直河段因水流能力小得不到应有的发展，畸形河湾将进一步发育。因此，在枯水枯沙条件下，需要通过水沙调控维持下游河势稳定和中水河槽规模。

(1) 调控流量

在"八五"期间，国家重点科技项目（攻关）计划"黄河下游游荡性河段整治研究"在已有研究成果和实践的基础上，提出微弯型整治方案是适用于黄河下游游荡型河段的较好方案，确定了游荡型河段整治的原则为以防洪为主、中水整治，整治流量为 5000m³/s。1986 年以来，进入下游河道的水沙条件发生了较大变化。在"黄河下游长远防洪形势和对策研究"和"黄河流域防洪规划"两个项目中，开展了黄河下游微弯型整治方案治导线的模型检验与修订工作，将河道中水整治流量由 5000m³/s 修订为 4000m³/s。目前，黄河下游已按照微弯整治建设了河道整治工程 94.826km，占《黄河流域防洪规划》中安排河道整治工程长度的近 70%，考虑与目前下游河道整治工程相适应，维持河势稳定的调控流量应为 4000m³/s 左右。

黄河下游河道适宜的中水河槽规模为 4000m³/s 左右。《黄河古贤水利枢纽可行性研究报告》研究了维持中水河槽的调控流量，提出为维持黄河下游 4000m³/s 左右的中水河槽，调控流量指标应与中水河槽规模相协调，3500m³/s 以上流量级的洪水须具有一定比例。通过黄河下游不同流量级和不同含沙量级下游淤积效率、洪水流量与排沙比的关系研究，从有利于下游河道减淤的角度，提出长期维持中水河槽的调控流量为 3500~4000m³/s。

《全国主要江河洪水编号规定》（国汛〔2013〕6 号），黄河洪水编号的条件之一为下游花园口水文站流量达到 4000m³/s，当花园口流量超出 4000m³/s 时，即发布水情预警。因而下游调控流量指标不宜大于 4000m³/s。

综合以上分析，调控流量采用 3500 ~ 4000m³/s。

（2）调控水量

通过分析近期下游连续大流量过程的水量，以及相应时段典型河段河势变化、工程靠溜情况和河道弯曲率变化，综合确定维持下游河势稳定的调控水量。

A. 近期下游连续大流量过程水量分析

图 4-66 为花园口站连续 6 天最大水量过程，由图可见，1999 年以来，连续 6 天大流量过程平均水量为 15.49 亿 m³，平均流量为 2988m³/s，平均含沙量为 24.26kg/m³；最小水量为 2000 年的 3.94 亿 m³，平均流量为 760m³/s；最大水量为 2018 年的 21.11 亿 m³，平均流量达到 4072m³/s。

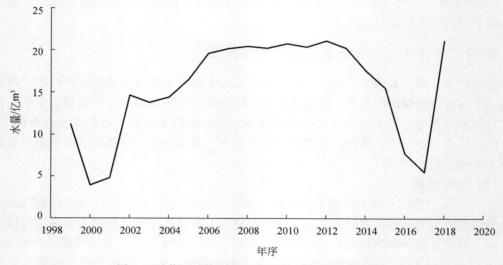

图 4-66　黄河下游花园口站连续 6 天最大水量过程

B. 典型河段河势变化分析

大宫至府君寺河段、欧坦至东坝头河段河势变化如图 4-67 和图 4-68 所示，由图可见，2002 年调水调沙之前，下游持续小流量过程，大宫至府君寺河段形成 "S" 形的畸形河势，欧坦至东坝头河段之间形成了 "Ω" 型的畸形河势。小浪底水库调水调沙运用后，2002 ~ 2011 年的持续下泄大流量过程年均连续 6 天最大水量达到 19.06 亿 m³，平均流量达到 3676m³/s，在持续大水作用下，欧坦至东坝头河段畸形河势有所改善，至 2012 年连续 6 天最大水量达到 21 亿 m³ 以上，大宫至府君寺河段、欧坦至东坝头河段畸形河势彻底消除，主流基本沿规划治导线行进，河势归顺。

开仪至化工河段河势变化如图 4-69 所示，由图可见，2019 年之前，开仪至化工河段存在 "Ω" 型的畸形河势，2018 年连续 6 天最大水量达到 21 亿 m³ 以上，畸形河势彻底消失，流路基本归顺，河势大为改善。

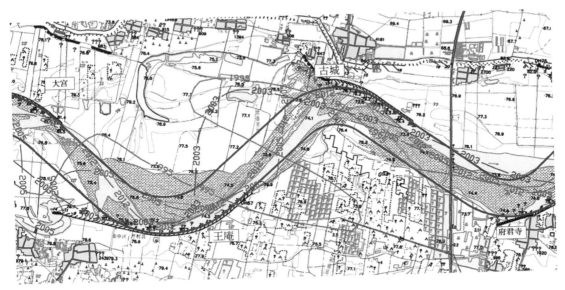

图 4-67　黄河下游大宫至府君寺河段河势变化

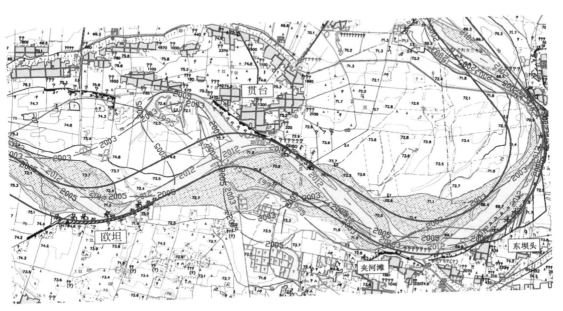

图 4-68　黄河下游欧坦至东坝头河段河势变化

图 4-69 黄河下游开仪至化工河段河势变化

从典型河段畸形河势改善的角度看，需要调控水量为 19 亿～21 亿 m³。

C. 河道整治工程靠河变化分析

分析 2002 年调水调沙以来下游河南段河道工程的靠河情况，如表 4-65 和图 4-70～图 4-72 所示，由表和图可见，2002 年调水调沙以来，河南河段工程靠河情况逐年好转。尤其是 2006 年以来，东坝头以上游荡型河段靠河情况大幅好转，2006 年，东坝头以上河段共有 35 处工程，596 个坝垛靠河，靠河工程长度为 55.98km；到 2019 年汛前，河南河段共有 50 处工程，898 个坝垛靠河，靠河工程长度达到 93.91km，较 2006 汛后增加 67.8%。

表 4-65　黄河下游河南段河道工程的靠河情况

河段	靠河工程数/个	坝垛数/个	靠河工程长度/km
小浪底至京广铁桥	14～18	207～379	22.7～43.4
京广铁桥至东坝头	19～36	254～610	20.0～58.5
东坝头以下	21～27	278～468	26.4～44.9
合计	53～81	805～1409	76.1～140.5

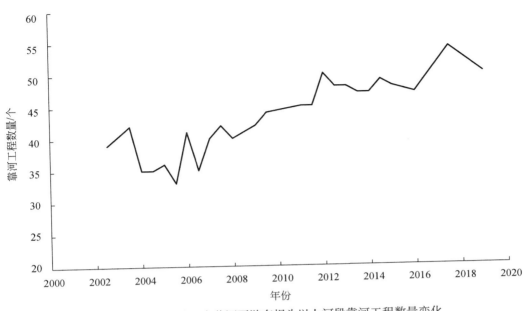

图 4-70 调水调沙以来黄河下游东坝头以上河段靠河工程数量变化

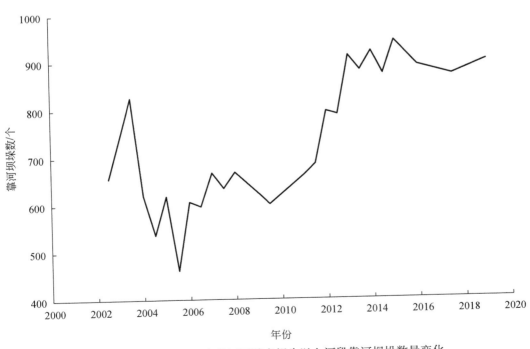

图 4-71 调水调沙以来黄河下游东坝头以上河段靠河坝垛数量变化

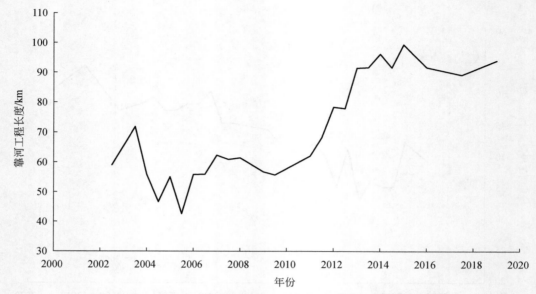

图 4-72　调水调沙以来黄河下游东坝头以上河段靠河工程长度变化

统计 2006 年以来，一次洪水连续 6 天大流量过程平均水量为 17.57 亿 m^3，平均流量约为 3390 m^3/s，在这种大流量过程下形成的流路与现状游荡型河段整治工程相适应，因此，从适应塑造维持与现状河道整治工程相适应的流路看，一次洪水调控水量应在 17 亿~18 亿 m^3。

（3）未来大型水库联合调控模式

经分析，塑造维持与现状黄河下游河道整治工程相适应的流路所需要的中游水库一次洪水调控水量为 17 亿~18 亿 m^3，消除畸形河势所需的中游水库一次洪水调控水量为 19 亿~21 亿 m^3。

现状工程条件下，汛期万家寨水库维持汛限水位，三门峡水库基本无调水调沙可用水量，只有小浪底水库才能承担调水调沙任务。当前，小浪底水库运用处于拦沙后期第一阶段，根据小浪底水库拦沙后期的运用方式，结合水库蓄水情况和上游来水情况，水库适时开展造峰，凑泄花园口流量大于等于 3700 m^3/s，历时不少于 5 天的水沙过程，冲刷减少下游河道淤积。但从维持下游河势稳定看，小浪底水库泄放的水量不能满足塑造维持与现状黄河下游河道整治工程相适应的流路和消除畸形河势所需要的调控水量。小浪底水库淤满后调水调沙库容也仅 10 亿 m^3，扣除调沙库容后，有效的调水库容为 5 亿 m^3 左右，其无法满足维持下游河势稳定的水量要求，下游防洪安全风险依然较大。

未来仍需要建设古贤水库，提供适宜的调水调沙库容，与小浪底水库联合调水调沙运用，维护下游河道河势稳定，维持下游河道中水河槽规模。

7. 调控方案及效果综合分析

黄河水少沙多、水沙关系不协调是黄河复杂难治的症结所在。当前，黄河中下游仅以小浪底水库为主进行调水调沙,缺乏中游的骨干工程配合,后续动力不足,难以充分发挥水沙调控的整体合力,也难以解决冲刷降低潼关高程的问题。按照大堤不决口、河道不断流、河床不抬高等多目标要求,在现状防洪减淤及水沙调控的基础上,提出未来进一步完善水沙调控体系,通过进一步联合运用完善的水沙调控体系,解决黄河水沙调控动力不足与防洪防凌问题。综合分析上述各种情景方案下的计算结果,在黄河来沙量较大时(8 亿 t/a、6 亿 t/a),古贤水库生效后,拦沙期内减轻了下游河道淤积,拦沙期结束后下游河道依然淤积抬升,仍需要建设碛口水库完善水沙调控体系,提高对水沙的调控能力,进一步减轻河道淤积。因此,建议尽早开工建设古贤水库、适时建设碛口水库,与现状工程联合拦沙和调水调沙运用,减少水库和下游河道的淤积,维持中水河槽行洪输沙的功能和河势稳定,冲刷降低潼关高程。在黄河来沙 3 亿 t/a 时,需要尽早开工建设古贤水库,减缓小浪底水库淤积,延长小浪底水库拦沙库容使用年限、减缓下游河道的淤积。在黄河来沙量为 1 亿 t/a 左右时,仍需建设古贤水库,通过设置适宜的调水调沙库容,与现状工程联合调水调沙运用,维持中水河槽行洪输沙的功能和河势稳定。

古贤水库生效后,黄河中游将形成相对完善的洪水泥沙调控子体系。古贤水库拦沙初期,可联合三门峡水库、小浪底水库及支流水库,采用"蓄水拦沙,适时造峰"的减淤运用方式,冲刷降低潼关高程,恢复小浪底水库槽库容及下游河道中水河槽规模,尽量为拦沙后期水库运用创造好的条件。古贤水库拦沙后期,可联合三门峡水库、小浪底水库及支流水库,根据水库和下游河道的冲淤状态,灵活采用"上库高蓄调水、下库速降排沙、拦排结合、适时造峰"的联合调控方式。古贤水库正常运用期,在保持古贤水库、小浪底水库防洪库容的前提下,利用两水库的槽库容对水沙进行联合调控,增加黄河下游和两水库库区大水排沙和冲刷的概率,长期发挥水库的调水调沙作用。东庄水库主要用于调控泾河洪水泥沙,采用"泄大拦小、适时排沙"的减淤运用方式,减轻渭河下游河道淤积,并相机配合干流调水调沙,补充小浪底水库调水调沙的后续动力。碛口水库投入运用后,通过与中游的古贤水库、三门峡水库和小浪底水库联合拦沙与调水调沙,可长期协调黄河水沙关系,减少黄河下游及小北干流河道的淤积,维持河道中水河槽行洪输沙的能力。同时,承接上游子体系的水沙过程,适时蓄存水量,为古贤水库、小浪底水库提供调水调沙的后续动力,在减少河道淤积的同时,恢复水库的有效库容,长期发挥调水调沙效益。当碛口水库泥沙淤积严重需要排沙时,可利用上游的来水和万家寨水库的蓄水量对其进行冲刷以恢复库容。

通过分析不同情景方案下黄河中下游水沙调控效果的计算结果,可得到以下认识。

1)在未来黄河来沙 8 亿 t/a 情景方案下,古贤水库 2030 年生效,水库拦沙库容使用年限为 44 年,2030 年小浪底水库拦沙库容已淤满,古贤水库不能延长小浪底水库的拦沙年限,但与小浪底水库、东庄水库联合运用,可长期发挥对下游河道的减淤效益,计算期末,减少小北干流河道泥沙淤积量 46.89 亿 t,减少渭河下游河道泥沙淤积量 9.25 亿 t,减少黄河中下游河道泥沙淤积量为 102.11 亿 t,累计新增减淤量 158.25 亿 t;潼关高程未来 100 年降低 0.83m;黄河下游河道计算期 50 年末年均淤积 0.39 亿 t。但古贤水库拦沙库容淤满后,下游河道年均淤积仍达 1.55 亿 t,仍需要适时修建碛口水库,完善水沙调控体系，减轻水库和河道的泥沙淤积。碛口水库 2050 年生效后，拦减进入古贤水库、三门峡水库、小浪底水库和河道的泥沙，可延长古贤水库拦沙库容使用年限 12 年，计算期末可减少小北干流河道淤积量 61.31 亿 t，减少黄河下游河道淤积量 131.10 亿 t，累计新增减淤量 201.66 亿 t，比无碛口水库方案新增减淤量 43.41 亿 t；潼关高程计算期 100 年末冲刷降低 3.26m；黄河下游河道计算期 50 年末年均淤积 0.33 亿 t，计算期 100 年末年均淤积 0.54 亿 t。古贤水库、碛口水库生效后，与现状工程联合运用，通过"拦、调、排"措施，可使黄河下游河道 2060 年前河床不抬高，未来仍需要坚持"拦、调、排、放、挖"多种措施综合处理和利用黄河泥沙，在下游温孟滩等滩区实施放淤，局部河段实施挖河疏浚，实现黄河下游河床不抬高。

2) 在未来黄河来沙 6 亿 t/a 情景方案下，古贤水库 2030 年生效后，可延长小浪底水库拦沙库容使用年限 10 年，与小浪底水库联合运用，可发挥"1+1>2"的效果。古贤水库、东庄水库生效后，与小浪底水库联合运用，计算期末减少小北干流河道泥沙淤积量 40.58 亿 t，减少渭河下游河道泥沙淤积量 4.38 亿 t，减少黄河中下游河道泥沙淤积量为 76.43 亿 t，累计减淤量为 121.39 亿 t；潼关高程计算期 100 年末降低 3.04m；黄河下游河道计算期 50 年末年均淤积 0.17 亿 t。但古贤水库拦沙库容淤满后，下游河道年均淤积仍有 0.96 亿 t，仍需要适时修建碛口水库，完善水沙调控体系，减轻水库和河道泥沙淤积。碛口水库 2050 年生效后，可延长古贤水库拦沙库容使用年限 20 年，可减少小北干流河道泥沙淤积量 45.07 亿 t，减少黄河下游河道泥沙淤积量为 96.98 亿 t，累计减淤量为 146.43 亿 t，比无碛口水库方案新增减淤量 25.04 亿 t；潼关高程计算期 100 年末降低 3.74m；黄河下游河道计算期 50 年末年均淤积 0.05 亿 t，计算期 100 年末年均淤积 0.20 亿 t。古贤水库、碛口水库生效后，与现状工程联合运用，通过"拦、调、排"措施，可使黄河下游河道 2072 年前河床不抬高，未来仍需要坚持"拦、调、排、放、挖"多种措施综合处理和利用黄河泥沙，在下游温孟滩等滩区实施放淤，局部河段实施挖河疏浚，实现黄河下游河床不抬高。

3) 在未来黄河来沙 3 亿 t/a 情景方案下，计算期末古贤水库仍处于拦沙期。古贤 2030 年生效时，可延长小浪底水库拦沙库容使用年限 27 年，减少小北干流河道泥沙淤积量 11.68 亿 t，减少黄河下游河道泥沙淤积量为 35.66 亿 t，累计减淤量为 50.94 亿 t。古贤水库 2035 年生效时，可延长小浪底水库拦沙库容使用年限 25 年，减少小北干流河道泥沙淤积量 11.71 亿 t，减少黄河下游河道泥沙淤积量为 33.89 亿 t，累计减淤量为 49.20 亿 t。古贤水库 2050 年生效时，可延长小浪底水库拦沙库容使用年限 11 年，减少小北干流河道泥沙淤积量 11.92 亿 t，减少黄河下游河道泥沙淤积量为 32.24 亿 t，累计减淤量为 47.76 亿 t。表明古贤水库投入运用越早，对减缓小浪底水库淤积、延长小浪底水库拦沙库容使用年限、减缓下游河道淤积越有利。因此，仍需尽早建设古贤水库，完善水沙调控体系，充分发挥水库的综合利用效益。古贤水库生效后，与现状工程联合运用，可长期实现黄河下游河床不抬高。

4) 在未来黄河来沙在 1 亿 t/a 时，从维持下游河势稳定看，小浪底水库泄放的水量不能满足塑造维持与现状黄河下游河道整治工程相适应的流路和消除畸形河势所需要的调控水量。小浪底水库淤满后调水调沙库容仅 10 亿 m³，扣除调沙库容后，有效的调水库容为 5 亿 m³ 左右，其无法满足维持下游河势稳定的水量要求，下游防洪安全风险依然较大。未来仍需建设古贤水库，与小浪底水库联合调水调沙，塑造维持与现状黄河下游河道整治工程相适应的流路所需要的调控水量。

4.4 小 结

1) 分析了防洪减淤与水沙调控的运行现状、水库调度对水沙过程的调节作用及水库和河道的冲淤响应。现状水沙调控，以龙羊峡水库、刘家峡水库、三门峡水库、小浪底水库四座骨干工程为主体，以海勃湾水库、万家寨水库为补充，支流水库配合完成。目前干流的龙羊峡水库、刘家峡水库、海勃湾水库、小浪底水库处于淤积状态，万家寨水库和三门峡水库处于冲淤平衡状态。水库运用改变了径流、泥沙的年内分配比例和过程，对宁蒙河道、小北干流和黄河下游河道产生了不同程度的影响。1986 年龙羊峡水库和刘家峡水库联合运用以来，黄河上游有利于输沙的大流量过程减少，水流长距离输沙动力减弱，致使粒径小于 0.1mm 的泥沙在宁蒙河段由总体冲刷转变为大量淤积，宁蒙河道淤积萎缩加重，中水河槽过流能力减小，河段的防凌防洪形势严峻。2002 年三门峡水库调整运用方式以来，来水来沙条件较为有利，小北干流河道年均冲刷 0.21 亿 t，潼关高程维持在 328m 附近。1999 年小浪底水库下闸蓄水以来，黄河下游河道全程冲刷，至 2020 年汛前下游累计冲刷量达 29.24 亿 t，其中，利津以上河段冲刷 28.30 亿 t，河道最小平滩流量由 2002 年汛前的 1800m³/s 增加至 4350m³/s。

2) 分析了不同来沙情景下，黄河防洪减淤与水沙调控的需求。黄河未来来沙 8 亿 t/a 的条件下，小北干流河道年均淤积 0.56 亿 t，潼关高程年均抬升 0.009m，小浪底水库2030 年拦沙库容淤满，小浪底水库拦沙库容淤满后下游河道年均淤积 2.04 亿 t，随着下游河道淤积最小平滩流量将降低至 2440m³/s。现状万家寨水库和三门峡水库调节库容小，小浪底水库拦沙库容淤满后仅剩 10 亿 m³ 调水调沙库容，扣除调沙库容后，有效的调水库容为 5 亿 m³ 左右，其无法满足调水调沙库容要求。因此，未来需在小浪底水库上游修建骨干水库，拦减泥沙，联合现有水库群调水调沙，协调水沙关系，控制潼关高程，减少河道淤积，较长期维持中水河槽行洪输沙的功能和河势稳定。黄河未来来沙 6 亿 t/a 的条件下，小北干流河道年均淤积 0.32 亿 t，潼关高程年均抬升 0.006m。小浪底水库 2037 年拦沙库容淤满，小浪底水库拦沙库容淤满后下游河道年均淤积 1.37 亿 t，随着下游河道淤积最小平滩流量将降低至 2800m³/s。因此，黄河未来来沙 6 亿 t/a 的条件下仍需在小浪底水库上游修建骨干水库，拦减泥沙，同时联合现有水库群调水调沙，减少河道淤积，较长期维持中水河槽行洪输沙的功能和河势稳定。黄河未来来沙 3 亿 t/a 的条件下，小北干流河道微冲，潼关高程基本维持在 328m 附近，小浪底水库 2060 年拦沙库容淤满，小浪底水库拦沙库容淤满后 50 年内下游河道年均淤积 0.37 亿 t。因此，黄河未来来沙 3 亿 t/a 条件下仍需在小浪底水库上游修建骨干水库，联合现有水库群调水调沙，实现黄河下游河床不抬高，维持中水河槽行洪输沙的功能和河势稳定。黄河未来来沙 1 亿 t/a 的条件下，小北干流河道年均冲刷 0.14 亿 t，潼关高程略有降低，黄河下游河道整体冲刷，高村至艾山卡口河段有所淤积，小水带来的河势变化问题突出。因此，黄河未来来沙 1 亿 t/a 的条件下需在小浪底水库上游修建骨干水库，提供调水调沙库容，联合现有水库群调水调沙，维持中水河槽和河势稳定。

3）提出了未来黄河上游水沙调控模式。通过多方案作用效果研究的比较，提出在黄河上游建设黑山峡水库，提供调水调沙库容和防凌库容，与龙羊峡水库、刘家峡水库联合运用，使宁蒙河道 50 年内不淤积，遏制宁蒙河段"新悬河"发展态势，维持河道 2000m³/s 流量以上的中水河槽，辅助挖等措施，长期实现宁蒙河段河床不抬高，控制宁蒙河段凌情。分析了未来黄河中下游的水沙调控工程布局。黄河来沙量较大时（8 亿 t/a、6 亿 t/a），2030 年建成古贤水库、2050 年建成碛口水库，与现状工程联合，灵活采用"上库高蓄调水、下库速降排沙、拦排结合、适时造峰"的联合减淤运用方式，使黄河下游河道 2060 年（8 亿 t/a）、2072 年（6 亿 t/a）之前河床不抬高，未来坚持"拦、调、排、放、挖"多种措施综合处理和利用泥沙，实现长期黄河下游河床不抬高。黄河来沙 3 亿 t/a 时，2030 年建成古贤水库与现状工程联合运用，减缓小浪底水库淤积，延长小浪底水库拦沙库容使用年限，遏制下游河道淤积，实现长期黄河下游河床不抬高。黄河来沙量为 1 亿 t/a 时，建设古贤水库，通过设置适宜的调水调沙库容，与现状工程联合调水调沙运用，维持中水河槽行洪输沙的功能和河势稳定。

4）提出了未来黄河中下游的水沙调控模式。古贤水库建成生效时，黄河中游将形成相对完善的洪水泥沙调控子体系。古贤水库拦沙初期，可联合三门峡水库、小浪底水库及支流水库，采用"蓄水拦沙，适时造峰"的减淤运用方式，冲刷降低潼关高程，恢复小浪底水库槽库容及下游河道中水河槽规模，尽量为拦沙后期水库运用创造好的条件；古贤水库拦沙后期，可联合三门峡水库、小浪底水库及支流水库，根据水库和下游河道的冲淤状态，灵活采用"上库高蓄调水、下库速降排沙、拦排结合、适时造峰"的联合调控方式。古贤水库正常运用期，在保持两水库防洪库容的前提下，利用两水库的槽库容对水沙进行联合调控，增加黄河下游和两水库库区大水排沙和冲刷的概率，长期发挥水库的调水调沙作用。东庄水库主要用于调控泾河的洪水泥沙，采用"泄大拦小、适时排沙"的减淤运用方式，减轻渭河下游河道淤积，并相机配合干流调水调沙，增强小浪底水库调水调沙的后续动力。碛口水库投入运用后，与中游的古贤水库、三门峡水库和小浪底水库联合拦沙和调水调沙，可长期协调黄河水沙关系，减少黄河下游及小北干流河道的淤积，维持河道中水河槽行洪输沙的能力。同时，承接上游子体系的水沙过程，适时蓄存水量，为古贤水库、小浪底水库提供调水调沙的后续动力，在减少河道淤积的同时，恢复水库的有效库容，长期发挥调水调沙效益。当碛口水库泥沙淤积严重需要排沙时，可利用其上游水库的蓄水量对其进行冲刷以恢复库容。

参 考 文 献

[1] 黄河水利委员会. 黄河流域综合规划 [M]. 郑州：黄河水利出版社，2013.
[2] 王煜，李海荣，安催花，等. 黄河水沙调控体系建设规划关键技术研究 [M]. 郑州：黄河水利出版

社，2015.

[3] 胡春宏，陈建国，郭庆超，等 . 黄河水沙调控与下游河道中水河槽塑造 ［M］. 北京：科学出版社，2007.

[4] 胡春宏 . 构建黄河水沙调控体系，保障黄河长治久安 ［J］. 科技导报，2020，38（17）：8-9.

[5] 周丽艳，安催花，鲁俊 . 小北干流有坝放淤引水时机及规模分析研究 ［J］. 人民黄河，2006，28（10）：23-24，48.

[6] 胡一三 . 70 年来黄河下游历次大修堤回顾 ［J］. 人民黄河，2020，42（6）：18-21.

[7] 吴默溪，鲁俊，贠元璐 . 黄河小北干流放淤试验工程泥沙处置效果分析 ［J］. 泥沙研究，2019，44（4）：18-24.

[8] 刘红珍，张志红，李超群 . 黄河上游河道凌情变化规律与防凌工程调度关键技术 ［M］. 郑州：黄河水利出版社，2019.

[9] 谢鉴衡 . 河床演变及整治 ［M］. 北京：中国水利水电出版社，1997.

[10] 胡春宏 . 黄河水沙过程变异及河道的复杂响应 ［M］. 北京：科学出版社，2005.

[11] 胡春宏 . 我国多沙河流水库"蓄清排浑"运用方式的发展与实践 ［J］. 水利学报，2016，47（3）：283-291.

[12] 胡春宏，陈建国，郭庆超 . 三门峡水库淤积与潼关高程 ［M］. 北京：科学出版社，2008.

[13] 胡春宏，陈建国，郭庆超 . 潼关高程的稳定降低与渭河下游河道综合治理 ［J］. 中国水利水电科学研究院学报，2004，2（1）：19-25.

[14] 焦恩泽 . 黄河水库泥沙 ［M］. 郑州：黄河水利出版社，2004.

[15] An C, Lu J, Qian Y, et al. The scour-deposition characteristics of sediment fractions in desert aggrading rivers–taking the upper reaches of the Yellow River as an example ［J］. Quaternary International，2019，523：54-66.

[16] 安催花，鲁俊，钱裕，等 . 黄河宁蒙河段冲淤时空分布特征与淤积原因 ［J］. 水利学报，2018（2）：195-206.

[17] 鲁俊，安催花，吴晓杨 . 黄河宁蒙河段水沙变化特性与成因研究 ［J］. 泥沙研究，2018（6）：40-46.

[18] Lu J, An C, Luo Q S, et al. Estimation of Aeolian Sand into the Yellow River from Desert Aggrading River in the Upper Reaches of the Yellow River ［C］. E-proceedings of the 38th IAHR World Congress，2019.

[19] 陈翠霞，安催花，罗秋实，等 . 黄河水沙调控现状与效果 ［J］. 泥沙研究，2019，2：69-74.

[20] 安催花，鲁俊，吴默溪，等 . 黄河下游河道平衡输沙的沙量阈值研究 ［J］. 水利学报，2020，54（4）：402-409.

[21] 万占伟，陈翠霞，段文龙 . 黄河下游河床可能最大冲刷深度分析 ［J］. 泥沙研究，2019，44（1）：8-15.

[22] 钱宁 . 黄河下游河床的粗化问题 ［J］. 泥沙研究，1959（1）：16-23.

[23] Zhang J L, Fu J, Chen C X. Current situation and operation effects of the reservoirs in the middle Yellow River ［C］. E-proceedings of the 38th IAHR World Congress，2019.

[24] 张金良，练继建，张远生，等 . 黄河水沙关系协调度与骨干水库的调节作用 ［J］. 水利学报，2020，8：897-905.

[25] 陈建国，周文浩，韩闪闪 . 黄河小浪底水库拦沙后期运用方式的思考与建议 ［J］. 水利学报，2015，46（5）：574-583.

[26] 陈建国，周文浩，孙高虎 . 论黄河小浪底水库拦沙后期的运用及水沙调控 ［J］. 泥沙研究，2016，

8（4）：1-8.

[27] 胡春宏，安催花，陈建国，等．黄河泥沙优化配置［M］．北京：科学出版社，2012.

[28] 水利部黄河水利委员会．黄河调水调沙理论与实践［M］．郑州：黄河水利出版社，2013.

[29] 李国英．维持黄河健康生命［M］．郑州：黄河水利出版社，2005.

[30] 胡春宏，陈建国，郭庆超．黄河水沙过程调控与下游河道中水河槽塑造［J］．天津大学学报，2008（9）：1035-1040.

[31] 张金良．黄河调水调沙实践［J］．天津大学学报，2008（9）：1046-1051.

[32] 陈建国，周文浩，陈强．小浪底水库运用十年黄河下游河道的再造床［J］．水利学报，2012（2）：127-135.

[33] 李国英，盛连喜．黄河调水调沙的模式及其效果［J］．中国科学，2011（6）：826-832.

[34] 李国英．黄河调水调沙关键技术［J］．前沿科学，2012（1）：17-21.

[35] 李国英．黄河中下游水沙的时空调度理论与实践［J］．水利学报，2004（8）：1-7.

[36] 魏军，任伟，杨会颖，等．2018年汛期黄河水沙调度实践［J］．人民黄河，2019，41（5）：1-4.

[37] 胡春宏．黄河流域水沙变化机理与趋势预测［J］．中国环境管理，2018（1）：97-98.

[38] 胡春宏，张晓明，赵阳．黄河泥沙百年演变特征与近期波动变化成因解析［J］．水科学进展，2020，31（5）：725-733.

[39] 胡春宏，陈绪坚，陈建国．21世纪黄河泥沙的合理安排于调控［J］．中国水利，2010（9）：13-16.

[40] 胡春宏．黄河水沙变化与治理方略研究［J］．水力发电学报，2016（10）：1-10.

[41] 胡春宏，张晓明．论黄河水沙变化趋势预测研究的若干问题［J］．水利学报，2017（9）：1028-1039.

[42] 胡春宏，陈建国．江河水沙变化与治理的新探索［J］．水利水电技术，2014（1）：11-20.

[43] 刘晓燕，党素珍，高云飞．极端暴雨情景模拟下黄河中游区现状下垫面来沙量分析［J］．农业工程学报，2019，35（11）：131-138.

[44] 高照良，付艳玲，张建军，等．近50年黄河中游流域水沙过程及对退耕的响应［J］．农业工程学报，2013，29（6）：99-105.

[45] 刘斌，罗全华，常文哲，等．不同林草植被覆盖度的水土保持效益及适宜植被覆盖度［J］．中国水土保持科学，2008，6（6）：68-73.

[46] 安催花，万占伟，张建，等．黄河水沙情势演变．水利科学与工程前沿（上）［M］．北京：科学出版社，2017.

[47] 黄河勘测规划设计研究院有限公司，黄河古贤水利枢纽可行性研究报告［R］．郑州：黄河勘测规划设计研究院有限公司，2018.

[48] 黄河勘测规划设计有限公司．RSS河流数值模拟系统软件产品鉴定测试报告［R］．郑州：黄河勘测规划设计研究院有限公司，2013.

[49] 陈雄波，杨振立，鲁俊．龙刘水库运用方式调整对宁蒙河道冲淤的影响［J］．人民黄河，2013，35（10）：45-47.

[50] 张厚军，鲁俊，周丽艳．黄河宁蒙河段洪水冲淤规律分析［J］．人民黄河，2011，33（11）：27-28，63.

[51] 张金良，付健，韦诗涛，等．变化环境下小浪底水库运行方式研究［M］．郑州：黄河水利出版社，2019.

[52] 张金良，鲁俊，张远生．黄河黑山峡河段开发的战略思考［J］．人民黄河，2020，42（7）：1-4，56.

第 5 章 变化情势下黄河水沙平衡与治理保护策略

"黄河宁，天下平"，中华民族历朝历代都高度重视黄河治理，将其作为安民兴邦的大事。在几千年治理黄河的实践中，我国水利工作者逐步深化对黄河水沙特性及河床演变过程的认识，不断提高治黄技术，积累了丰富的治黄经验，形成了一系列卓越的治黄思想，提出过各种治黄方略。从简单的水来土挡到筑堤分流，从单纯的治水防洪到治水与治沙相结合，从下游防洪走向全河治理，治黄方略不断传承与发展。进入 21 世纪，黄河水沙量与过程发生了剧烈变化，黄河治理方略如何调整，成为黄河治理亟待解答的重大问题，其关键问题仍是如何调节水沙关系，维持黄河水沙平衡。本章分析了现状黄河流域综合规划的适应性，基于未来水沙变化趋势的预测成果，提出了未来黄河治理保护的总体思路与具体措施，着重分析了未来黄河水沙平衡与黄土高原水土流失治理度，以及黄河下游河道治理宽度和未来黄河泥沙优化配置方案，试图为新时代黄河治理保护提供科技支撑。

5.1 现状黄河流域综合规划的适应性分析

2013 年国务院批准的《黄河流域综合规划（2012—2030 年）》主要包括水沙调控体系规划、防洪减淤规划、水土保持规划、水资源开发利用规划、水资源和水生态保护规划以及流域综合管理和科技支撑体系规划，本研究着重分析水沙调控体系规划、防洪减淤规划的适应性。

5.1.1 水沙调控体系规划的适应性

1. 水沙调控体系建设现状及与规划实施对比

《黄河流域综合规划（2012—2030 年）》提出，"以干流的龙羊峡、刘家峡、黑山峡、碛口、古贤、三门峡、小浪底等骨干水利枢纽为主体，以干流的海勃湾、万家寨水库及支流的陆浑、故县、河口村、东庄等控制性水库为补充，共同构成完善的黄河水沙调控工程体系"[1]，黄河水沙调控体系建设现状如图 5-1 所示。规划要求近期做好海勃湾和河口村水库的工程建设工作，及时建成生效；东庄水库要力争 2020 年建成生效；古贤水库争取在"十二五"期间立项建设，2020 年前后建成生效；黑山峡水库要根据维持黄河健康生命和促进经济社会发展的要求，研究确定其合理的开发时机；碛口水库由于与古贤、小浪底水库联合运用对协调水沙关系、优化配置水资源等具有重要作用，应加强前期工作，促进立项建设。

图 5-1 黄河水沙调控体系建设现状

目前，海勃湾和河口村水库已建成投运。东庄水库批复立项，进入开工建设阶段。《黄河古贤水利枢纽可行性研究报告》通过水利部审查。黑山峡水库专题论证已完成。规划要求 2020 年前后建成生效的东庄水库、古贤水库等水沙调控工程实施进度滞后。

2. 未来水沙调控体系规划的调整方向

黄河水量主要产自上游，泥沙主要产自中游黄土高原地区，其泥沙量大，含沙量高，流域特殊的产水产沙环境决定了黄河水沙的基本特点：水沙异源，水沙关系不协调[2,3]。黄河上中游实测水沙量的特征值统计如表 5-1 所示，黄河上游头道拐站、中游四站的水沙量历年水沙过程如图 5-2 和图 5-3 所示，由表和图可见，1919～2017 年不同时段黄河上游头道拐站来水量占四站来水量的比例在 60% 上下变化，而来沙量占四站来沙量的比例在 10% 上下变化，即使来沙量较小的时段，2000～2017 年四站的年平均含沙量仍然高达 10.78kg/m³，汛期含沙量仍然高达 20.15kg/m³，且 2000m³/s 以上有利于输沙的流量年均出现的天数由 2000 年以前的 44 天减少到 10 天。

表 5-1 黄河上中游河道实测水沙量的特征值统计

测站	时段	水量/亿 m³			沙量/亿 t			含沙量/（kg/m³）		
		汛期	非汛期	全年	汛期	非汛期	全年	汛期	非汛期	全年
头道拐①	1919～1959 年	155.9	94.8	250.7	1.17	0.25	1.42	7.50	2.64	5.66
	1960～1986 年	147.1	108.3	255.4	1.12	0.29	1.41	7.61	2.68	5.52
	1987～1999 年	64.6	99.8	164.4	0.28	0.17	0.45	4.33	1.70	2.74
	2000～2017 年	64.3	95.8	160.1	0.22	0.18	0.40	3.42	1.88	2.50
	1919～2017 年	124.8	99.3	224.1	0.87	0.24	1.11	6.97	2.42	4.95

续表

测站	时段	水量/亿 m³			沙量/亿 t			含沙量/（kg/m³）		
		汛期	非汛期	全年	汛期	非汛期	全年	汛期	非汛期	全年
四站②	1919～1959 年	261.1	166.5	427.6	14.54	1.67	16.21	55.69	10.03	37.91
	1960～1986 年	233.2	173.5	406.7	11.76	1.45	13.21	50.43	8.36	32.48
	1987～1999 年	122.2	143.4	265.6	7.64	1.34	8.98	62.52	9.34	33.81
	2000～2017 年	111.2	129.1	240.3	2.24	0.35	2.59	20.14	2.71	10.78
	1919～2017 年	208.0	158.6	366.6	10.64	1.33	11.97	51.15	8.39	32.65

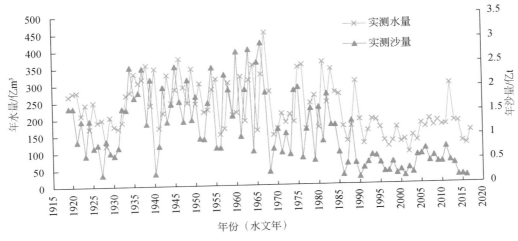

图 5-2 黄河上游头道拐站历年实测水沙量过程

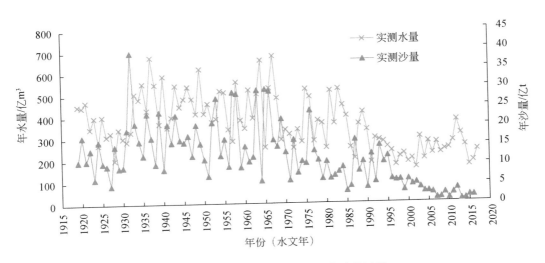

图 5-3 黄河中游四站历年实测水沙量过程

此外，黄河径流年际年内分布不均的特性，使得当前黄河水资源调控能力也不能满足水资源用水需求。由于黄河河川径流主要集中在汛期，7～10 月径流量一般占年径流总量的 60% 以上；河川径流又大部分来自上中游，上游年径流量占全河的 60% 左右，上中游年径流量约占全河的 96%。但现有的中游水利工程调节径流能力不足，黄河上游的龙羊峡、刘家峡等水库，在流域发生干旱枯水、连续枯水需要调水时，流程过长，难以有效保障中下游用水；中游小浪底水库由于汛期蓄水和防洪之间存在着矛盾，调蓄能力有限，单库发挥的作用也非常有限。

基于黄河水沙的基本特征和水沙调控现状[4-6]，在协调宁蒙河段和下游水沙关系、防洪防凌、控制潼关高程、治理小北干流、维持下游河势稳定等方面仍存在水动力不足、不能充分发挥整体合力的局限性，流域生态保护和高质量发展需要统筹考虑洪水管理、协调全河水沙关系、合理配置和优化调度水资源等要求，因此，未来仍需进一步完善水沙调控体系，加强上中游骨干工程的建设。

（1）古贤水库

当前，黄河中游缺少骨干水库与小浪底水库配合，小浪底水库调水调沙后续水动力不足[7]。建议尽早开工建设古贤水库，增强小浪底水库调水调沙的后续水动力。若黄河未来来沙水平在 3 亿 t/a 以上，古贤水库还需考虑拦沙任务，设置适宜的拦沙库容；若黄河来沙水平减小到 3 亿 t/a 以下，古贤水库应结合重大国家战略，调整水库的开发目标和任务，从生态、水资源配置等角度进一步论证库容规模，重点考虑设置适宜的调水调沙库容，与小浪底水库联合调控塑造适宜的流量过程，维持黄河下游中水河槽和河势稳定[8]。

（2）黑山峡水库

未来黄河上游宁蒙河段仍处于淤积状态，"新悬河"形势逐步加剧，中水河槽过流能力没有根本改变，宁蒙河段防凌问题尚未有效解决。通过建设黑山峡水库对上游梯级电站的发电流量进行反调节，可满足协调水沙关系和防凌（洪）减淤、供水、发电、生态等综合利用要求。

（3）碛口水库

规划提出碛口水库的开发任务以防洪减淤为主，兼顾发电、供水和灌溉等综合利用。若未来黄河来沙在 6 亿 t/a 或 8 亿 t/a 的水平，则规划提出碛口水库以防洪减淤为主的开发任务是合适的；若黄河来沙减少到 3 亿 t/a 以下，规划的碛口水库开发任务需进行调整。建议结合重大国家战略和未来水沙变化情势，适时开展碛口水库前期工作，研究论证工程建设任务、时机与规模等。

5.1.2 防洪减淤规划的适应性

1. 防洪减淤体系建设现状及与规划实施对比

（1）下游河道

A. 规划安排

《黄河流域综合规划（2012—2030 年）》提出要处理和利用黄河泥沙，坚持"拦、调、排、放、挖"综合治理的思路，按照"稳定主槽、调水调沙，宽河固堤、政策补偿"的黄河下游河道治理方略，近期安排了堤防工程和河道整治工程建设、"二级悬河"治理、滩区综合治理等，包括滩区治理、滩区安全建设、制定滩区淹没补偿政策等工作。

堤防和河道整治工程安排。规划要求近期基本完成下游堤防加固任务，规划加固堤段长 526.5km，帮宽堤段总长 178.3km；新修、改建防护坝 201 道；安排续建控导工程 83 处，改建加固控导工程坝垛 3133 道。远期改建加固防护坝 534 道，控导工程坝垛 4618 道。

"二级悬河"治理工程安排。近期在试验工程基础上，规划淤填堤河、串沟 845.58km；远期结合水库调水调沙及河道整治，规划通过滩区引洪放淤及机械放淤，淤堵串沟，淤填堤河，开展东坝头–陶城铺河段淤滩 235km。

滩区综合治理安排。规划滩区安全建设采取外迁、就地就近避洪、临时撤离三种安置方式，安置的人口为 161.3 万人。其中，外迁安置人口 35 万人，滩内就近筑台安置人口 84.1 万人，采用临时撤离措施的安置人口 42.2 万人。同时规划要求尽快制定滩区运用洪水淹没补偿政策。

B. 规划实施

目前下游标准化堤防已全部建成。全面完成了堤防加固，堤防加固以放淤固堤为主，截渗墙加固为辅；凡具备放淤固堤条件的堤段均采用放淤固堤加固，对背河有较大村镇、搬迁任务较重的堤段采用截渗墙加固。黄河下游渔洼以上 1371.221km 的临黄大堤中，除沁河口以上，以及涵闸、支流入黄口共计 90.011km 的堤防不需加固外，其余堤段有 1281.216km 实施了放淤固堤，83.419km 实施了截渗墙加固。完成堤防加高帮宽，黄河下游渔洼以上 1371.221km 的临黄大堤，除欠宽 1m 以内、段落零散分布的 57.960km 外，其余 1313.267km 堤防的加高帮宽建设任务全部完成。

河道整治工程建设滞后。截至目前，共完成规划安排的控导工程新建、续建及改造长度 25.609km；完成控导工程加固 267 道；险工改建加固 979 道。控导新续建、险工改建加固和防护坝工程建设情况如表 5-2 所示，尚有 166km 河道需要继续进行整治。

表 5-2　黄河下游河道控导新续建、险工改建加固和防护坝工程建设情况

项目		控导新续建/km	控导加高加固/道	险工改建/道	防护坝/道
2008 年以后	近期初设	6.541	52	228	0
	"十三五"初设	19.068	215	751	0
完成合计		25.609	267	979	0

总的来说，黄河下游通过持续的堤防、险工和河道整治工程建设，提高了堤防整体抗洪的能力，基本解决了标准内洪水堤防溃决的问题；小浪底水库运用后，下游河道中水河槽冲刷、展宽，过流能力扩大至 4300m³/s 以上，有利于缓解下游的防洪形势，与中游干支流水库群联合调度，大大增强了对下游洪水的管控能力。

"二级悬河"治理工程未实施。根据规划安排，水利部黄河水利委员会编制完成了《黄河下游滩区综合治理规划》《黄河下游二级悬河治理工程可行性研究报告》《黄河下游

东明阎潭—谢寨和范县邢庙—于庄二级悬河近期治理工程可行性研究报告》，相继通过了上级部门的审查，但目前均未批准实施。近期，水利部黄河水利委员会组织编制的《黄河下游"十四五"防洪工程可行性研究报告》，安排进行河道整治和堤沟河治理，通过建设要基本解决重点河段的堤沟河危害。

滩区综合治理滞后。按照规划安排，开展了滩区安全建设、制定了滩区洪水淹没补偿政策等工作。2011年，国务院批准了《关于黄河下游滩区运用补偿政策意见的请示》，按照财政部、国家发展和改革委员会、水利部联合制定的《黄河下游滩区运用财政补偿资金管理办法》，河南和山东两省分别印发了《黄河下游滩区运用财政补偿资金管理办法实施细则》。2014年以来，河南和山东两省分别开展了三批居民搬迁试点建设。2017年5月，经国务院同意的国家发展和改革委员会印发的《河南省黄河滩区居民迁建规划》《山东省黄河滩区居民迁建规划》，提出3年左右时间河南外迁安置24.32万滩区居民，山东基本解决60.62万滩区居民的防洪安全和安居问题。同时，开展未来滩区治理方向研究等工作，有关单位的研究提出了滩区再造与生态治理模式、滩区防护堤治理模式、滩区分区运用模式等。总体来看，滩区安全建设进度滞后，对未来滩区的治理方向还未形成统一意见。

（2）潼关河段

A. 规划安排

潼关高程（1000m³/s相应水位）是渭河下游、禹潼河段的侵蚀基准面，潼关高程一直处于较高状态是导致渭河下游淤积严重、防洪问题突出的重要原因之一。《黄河流域综合规划（2012—2030年）》提出近期要继续控制三门峡水库运用水位、实施潼关河段清淤、在潼关以上的小北干流河段进行有计划的放淤，实施渭河口流路整治工程；2020年前后建成古贤水库，初期通过水库拦沙和调控水沙，使潼关高程降低2m左右，后期通过水库调水调沙运用控制潼关高程。远期利用南水北调西线等调水工程增加输沙水量，改善水沙条件，进一步降低潼关高程。

B. 规划实施

按照规划安排，继续控制了三门峡水库运用水位，非汛期坝前最高水位控制在318m以下，平均水位为315m，汛期入库流量大于1500m³/s时敞泄；继续进行桃汛洪水冲刷试验，从2006年开始，截至2018年，已经进行了13次桃汛洪水冲刷试验（每年实施）；继续完善了渭河口流路整治工程，新建黄渭分离工程长度800m；继续实施了多轮次的小北干流滩区放淤试验[9]。

小北干流无坝自流放淤试验于2004年7月开始，按照来水含沙量、流量、粗颗粒泥沙含量及水沙同历时长度等运行指标要求，先后在2004~2007年、2010年、2012年进行了共计13轮放淤试验，累计放淤历时622.25h，累计放淤处置泥沙量622.1万t，其中，粒径0.05mm以上的粗泥沙淤积量164.2万t，占总淤积量的26.4%，实现了淤粗排细的目的，如表5-3和表5-4所示。通过放淤试验，取得了一些研究成果和认识。一是淤区淤积量与引水引沙条件密切相关。引水含沙量越高，引水引沙量越大，淤区淤积量越大，淤积的粗沙也越多，如图5-4~图5-6所示。由于近期黄河水沙变化，来水流量减小，含沙量减小,洪峰与沙峰不同步等水沙条件变化,使得符合放淤试验运行要求的水沙条件减少,放淤频次减少,同时由于引水口门处河势变化等其他不利因素,放淤效果受到较大影响,放淤处置泥沙量减小。二是无坝自流放淤在有利的水沙条件、河势条件以及精细的调度管理等情况下,可以实现多引沙尤其是引粗沙、淤粗排细的放淤目标,但是影响因素多,很难全面控制,持续保障放淤效果难度大。

表 5-3 黄河中游小北干流放淤试验引水引沙情况的统计表

轮次	含沙量/(kg/m³)	沙量/万 t		
		全沙	中沙	粗沙
第一轮	233.9	128.7	31.5	34.3
第二轮	188.9	79.2	15.6	13.5
第三轮	50.0	11.7	3.1	2.4
第四轮	124.6	262.9	60.6	54.1
第五轮	46.5	121.3	31.4	28.1
第六轮	41.9	22.8	4.8	4.8
第七轮	44.4	74.0	18.2	15.4
第八轮	48.4	62.6	12.2	8.2
第九轮	68.3	60.2	14.6	10.8
第十轮	101.0	33.1	8.4	6.2
第十一轮	67.6	18.1	4.7	4.2
第十二轮	38.9	23.1	4.7	3.2
第十三轮	18.5	2.0	0.4	0.2
合计		899.7	210.2	185.4

注:全沙包括细沙、中沙和粗沙。细沙为粒径 0.025mm 以下的泥沙;中沙为粒径 0.025~0.05mm 的泥沙;粗沙为粒径 0.05mm 以上的泥沙。

表 5-4 黄河中游小北干流放淤试验淤积量的统计表 (单位:万 t)

轮次	全沙	细沙	中沙	粗沙
第一轮	101.3	39.6	28.5	33.3
第二轮	40.5	17.1	11.3	12.2
第三轮	10.2	4.8	3.0	2.3
第四轮	213.9	104.2	56.7	53.0
第五轮	84.1	32	26.0	26.0
第六轮	12.5	5.1	3.2	4.1
第七轮	52.4	24.6	14.6	13.2
第八轮	30.2	19.3	6.6	4.3
第九轮	30.5	17.7	7.0	5.8
第十轮	16.9	8.6	4.7	3.6
第十一轮	11.1	4.7	3.2	3.2

续表

轮次	全沙	细沙	中沙	粗沙
第十二轮	16.5	9.8	3.9	2.8
第十三轮	1.9	1.3	0.4	0.2
合计	622.0	288.8	169.1	164.0

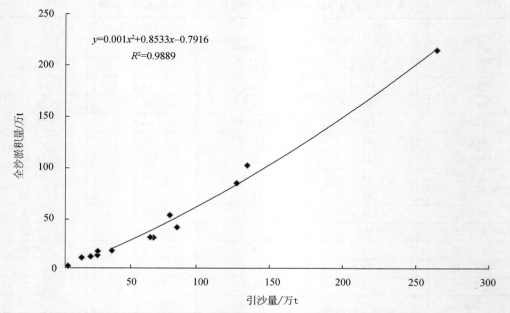

图 5-4 黄河中游小北干流放淤试验期全沙淤积量与引沙量的关系

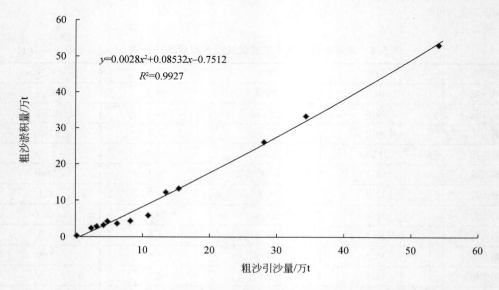

图 5-5 黄河中游小北干流放淤试验期粗沙淤积量与引沙量的关系

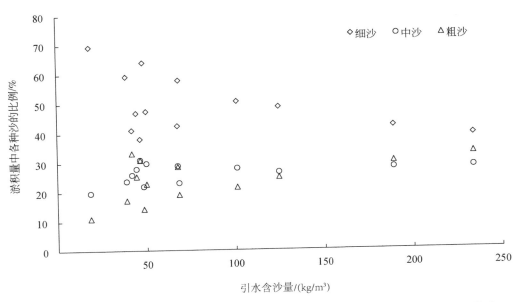

图 5-6　黄河中游小北干流放淤期淤积物中细沙、中沙、粗沙的比例与引水含沙量的关系

(3) 宁蒙河段

A. 规划安排

《黄河流域综合规划（2012—2030 年）》提出宁蒙河段要按照"上控、中分、下排"的基本思路，进一步完善防洪（凌）工程体系。近期要加强河防工程建设，优化龙羊峡、刘家峡水库运用方式，建设海勃湾水利枢纽，设置应急分凌区；远期进一步完善河防工程，研究建设黑山峡河段工程，从根本上解决河道淤积和防凌的问题。

B. 规划实施

自"九五"以来，宁蒙河段开展了较为系统的河道治理。2010 年、2014 年国家发展和改革委员会先后批复实施了一期和二期防洪工程建设，按照 2025 年的淤积水平，堤防工程建设标准为：下河沿至三盛公河段为 20 年一遇洪水，三盛公至蒲滩拐河段左岸为 50 年一遇洪水，右岸除达旗电厂附近（西柳沟至哈什拉川）为 50 年一遇洪水，其余为 30 年一遇洪水。

截至目前，黄河宁蒙河段已建成各类堤防长度 1453km（不含三盛公库区围堤），其中，干流堤防长 1400km，支流口回水段堤防长 53km；宁夏河段干流堤防长 448.1km，内蒙古河段长 951.9km。共建成河道整治工程 140 处，坝垛 2194 道，工程长度 179.5km。这些工程的修建，有效地提高了宁蒙河段抗御洪水的能力，在保障沿岸人民群众的生命财产安全和经济社会的稳定发展方面发挥重要作用。

目前内蒙古河段建成了 6 个应急分洪区：左岸的乌兰布和分洪区、河套灌区及乌梁素海分洪区、小白河分洪区；右岸的杭锦淖尔分洪区、蒲圪卜分洪区、昭君坟分洪区。应急分洪区的位置如图 5-7 所示，各应急分洪区的工程设计指标如表 5-5 所示。

图5-7 黄河上游内蒙古河段应急分洪区的位置示意图

表5-5 黄河上游内蒙古河段应急分洪区的工程设计指标

工程名称	位置	分洪规模/万 m³	分洪区面积/km²
乌兰布和	黄河左岸巴彦淖尔市磴口县粮台乡	11 700	230
河套灌区及乌梁素海	黄河左岸巴彦淖尔市乌拉特前旗大余太镇	16 100	
杭锦淖尔	黄河右岸鄂尔多斯市杭锦淖尔乡	8 243	44.07
蒲圪卜	黄河右岸鄂尔多斯市达拉特旗恩格贝镇	3 090	13.77
昭君坟	黄河右岸内蒙古鄂尔多斯市达拉特旗昭君镇	3 296	19.93
小白河	黄河左岸包头市稀土高新区万水泉镇和九原区	3 436	11.77

2007年凌汛期以来为了削减槽蓄水释放量，减轻黄河内蒙古河段的防凌压力，内蒙古河段应急分洪区根据实际凌情实施了分凌运用，一定程度上缓解了内蒙古河段开河期的防凌形势。各时段实际分凌运用情况如表5-6所示。

表5-6 黄河上游内蒙古河段2007年凌汛期以来应急分洪区运用情况统计表

时段	分凌时间			分凌地点	分凌水量 /万 m³
	开始	结束	历时/天		
2007~2008年	3月10日10:00			乌梁素海及乌兰布和	22 000
	3月21日			杭锦淖尔分洪区	
2008~2009年	2月22日17:00	3月17日10:00	23	河套灌区及乌梁素海	15 860
	3月18日12:00	3月21日8:00	3	杭锦淖尔	657
2009~2010年	3月6日14:00	3月27日12:00	21	河套灌区及乌梁素海	12 410
2010~2011年	3月15日12:00	3月25日8:00	10	河套灌区及乌梁素海	5 320
				杭锦淖尔	72
				小白河	1 103

上述分析表明，宁蒙河段基本按照规划安排完成了防洪工程建设，防御洪水的能力提高，但是由于宁蒙河段长期淤积而发育形成新悬河[10-12]，近期水沙变化导致中水河槽淤积萎缩、过流能力不足等问题，使得宁蒙河段的防洪防凌形势依然十分严峻，需要继续加强对宁蒙河段的治理。

2. 防洪减淤体系规划的未来调整方向

黄河洪水灾害严重，尤其是黄河下游，是举世闻名的"地上前悬河"，洪水灾害历来为世人所瞩目，历史上称其为中国之忧患。据不完全统计，从公元602年（周定王五年）至1938年（2540年），下游决口泛滥的年份有543年，决口达1590余次，经历了5次重大改道和迁徙。洪灾波及范围西起孟津，北抵天津、南达江淮，遍及豫、鲁、皖、苏、冀五省的黄淮海平原，纵横25万km²，给国家和人民带来深重的灾难。根据历史洪泛情况，结合现在的地形地物变化分析推断，在不发生重大改道的条件下，现行河道向北决溢，洪灾影响范围包括漳河、卫运河及漳卫新河以南的广大平原地区；现行河道向南决溢，洪灾影响范围包括淮河以北、颍河以东的广大平原地区。黄河下游洪泛影响范围涉及冀、鲁、豫、皖、苏五省的24个地（市）所属的110个县（市），总面积为12万km²，耕地面积为1.1亿亩，人口为8755万人。就一次决溢而言，向北最大影响范围为3.3万km²，向南最大影响范围为2.8万km²。因此，保障流域及黄淮海平原的防洪安全是黄河治理保护的首要任务，黄河下游防洪安全更是重中之重，黄河下游治理一定要立足长远[13]。

基于第4章的未来水沙条件和河道冲淤分析，除了黄河来沙1亿t/a情景方案，黄河来沙3亿t/a、6亿t/a、8亿t/a情景方案下黄河下游河道在小浪底水库拦沙库容淤满后均呈淤积状态，年均淤积量分别约为0.37亿t、1.37亿t、2.04亿t，长远的防洪减淤形势仍然不容乐观。根据黄河流域生态保护和高质量发展重大国家战略，要按照"大堤不决口、河道不断流、水质不超标、河床不抬高"的要求，在控制洪水和处理泥沙方面，仍需要继续坚持"上拦下排、两岸分滞"处理洪水和"拦、调、排、放、挖"综合处理利用泥沙，完善防洪减淤体系。从规划期内防洪减淤体系的实施情况看，未来仍需进一步加强防洪治理工程建设，特别是"二级悬河"治理工程和河势未得到有效控制河段的河道治理工程，塑造与维持黄河基本的输水输沙通道，推进下游滩区综合治理。结合近几十年水沙情势变化和未来水沙量预测的有关研究，建议对部分防洪减淤规划进行调整。

1）基于近期水沙情势和试验工程经验总结，无坝自流放淤由于影响因素多，很难全面控制，持续保障放淤效果难度大，建议取消小北干流无坝自流放淤；考虑未来黄河防洪减淤情势和古贤水库建设运行情况，调整放淤规划。

2）调整黄河下游滩区治理思路，因滩施策，适当减小滩区规模，实施河道与滩区综合治理提升工程，破解治河与滩区群众防洪安全、滩区经济社会发展之间的矛盾，为沿黄群众提供生态空间，满足人民群众日益增长的优美环境需求。从长远看，在新的水沙条件下，应开展下游河道改造的研究，从根本上解决滩区和河道的问题，具体见5.3.6节。

5.1.3　其他规划体系的适应性

《黄河流域综合规划（2012—2030 年)》提出构建水资源开发利用规划体系。一是全面推行节水措施，建设节水型社会；二是实行最严格的水资源管理制度，提高用水效率；三是适度开源，缓解经济社会发展带来的新增供水压力，适时退还被挤占的生态用水。同时，加大南水北调西线、引江济渭入黄等调水工程的前期工作，建设引汉济渭等跨流域调水工程。在此基础上，加强必要的水资源开发利用工程建设，利用已建的骨干水库，通过合理配置和优化调度，协调好生活、生产、生态用水，提高供水保证率和用水效率。继续完善干流水量综合调度体系，加强主要支流水量统一调度体系建设。积极稳妥地推进水权转换。

《黄河流域综合规划（2012—2030 年)》提出构建水资源与水生态保护规划体系。加强水功能区管理，落实区域水污染防治措施，减少和控制污染物排放量与入河量。加大水质监测等基础设施建设，完善监督管理体系，提高水资源保护管理能力。强化黄河水生态保护，河源区加强水源涵养、河口区维持生态用水并保护淡水湿地，干流河段保护主要鱼类的生境条件，防止沿岸重点湿地萎缩。

《黄河流域综合规划（2012—2030 年)》提出完善流域综合管理和科技支撑体系。加快《黄河法》立法进程，力争使《黄河法》在"十三五"期间纳入国家立法计划。加强水资源统一管理和调度。提高水行政执法能力与监督能力建设，加强涉水行业管理，增强流域综合管理和公共服务水平。完善水文站网布设，提升水沙监测预报能力。以数学模型研发为重点，加快"数字黄河"工程建设，推动信息化与治黄融合发展。以完善"模型黄河"为重点，推进黄河科研与创新试验基地建设。深化基础研究和关键技术研究，强化治黄科技支撑。

据实测资料分析，水沙条件变化下，1956～2010 年系列黄河天然径流量 482 亿 m³，与规划采用的 1956～2000 年系列 535 亿 m³ 相比，少了约 47 亿 m³。可以预判，黄河流域来水量已大幅减少，而流域用水没有减少，导致河川径流量减少，纳污能力降低，未来水资源供需形势将更加尖锐，水资源和水生态保护必将越来越严格，流域管理将面临更加复杂的形势。推动落实黄河流域生态和高质量发展重大国家战略，必须要做好水安全保障。因此，上述规划建设的体系应做出相应调整，更加重视以下两方面。

1）加强流域综合管理，要把水资源作为最大的刚性约束，坚持以水而定、量水而行，全面实施深度节水控水行动，坚持节水优先，还水于河。统筹当地水与外调水、常规水与非常规水，优化水资源配置格局，提升水资源配置效率。构建用水高效、配置科学、管控有力的水资源安全保障体系，确保河道不断流。加快南水北调西线工作，考虑水文情势变化，从黄河流域生态保护和高质量发展这一重大国家战略需求出发进一步论证调水区水源，调水工程线路、调水工程规模等，提出更优的调水方案。

2）通过自然恢复和实施重大生态修复工程，提高上游水源涵养功能；加强河湖的生态保护和修复，保障黄河干支流重要断面的基本生态流量，提升黄河干支流的生态廊道功能；加强河口水系连通和生态调度，保障河口湿地的生态流量，保护修复黄河三角洲湿地；协同推进水资源保护，强化河湖监管，改善河湖生态环境状况。

5.2 黄河未来水沙变化情势预测

5.2.1 以往预测成果回顾

黄河是世界上水流含沙量最高的河流，其水沙变化所产生的影响是事关黄河治理保护的基础性和战略性的问题，开展黄河水沙变化研究是我国水科学领域的重大科学问题之一。研究黄河水沙变化、把握黄河水沙变化规律，对进一步完善治黄方略、构建流域水沙调控体系、实施流域水资源配置与管理及重大水利工程布局的意义重大、影响深远。自 20 世纪 80 年代以来，我国通过多类相关科技计划对黄河水沙变化特性、成因、规律及发展趋势开展了大量的研究工作，取得了多项成果和基础数据，为不同时段的黄河治理开发与保护提供了重要的科学依据[14]。

1988 年水利部设立了黄河水沙变化研究基金，先后于 1988 年、1995 年开展了两期研究项目[15,16]，第一期重点分析了黄河上中游主要支流的泥沙来源、水沙变化特点及其发生原因和发展趋势；第二期重点分析了 1970～1996 年黄河上中游水土保持措施的减水减沙作用。同时段，1998 年国家自然科学基金重大项目"黄河流域环境演变与水沙运行规律研究"[17-19]，分析了黄河中游主要支流历史时期环境变迁与水沙变化事实，评价了水土保持减水减沙效益及煤矿开发等大型人类活动对水沙变化的影响，预测了黄河流域环境演变及水沙变化趋势。

"八五"国家重点科技项目（攻关）计划"黄河治理与水资源开发利用"重点分析了 20 世纪 80 年代水沙变化成因，预测了相应的水沙变化趋势[20,21]。"九五"国家科技项目（攻关）计划"黄河中下游水资源开发利用及河道减淤清淤关键技术研究"，在分析 20 世纪 90 年代黄河水沙变化特点的基础上，研究了黄河水沙变化趋势，预测了小浪底水库运用初期 15 年可能出现的水沙条件。"十一五"国家科技支撑计划重点课题"黄河流域水沙变化情势评价研究"，研究了黄河流域 1997～2006 年的水沙变化成因，预测了未来 30～50 年的水沙变化趋势[22,23]。"十二五"国家科技支撑计划项目"黄河水沙调控技术研究及应用"研究了黄河中游河川径流泥沙减少的驱动机制，系统评价了梯田、林草措施等的减沙作用及其对水沙变化的贡献率[24,25]。2014 年，由中国水利水电科学研究院与水利部黄河水利委员会联合开展的"黄河水沙变化研究"对 2000～2012 年的水沙变化成因及趋势进行了系统分析评价，综合分析了气候、水利工程、生态建设工程和经济社会发展等驱动因子对 2000～2012 年水沙变化的贡献率，预测了未来 30～50 年黄河来水来沙量[2]。

在上述的研究过程中，一些学者对未来黄河水沙变化趋势做出了定量预测。张胜利等[20]在"八五"期间预测了 2000～2020 年黄河流域在丰水年、平水年、枯水年的条件下的天然径流量和输沙量，其中，到 2020 年丰、平、枯三个水平年的输沙量分别为 20.52

亿 t/a、10.31 亿 t/a、5.44 亿 t/a；唐克丽等[18]在 20 世纪 90 年代初预测，到 2000 年每年减少入黄泥沙 4 亿 t 是有把握的，到 2030 年每年减少 5 亿 t 左右的可能性是存在的；叶青超等[19]按照在黄河全流域出现的历史上最大可能降水量、最小可能降水量，河口镇-龙门出现的历史上最大可能降水量、最小可能降水量，全流域均为多年平均降水量 5 个降雨水平，预测了未来黄河水沙量；第一期黄河水沙变化研究基金项目[15]采用 1976～1985 年系列，灌溉引水和水库蓄水拦沙情况与 20 世纪 80 年代的相同，预测到 2000 年河口镇来水量 232.07 亿 m³/a，来沙量 0.87 亿～0.92 亿 t/a；"九五"期间常炳炎等[26]根据随机模型预测 2011～2020 年花园口平均天然径流量为 541 亿 m³；姚文艺等[23]在"十一五"期间采用水文-水土保持-径流序列重建多方法集成，基于未来气候排放情景特别报告（SRES）情景，预测 2030 年和 2050 年潼关的来水量和输沙量可能分别为 236 亿～244 亿 m³、8.61 亿～9.56 亿 t 和 234 亿～241 亿 m³、7.94 亿～8.66 亿 t；张胜利等[27]预测，如果黄土高原淤地坝、林草等水土保持措施规划指标得以全部实现，那么到 2040 年淤地坝、林草植被最大减水量为 38.9 亿 m³/a，再加上其他水土保持措施用水，合计水土保持措施最大减水量为 40 亿～45 亿 m³/a。刘晓燕等[28]在"十二五"期间预测，在黄河古贤水库和泾河东庄水库拦沙期结束的 2060 年以后，潼关来沙量将恢复并维持在 4.5 亿～5 亿 t/a、最大来沙量 11 亿～14 亿 t/a。2014 年，中国水利水电科学研究院和水利部黄河水利委员会联合开展的"黄河水沙变化研究"[2]研究结果为，在黄河古贤水库投入运用后，未来 30～50 年潼关径流量为 210 亿～220 亿 m³/a，输沙量为 3 亿～5 亿 t/a。综合上述研究成果，由于黄河水沙问题的复杂性，以及研究对象、研究方法和研究时段有所差异，众多学者的水沙定量预测结果存在较大差异。

5.2.2 "十三五"研发项目黄河水沙变化情势预测成果

全球气候变化背景下的降水波动、极端气候现象频发、经济社会快速发展，以及干支流坝库修建等人类活动加剧，都会对黄河水沙变化产生深刻影响。"十三五"国家重点研发计划"黄河流域水沙变化及趋势预测"项目，对黄河流域未来水沙变化开展了分析预测研究，预测成果如表 5-7 所示，由表可见，项目各课题基于 MFD-WESP 模型、流域水沙动力学模型、HydroTrend 模型、机器学习模型及人工智能模型等 9 种模型对黄河流域未来 30～50 年水沙变化趋势进行了预测，现将各种模型的预测成果分述如下[29]。

表 5-7　未来 50 年黄河水沙多模型预测成果统计表

预测模型	预测结果	
	年均径流量/亿 m³	年均输沙量/亿 t
MFD-WESP 模型	235	/
流域水沙动力学模型	/	1.44～3.65
HydroTrend 模型	/	3.29～4.47
产沙指数模型	/	3～4.5

续表

预测模型	预测结果	
	年均径流量/亿 m³	年均输沙量/亿 t
机器学习模型	245	3.46
GAMLSS 模型	194.6 ~ 254.3	1.26 ~ 3.01
人工智能模型	/	1.19 ~ 1.51
频率分析模型	/	1.4
BP 神经网络模型	329.5	2.88
集合评估模型	240	2.45

1）基于 MFD-WESP 模型的黄河流域水量预测。根据《黄河流域综合规划》确定未来水土保持和经济社会用水的水平，以 6 组气候模式的预测结果为气候边界，对未来水平年黄河流域径流量进行长系列计算、分析与预测，预测结果为：未来 30 年潼关年均径流量为 229 亿 m³，未来 50 年潼关年均径流量为 235 亿 m³。

2）基于流域水沙动力学模型的黄河流域沙量预测。潼关未来九种气候模式的多年平均来沙量为 1.50 亿 ~ 3.30 亿 t，未来 30 年潼关年均来沙量范围为 1.45 亿 ~ 3.28 亿 t，未来 50 年年均来沙量的范围为 1.44 亿 ~ 3.65 亿 t，未来 50 年潼关年均来沙量尽管有所增加，但增加的幅度不会太大。

3）基于 HydroTrend 模型的黄河流域沙量预测。人类影响因子 Eh 从 0.53 恢复到天然河流状态（Eh=1）时，各种气候模式下预测未来 30 ~ 50 年潼关年均输沙量从 1.74 亿 ~ 2.37 亿 t 变为 3.29 亿 ~ 4.47 亿 t。

4）基于产沙指数模型的黄河流域沙量预测。若未来黄土高原汛期降雨重现 1919 ~ 1967 年的偏丰情景且 2050 年现状坝库均逐步淤满不起拦沙与减蚀作用等不利情境下，未来 30 年龙门、华县、河津和状头等四站多年平均沙量约 3 亿 t，未来 50 年 3 亿 ~ 4.5 亿 t。

5）基于机器学习模型的黄河流域水沙预测。以皇甫川、无定河和延河三流域和黄河潼关水沙量间幂函数尺度上推方法预测黄河流域未来水沙变化，现状措施下潼关站年均径流量约为 245 亿 m³，年均输沙量约为 3.46 亿 t。

6）基于 GAMLSS 模型的黄河流域水沙预测。以全球气候模式预测的气候因子（9 种模式）为输入，预测潼关站未来 20 年年均径流量为 205.4 亿 ~ 267.0 亿 m³，年均输沙量为 1.52 亿 ~ 3.45 亿 t；未来 30 年年均径流量为 192.0 亿 ~ 245.3 亿 m³，年均输沙量为 1.23 亿 ~ 2.81 亿 t；未来 50 年年均径流量为 194.6 亿 ~ 254.3 亿 m³，年均输沙量为 1.26 亿 ~ 3.01 亿 t。

7）基于人工智能模型的黄河流域沙量预测。利用主要产沙区 2000 ~ 2019 年水沙数据仓库资料及极端梯度提升树算法，计算了不同降雨场景、2019 年植被条件下黄河主要产沙区的输沙量，主要产沙区最大年均输沙量为 1.89 亿 t，其中黄河上游主要产沙区洮河、湟水、祖厉河及清水河四个流域的年均输沙量为 0.25 亿 ~ 0.31 亿 t，河龙区在 0.38 亿 ~ 0.69 亿 t，龙潼区间在 0.85 亿 ~ 0.94 亿 t，潼关断面未来 50 年入黄沙量在 1.19 亿 ~ 1.51 亿 t。

8）基于频率分析模型的黄河流域沙量预测。选择 1997～2019 年黄河潼关站年输沙量序列，基于频率分析模型，得出在常态输沙量的气候及下垫面条件下，黄河潼关站未来年均输沙量在 90% 频率下为 1 亿 t，在 10% 频率下为 5 亿 t，未来多年平均输沙量为 1.4 亿 t。

9）基于 BP 神经网络模型的黄河流域水沙预测。整理和分析 2000～2015 年黄河干流主要气象站、雨量站和水文站水文资料，构建 BP 神经网络模型，对黄河沿程重要控制站未来的年均径流量和年均输沙量进行了预测，其预测结果为：未来 50 年，潼关站多年平均径流量为 329.5 亿 m³；多年平均输沙量为 2.88 亿 t。

5.2.3 未来 30～50 年入黄水沙量预测成果综合分析

由于黄河流域产水产沙环境极为复杂，未来水沙变化趋势预测存在着很多不确定性，如气候变化的不确定性、未来水保措施的不确定性，因此，以往的研究成果以及"十三五"项目的研究成果均存在一定差异，最终需要对所有的预测成果进行必要的综合分析判断。项目最后采用集合评估技术，对以往的研究成果以及项目各课题基于上述众多模型取得的水沙预测的定量成果进行了集合评估，评估结果为：未来 30 年潼关站年均径流量和年均输沙量分别为 239 亿 m³ 和 2.41 亿 t，90% 不确定区间范围分别为 ［206，283］亿 m³ 和 ［2.01，2.94］亿 t；未来 50 年潼关站年均径流量和年均输沙量分别为 240 亿 m³ 和 2.45 亿 t，90% 不确定区间范围分别为 ［208，276］亿 m³ 和 ［1.96，3.06］亿 t。由表 5-7 可知，虽然"十三五"项目各课题研究的方法和依据的模型多种多样，但对未来潼关站水沙量的预测成果相对是比较接近的，年均径流量多数预测成果范围在 200 亿～240 亿 m³，年均输沙量多数预测成果范围在 1.5 亿～3.5 亿 t；集合评估得到的未来 30～50 年潼关站年均径流量为 239 亿～240 亿 m³，年均输沙量为 2.41 亿～2.45 亿 t；综合分析以往的研究成果以及"十三五"项目的研究成果认为，未来 30～50 年黄河潼关站年均径流量为 220 亿 m³ 左右，年均输沙量为 3 亿 t 左右。2020 年王光谦等[30]对黄河输沙变化的主要气象气候要素进行了归因分析，从宏观角度分析了气象气候要素与黄河潼关站年均输沙量之间的关系，分析了水保措施对入黄沙量的影响，通过对第五次国际耦合模式比较计划（CMIP5）RCP4.5 情景下未来黄河潼关站径流泥沙的变化趋势进行预测得出，在未来较长一个时段内，潼关站年均输沙量预计在 3 亿 t 左右，与本项目的研究结果基本一致。

5.3 水沙变化情势下黄河治理保护策略

5.3.1 黄河治理保护总体思路

随着人类活动的日益加剧及自然气候的变化，黄河的演变响应也随之发生了很大变化，不同时段黄河面临的问题是不同的。当前黄河最突出的问题就是来水来沙量及其过程发生了重大变化,特别是入黄泥沙的锐减,使黄河的水沙运动和演变规律发生了新的变化,并且这种变化是趋势性的、相对稳定的,直接影响到黄河治理保护思路和方向的确定。今后相当长一段时段内,黄河治理保护的总体思路应是紧密围绕水沙变化的趋势、减少的程度、稳定的范围以及由此带来的一系列新问题开展研究,制定新水沙条件下黄河治理保护的方略。新水沙条件下黄河治理保护的总体思路应统筹考虑以下几方面。

一是黄河来水来沙量及其过程的重大变化是新时期黄河治理方略制定的直接推动力,入黄水沙量及其过程变化为黄河治理提供了新的边界条件,黄河出现了一系列新情况、新问题,需要研究制定新水沙条件下黄河治理保护的方略,保障黄河防洪安全、水资源安全和生态安全,为国家和区域的经济安全、能源安全、粮食安全提供支撑。

二是人民治黄 70 年来黄河开发治理保护取得了巨大成就,为新时期黄河治理方略的制定提供了重要的物质基础,为黄河的堤防建设、河道整治、水土保持、干支流水库建设等都提供了良好的条件。

三是黄河水少沙多、水沙关系不协调的根本症结仍未改变,中游输沙水动力不足的问题仍十分突出,需要通过调控改善黄河水沙关系。

四是对黄河泥沙运动和演变规律认识的不断深化和治理保护技术的发展为新时期黄河治理方略的制定提供了坚实的理论和技术基础。

五是黄河流域经济社会的高质量发展对黄河治理保护提出了更高的需求。

在新的水沙条件下,基于对未来 30~50 年入黄泥沙为 3 亿 t/a 左右的预测成果,综合考虑上述黄河治理保护的总体思路,在今后相当长时期内,黄河治理保护的方略是:调控水沙关系,改造下游河道。为实现这一治理保护方略,需要采取的措施对策包括:根据治理保护现状和实际治理保护潜力、需求及阈值,调整黄土高原水土流失治理格局;根据黄河上、中、下游及河口河道水沙平衡临界阈值要求,加快建设完善的黄河水沙调控体系,协调黄河水沙关系;塑造与维持黄河基本的输水输沙通道;降低潼关高程;通过稳定主槽、缩窄河道、治理悬河、滩区分类改造下游河道;并相对稳定黄河口流路。

5.3.2 调整黄土高原水土流失治理格局

中华人民共和国成立以来,经过了数代人的不懈努力和艰苦奋斗,黄土高原水土保持取得了巨大成就,促使区域生态环境明显趋好,土壤侵蚀强度降低,减沙拦沙效果日趋明显,治理区生产生活条件得到显著改善,乡村增收渠道得到拓展。然而随着工业化、城市化发展与社会经济结构的调整,新的水土流失灾害问题不断涌现,农村劳动力转移可能出现反复,人粮矛盾和人地协调的问题突出;同时,因流域水沙情势变化与区域环境承载力约束,黄土高原林草、梯田、淤地坝等措施布局也需做出相应调整[31]。

截至 2019 年,黄土高原水土流失面积为 23.57 万 km²,侵蚀强度等级以轻度与中度等级为主,约占 85%,强烈及以上等级约占 15%,表明黄土高原水土流失治理成效显著,但仍存在区域治理、保护不平衡的问题。在新的水沙情势和新的黄河治理与保护的要求下,宜调整黄土高原水土流失治理格局。在研究黄土高原九大类型区林草、梯田、淤地坝等主要水土保持措施潜力和阈值的基础上，结合黄河流域与河道水沙平衡的需求，提出了未来黄土高原水土流失治理格局调整方向。在林草恢复方面：黄土丘陵沟壑区和土石山区的植被恢复潜力较大，可继续进行植被恢复；黄土阶地区和林区已达到植被潜力值，应以维持生态系统质量和稳定性为主；其他类型区植被恢复潜力较小且已达到植被阈值，应以提升生态系统质量和稳定性为主。在梯田建设方面：黄土丘陵沟壑区梯田建设潜力大且未达到阈值，可继续建设梯田；黄土高原沟壑区梯田建设潜力大但已接近阈值，未来以高质量管护为主；土石山区梯田建设还有一定上升空间。淤地坝建设方面：黄土丘陵沟壑区和黄土高原沟壑区由于潜力大、阈值高，未来仍然是淤地坝的重点布设区；土石山区已达淤地坝阈值，未来应以优化坝系布局为主。具体如第 3 章 3.5 节所述。通过调整水土流失治理格局，构建适应新水沙情势下黄土高原生态保护和高质量发展的新格局[32]。

5.3.3　加快建设完善黄河水沙调控体系

黄河治理保护的根本症结是协调水沙关系，其也是新时期治黄方略的目标所在，通过水沙调控体系建设来调控水沙量及其过程，协调黄河的水沙关系，促进黄河水沙平衡，这是新时期黄河治理保护方略的首要措施。水沙调控体系的主要任务包括：一是科学调控、利用和塑造洪水过程，协调水沙关系，为防洪、防凌安全提供重要保障；二是充分利用骨干水库的拦沙库容拦蓄泥沙；三是合理配置和优化调度水沙资源，保障生态、生活、生产供水安全[33]。

（1）黄河水沙调控体系的组成

黄河水沙调控体系由工程体系和非工程体系组成，如图 5-8 所示，由图可见，工程体系主要由上中游干流七大骨干水库工程及支流若干工程构成，干流骨干工程包括龙羊峡水库、刘家峡水库、黑山峡水库（待建）、古贤水库（待建）、碛口水库（待建）、三门峡水库和小浪底水库。通过上游已建的龙羊峡水库和刘家峡水库联合调控水沙过程，将改善进入宁蒙河段的水沙条件，减少宁蒙河段的淤积，保障宁蒙河段的防洪、防凌安全；通过三门峡水库改变运行方式并结合综合治理措施，将降低潼关高程，减少渭河下游和关中平原的洪涝灾害；通过三门峡水库、小浪底水库及支流水库联合调控水沙过程，塑造与维持下游中水河槽，将减少下游河道淤积和减轻"二级悬河"压力，保障下游防洪安全。从长远看，上游修建黑山峡水库，配合龙羊峡水库和刘家峡水库调控水沙，中游修建古贤水库和碛口水库，与小浪底水库、三门峡水库配合调控水沙，解决输沙水动力不足的问题，将有效地调控黄河上、中、下游和河口的水沙量及其过程，解决黄河水沙关系不协调的问题，保障黄河的长治久安[34]。

非工程体系主要包括黄河水沙调控理论与模型、水沙监测体系、水沙预报预警体系、水库调度决策支撑系统等，为水沙调控工程体系提供理论和技术支撑。

（2）黄河水沙调控模式

2002 年以来，针对小浪底水库和黄河下游河道，水利部黄河水利委员会组织开展了19 次黄河调水调沙。经多年研究与实践，提出的黄河水沙调控模式主要有小浪底单库调

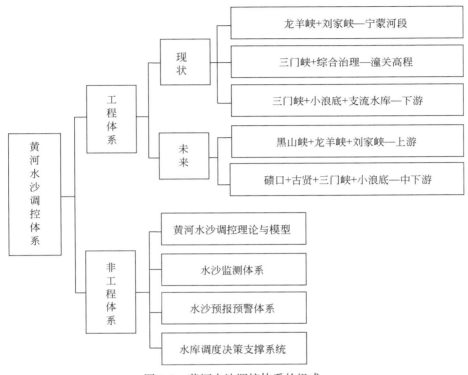

图 5-8　黄河水沙调控体系的组成

水调沙运用模式、干流水库群水沙联合调度模式、空间尺度水沙对接模式及防洪预泄模式等。

未来黄河上游水沙调控模式：黑山峡水库建成运用后，黄河上游龙羊峡水库、刘家峡水库和黑山峡水库联合运用，将构成黄河水沙调控体系中的上游水量调控子体系。根据黄河径流年际变化特征，确保黄河上游城市和工农业供水安全，龙羊峡水库和刘家峡水库联合对黄河水量进行多年调节，以丰补枯，提高梯级发电效益。黑山峡水库主要对上游梯级电站下泄水量进行反调节，结合防凌蓄水将非汛期富余的水量调节到汛期，改善宁蒙河段水沙关系，调控凌汛期流量，确保宁蒙河段防凌安全。

未来黄河中下游水沙调控模式：古贤水库和东庄水库建成运用后，黄河中游将形成相对完善的洪水泥沙调控子体系。古贤水库建成投入运用初期，利用起始运行水位以下部分库容拦沙和调水调沙，冲刷小北干流河道，降低潼关高程，冲刷恢复小浪底水库部分槽库容，为古贤水库与小浪底水库在一个较长的时期内联合调水调沙运用创造条件。古贤水库起始运行水位以下库容淤满后，古贤水库与小浪底水库联合调水调沙运用，协调黄河下游水沙关系，较长期维持黄河下游中水河槽行洪输沙的功能，并尽量保持小浪底水库调水调沙库容；遇合适的水沙条件，适时冲刷古贤水库淤积的泥沙，尽量延长水库拦沙运用年限。古贤水库正常运用期，在保持两水库防洪库容的前提下，利用两水库的槽库容对水沙进行联合调控，增加黄河下游和两水库库区大水排沙和冲刷的概率，长期发挥水库的调水调沙作用。

（3） 加快建设完善黄河水沙调控体系的建议

综合上述分析，已建黄河水沙调控工程体系不能解决宁蒙河段淤积萎缩的问题，由于输沙水动力不足的问题，在控制中游潼关高程、下游河道治理、调水调沙等方面仍存在局限性[35]，未来需要进一步完善水沙调控工程体系，加强上中游骨干工程建设：①建议尽早开工建设古贤水库，解决黄河中下游输沙水动力不足的问题；同时，结合未来黄河新的水沙变化情势，进一步论证水库库容规模与开发目标；②建议结合未来黄河上游水沙变化情势及宁蒙河段防洪防凌安全，加快黑山峡水库前期论证工作，论证建设任务、时机与规模等。

在建设完善黄河水沙调控工程体系的同时，加快建设完善黄河水沙调控非工程体系。建议要进一步完善黄河水沙调控理论与模型，为黄河水沙调控工程体系提供坚实的理论支撑；要加快建设完善黄河水沙监测体系、水沙预报预警体系、水库调度决策支持系统等，为黄河水沙调控工程体系提供技术支撑。

5.3.4 塑造与维持黄河基本的输水输沙通道

当前从上、中、下游到河口，黄河治理中面临的一个十分突出的问题是河道主河槽淤积萎缩，导致主河槽泄洪输沙能力大幅下降。因此，黄河治理的重要目标之一是要保证黄河干流河道基本的输水输沙通道规模，维持河道基本的输水输沙能力，保障黄河的安全。为达到上述目标，需要通过水沙调控体系和河道整治工程等实现塑造和维持黄河基本的输水输沙通道。历史上，受到治河技术手段发展的限制，治黄主要以疏和防为主，虽然已有人为干预水沙分布的思想，但无手段实施调控，随着人民治黄事业的快速发展，黄河的工程体系逐渐完善，包括干支流水库、堤防、河道整治工程等防洪工程体系的形成，为水沙调控提供了条件，调控水沙量及其过程配合河道整治工程等使塑造和维持黄河一定规模的基本输水输沙通道成为可能。

（1） 塑造与维持黄河上游宁蒙河段的基本输水输沙通道

1986 年后，龙刘水库联合调蓄运用改变了黄河径流年内分配和过程，汛期进入宁蒙河段的水量和利于输沙的大流量过程大幅度减小，水流长距离输沙动力减弱，河道由冲刷变为淤积、粒径小于 0.1mm 的泥沙大量落淤，主河槽淤积萎缩，致使宁蒙河段平滩流量持续减小，到 2017 年，宁蒙河段平滩流量减小到 1600 ~ 4000m³/s，其中，泥沙淤积最严重的河段是内蒙古三湖河口站附近河段，平滩流量减小最为明显，成为宁蒙河段最小平滩流量，从 1986 年的 4100m³/s 左右减小到 2017 年的 1600m³/s 左右，防凌防洪形势严峻。

宁蒙河段现状条件下泥沙冲淤计算结果[10]表明，未来 50 年，宁蒙河段年均淤积 0.59 亿 t，淤积主要集中在内蒙古河段，年均淤积 0.54 亿 t。随着河道的淤积，中水河槽萎缩加重，过流能力进一步减小，宁蒙河段最小平滩流量将由现状的 1600m³/s 减小到 1000m³/s 左右。

文献 [35] 深入论证了调整龙羊峡水库、刘家峡水库运用方式的冲淤作用，提出减少水库汛期蓄水,并根据河道泥沙的冲淤特性泄放大流量过程,对减少宁蒙河段淤积、恢复中水河槽行洪输沙的功能具有一定的作用,与现状运用方式相比,龙刘水库汛期少蓄水 30 亿 m^3 左右,宁蒙河段年均减淤量为 0.22 亿 t 左右,宁蒙河段最小平滩流量将增加至 1800 m^3/s 左右,基本上接近了黄河上游宁蒙河段平滩流量调控阈值 2000 m^3/s 左右。

调整龙羊峡水库和刘家峡水库运用方式,增加汛期大流量过程,可以增加宁蒙河段的平滩流量,减小河道淤积,但尚不能彻底解决问题:一是增加汛期下泄水量会造成流域内缺水量增加,对工农业用水、梯级发电产生不利影响;二是除协调水沙关系外,目前龙刘联合承担宁蒙河段防凌任务,影响两库的综合效益,根据相关研究防凌还需要约 38.4 亿 m^3 的反调节库容。因此,从长远来看,未来需要在黄河上游干流修建黑山峡水库,与龙羊峡水库、刘家峡水库联合运用。

黑山峡水库建成运用后宁蒙河段泥沙冲淤计算结果[35]表明,一级开发大柳树坝址方案,黑山峡水库拦沙年限为 100 年,水库运用前 50 年宁蒙河段年均冲刷 0.07 亿 t,平滩流量可维持在 2500 m^3/s;水库运用 50~100 年宁蒙河段年均淤积 0.19 亿 t,平滩流量基本维持在 2500 m^3/s。

综合上述分析,按照目前黄河上游水利枢纽工程建设和来水来沙情况,近期通过龙羊峡水库和刘家峡水库联合调控与河道整治工程,黄河上游宁蒙河段可塑造与维持河道平滩流量 2000 m^3/s 左右的基本输水输沙通道;远期通过龙羊峡水库和刘家峡水库配合黑山峡水库联合调控水沙过程,宁蒙河段可塑造与维持平滩流量 2500 m^3/s 左右的基本输水输沙通道。

(2)塑造与维持黄河下游河道的基本输水输沙通道

龙刘水库的联合调蓄运用直接改变了黄河上游宁蒙河段径流年内分配和过程,同时也间接影响了黄河下游的水沙过程。20 世纪 80 年代中期后,进入下游河道的水沙量及其过程发生了重大变化,洪水过程大幅减少,造床能力大幅下降,河道漫滩概率日趋减少,70% 以上泥沙淤积在主河槽内,造成主河槽淤积萎缩,下游河道平滩流量由 20 世纪 50 年代的 8000~9000 m^3/s 降低至 20 世纪末期的 2000~4000 m^3/s。

21 世纪以来,虽然进入下游河道的水沙仍然较枯,但小浪底水库蓄水拦沙运用,除调水调沙和洪水期间外,以下泄清水为主,下游河道主槽持续冲刷,河道淤积萎缩的局面得到了遏制,黄河下游河道过洪能力有了较大程度的恢复,至 2017 年,黄河下游河道平滩流量增加至 4000~7000 m^3/s,其中,作为下游河道的卡口断面,孙口断面平滩流量为黄河下游河道的最小平滩流量,由 2002 年的最小值 1800 m^3/s 增加至 2010 年的 4000 m^3/s,并一直维持在 4000 m^3/s 以上。

项目的研究结果表明,未来黄河中游来沙量将在 3 亿 t/a 左右,文献 [36] 建立了黄河下游河道年均冲淤量与年均来沙量的关系,得到黄河下游河道冲淤平衡的来沙量为 3 亿 t/a 左右,说明即使不考虑小浪底水库的拦蓄作用,未来中游的 3 亿 t/a 泥沙全部进入下游河道,通过小浪底水库的调控,以黄河下游河道的输水输沙能力,其也能将这些泥沙全部输运至河口。

为了研究现状工程条件下,未来来沙 3 亿 t/a 情景方案下,黄河下游河道的过流能力,本书首先采用实测资料分析的方法，建立了黄河下游河道最小平滩流量与花园口站水沙过程的相关关系式，将来沙 3 亿 t/a 情景方案的水沙过程特征值代入上述关系式，计算表明来沙 3 亿 t/a 情景方案下，黄河下游河道最小平滩流量为 4000m³/s 左右。同时，采用 2018 年实测地形，利用下游河道一维泥沙冲淤计算模型，开展了 3 亿 t/a 情景方案下下游河道泥沙冲淤的计算，计算期为 100 年，计算结果表明来沙 3 亿 t/a 情景方案小浪底水库 2060 年淤满，在 2020～2060 年，大约 40 年的时段，黄河下游河道最小平滩流量仍能维持在 4000m³/s 左右，淤满后 50 年内下游河道年均淤积泥沙 0.37 亿 t，拦沙库容淤满至计算期末，下游河道最小平滩流量在 3500～4000m³/s。

为了研究未来古贤水库、东庄水库建成生效后，下游河道来沙 3 亿 t/a 情景方案下，黄河下游河道的过流能力，利用下游河道一维水沙数学模型，计算了古贤水库、东庄水库生效后下游河道冲淤变化过程，计算期为 100 年，计算结果表明与现状工程条件相比，古贤水库、东庄水库生效后，中游水库群联合运用协调进入下游河道的水沙关系，进入下游河道的大流量（>2500m³/s）天数、水量增大，沙量和含沙量减少。水库进入正常运用期运用，古贤水库、三门峡水库、小浪底水库联合东庄水库调水调沙进入下游的水量大于现状工程条件。来沙 3 亿 t/a 情景方案下，古贤水库、东庄水库生效后，可减少黄河下游河道淤积量 32 亿～36 亿 t，计算期内，下游河道最小平滩流量在 4000～5000m³/s。

综合上述分析，现状工程条件下，通过强化小浪底水库的水沙调控运用，调控出库水沙量及其过程，配合下游河道整治工程和主河槽疏浚工程等，黄河下游河道已经塑造出一个平滩流量 4000m³/s 左右的基本输水输沙通道；远期配合黄河水沙调控体系建设，实现小浪底水库与古贤水库等联合水沙调控，形成"1+1>2"的效应，可长期维持与稳定黄河下游平滩流量 4000m³/s 左右的基本输水输沙通道。

5.3.5 黄河中游降低潼关高程

潼关高程作为控制黄河中游和渭河下游河道的侵蚀基准面，对河道冲淤演变和防洪安全至关重要。三门峡水库运行方式和来水来沙条件均对潼关高程的升降有着重要的影响[37]。1960 年 9 月至 1973 年汛前，三门峡水库经历了蓄水拦沙运用和滞洪排沙运用，受水库运行方式的影响，潼关高程抬高约 4m。1973 年 10 月后，三门峡水库开始实施"蓄清排浑"运用，水库泥沙淤积得到有效控制，潼关高程有较大幅度的下降，至 1985 年汛末下降了近 2m。1986 年后，受龙刘水库联合运用的影响，汛期进入中游的水量大幅度减少，潼关以下库区难以达到年内冲淤平衡，潼关高程持续抬升，至 2002 年汛末，潼关高程升至 328.78m。

2002 年 11 月后，为降低潼关高程，将三门峡水库的运用方式调整为非汛期最高水位不超过 318m 控制运用。由于对水库非汛期运用水位进行了控制运用，而尽管同期的水量有所减少，但沙量减少更甚，水流含沙量大幅度降低，潼关以下库区年均处于略有冲刷的状态，至 2017 年汛末，潼关高程为 327.88m，与 2002 年汛末相比，下降了 0.9m。

如前所述，未来潼关高程的控制主要依据中游来沙 3 亿 t/a 情景方案进行考虑。为了研究现状工程条件下，对于未来中游来沙 3 亿 t/a 情景方案潼关高程的控制情况，第 4 章采用实测资料分析的方法，建立潼关高程与黄河中游四站水沙过程的相关关系式，两者的相关关系表明，只有一定量级和一定历时的大流量过程才能有效地冲刷降低潼关高程。将来沙 3 亿 t/a 情景方案的水沙过程特征值代入上述关系式计算得出来沙 3 亿 t/a 情景方案下，潼关高程为 328m 左右。第 4 章中还采用了泥沙数学模型的计算方法，开展了中游四站 3 亿 t/a 情景方案小北干流泥沙冲淤计算[10]，计算结果表明现状工程条件下，计算期100 年末，小北干流河道微冲，年均冲刷 0.03 亿 t，潼关高程基本维持在 328m 附近。

为了研究未来古贤水库、东庄水库建成生效后，中游四站来沙 3 亿 t/a 情景方案潼关高程的控制情况，第 4 章中采用小北干流河道一维水沙数学模型、2017 年河床边界条件，计算了古贤水库、东庄水库生效后小北干流河道的冲淤变化过程。计算结果表明，古贤水库、东庄水库生效后，由于水库拦沙和调水调沙，小北干流河道发生冲刷，随着河床粗化，河道冲刷发展速率变缓并趋于稳定，潼关高程在现状基础上降低 2m 左右。

综上所述，自 2002 年三门峡水库调整运用方式至今，水沙条件较为有利，但潼关高程仍居高不下，维持在 328m 左右，因此，现状工程条件下，在严格控制三门峡水库运用水位的同时，更要重视通过调控黄河中游的水沙条件控制潼关高程不再升高，具体来说，要调控未来中游四站年均来沙在 3 亿 t 左右，同时，汛期尽量塑造一定量级和一定历时的大流量过程，潼关高程方能控制在调控阈值 328m 左右；未来，古贤水库、东庄水库生效后，通过中游水沙调控，拦减泥沙、协调水沙过程，实现潼关高程冲刷降低至 326m 左右。

5.3.6 黄河下游改造河道

为了保障黄河的长治久安，只有对黄河下游河道进行科学合理的治理与改造，才能顺应黄河下游水沙的新变化，确保黄河防洪安全。在现状黄河治理工作的基础上，基于前述对未来黄河水沙变化趋势的认识，今后黄河下游河道改造的策略[2,38]是：缩窄河道、解放滩区。在保障黄河下游河道防洪安全的前提下，利用现有的生产堤和河道整治工程形成新的黄河下游防洪堤，缩窄河道使下游大部分滩区成为永久安全区，从根本上解决滩区发展与治河的矛盾。为实现上述治理策略，需采取如下具体措施。

1) 稳定主槽。主槽是下游河道基本的输水输沙通道，今后要在相当长时间内，维持一个平滩流量 4000m³/s 左右的主河槽，并通过河道整治工程等，稳定河势，保障河道基本的泄洪输沙能力和大堤安全。

2) 缩窄河道。在保留现有黄河两岸大堤的前提下，在黄河下游主河槽两岸以控导工程、靠溜堤段和布局较为合理的现有生产堤为基础，对下游河道进行改造，建设两道新的防洪（护）堤，缩窄现状河道宽度，与主河槽结合，形成一条宽 3~5km，可输送 8000~10 000m³/s 流量的河道，适应新的来水来沙条件。

3) 治理悬河。针对"二级悬河"对黄河下游防洪和滩区安全带来的危害和影响，结合小浪底水库水沙调控及河道整治，通过滩区引洪放淤及机械放淤，淤堵串沟堤河，平整和增加可用土地，标本兼治，加快"二级悬河"治理步伐，改变"二级悬河"河段槽高、滩低、堤根洼的不利局面。考虑到大洪水尤其是特大洪水发生的可能性及对下游防洪安全的巨大威胁，且下游河道改造有一个过程，应尽快完成黄河下游剩余标准化堤防工程建设，确保下游及两岸的防洪安全。

4）滩区分类。在新的防洪堤与原有黄河大堤之间的滩区上将利用标准提高后的道路等作为格堤，部分滩区形成滞洪区，当洪水流量大于 8000 ~ 10 000m³/s 时，可向新建滞洪区分滞洪。对滩区进行分类治理，使大部分滩区成为永久安全区，解放除新建滞洪区以外的滩区。

5.3.7 相对稳定河口流路

随着黄河三角洲经济社会的发展，特别是胜利油田和东营区的快速发展，对河口治理提出了更高的要求，要求河口在一定的时段处于相对稳定状态。从治河的角度看，河口相对稳定的内涵包括两层意义：一是三角洲洲面上入海流路的相对稳定，二是三角洲海岸线的相对稳定。由此可见，流路的相对稳定与海岸的相对稳定是河口相对稳定的有机组成部分，两者不是相互独立的，而是相互影响、相辅相成的，同时又是相互斗争、相互制约的，因此，两者是辩证统一的关系[39]。

具体来说，入海流路相对稳定是海岸线相对稳定的前提和基础。作为海岸的输水输沙通道，入海流路相对稳定一方面能确保河海动力的顺畅衔接，另一方面能直接输送一定的黄河泥沙作为海岸组成物质补给，因此，没有入海流路的相对稳定，海岸的相对稳定是无源之水，无本之木。海岸相对稳定为入海流路相对稳定提供了约束条件。河口历史演变规律表明，当入海流路输运至海岸的泥沙超过海洋动力的输沙能力，海岸会打破相对稳定状态，处于淤积延伸状态，那么随着流路长度增长，河道比降减小，海岸的淤积对入海流路的反馈影响越来越大，导致入海流路的稳定状态被打破，入海流路进入摆动状态，直至老的流路逐渐淤死，新的流路最终形成。因此，没有海岸的相对稳定，也没有入海流路的相对稳定；入海流路要想保持相对稳定状态必须满足海岸相对稳定的约束条件，保持河海动力的基本平衡。

未来要相对稳定河口，需要处理好如下几方面的问题：一是处理好相对稳定流路与相对稳定海岸线的关系，二是提高黄河三角洲地区的防洪能力，三是保障黄河三角洲地区水资源的供给，四是处理好河口治理与黄河三角洲生态环境保护的关系，五是协调好河口治理与黄河三角洲区域经济社会发展的关系。

未来相对稳定河口要统筹考虑水沙调控体系、河口整治工程及河口多条流路的组合等，进行综合治理保护。由相对稳定流路与相对稳定海岸线的关系可知，未来相对稳定河口，首先要相对稳定流路，开展的相对稳定流路的研究结果表明，目前黄河河口清水沟四汊（即汊河、老河道、北汊 1、北汊 2）组合运用，清水沟流路可相对稳定 50 年以上；长期结合钓口河流路二汊（东汊、西汊）治理，黄河河口流路可相对稳定 100 年。

相对稳定流路也就确保了黄河输运水沙入海通道的顺畅，在此基础上，再探讨如何实现海岸线相对稳定。前文研究的河口相对稳定沙量阈值是 2.6 亿 t/a 左右，因此，未来实现海岸相对稳定,首先要通过水沙调控满足输送至河口海岸的沙量保持在稳定沙量阈值 2.6 亿 t/a 左右。以往的行河历史表明,单一流路,即便是入海泥沙 2.6 亿 t/a 左右,也是入海口门附近淤积延伸,远离口门的海岸还在蚀退,因此,单一流路行河实现的海岸线相对稳定不是理想的状态,实现海岸相对稳定的理想状态是多条流路组合运用,利用自然的力量将黄河泥沙均匀地输送至海岸线上。

5.4 水沙变化情势下黄河河道平衡输沙与黄土高原水土流失治理度

如前所述,调节黄河水沙关系是黄河治理与保护的"牛鼻子",协调水沙关系的核心是促进黄河水沙平衡,维护黄河健康。以下着重分析黄河水沙平衡与黄土高原水土流失治理度。

5.4.1 黄河河道平衡输沙量分析

1. 黄河上游宁蒙河段河道冲淤平衡输沙量

图 5-9 为宁蒙河段河道年均冲淤比与下河沿站年均来沙系数的关系,由图可见,1960~1985 年宁蒙河段年冲淤比与下河沿站年来沙系数的关系点群与 1986~2018 年两者之间的关系点群存在明显分区,表明在这两个时段,宁蒙河段年冲淤比与下河沿站年来沙系数的关系遵循不同的规律,采用回归分析的方法,分别建立了 1960~1985 年 [对应式 (5-1)]、1986~2018 [对应式 (5-2)] 年宁蒙河段年冲淤比与下河沿站年来沙系数的关系式:

$$\eta_{宁蒙} = 0.56 \ln \rho_{下} + 3.27 \tag{5-1}$$
$$\eta_{宁蒙} = 0.83 \ln \rho_{下} + 5.22 \tag{5-2}$$

式中,$\eta_{宁蒙}$ 为宁蒙河段年冲淤比;$\rho_{下}$ 为下河沿站年来沙系数,$kg \cdot s/m^6$。式 (5-1) 和式 (5-2) 中的相关系数 R 分别为 0.78 和 0.76,反映出宁蒙河段年冲淤比与下河沿站年来沙系数具有较好的相关性。图 5-9 中两条关系线的变化趋势表明,宁蒙河段年冲淤比随着下河沿站年来沙系数的增大(减小)而增大(减小),由河床演变的原理可知,下河沿站来沙系数增大,相同流量下,进入宁蒙河段的水流含沙量增大,相同的河道输沙能力下,宁蒙河段淤积量将加重,宁蒙河段冲淤比必然增大。为了求得宁蒙河段冲淤平衡临界来沙系数,将 $\eta_{宁蒙} = -0.05$ 和 $\eta_{宁蒙} = 0.05$ 分别代入式 (5-1) 和式 (5-2) 中可得

1960~1985 年:$\eta_{宁蒙} = -0.05$,$\rho_{下} = 0.0026 kg \cdot s/m^6$;$\eta_{宁蒙} = 0.05$,$\rho_{下} = 0.0032 kg \cdot s/m^6$

1986~2018 年:$\eta_{宁蒙} = -0.05$,$\rho_{下} = 0.0018 kg \cdot s/m^6$;$\eta_{宁蒙} = 0.05$,$\rho_{下} = 0.002 kg \cdot s/m^6$

由此可知,1960~1985 年,宁蒙河段冲淤平衡临界来沙系数为 0.0026~0.0032 kg·s/m^6;1986~2018 年,宁蒙河段冲淤平衡临界来沙系数为 0.0018~0.002 kg·s/m^6。根据实测资料,1960~1985 年,宁蒙河段年均径流量为 336 亿 m^3,由此推算 1960~1985 年,宁蒙河

段冲淤平衡年均输沙量为 0.9 亿 ~ 1.1 亿 t；1986 ~ 2018 年，宁蒙河段年均径流量为 256 亿 m³，由此推算 1986 ~ 2018 年，宁蒙河段冲淤平衡年均输沙量为 0.38 亿 ~ 0.42 亿 t，为 1960 ~ 1985 年平衡年均输沙量的 40% 左右，其原因主要是 1986 年后，由于龙羊峡水库、刘家峡水库联合调度运用，进入宁蒙河段的水沙量及过程发生了很大变化，汛期输沙、造床的洪峰流量和水量大幅减少，中小流量过程加长，宁蒙河段淤积严重，河道主槽萎缩，平滩流量下降，受水沙过程变化和主槽淤积萎缩的双重影响，宁蒙河段输沙能力必然减小，宁蒙河段冲淤平衡输沙量大幅度降低[40,41]。

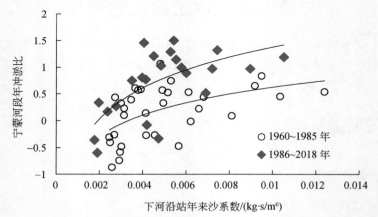

图 5-9　黄河上游宁蒙河段河道年冲淤比和下河沿站年来沙系数的关系

2. 黄河中游潼关高程升降平衡输沙量

（1）潼关高程升降过程

潼关高程是指潼关（六）断面 1000m³/s 流量对应的水位。对于黄河中游河道平衡输沙量的确定，选取潼关高程升降平衡时的输沙量作为控制阈值，其原因是黄河中游河道大部分属于山区型河道及峡谷型河道，两岸基岩为第三纪红土层，抗冲力强，其冲淤平衡的调控对黄河中游防洪的影响较小，相比之下，潼关高程作为黄河小北干流和渭河下游的侵蚀基准面，其升高和降低会对黄河中游和渭河下游河道的冲淤演变和防洪产生重大影响[42]。

图 2-42 为三门峡水库运用后潼关高程年际升降过程，由图可见，1960 年 9 月，三门峡水库蓄水拦沙运用，水库蓄水位较高，库区淤积严重，至 1964 年 10 月，库区泥沙淤积量达 47 亿 t，潼关高程抬高了近 5m。1973 年 10 月以后，三门峡水库采取"蓄清排浑"的运用方式，水库泥沙淤积得到有效控制，潼关高程有较大幅度的下降，下降了近 2m；1986 年后，来水持续偏枯，潼关高程开始缓慢抬升，到 2000 年左右，潼关高程一直处于 328m 以上，居高不下；2002 年汛后，三门峡水库在"蓄清排浑"运用方式的基础上，进一步优化调整，至 2018 年汛末，潼关高程下降了 1m 左右。图 2-43 为三门峡水库运用后潼关高程年内升降变化过程，由图可见，三门峡水库采取"蓄清排浑"的运用方式至今，

非汛期相对清水蓄水运用，汛期相对浑水泄洪排沙，潼关以下库区年内冲淤遵循非汛期淤积、汛期冲刷的变化规律，与之相应，潼关高程年内升降过程基本表现为非汛期升高、汛期降低。

（2）潼关高程升降平衡输沙量

综合分析图 2-42 和图 2-43 可知，要想控制潼关高程下降到一个较为合适的高程并不再升高，理想的状态是实现潼关高程年内升降平衡，即历年非汛期淤积造成的潼关高程升高值与汛期冲刷造成的潼关高程降低值相等，这样就能控制历年的潼关高程不升高。如果难以实现历年潼关高程年内升降平衡，就必须创造有利的水沙过程，调整三门峡水库的运行调控指标，实现潼关高程多年升降平衡。依据目前的实际情况，未来如果将历年汛末潼关高程控制在 327.8~328.2m 小范围波动，可以认为潼关高程实现了多年升降平衡，不再升高。

作为影响潼关高程的下边界条件，三门峡水库的运用方式对潼关高程的升降影响较大。2002 年汛后，三门峡水库调整了运行调控指标，至今潼关高程下降了 1m 左右。为了更接近未来潼关高程控制的水沙及边界条件，本节选取第 2 章建立的 2003~2017 年潼关高程与中游四站年际水沙过程的综合关系式［式（2-50）］推求潼关高程升降平衡输沙量。根据第 4 章提出的未来水沙情景方案，将未来中游四站年均径流量为 246 亿 m³、潼关高程 327.8m 代入式（2-50）中计算可得，中游四站年来沙系数为 0.0133kg·s/m⁶，由此推算中游四站年均来沙量为 2.7 亿 t；将未来中游四站年均径流量为 246 亿 m³、潼关高程 328.2m 代入式（2-50）中计算可得，中游四站年来沙系数为 0.0167kg·s/m⁶，由此推算中游四站年均来沙量为 3.3 亿 t。上述计算结果表明，未来三门峡水库保持目前的运行方式，中游四站年均输沙量为 2.7 亿~3.3 亿 t，潼关高程将维持在 328m 左右，处于多年升降平衡的状态，不再升高，即实现潼关高程升降平衡年均输沙量为 2.7 亿~3.3 亿 t。

3. 黄河下游河道冲淤平衡输沙量

（1）沙量关系法

图 5-10 为黄河下游河道年冲淤比与花园口站年输沙量的关系，由图可见，1960~1985 年黄河下游河道年冲淤比与花园口站年输沙量的关系点群与 1986~2018 年两者之间的关系点群存在明显分区，表明两个时段黄河下游河道年冲淤比和花园口站年输沙量的关系遵循不同的规律，采用回归分析方法，分别建立了 1960~1985 年［对应式（5-3）］、1986~2018 年［对应式（5-4）］黄河下游河道年冲淤比与花园口站年输沙量的关系式：

$$\eta_{下游} = 0.49\ln W_{S花} - 1.03 \tag{5-3}$$

$$\eta_{下游} = 0.42\ln W_{S花} - 0.44 \tag{5-4}$$

式中，$\eta_{下游}$ 为黄河下游河道年冲淤比；$W_{S花}$ 为花园口站年输沙量，亿 t。式（5-3）和式（5-4）中的相关系数 R 分别为 0.81 和 0.83，反映出黄河下游河道年冲淤比与花园口站年输沙量的相关关系良好。图 5-10 中两条关系线的变化趋势表明，黄河下游河道年冲淤比随着花园口站年输沙量的增大（减小）而增大（减小），由河床演变的原理可知，花园口站输沙量越大,下游河道淤积越严重,下游河道冲淤比越大。为了求得黄河下游河道冲淤平衡输沙量,将 $\eta_{下游}=-0.05$ 和 $\eta_{下游}=0.05$ 分别代入式(5-3)和式(5-4)中可得

1960～1985年:$\eta_{下游}=-0.05$,$W_{S花}=9.1$ 亿 t;$\eta_{下游}=0.05$,$W_{S花}=7.3$ 亿 t

1986～2018年:$\eta_{下游}=-0.05$,$W_{S花}=3.2$ 亿 t;$\eta_{下游}=0.05$,$W_{S花}=2.5$ 亿 t

由此可知,1960～1985年,黄河下游河道冲淤平衡年输沙量为7.3亿～9.1亿t;1986～2018年,黄河下游河道冲淤平衡年输沙量为2.5亿～3.2亿t,仅为1960～1985年平衡年输沙量的35%左右,其原因主要是1986年后,受龙羊峡水库、刘家峡水库联合调度运用、中游黄土高原水土保持减水减沙作用以及小浪底水库运行的影响,进入下游河道的水沙剧烈减少,黄河下游河道基本输沙规律为"多来,多排,多淤;少来,少排,少淤",由此可知,来水来沙的锐减必然会导致下游河道输沙能力的下降,下游河道平衡输沙量必然降低[43,44]。

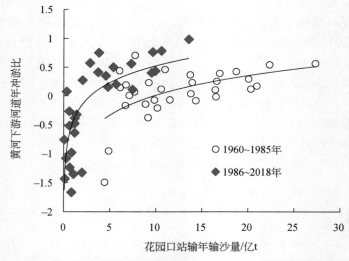

图 5-10　黄河下游河道年冲淤比与花园口站年输沙量的关系

(2) 水沙综合关系法

受三门峡水库"蓄清排浑"运用方式的影响,在汛期和非汛期,黄河下游河道的冲淤规律不同。选择黄河下游历年汛期、非汛期的冲淤量为自变量,花园口站汛期、非汛期的水沙过程为因变量,采用多元回归分析方法,建立1986～2018年黄河下游汛期、非汛期冲淤量与花园口站汛期、非汛期水沙过程的综合关系式:

$$\Delta W_{S汛}=-0.029 W_{汛}+0.46 W_{S汛}+3.29 \tag{5-5}$$
$$\Delta W_{S非}=-0.018 W_{非}+0.99 W_{S非}+1.31 \tag{5-6}$$

式中,$\Delta W_{S汛}$ 为黄河下游河道汛期冲淤量,亿 t;$W_{汛}$ 为花园口站汛期径流量,亿 m^3;$W_{S汛}$ 为花园口站汛期输沙量,亿 t;$\Delta W_{S非}$ 为黄河下游河道非汛期冲淤量,亿 t;$W_{非}$ 为花园口站

非汛期径流量，亿 m^3；$W_{S非}$ 为花园口站非汛期输沙量，亿 t。式（5-5）中的复相关系数 R 为 0.93，F 为 192.06，弃真概率 P 为 $1.61×10^{-7}$；式（5-6）中的复相关系数 R 为 0.91，F 为 114.3，弃真概率 P 为 0.0012；式（5-5）和式（5-6）的各项统计参数如表 5-8 所示，反映出黄河下游河道汛期、非汛期冲淤量与黄河下游花园口站相应水沙过程的相关关系密切，可以运用式（5-5）和式（5-6）对黄河下游河道汛期、非汛期冲淤量进行估算。由式（5-5）和式（5-6）中两项变量的系数的正负可知，黄河下游河道汛期（非汛期）冲淤量随着花园口站汛期（非汛期）径流量的增大（减小）而减小（增大），随着花园口站汛期（非汛期）输沙量的增大（减小）而增大（减小）。这表明上述多因素关系分析定性上符合河床演变的基本原理。

表 5-8 黄河下游河道回归关系式（5-5）和式（5-6）的各项统计参数

项目	自由度	式（5-5）				式（5-6）			
		误差平方和	均方差	F	概率 P	误差平方和	均方差	F	概率 P
回归分析	2	60.86	30.43	192.06	$1.61×10^{-7}$	56.78	28.54	114.30	0.0012
残差	30	12.99	0.72			13.24	0.95		
总计	32	73.85				70.02			

依据未来进入黄河下游河道花园口站年径流量为 250 亿 m^3，利用式（5-5）和式（5-6）计算不同来沙情景下黄河下游河道的冲淤量，计算结果如图 5-11 所示，由图可见，花园口站年输沙量为 2.5 亿 t 时，黄河下游河道年冲刷量为 0.25 亿 t，花园口站年输沙量为 3 亿 t 时，黄河下游河道年淤积量为 0.01 亿 t，花园口站年输沙量为 3.5 亿 t 时，黄河下游河道年淤积量为 0.26 亿 t。在上述计算结果的基础上，采用试算法进一步推算可得，当黄河下游河道年冲淤比 $\eta_{下游} = -0.05$ 时，$W_{S花} = 2.8$ 亿 t，当 $\eta_{下游} = 0.05$ 时，$W_{S花} = 3.3$ 亿 t，综上所述，采用水沙综合法得到 1986～2018 年黄河下游河道冲淤平衡年输沙量为 2.8 亿～3.3 亿 t，与沙量关系法推算结果基本吻合[45,46]。

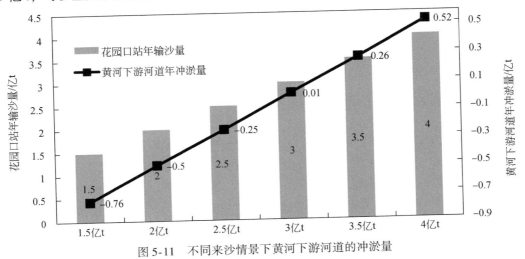

图 5-11 不同来沙情景下黄河下游河道的冲淤量

4. 黄河口淤蚀平衡输沙量

由于黄河挟带大量泥沙入海,黄河口演变具有其独特性,即淤积和蚀退并存。从减小黄河口对下游河道反馈影响的角度,希望黄河口不要淤积;从保护国土资源以及生态环境的角度,希望黄河口不要蚀退;从保障社会经济可持续发展的角度,希望入海流路长期保持相对稳定。综合上述因素,黄河口处于淤积与蚀退平衡是最优状态[47,48]。

要想推求黄河口淤蚀平衡输沙量阈值,首先需要找到一个表征黄河口淤蚀演变过程的参数作为因变量。黄河口海岸造陆面积数据提取难度小、精度高,故选择黄河口海岸造陆面积作为因变量。黄河口淤蚀平衡输沙量阈值与未来需要保护的海岸范围有关,由文献[1]可知,未来规划的入海流路行河范围涵盖了整个以宁海为顶点的近代黄河三角洲,因此,确定本研究的海岸范围为整个近代黄河三角洲。图 2-82 点绘了 1976 年清水沟流路行河以来近代黄河三角洲范围海岸年造陆面积与利津站年输沙量的关系,分别建立了 1976~1985 年、1986~2018 年黄河口海岸年造陆面积与利津站年输沙量的关系式 (2-65) 和式 (2-66)。

为了推求黄河口淤蚀平衡输沙量临界阈值,参照前述河道年冲淤比的取值方法,认为如果将黄河口海岸年造陆面积控制在时段蚀退年份蚀退面积多年均值的 5% 与时段淤积年份造陆面积多年均值的 5% 之间,该时段黄河口海岸处于淤蚀平衡的状态,据此,计算 1976~1985 年黄河口海岸蚀退年份蚀退面积多年均值的 5% 为 −4.8km², 淤积年份造陆面积多年均值的 5% 为 3.6km², 将上述两值代入式 (2-65) 可得

$$A_{近} = -4.8 \text{km}^2, W_{S花} = 6 \text{亿 t}; A_{近} = 3.6 \text{km}^2, W_{S花} = 6.9 \text{亿 t}$$

由此可知,1976~1985 年,黄河口淤蚀平衡年输沙量为 6 亿~6.9 亿 t;计算 1986~2018 年黄河口海岸蚀退年份蚀退面积多年均值的 5% 为 −1.45km², 淤积年份造陆面积多年均值的 5% 为 1.5km², 将上述两值代入式 (2-66) 可得

$$A_{近} = -1.45 \text{km}^2, W_{S利} = 2.2 \text{亿 t}; A_{近} = 1.5 \text{km}^2, W_{S花} = 3.1 \text{亿 t}$$

由此可知,1986~2018 年,黄河口淤蚀平衡年输沙量为 2.2 亿~3.1 亿 t,为 1976~1985 年黄河口淤蚀平衡输沙量的 41% 左右,其原因主要是 1986 年后,受黄河整体水沙过程变异的影响,入海水沙剧烈减少,黄河口海岸造陆演变的规律是"来得多,淤得多,蚀得多;来得少,淤得少,蚀得少",由此可知,入海水沙的锐减必然会导致黄河口海岸造陆能力的下降,黄河口淤蚀平衡年输沙量阈值必然降低[49]。

5.4.2 黄土高原水土流失治理度

如前所述,现阶段黄河上游宁蒙河段冲淤平衡年输沙量为 0.38 亿~0.42 亿 t;潼关高程升降平衡年输沙量为 2.7 亿~3.3 亿 t;黄河下游河道冲淤平衡年输沙量为 2.5 亿~3.3 亿 t,黄河口淤蚀平衡年输沙量为 2.2 亿~3.1 亿 t。综合分析认为,未来一个时段内,黄河水沙关系将相对稳定,与近期水沙关系变化不大,黄河上游宁蒙河段冲淤平衡年输沙量为 0.4 亿 t 左右;黄河中下游河道冲淤平衡年输沙量为 3 亿 t 左右;黄河口淤蚀平衡年输沙量为 2.6 亿 t 左右。

黄河河道平衡输沙量的产出是基于实测资料分析得到的结果,其中就包含:一是不同时段水沙量与过程的变化;二是水库、河道整治等各种工程形成的水沙调控体系的作用。因此,采用 1986 年以后的资料分析结果,与未来 20～30 年的平衡输沙量更为接近,同时也说明仍需加快建设完善黄河水沙调控体系,调控水沙量和过程,协调黄河的水沙关系。研究结果[36]表明,近期,上游通过龙羊峡水库和刘家峡水库联合调控运用,将宁蒙河段输沙量控制在 0.4 亿 t/a,可塑造与维持宁蒙河段平滩流量 2000m³/s 左右的输水输沙通道,基本实现宁蒙河段河道冲淤平衡;远期,在上游建设黑山峡水库,与龙羊峡水库、刘家峡水库联合调控运用,将宁蒙河段输沙量控制在 0.4 亿 t/a 左右,可塑造与维持宁蒙河段平滩流量 2500m³/s 左右的输水输沙通道,实现宁蒙河段河道冲淤平衡。近期,中游通过三门峡水库、小浪底水库及支流水库联合调控运用等,将中下游河道输沙量控制在 3 亿 t/a 左右,中游潼关高程基本实现升降平衡,稳定在 328m 左右;下游河道可塑造与维持平滩流量 4000m³/s 左右的中水河槽,基本实现下游河道冲淤平衡;将河口输沙量控制在 2.6 亿 t/a 左右,河口基本实现海岸淤蚀平衡。远期,在中游建设古贤水库,与三门峡水库、小浪底水库及支流水库联合调控运用等,将中下游河道输沙量控制在 3 亿 t/a 左右,中游在实现潼关高程升降平衡的基础上,相机调控有利的洪水过程冲刷降低潼关高程;下游长期维持与稳定平滩流量 4000m³/s 左右的输水输沙通道,实现下游河道冲淤平衡;将河口输沙量控制在 2.6 亿 t/a 左右,河口实现海岸淤蚀平衡,保持相对稳定。

黄河河道平衡输沙量的实现,与黄土高原水土流失治理与生态建设密切相关,应统筹考虑黄土高原水土流失治理减沙的可能性、入黄泥沙的过程和数量及黄河干流河道的需求。黄土高原位于黄河中游,是我国最严重的水土流失与生态环境脆弱区。自 20 世纪 70 年代国家在黄土高原地区先后开展了小流域水土流失治理工程、退耕还林还草工程、淤地坝建设和坡耕地整治等一系列生态工程。经过近几十年的持续治理,黄土高原的水土流失治理取得明显成效,截至 2018 年,累计水土流失治理面积为 21.8 万 km²;占水土流失面积的 48%。黄土高原植被覆盖度由 1999 年的 32%增加到 2018 年的 63%,梯田面积由 1.4 万 km²提升至 5.5 万 km²,建设淤地坝 5.9 万座,其中骨干坝 5899 座[19]。相应地,入黄沙量也发生了重大变化,据实测资料,潼关水文站输沙量由 1919～1959 年的 16 亿 t/a 锐减至 2000～2018 年的 2.4 亿 t/a。前述第 3 章相关研究结果[50]表明,黄土高原水土流失治理与生态建设中,林草植被、梯田及淤地坝等措施的减沙作用都具有临界效应;对于坡面尺度,林草植被覆盖度在 50%～60%以下时,其减沙作用显著,大于这一临界后若林草植被覆盖度再增加,其减沙效果大幅降低;当梯田比大于 35%～40% 后,其减沙作用基本稳定在 90%。这个临界效应说明:一方面黄土高原水土流失治理不可能将泥沙减到 0 或较低的数值,另一方面林草植被、梯田及淤地坝等措施也有一个治理度,超过了这个度的投入很大,效果却甚微。对黄土高原水土流失的治理,在不同区域要科学地处理好各治理措施的潜力、需求和临界阈值三者之间的关系,黄土高原也不需要将各个区域的侵蚀模数都治理到 1000t/(km²·a) 以下,一些区域可能也做不到。从干流河道需求的角度出发,如果中游水保措施将入黄泥沙减至很少甚至接近于清水状态,可以预见的是,黄河中下游河道将面临剧烈冲刷,畸形河湾发育等诸多威胁防洪安全的问题,沿河取水工程将面临取不到水，黄河河口将面临海水入侵，海岸蚀退等诸多威胁河口生态环境与稳定的问题，因此，入黄泥沙量也不是减到越少越好，要统筹考虑河道安全健康的需求。综合上述分析表明通过黄土高原水土流失治理，入黄泥沙量究竟控制到多少合理，既要考虑可能，也要考虑需求，黄河干流河道平衡输沙量的研究给出了需求，黄土高原水土流失治理各种措施的临界阈值给出了可能，建议未来通过科学调整黄土高原治理格局，将入黄沙量控制在 3 亿 t/a 左右，达到黄土高原水土流失治理度与黄河干流输沙的平衡，这也是未来黄土高原水土流失治理努力的目标[36]。

需要指出的是，本节提出的黄河河道平衡输沙与黄土高原水土流失治理度的概念及相应的平衡沙量临界值，与第 2 章维护黄河健康的水沙调控阈值是相互联系的，都是在河道平衡输沙条件下的相关阈值。

5.4.3　黄河下游河道治理宽度

河道治理宽度是黄河下游河道改造中非常重要的一个指标，河道治理宽度受多方面因素的影响和制约，以下综合分析确定下游河道治理宽度及其防洪减淤效果。

1. 下游河道治理宽度的横向分析

（1）下游河道横向淤积分布宽度

图 5-12 为黄河下游不同断面 80% 淤积区域对应的最小宽度变化，由图可见，随水沙条件和河道边界的变化，游荡型河道河势变化幅度越来越小，其 80% 高效淤积区域对应的最小宽度也逐渐变小；从 1986 年开始，上游来水来沙持续减少，导致下游河道持续萎缩，河床逐年抬高，河势变化较大，其 80% 高效淤积区域对应的最小宽度相对于 1974～1985 年有所增加。表 5-9 为黄河下游下古街至高村河段 80% 淤积区域对应的最小宽度统计表，由表可见，下古街至花园口平均宽度为 4308m；花园口至夹河滩平均宽度为 3980m；夹河滩至高村河段平均宽度为 4595m，全河段平均宽度约为 4300m，夹河滩至高村河段是泥沙集中的淤积区。若在此河段上修建防护围堤，对泥沙在滩区淤积的影响是较少的，此宽度作为防护堤距是可行的[51,52]。

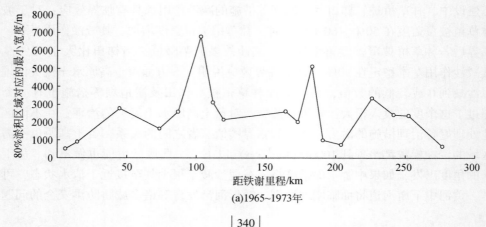

(a)1965~1973年

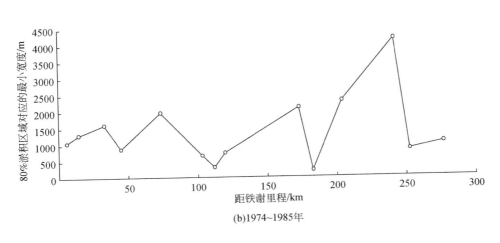

(b)1974~1985年

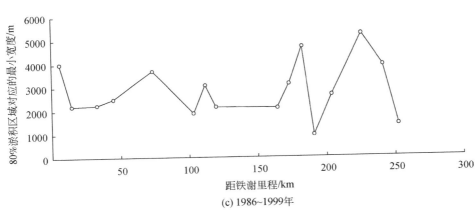

(c) 1986~1999年

图 5-12　黄河下游不同断面 80% 淤积区域对应的最小宽度变化

表 5-9　黄河下游下古街至高村河段 80% 淤积区域对应的最小宽度统计表　（单位：m）

断面名称	宽度	断面名称	宽度	断面名称	宽度
下古街	7645	花园口	4090	夹河滩	3785
花园镇	7060	八堡	3523	东坝头 1	3607
马峪沟	4594	来童寨	3080	禅房	6637
裴峪	1197	辛寨 1	2612	油房寨	6030
伊洛河口 1	4171	黑石	7011	马寨	7417
孤柏嘴	3144	韦滩	5569	杨小寨	3370
罗村坡	4648	黑岗口	2762	高村	1319
秦厂 2	2222	柳园口 1	3820		
花园口	4090	古城	5372		
		曹岗	2167		
		夹河滩	3785		
下古街至花园口	4308	花园口至夹河滩	3980	夹河滩至高村	4595
全河段平均			4274		

（2） 下游河道过流横向分布宽度

表 5-10 为黄河下游宽河道大洪水期宽度的特征值统计表，由表可见，黄河下游宽河道主槽宽在 511～1566m；河槽宽在 1150～1918m；80% 过流宽通常在 420～3664m，高村和孙口断面 1958 年由于漫滩范围较大，80% 过流宽分别达到 3310m 和 3664m；花园口、夹河滩、高村、孙口断面不同洪水对应 80% 过流宽的最大值分别为 1500m、1745m、3310m、3664m。表 5-11 为黄河下游宽河道大洪水期主河槽过流量的统计表，由表可见，河槽分流比最小达到 63%，最大达到 100%。根据二维水沙数学模型，计算在 2013 年汛前地形、"82·8" 洪水条件下，计算得到断面大于 0.2m/s 流速对应的河宽，花园口断面为 3380m，夹河滩断面为 1730m，高村断面为 3150m，如图 5-13 所示。

表 5-10　黄河下游宽河道大洪水期宽度的特征值统计表　　　　　（单位：m）

断面	年份	主槽宽	河槽宽	80% 过流宽
花园口	1958	1360	2164	865
	1982	1455	2918	1500
	1996	600	1150	420
夹河滩	1958	1566	2376	1500
	1982	1117	2176	1745
	1996	709	1419	1265
高村	1958	1145	1620	3310
	1982	511	2330	1069
	1996	747	1352	1700
孙口	1958	797	2195	3664
	1982	703	1339	550
	1996	690	2079	1806

表 5-11　黄河下游宽河道大洪水期主河槽过流量的统计表

断面	年份	过流量/（m³/s）			分流比/%	
		实测全断面	主槽	河槽	主槽	河槽
花园口	1958	17 200	15 899	15 947	92	93
	1982	14 700	11 583	14 700	79	100
	1996	7 630	6 930	7 206	91	94
夹河滩	1958	16 500	15 889	15 975	96	97
	1982	13 600	9 308	13 600	68	100
	1996	6 930	5 249	5 639	76	81
高村	1958	17 400	10 815	11 002	62	63
	1982	12 300	9 665	10 712	79	87
	1996	6 810	4 653	5 315	68	78
孙口	1958	15 800	7 771	10 792	49	68
	1982	7 730	6 702	7 016	87	91
	1996	5 420	3 349	5 420	62	100

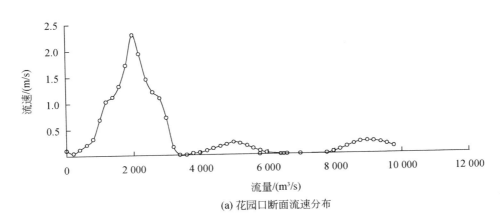

(a) 花园口断面流速分布

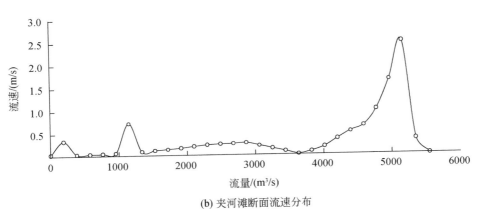

(b) 夹河滩断面流速分布

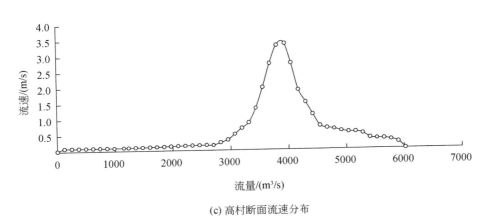

(c) 高村断面流速分布

图 5-13　黄河下游典型断面 "82.8" 洪水洪峰期流速分布

2. 下游河道治理宽度的纵向分析

（1）高村以上河段主流最大摆幅

河流的主流摆幅是主河槽位置、宽度的体现，统计历年各河段的主流摆幅，是论证防护堤适宜堤距的方法之一。图 5-14 为黄河下游不同时段主流最大摆幅和平均摆幅，由图可见，1960~1999 年，铁谢至伊洛河口、花园口至黑岗口、禅房至高村各河段主流最大摆幅分别为 3100m、4160m、3560m。

（2）现状生产堤堤距

表 5-12 为黄河下游各河段现状生产堤堤距统计表，由表可见，京广铁路至东坝头河段现状生产堤平均堤距为 3921m，东坝头至高村河段各断面现状生产堤平均堤距为 4291m。

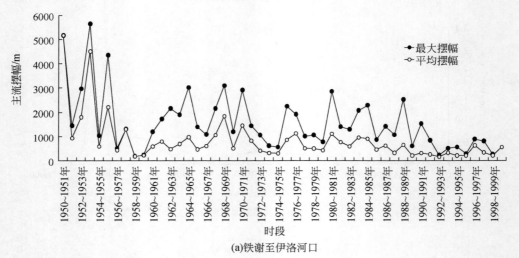

(a)铁谢至伊洛河口

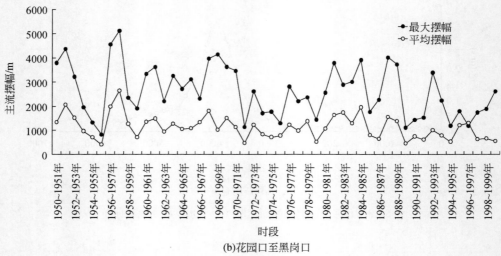

(b)花园口至黑岗口

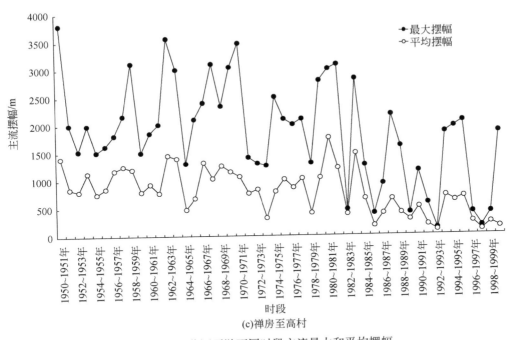

(c)禅房至高村

图 5-14 黄河下游不同时段主流最大和平均摆幅

表 5-12 黄河下游各河段现状生产堤堤距统计表

（a）京广铁桥至东坝头河段各断面现状生产堤堤距

断面	堤距/m
花园口断面	3900
八堡断面	3000
来童寨断面	3700
孙庄断面	4500
三刘寨断面	4900
辛寨断面	4200
黑石断面	5000
韦城断面	4700
黑岗口断面	2700
柳园口断面	3200
古城断面	5300
曹岗断面	2500
堤湾闸断面	4000
夹河滩断面	3300
平均	3921

（b）东坝头至高村河段各断面现状生产堤堤距

断面	堤距/m
东坝头断面	5400
禅房断面	3500
左寨闸断面	5300
油房寨断面	5600
王高寨断面	5500
马寨断面	4700
铁炉断面	3500
杨小寨断面	4100
西堡城断面	4200
河道断面	3000
高村断面	2400
平均	4291

3. 下游河道治理宽度综合分析

随着黄河来水来沙大幅减少、水沙调控能力和滩区经济发展增强，改造下游河道、解放黄河下游滩区的要求日益增高，其中修建防护堤是重要的方案之一，而未来河道宽度是确定防护堤堤距的主要依据。黄河下游防洪安全事关国家大局，河道的主要功能是满足行洪输沙，因此，本节分析以大洪水期的河槽宽度及过流宽、河道长期摆动宽度、长期淤积横向宽度、现状条件下的生产堤宽度为限制条件，确定河道宽度也就是防护堤堤距。综合上述论证结果，为满足各项条件而取各河段单项的最大值，得出各河段防护堤堤距，如表5-13所示。由表可见，确定的铁谢至花园口河段防护堤平均堤距为4.30km，花园口至夹河滩河段平均堤距为4.16km，夹河滩至高村河段平均堤距为4.60km，因而铁谢至高村长河段防护堤平均堤距为4.35km。

表5-13　各论证方法确定的黄河下游防护堤堤距　　　　（单位：km）

80%淤积量相应的河槽宽度		80%过流量相应的河槽宽度			最大平均主流摆幅		现状生产堤堤距		河段堤距
河段	宽度	断面	实测	数模	河段	宽度	河段	宽度	宽度
铁谢至花园口	4.30	花园口	1.50	3.38	铁谢至伊洛河口	3.10			4.30
花园口至夹河滩	3.98	夹河滩	1.75	1.73	花园口至黑岗口	4.16	花园口至夹河滩	3.92	4.16
夹河滩至高村	4.60	高村	3.31	3.15	禅房至高村	3.56	夹河滩至高村	4.30	4.60
	4.29	平均	2.19	2.75		3.61		4.11	4.35

4. 不同治理宽度下游河道防洪减淤效果

(1) 不同治理宽度下游河道冲淤响应

利用泥沙数学模型，计算了未来 50 年来沙量分别为 1 亿 t/a、3 亿 t/a、6 亿 t/a 设计水沙系列，在现状治理模式、防护堤治理（4km 左右）和窄防护堤治理（3km）方案下的下游河道的冲淤量和主槽冲淤量滩槽分布，如表 5-14 和表 5-15 所示，同时计算了各方案未来 50 年的水位变化情况，如表 5-16 所示，由表可见，未来来沙 1 亿 t/a 的条件下，下游河道主槽持续冲刷，水位下降显著，防洪压力较小。在来沙 3 亿 t/a 的条件下，各方案河道冲淤基本平衡，主槽冲刷有所扩大，水位变化较小，方案间差距很小。在来沙 6 亿 t/a 的条件下，各方案河道都不可避免地发生淤积并主要集中在主槽，水位升高，尤其是下游中间河段防洪形势最为紧张；防护堤治理方案和窄防护堤治理方案相比现状方案都可以起到减淤和降低水位升高幅度的作用，但主要作用在中间河段，对两端河段的作用不大。

表 5-14　不同治理宽度方案下黄河下游河道的冲淤量统计表　（单位：亿 t）

来沙量	方案	项目	小花	花高	高艾	艾利	利津以上
1 亿 t/a			−7	−15.2	−5.3	−3	−30.5
3 亿 t/a	现状治理模式	量值	−1.7	−0.7	2	0.1	−0.3
	防护堤治理	量值	−1.7	−0.7	1.8	0	−0.6
		与现状相比	0	0	−0.2	−0.1	−0.3
	窄防护堤治理	量值	−1.7	−0.8	1.7	0	−0.8
		与现状相比	0	−0.1	−0.3	−0.1	−0.5
		与防护堤比	0	−0.1	−0.1	0	−0.2
6 亿 t/a	现状治理模式	量值	8	23.1	13.5	7.9	52.5
	防护堤治理	量值	7.8	17.9	10.4	8.1	44.3
		与现状相比	−0.2	−5.2	−3.1	0.2	−8.2
	窄防护堤治理	量值	7.8	17	9.9	8.3	42.9
		与现状相比	−0.2	−6.1	−3.6	0.4	−9.6
		与防护堤比	0	−0.9	−0.5	0.2	−1.4

注：小花为小浪底至花园口；花高为花园口至高村；高艾为高村至艾山；艾利为艾山至利津。下同。

表 5-15　不同治理宽度方案下黄河下游河道的主槽冲淤量统计表　（单位：亿 t）

来沙量	项目	方案	小花	花高	高艾	艾利	利津以上
1 亿 t/a	量值/亿 t		−7	−15.2	−5.3	−3	−30.5
	占全断面/%		100	100	100	100	100
3 亿 t/a	量值/亿 t	现状治理模式	−1.7	−0.7	1.4	−0.1	−1.1
		防护堤治理	−1.7	−0.8	1.3	−0.1	−1.3
		窄防护堤治理	−1.7	−0.8	1.3	−0.2	−1.4

来沙量	项目	方案	小花	花高	高艾	艾利	利津以上
3 亿 t/a	占全断面/%	现状治理模式	100	106	71	−69	423
		防护堤治理	100	103	73	−467	208
		窄防护堤治理	100	102	75	933	171
6 亿 t/a	量值/亿 t	现状治理模式	4.8	16.9	9.7	6.3	37.7
		防护堤治理	4.9	13.9	7.8	6.5	33
		窄防护堤治理	4.9	13.3	7.5	6.6	32.3
	占全断面/%	现状治理模式	60	73	72	80	72
		防护堤治理	62	77	75	80	75
		窄防护堤治理	63	78	76	80	75

表 5-16　不同治理宽度方案下黄河下游河道未来 50 年的水位变化统计表　　（单位：m）

治理方案	水文站	不同来沙量								
		1 亿 t/a			3 亿 t/a			6 亿 t/a		
		3 000 m³/s	4 000 m³/s	10 000 m³/s	3 000 m³/s	4 000 m³/s	10 000 m³/s	3 000 m³/s	4 000 m³/s	10 000 m³/s
现状治理模式	花园口	−1.88	−1.6	−1.24	−0.53	−0.47	−0.42	2.05	1.85	1.75
	高村	−4.21	−3.58	−2.82	0.55	0.49	0.44	2.98	2.58	2.38
	艾山	−1.98	−1.71	−1.35	0.55	0.49	0.44	2.77	2.44	2.28
	利津	−1.36	−1.18	−0.94	−0.07	−0.06	−0.06	1.95	1.73	1.62
防护堤治理	花园口				−0.54	−0.48	−0.43	2.08	1.87	1.77
	高村				0.49	0.44	0.39	2.26	1.94	1.77
	艾山				0.49	0.44	0.39	2.12	1.86	1.73
	利津				−0.11	−0.1	−0.09	2.12	1.88	1.76
窄防护堤治理	花园口				−0.54	−0.48	−0.37	2.06	1.86	1.88
	高村				0.48	0.43	0.57	2.23	1.92	1.89
	艾山				0.47	0.42	0.38	2.1	1.86	1.7
	利津				−0.09	−0.09	−0.08	2.13	1.88	1.77

（2）不同治理宽度下游滩区的淹没特点

按照现有黄河防洪调度预案，对预报花园口站洪峰流量大于 4000m³/s 的洪水，小浪底水库原则上按进出库平衡方式进行防洪调度，计算现状治理模式和防护堤方案治理黄河下游滩区的淹没情况。现状治理模式下花园口至艾山不同流量级洪水淹没面积和淹没人口的情况如图 5-15 和图 5-16 所示，由图可见，随着洪水量级增大，滩区淹没面积和淹没人口都逐步增加，流量超过 10 000m³/s 后，淹没面积和淹没人口随流量加大增加的幅度明显减小。不同防护堤方案花园口至艾山不同流量级洪水淹没面积和淹没人口的情况如图 5-17 和图 5-18 所示，由图可见，与现状治理模式方案相比，防护堤治理方案减少漫滩淹没损失的效果较为明显。

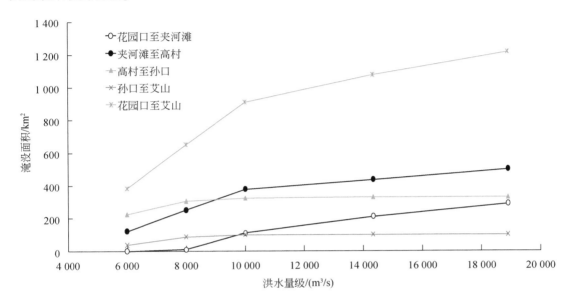

图 5-15   现状治理模式下黄河下游不同河段滩区的淹没面积

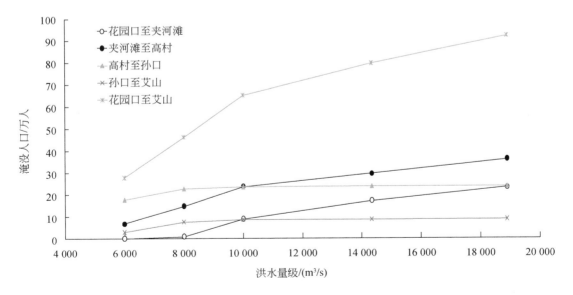

图 5-16   现状治理模式下黄河下游不同河段滩区的淹没人口

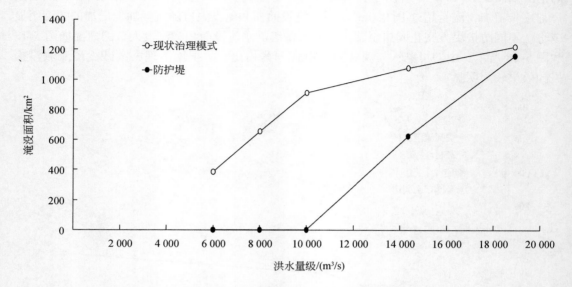

图 5-17　不同方案不同河段黄河下游滩区的淹没面积变化

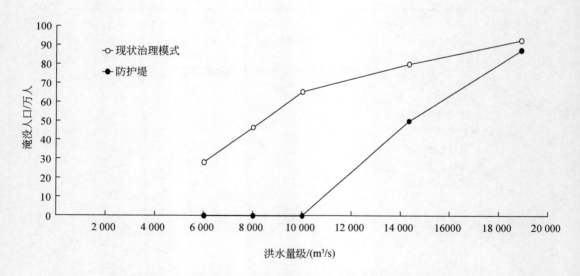

图 5-18　不同方案不同河段黄河下游滩区的淹没人口变化

5.4.4　黄河泥沙合理配置

在未来新的水沙情势下,按照前文所述的黄河治理保护的思路与方略,仍需科学地处理泥沙,保障治理保护目标的完成。

1. 河道泥沙配置方式和配置单元

（1）配置方式

按黄河泥沙治理措施划分，黄河干流泥沙配置措施主要包括"拦、排、放、调、挖"5 种配置措施，其中"排、放、挖"都包含了泥沙利用。通过分析流域水土保持减水减沙能力和各支流水沙分布，确定进入黄河干流的水沙量条件，考虑黄河干流泥沙的自然输移特性和人为措施影响，按黄河干流泥沙空间配置的最终空间归属地划分，泥沙配置方式主要包括水库拦沙、引水引沙、滩区放淤、挖沙固堤、河槽冲淤、洪水淤滩、输水输沙 7 种配置方式，其中，水库拦沙、引水引沙、滩区放淤、挖沙固堤是人为措施的泥沙配置方式，河槽冲淤、洪水淤滩、输水输沙是自然输移的泥沙配置方式[53-56]。

（2）配置单元

表 5-17 为黄河干流泥沙空间优化配置单元和水沙配置变量的统计表，由表可见，可将黄河干流划分为 10 个泥沙空间配置单元，其中黄河上中游包括黄河上游区（河口镇以上）、河龙河段（河口镇至龙门）、龙潼河段（龙门至潼关）、潼关以下三门峡库区和小浪底库区 5 个单元，黄河下游包括小花河段（小浪底至花园口）、花高河段（花园口至高村）、高艾河段（高村至艾山）、艾利河段（艾山至利津）和黄河河口区（利津以下）5 个单元。

表 5-17 黄河干流泥沙空间优化配置单元和水沙配置变量的统计表

水沙条件	进入黄河干流年水量 G_W（亿 m^3）和年沙量 G_S（亿 t）								
配置方式	水库拦沙	引水引沙		滩区放淤	挖沙固堤	河槽冲淤	洪水淤滩	输水输沙	
	$W_{S水库}$	$W_{引水}$	$W_{S引沙}$	$W_{S放淤}$	$W_{S固堤}$	$W_{S河槽}$	$W_{S滩区}$	$W_{输水}$	$W_{S输沙}$
配置单元	水库拦沙量	引水量	引沙量	滩区放淤沙量	挖沙固堤沙量	河槽冲淤沙量	洪水淤滩沙量	输水量	输沙量
黄河上游区	W_{Sk1}	W_{y1}	W_{Sy1}			W_{Sc1}		W_1	W_{S1}
河龙河段	W_{Sk2}	W_{y2}	W_{Sy2}			W_{Sc2}		W_2	W_{S2}
龙潼河段	W_{Sk3}	W_{y3}	W_{Sy3}			W_{Sc3}		W_3	W_{S3}
三门峡库区	W_{Sk4}	W_{y4}	W_{Sy4}					W_4	W_{S4}
小浪底库区	W_{Sk5}	W_{y5}	W_{Sy5}					W_5	W_{S5}
小花河段		W_{y6}	W_{Sy6}	W_{Sf6}	W_{Sd6}	W_{Sc6}	W_{St6}	W_6	W_{S6}
花高河段		W_{y7}	W_{Sy7}	W_{Sf7}	W_{Sd7}	W_{Sc7}	W_{St7}	W_7	W_{S7}
高艾河段		W_{y8}	W_{Sy8}	W_{Sf8}	W_{Sd8}	W_{Sc8}	W_{St8}	W_8	W_{S8}
艾利河段		W_{y9}	W_{Sy9}	W_{Sf9}	W_{Sd9}	W_{Sc9}	W_{St9}	W_9	W_{S9}
黄河河口区		W_{y10}	W_{Sy10}	W_{Sf10}	W_{Sd10}	W_{Sc10}	W_{St10}	W_{10}	W_{S10}

2. 河道泥沙配置潜力和配置能力

泥沙配置潜力是指在各单元内某种配置方式理论上可以安置泥沙的潜在总量，泥沙配置能力是指在各单元内在一定水沙条件下某种配置方式可以实现的配置泥沙量。表 5-18 汇总了黄河干流各配置单元的泥沙安置潜力和配置能力，由表可见，黄河干流水库拦沙潜力为 493.58 亿 t，引水引沙能力为 1.74 亿 t/a，滩区放淤潜力有坝为 195.65 亿 t、无坝为 54.14 亿 t。目前黄河挖沙固堤能力为 0.65 亿 t/a，表中河槽冲淤、洪水淤滩、输水输沙为 2000～2018 年实测沙量年平均统计值[57-59]。

表 5-18　黄河干流各配置单元泥沙安置潜力和配置能力统计表

配置单元	水库拦沙/亿 t	引水引沙/（亿 t/a）	滩区放淤/亿 t	挖沙固堤/（亿 t/a）	河槽冲淤/（亿 t/a）	洪水淤滩/（亿 t/a）	输水输沙/（亿 t/a）
上游区段	龙羊峡水库 63.57 刘家峡水库 0 黑山峡水库 78.22	0.42	放淤 0	0.08	0.042		0.434
河龙河段	万家寨水库 0 碛口水库 144.04 古贤水库 153.63	0.00	放淤 0				1.529
龙潼河段		0.24	有坝 139.8 无坝 10.89		0.251		2.487
三门峡库区	0	0.00	放淤 0				2.820
小浪底库区	54.12	0.00	放淤 0				0.787
小花河段		0.05	温孟滩（有坝）12.6 放淤 1.33	0.02	−0.243	0	0.983
花高河段		0.10	放淤 25.12	0.05	−0.515	0.012	1.301
高艾河段		0.24	放淤 11.36	0.08	−0.284	0.013	1.423
艾利河段		0.63	放淤 4.68	0.39	−0.118	0	1.230
黄河河口区		0.062	0.76	0.03	0.124	−0.006	1.152
合计	493.58	1.74	195.65（有坝） 54.14（无坝）	0.65	−0.743	0.019	1.152

3. 黄河泥沙配置综合评价方法

（1）评价指标体系

图 5-19 为黄河泥沙配置评价指标体系的框架图，由图可见，指标体系共筛选了 6 个主要评价指标，其中防洪减淤评价准则筛选了黄河上游平滩流量、中游潼关高程和下游平滩流量评价指标，水沙调控评价准则筛选了四站（黄河干流龙门站、渭河华县站、汾河河津站和北洛河状头站）入黄水量、四站入黄沙量和河口入海沙量评价指标[60]。

（2）评价指标计算

A. 上游平滩流量评价指标

按照目前黄河上游水利枢纽工程建设和来水来沙的情况，近期通过龙羊峡水库和刘家峡

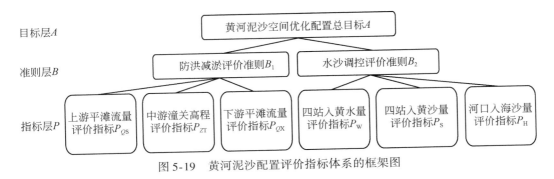

图 5-19 黄河泥沙配置评价指标体系的框架图

水库联合调控与河道整治工程，黄河上游宁蒙河段可塑造与维持平滩流量 2000m³/s 左右的基本输水输沙通道。因此，黄河上游宁蒙河段平滩流量评价标准可以确定为 2000m³/s，黄河上游平滩流量评价指标的计算公式为

$$P_{QS} = \frac{Q_{SP}}{Q_{SB}} \times 100\% = \frac{Q_{SP}}{2000} \times 100\% \tag{5-7}$$

式中，P_{QS} 为黄河上游平滩流量评价指标，%；Q_{SP} 为黄河上游宁蒙河段某个时段的平滩流量，m³/s；Q_{SB} 为长期维持黄河上游河道过流能力的平滩流量标准，m³/s。

B. 中游潼关高程评价指标

现状工程条件下，潼关高程调控阈值为 328m 左右，因此，潼关高程的评价标准可以采用 328m，黄河中游潼关高程评价指标的计算公式为

$$P_{ZT} = \frac{Z_{TB} - Z_0}{Z_{TP} - Z_0} \times 100\% = \frac{328 - 322.7}{Z_{TP} - 322.7} \times 100\% \tag{5-8}$$

式中，P_{ZT} 为黄河中游潼关高程评价指标，%；Z_{TP} 为黄河中游某个时段的潼关高程，m；Z_{TB} 为长期维持潼关高程的评价标准，m。

C. 下游平滩流量评价指标

基于对未来进入黄河下游水沙条件的认识，近期通过强化小浪底水库的水沙调控运用，配合下游河道整治工程和主河槽疏浚工程等，可塑造与维持一个平滩流量 4000m³/s 左右的基本输水输沙通道[2]。因此，黄河下游平滩流量评价标准可以确定为 4000m³/s，黄河下游平滩流量评价指标的计算公式为

$$P_{QX} = \frac{Q_{XP}}{Q_{XB}} \times 100\% = \frac{Q_{XP}}{4000} \times 100\% \tag{5-9}$$

式中，P_{QX} 为黄河下游平滩流量评价指标，%；Q_{XP} 为黄河下游某个时段的平滩流量，m³/s；Q_{XB} 为长期维持黄河下游河道过流能力的平滩流量标准，m³/s。

D. 入黄水沙量评价指标

图 5-20 为 1950～2015 年黄河下游河槽年冲淤量与年来沙量及来水年平均含沙量的关系，由图可见，少沙系列条件下黄河下游河槽冲淤平衡的年来水量约为 220 亿 m³、年来沙量约为 3 亿 t；因此，四站入黄水沙量的评价标准可以分别采用 220 亿 m³/a 和 3 亿 t/a，四站入黄水量、沙量评价指标的计算公式分别为

$$P_{\mathrm{W}} = \frac{W_{\mathrm{P}}}{W_{\mathrm{B}}} \times 100\% = \frac{W_{\mathrm{P}}}{220} \times 100\% \tag{5-10}$$

$$P_{\mathrm{S}} = \frac{S_{\mathrm{B}}}{S_{\mathrm{P}}} \times 100\% = \frac{3}{S_{\mathrm{P}}} \times 100\% \tag{5-11}$$

式中，P_{W} 和 P_{S} 分别为四站入黄水量和沙量评价指标，%；W_{P} 和 S_{P} 分别为某个时段的四站入黄水量（亿 $\mathrm{m^3/a}$）和沙量（亿 t/a）；W_{B} 和 S_{B} 分别为四站入黄水量和沙量的评价标准。

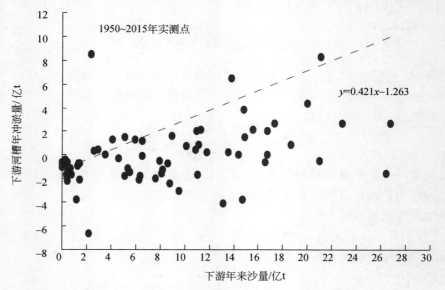

(a) 黄河下游河槽年冲淤量与年来沙量的关系

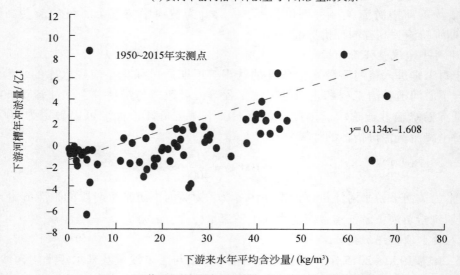

(b) 黄河下游河槽年冲淤量与来水年平均含沙量的关系

图 5-20 黄河下游河槽年冲淤量与年均来沙量及来水年平均含沙量的关系

E. 河口入海沙量评价指标

黄河河口海岸冲淤平衡的入海沙量临界值为 2.6 亿 t/a，因此，维持黄河河口稳定的黄河河口入海沙量评价标准可以采用 2.6 亿 t/a，黄河河口入海沙量评价指标的计算公式为

$$P_{\mathrm{H}} = \frac{S_{\mathrm{HB}}}{S_{\mathrm{HP}}} \times 100\% = \frac{2.6}{S_{\mathrm{HP}}} \times 100\% \tag{5-12}$$

式中，P_{H} 为黄河河口入海沙量评价指标，%；S_{HP} 为某个时段的黄河河口入海沙量，亿 t/a；S_{HB} 为黄河河口海岸冲淤平衡的入海沙量，亿 t/a。

（3）综合评价方法

A. 综合评价函数

采用层次分析数学方法[61,62]，通过各评价层次判断向量进行计算，最终计算各评价指标对总目标评价的权重系数，构造的黄河泥沙配置效果的综合评价函数为

$$P_{\mathrm{A}} = 0.1089 P_{\mathrm{QS}} + 0.1980 P_{\mathrm{ZT}} + 0.3598 P_{\mathrm{QX}} + 0.0990 P_{\mathrm{w}} + 0.1798 P_{\mathrm{S}} + 0.0545 P_{\mathrm{H}} \tag{5-13}$$

B. 综合评价等级

根据模糊评价法，将评价等级分为 5 个等级，其中评价指标 $P<60\%$ 为劣等，评价指标 $60\% \leqslant P<75\%$ 为差等，评价指标 $75\% \leqslant P<90\%$ 为不合理，评价指标 $90\% \leqslant P<100\%$ 较为合理，评价指标 $P \geqslant 100\%$ 为合理。综合评价方法是先依照评价指标权重系数从大到小的次序，依次比较黄河下游平滩流量 P_{QX}、中游潼关高程 P_{ZT}、四站入黄沙量 P_{S}、上游平滩流量 P_{QS}、四站入黄水量 P_{w}、河口入海沙量 P_{H} 的评价指标等级；再比较综合评价函数值 P_{A}，确定黄河泥沙配置效果的综合评价等级。

C. 现状黄河泥沙配置效果评价

1960~2015 年不同时段黄河泥沙配置效果的综合评价结果如表 5-19 和图 5-21 所示，由表和图可见，1960~1964 年综合评价函数的平均值为 136%，黄河泥沙配置效果的综合评价等级为合理；1965~1973 年综合评价函数的平均值为 97%，黄河泥沙配置效果的综合评价等级降为较合理；1974~1985 年综合评价函数的平均值为 101%，黄河泥沙配置效果的综合评价等级为合理；1986~1999 年综合评价函数的平均值为 81%，黄河泥沙配置效果的综合评价等级降为不合理；2000~2015 年综合评价函数的平均值为 95%，黄河泥沙配置效果的综合评价等级升为较合理。

表 5-19　1960~2015 年黄河泥沙配置效果的综合评价结果

| 时段 | 上游平滩流量 | | 中游潼关高程 | | 下游平滩流量 | | 四站入黄水量 | | 四站入黄沙量 | | 河口入海沙量 | | 综合评价函数 | |
	P_{QS}/%	等级	P_{ZT}/%	等级	P_{QX}/%	等级	P_{w}/%	等级	P_{S}/%	等级	P_{H}/%	等级	P_{A}/%	等级
1960 年	154	合理	429	合理	142	合理	138	合理	32	劣等	44	劣等	174	合理
1960~1964 年	164	合理	185	合理	161	合理	194	合理	23	劣等	10	劣等	136	合理
1964 年	171	合理	56	劣等	206	合理	264	合理	10	劣等	0.3	劣等	132	合理
1965~1973 年	170	合理	61	差等	127	合理	155	合理	24	劣等	14	劣等	97	较合理

时段	上游平滩流量		中游潼关高程		下游平滩流量		四站入黄水量		四站入黄沙量		河口入海沙量		综合评价函数	
	$P_{QS}/\%$	等级	$P_{ZT}/\%$	等级	$P_{QX}/\%$	等级	$P_W/\%$	等级	$P_S/\%$	等级	$P_H/\%$	等级	$P_A/\%$	等级
1973 年	157	合理	76	不合理	89	不合理	135	合理	18	劣等	1	劣等	79	不合理
1974~1985 年	166	合理	74	差等	129	合理	161	合理	33	劣等	9	劣等	101	合理
1985 年	177	合理	76	不合理	160	合理	160	合理	32	劣等	4	劣等	114	合理
1986~1999 年	127	合理	60	差等	96	较合理	106	合理	45	劣等	36	劣等	81	不合理
1999 年	79	不合理	55	劣等	67	差等	89	不合理	51	劣等	157	合理	70	差等
2000~2015 年	63	差等	59	劣等	89	不合理	98	较合理	169	合理	84	不合理	95	较合理
2015 年	72	差等	61	差等	109	合理	81	不合理	398	合理	31	劣等	140	合理

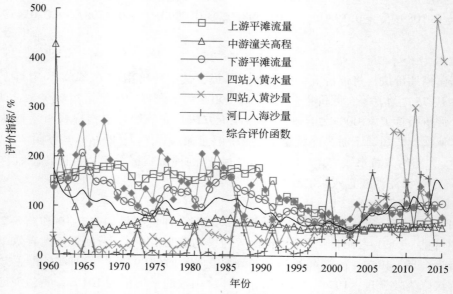

图 5-21　黄河泥沙 1960~2015 年配置效果的综合评价结果

4. 未来黄河泥沙配置方案

（1）配置基本方案和水沙系列条件

针对黄河干流现状水库及河道治理的状况，考虑未来黄河干流上中游水库建设和下游河道治理的可能性，按现状水库河道、现状水库优化（抬高小浪底汛限水位）、未来水库运用（2030 年黑山峡水库生效、2030 年古贤水库生效）、未来水库河道（下游防护堤治理、2030 年黑山峡水库生效、2030 年古贤水库生效）四种配置条件，结合 8 亿 t/a、6 亿 t/a、3 亿 t/a 和 1 亿 t/a 四个水沙系列，形成 14 个黄河干流泥沙配置方案组合如表 5-20 所示。

表5-20 14个黄河干流泥沙配置方案组合

配置条件	8亿t/a	6亿t/a	3亿t/a	1亿t/a
现状水库河道 （现状水库运用、现状河道条件）	方案1-1	方案1-2	方案1-3	方案1-4
现状水库优化 （抬高小浪底汛限水位）	方案2-1	方案2-2	方案2-3	方案2-4
未来水库运用 （2030年黑山峡水库生效、2030年古贤水库生效）	方案3-1	方案3-2	方案3-3	
未来水库河道 （下游防护堤治理、2030年黑山峡水库生效、 2030年古贤水库生效）	方案4-1	方案4-2	方案4-3	

（2）黄河泥沙配置方案计算分析

针对14个黄河干流泥沙配置方案组合，采用黄河泥沙空间优化配置数学模型[53]，计算不同水库河道条件和少沙系列的黄河干流泥沙配置方案，各配置方案计算的2018～2067年的年平均水沙量如表5-21所示，各配置方案计算的2018～2067年的年平均评价指标如表5-22所示。对比各配置方案的计算结果，可以得到如下认识。

表5-21 各配置方案计算的黄河干流2018～2067年的年平均水沙量

配置方式	水库拦沙	引水引沙		滩区放淤	挖沙固堤	河槽冲淤	洪水淤滩	输水输沙	
配置方案	$W_{S水库}$ /亿t	$W_{引水}$ /亿 m^3	$W_{S引沙}$ /亿t	$W_{S放淤}$ /亿t	$W_{S固堤}$ /亿t	$W_{S河槽}$ /亿t	$W_{S滩区}$ /亿t	$W_{输水}$ /亿 m^3	$W_{S输沙}$ /亿t
方案1-1	1.277	219.54	1.582	0.350	0.155	2.158	0.151	178.65	2.908
方案1-2	1.325	219.54	1.265	0.262	0.155	1.298	0.109	168.87	2.243
方案1-3	1.354	219.54	0.803	0.135	0.155	0.102	−0.009	155.36	1.319
方案1-4	0.902	219.54	0.474	0.056	0.155	−0.194	−0.071	132.59	0.612
方案2-1	1.258	219.54	1.625	0.352	0.155	2.144	0.144	178.65	2.905
方案2-2	1.275	219.54	1.340	0.265	0.155	1.286	0.096	168.87	2.241
方案2-3	1.389	219.54	0.821	0.130	0.155	0.084	−0.014	155.36	1.249
方案2-4	0.870	219.54	0.473	0.050	0.155	−0.193	−0.072	132.59	0.532
方案3-1	3.548	219.54	1.429	0.300	0.155	0.328	0.115	154.88	2.711
方案3-2	3.145	219.54	1.115	0.224	0.155	−0.125	0.084	150.72	2.066
方案3-3	2.348	219.54	0.685	0.113	0.155	−0.601	−0.016	132.25	1.138
方案4-1	3.548	219.54	1.441	0.301	0.155	0.302	0.099	154.88	2.742
方案4-2	3.145	219.54	1.125	0.225	0.155	−0.156	0.073	150.72	2.097
方案4-3	2.348	219.54	0.677	0.113	0.155	−0.638	0.046	132.25	1.121

表 5-22 各配置方案计算的黄河干流 2018～2067 年的年平均评价指标

配置方案	上游平滩流量 Q_{SP} /（m^3/s）	中游潼关高程 Z_{TP} /m	下游平滩流量 Q_{XP} /（m^3/s）	四站入黄水量 $W_{四站}$ /亿 m^3	四站入黄沙量 $W_{S四站}$ /亿 t	河口入海沙量 $W_{S入海}$ /亿 t	综合评价函数 P_A /%	综合评价等级
方案 1-1	2018	328.06	3550	274.55	7.66	2.91	75.56	不合理
方案 1-2	2018	327.98	3722	264.77	5.77	2.24	83.76	不合理
方案 1-3	2018	327.85	4435	251.26	3.01	1.32	95.88	较合理
方案 1-4	2018	327.84	4784	228.50	1.12	0.61	125.28	合理
方案 2-1	2018	328.06	3478	274.55	7.66	2.91	74.92	不合理
方案 2-2	2018	327.98	3735	264.77	5.77	2.24	83.88	不合理
方案 2-3	2018	327.85	4470	251.26	3.01	1.25	95.70	较合理
方案 2-4	2018	327.84	4783	228.50	1.12	0.53	125.07	合理
方案 3-1	2329	327.95	3972	250.78	5.67	2.71	83.87	不合理
方案 3-2	2329	327.87	4287	246.62	4.17	2.07	94.66	较合理
方案 3-3	2329	327.84	4564	228.16	1.97	1.14	106.10	合理
方案 4-1	2329	327.95	4045	250.78	5.67	2.74	84.35	不合理
方案 4-2	2329	327.87	4336	246.62	4.17	2.10	94.98	较合理
方案 4-3	2329	327.84	4611	228.16	1.97	1.12	106.42	合理

1）四站入黄沙量对黄河干流泥沙配置状况有明显影响。在现状水库河道条件下，方案 1-1 和方案 1-2 的四站入黄沙量平均值分别为 7.66 亿 t/a 和 5.77 亿 t/a，黄河下游河槽淤积萎缩，综合评价等级都为不合理。方案 1-3 和方案 1-4 的四站入黄沙量平均值分别为 3.01 亿 t/a 和 1.12 亿 t/a，黄河下游河槽冲刷，综合评价等级分别为较合理和合理。

2）抬高小浪底汛限水位对黄河干流泥沙配置状况影响不大。方案 2-3 和方案 1-3 的下游河道最小平滩流量平均值分别为 4470m^3/s 和 4435m^3/s，河口入海沙量平均值分别为 1.25 亿 t/a 和 1.32 亿 t/a，配置方案的综合评价函数分别为 95.70% 和 95.88%，泥沙配置状况变化不大。

3）黄河上中游水库建设对黄河干流泥沙配置状况有明显改善。对于相同的 6 亿 t/a 水沙系列条件，方案 3-2 和方案 1-2 比较，综合评价函数由 83.76% 增大为 94.66%，综合评价等级由不合理提升为较合理，泥沙配置状况明显改善。

4）下游防护堤治理对黄河干流泥沙配置状况有所改善。对于相同的 6 亿 t/a 水沙系列条件，方案 4-2 和方案 3-2 比较，综合评价函数由 94.66% 增大为 94.98%，泥沙配置状况有所改善。

（3）建议配置方案

根据 14 个黄河干流泥沙配置方案计算分析的结果，提出了未来黄河泥沙配置建议方案。现状水库河道条件四站入黄沙量约 3 亿 t/a 的泥沙配置为方案 1-3，方案 1-3 各配置单元 2018～2067 年的年平均水沙量和配置比例如表 5-23 所示，方案 1-3 各配置方式 2018～2067 年累计沙量变化过程如图 5-22 所示，方案 1-3 各评价指标 2018～2067 年变化过程如图 5-23 所示。现状水库河道条件黄河泥沙的合理配置比例为水库拦沙占 35%、引沙占 21%、滩区放淤占 3%、挖沙固堤占 4%、河槽冲淤占 3%、输沙入海占 34%；合理空间分布为上游占 20%、中游占 30%、下游占 14%、河口占 36%。

表 5-23　方案 1-3 黄河干流各配置单元 2018～2067 年的年平均水沙量和配置比例

配置方式	水库拦沙	引水引沙		滩区放淤	挖沙固堤	河槽冲淤	洪水淤滩	输水输沙		泥沙空间分布/%
配置变量	$W_{S水库}$ /亿 t	$W_{引水}$ /亿 m³	$W_{S引沙}$ /亿 t	$W_{S放淤}$ /亿 t	$W_{S固堤}$ /亿 t	$W_{S河槽}$ /亿 t	$W_{S滩区}$ /亿 t	$W_{输水}$ /亿 m³	$W_{S输沙}$ /亿 t	
上游区段	0.298	87.52	0.158	0.000	0.095	0.211		167.75	0.442	20
河龙河段	0.000	12.66	0.023		0.000			189.81	1.609	
龙潼河段	0.000	8.97	0.057	0.000		−0.022		242.27	2.973	30
三门峡水库	−0.026	1.90	0.012	0.000		0.000		240.38	2.987	
小浪底水库	1.082	1.73	0.015	0.000		0.000		239.53	1.900	
小花河段		5.49	0.027	0.007	0.005	0.001	−0.003	257.21	1.865	
花高河段		12.28	0.056	0.056	0.009	−0.040	−0.034	244.72	1.818	14
高艾河段		26.40	0.130	0.055	0.010	−0.036	0.003	217.85	1.708	
艾利河段		55.82	0.286	0.017	0.027	−0.025	0.009	162.12	1.394	
黄河口区		6.77	0.039	0.000	0.008	0.013	0.016	155.36	1.319	36
配置合计	1.354	219.54	0.803	0.135	0.154	0.102	−0.009	155.36	1.319	
配置比例/%	35	59	21	3	4	3	0	41	34	

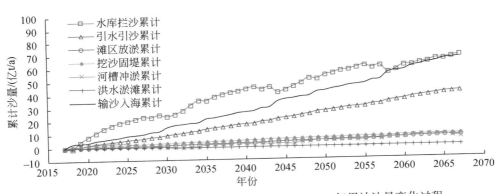

图 5-22　方案 1-3 黄河干流各配置方式 2018～2067 年累计沙量变化过程

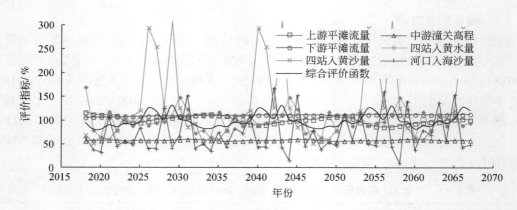

图 5-23　方案 1-3 黄河干流各评价指标 2018～2067 年变化过程

未来水库河道条件四站入黄沙量约 6 亿 t/a 的泥沙配置为方案 4-2，方案 4-2 各配置单元 2018～2067 年的年平均水沙量和配置比例如表 5-24 所示，方案 4-2 各配置方式 2018～2067 年累计沙量变化过程如图 5-24 所示，方案 4-2 各评价指标 2018～2067 年变化过程如图 5-25 所示。未来水库河道条件黄河泥沙的合理配置比例为水库拦沙占 47%、引沙占 17%、滩区放淤占 3%、挖沙固堤占 2%、河槽冲淤占-2%、输沙入海占 31%；合理空间分布为上游占 14%、中游占 36%、下游占 17%、河口占 33%。

表 5-24　方案 4-2 黄河干流各配置单元 2018～2067 年的年平均水沙量和配置比例

配置方式	水库拦沙	引水引沙		滩区放淤	挖沙固堤	河槽冲淤	洪水淤滩	输水输沙		泥沙空间分布/%
配置变量	$W_{S水库}$ /亿 t	$W_{引水}$ /亿 m³	$W_{S引沙}$ /亿 t	$W_{S放淤}$ /亿 t	$W_{S固堤}$ /亿 t	$W_{S河槽}$ /亿 t	$W_{S滩区}$ /亿 t	$W_{输水}$ /亿 m³	$W_{S输沙}$ /亿 t	
上游区段	0.748	87.52	0.078	0.000	0.095	0.015		158.65	0.288	14
河龙河段	1.455	12.66	0.014	0.000		0.000		189.70	1.891	36
龙潼河段	0.000	8.97	0.057	0.000		-0.136		237.64	4.249	
三门峡水库	-0.005	1.90	0.016	0.000		0.000		235.74	4.238	
小浪底水库	0.948	1.73	0.020	0.000		0.000		234.89	3.271	
小花河段		5.49	0.051	0.013	0.005	0.057	-0.001	252.58	3.147	17
花高河段		12.28	0.100	0.094	0.009	-0.037	-0.012	240.08	2.992	
高艾河段		26.40	0.226	0.090	0.010	-0.050	0.036	213.21	2.768	
艾利河段		55.82	0.495	0.028	0.027	-0.018	0.020	157.49	2.216	
黄河口区		6.77	0.068	0.000	0.008	0.013	0.030	150.72	2.097	33
配置合计	3.146	219.54	1.125	0.225	0.154	-0.156	0.073	150.72	2.097	
配置比例/%	47	59	17	3	2	-2	1	41	31	

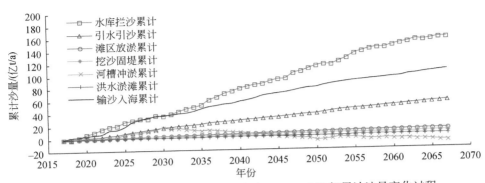

图 5-24　方案 4-2 黄河干流各配置方式 2018~2067 年累计沙量变化过程

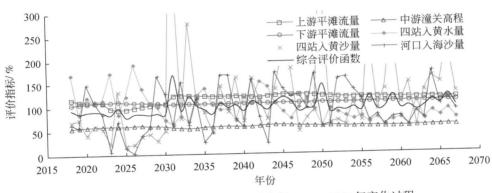

图 5-25　方案 4-2 黄河干流各评价指标 2018~2067 年变化过程

5.5　小　　结

1）分析对比了现状黄河规划安排与实施建设现状。重点河段的多数规划工程安排得到了落实，防洪减淤治理取得突出成效，但在下游河道治理、"二级悬河"治理、潼关高程控制及宁蒙河段防凌等方面还存在短板，需采取进一步措施。水沙调控体系工程规划安排取得了较大进展，建成了河口村、海勃湾等水库，但规划安排 2020 年前后建成生效的东庄水库、古贤水库等工程实施进度滞后。未来水沙条件下，水资源供需形势将更加尖锐，水沙调控体系不完善，未形成整体合力，小浪底水库调水调沙的后续动力不足。建议规划期继续坚持"上拦下排、两岸分滞"处理洪水和"拦、调、排、放、挖"综合处理利用泥沙，完善防洪减淤和水沙调控体系，以确保"大堤不决口、河道不断流、水质不超标、河床不抬高"。在进一步论证古贤水库库容规模与开发目标的基础上，尽早开工建设古贤水库，加快黑山峡水库前期论证工作，适时开展碛口水库前期工作。调整小北干流放淤规划，取消小北干流无坝自流放淤。加强流域综合管理，强化水资源刚性约束，优化水资源配置格局，加快南水北调西线工程前期工作，论证提出更优的调水方案。

2）提出了新水沙条件下黄河治理保护的总体思路与策略。总体思路应统筹考虑以下几方面：一是黄河来水来沙量及其过程的重大变化是新时期黄河治理方略制定的直接推动力；二是人民治黄70年来黄河开发治理保护取得了巨大成就，为新时期黄河治理方略制定提供了重要的物质基础；三是黄河水少沙多、水沙关系不协调的根本症结仍未改变，需要通过调控改善黄河水沙关系；四是对黄河泥沙运动和演变规律认识的不断深化和治理技术的发展为新时期黄河治理方略制定提供了坚实的理论和技术基础；五是黄河流域经济社会的快速发展对治黄提出了更高的需求。在新的水沙条件下，基于项目对未来30~50年入黄泥沙为3亿t/a左右的预测成果，综合考虑上述黄河治理保护的总体思路，在未来相当长时期内，黄河治理保护的方略是：调控水沙关系，改造下游河道。为实现这一治理保护方略，需要采取的措施对策包括：根据治理保护现状和实际治理保护潜力、需求及阈值，调整黄土高原水土流失治理格局；根据黄河上、中、下游及河口河道水沙平衡临界阈值要求，加快建设完善黄河水沙调控体系，协调黄河水沙关系，促进黄河水沙平衡；塑造与维持黄河基本的输水输沙通道；降低潼关高程；通过稳定主槽、缩窄河道、治理悬河、滩区分类改造下游河道；相对稳定河口流路。

3）提出了水沙变化情势下黄河河道平衡输沙与黄土高原水土流失治理度。黄河河道冲淤平衡输沙量是随着不同时段来水来沙条件的变化而变化的。实测资料分析表明，未来一个时段内，黄河上游宁蒙河段冲淤平衡输沙量临界阈值为0.4亿t/a左右；黄河中下游河道冲淤平衡输沙量临界阈值为3亿t/a左右；黄河口淤蚀平衡输沙量临界阈值为2.6亿t/a左右。通过水沙调控和河道整治等措施，未来将黄河上游宁蒙河段输沙量控制在0.4亿t/a，可塑造与维持平滩流量2000m³/s左右的输水输沙通道，宁蒙河段河道基本实现冲淤平衡；将黄河中下游河道输沙量控制在3亿t/a，则潼关高程基本可实现升降平衡，稳定在328m左右，下游河道可塑造与维持平滩流量4000m³/s左右的中水河槽，基本实现河道冲淤平衡；将黄河口输沙量控制在2.6亿t/a，河口基本实现海岸淤蚀平衡，保持相对稳定。经过几十年的持续治理，黄土高原主色调已由"黄"变"绿"，入黄沙量大幅度锐减，但入黄泥沙量不是减到越少越好，黄土高原水土流失治理各种措施存在临界效应，表明黄土高原水土流失存在治理度的问题，超过了这个度的投入很大，效果却甚微，而黄河干流河道冲淤平衡存在临界输沙量阈值，应统筹考虑黄土高原水土流失治理度与黄河干流河道平衡输沙的需求，未来通过正确处理黄土高原不同区域的各种治理措施潜力、需求和临界阈值三者之间的关系，科学调整黄土高原水土流失治理格局，将入黄沙量控制在3亿t/a左右，达到黄土高原水土流失治理度与黄河干流河道输沙的平衡。

4）提出了水沙变化情势下黄河下游河道治理宽度与黄河泥沙合理配置方案。在分析计算黄河河道下游横向淤积分布集中宽度、大洪水主河槽过流宽度、高村以上河段主流最大摆幅、现状生产堤堤距的基础上，提出下游河道可束窄的合适宽度，铁谢至高村河段平均为4.35km。不同治理宽度方案黄河下游河道防洪减淤效果的计算结果表明：与现状治理方案相比，3亿t/a时各方案冲淤和水位状况相差不大；6亿t/a时防护堤治理方案和窄防护堤治理都使花园口至艾山河段有较大的减淤量，艾山以下有少量增淤；在冲淤量和水位变化上两个防护堤方案差别不大。采用层次分析法建立了黄河泥沙配置评价指标体系，明确了各评价指标的计算方法和评价标准,计算提出了建议的黄河泥沙配置方案及合理的黄河泥沙空间配置比例,结果表明入黄水沙量对泥沙配置状况有明显影响,抬高小浪底水库汛限水位对泥沙配置状况影响不大,黄河上中游水库建设对泥沙配置状况有明显改善,下游防护堤治理对泥沙配置状况有所改善。现状水库河道条件建议方案对黄河泥沙的合理配置比例为水库拦沙 35%、引沙 21%、滩区放淤 3%、挖沙固堤 4%、河槽冲淤 3%、输沙入海 34%;合理空间分布为上游占 20%、中游占 30%、下游占 14%、河口占 36%。

参 考 文 献

[1] 水利部黄河水利委员会. 黄河流域综合规划(2012—2030 年)[R]. 郑州:水利部黄河水利委员会,2013.

[2] 胡春宏. 黄河水沙变化与治理方略研究[J]. 水力发电学报,2016,35(10):1-11.

[3] 胡春宏,张晓明,赵阳. 黄河泥沙百年演变特征与近期波动变化成因分析[J]. 水科学进展,2020(5):725-733.

[4] 鲁俊,安催花,吴晓杨. 黄河宁蒙河段水沙变化特性与成因研究[J]. 泥沙研究,2018,43(6):40-46.

[5] 鲁俊,朱信华,崔振华,等. 北洛河流域水沙特性与变化原因[J]. 人民黄河,2018,40(3):20-24.

[6] 陈翠霞,安催花,罗秋实,等. 黄河水沙调控现状与效果[J]. 泥沙研究,2019,2:69-74.

[7] 张金良,鲁俊,韦诗涛,等. 小浪底水库调水调沙后续动力不足原因和对策[J]. 人民黄河,2021,43(1):1-5.

[8] 胡春宏,陈建国,郭庆超. 黄河水沙过程调控与下游河道中水河槽塑造[J]. 天津大学学报,2008(9):1035-1040.

[9] 吴默溪,鲁俊,贠元璐. 黄河小北干流放淤试验工程泥沙处置效果分析[J]. 泥沙研究,2019,44(4):18-24.

[10] 安催花,鲁俊,钱裕,等. 黄河宁蒙河段冲淤时空分布特征与淤积原因[J]. 水利学报,2018,49(2):195-206.

[11] Lu J,An C H,Luo Q S,et al. Estimation of Aeolian Sand into the Yellow River from Desert Aggrading River in the Upper Reaches of the Yellow River[C]. E-proceedings of the 38th IAHR World Congress,2019.

[12] An C H,Lu J,Qian Y,et al. The scour–deposition characteristics of sediment fractions in desert aggrading rivers-taking the upper reaches of the Yellow River as an example[J]. Quaternary International,2019,523:54-66.

[13] Zhang J L,Fu J,Chen C X. Current situation and operation effects of the reservoirs in the middle Yellow River[C]. E-proceedings of the 38th IAHR World Congress,2019.

[14] 姚文艺,焦鹏. 黄河水沙变化及研究展望[J]. 中国水土保持,2016(9):55-62.

[15] 汪岗,范昭. 黄河水沙变化研究:第一卷[M]. 郑州:黄河水利出版社,2002.

[16] 汪岗,范昭. 黄河水沙变化研究:第二卷[M]. 郑州:黄河水利出版社,2002.

[17] 左大康. 黄河流域环境演变与水沙运行规律研究文集:第一集[M]. 北京:地质出版社,1991.

[18] 唐克丽,熊贵枢,梁季阳,等. 黄河流域的侵蚀与径流泥沙变化[M]. 北京:中国科学技术出版社,1993.

[19] 叶青超, 吴祥定, 杨勤业, 等. 黄河流域环境演变与水沙运行规律研究 [M]. 济南: 山东科学技术出版社, 1994.

[20] 张胜利, 李倬, 赵文林, 等. 黄河中游多沙粗沙区水沙变化成因及发展趋势 [M]. 郑州: 黄河水利出版社, 1998.

[21] 齐璞, 刘月兰, 李世滢, 等. 黄河水沙变化与下游河道减淤措施 [M]. 郑州: 黄河水利出版社, 1997.

[22] 姚文艺, 徐建华, 冉大川, 等. 黄河流域水沙变化情势分析与评价 [M]. 郑州: 黄河水利出版社, 2011.

[23] 姚文艺, 冉大川, 陈江南. 黄河流域近期水沙变化及其趋势预测 [J]. 水科学进展, 2013, 24 (5): 607-616.

[24] 刘晓燕, 杨胜天, 金双彦, 等. 黄土丘陵沟壑区大空间尺度林草植被减沙计算方法研究 [J]. 水利学报, 2014, 45 (2): 135-141.

[25] 刘晓燕, 杨胜天, 王富贵, 等. 黄土高原现状梯田和林草植被的减沙作用分析 [J]. 水利学报, 2014, 45 (11): 1293-1300.

[26] 常炳炎, 席家治, 薛松贵, 等. 黄河流域水资源合理分配和优化调度研究 [R]. 郑州: 黄河勘测规划设计研究院有限公司, 2005.

[27] 张胜利, 康玲玲, 魏义长. 黄河中游人类活动对径流泥沙影响研究 [M]. 郑州: 黄河水利出版社, 2010.

[28] 刘晓燕, 等. 黄河近年水沙锐减成因 [M]. 北京: 科学出版社, 2021.

[29] 胡春宏, 等. 黄河流域水沙变化机理及趋势预测 [R]. 北京: 中国水利水电科学研究院, 2021.

[30] 王光谦, 钟德钰, 吴保生. 黄河泥沙未来变化趋势 [J]. 中国水利, 2020 (1): 9-12.

[31] 胡春宏, 张晓明. 关于黄土高原水土流失治理格局调整的建议 [J]. 中国水利, 2019 (23): 5-7.

[32] 高健翎, 马洪斌, 朱莉莉, 等. 黄土高原治理格局与治理方向研究 [R]. 西安: 黄河流域水土保持生态环境监测中心, 2020.

[33] 胡春宏. 构建黄河水沙调控体系, 保障黄河长治久安 [J]. 科技导报, 2020, 38 (17): 8-9.

[34] 胡春宏, 陈建国, 郭庆超, 等. 黄河水沙调控与下游河道中水河槽塑造 [M]. 北京: 科学出版社, 2007.

[35] 安催花, 罗秋实, 陈翠霞, 等. 变化水沙条件下黄河防洪减淤和水沙调控模式研究 [R]. 郑州: 黄河勘测规划设计研究院有限公司, 2020.

[36] 胡春宏, 张治昊. 论黄河河道平衡输沙量临界阈值与黄土高原水土流失治理度 [J]. 水利学报, 2020, 51 (9): 1015-1025.

[37] 胡春宏, 陈建国, 郭庆超. 三门峡水库淤积与潼关高程 [M]. 北京: 科学出版社, 2008.

[38] 宁远, 胡春宏, 等. 黄河下游河道与滩区治理考察报告 [R]. 北京: 中国水利水电科学研究院, 2012.

[39] 曾庆华, 张世奇, 胡春宏, 等. 黄河河口演变规律及整治 [M]. 郑州: 黄河水利出版社, 1997.

[40] 张晓华, 郑艳爽, 尚红霞. 宁蒙河道冲淤规律及输沙特性研究 [J]. 人民黄河, 2008, 30 (11): 42-44.

[41] 岳志春, 苑希民, 田福昌, 等. 黄河宁蒙河段近期水沙特性及冲淤过程研究 [J]. 天津大学学报 (自然科学与工程技术版), 2019, 52 (8): 810-821.

[42] 胡春宏, 郭庆超, 陈建国. 降低潼关高程途径的研究 [J]. 中国水利水电科学研究院学报, 2003, 1 (1): 30-35.

[43] 胡春宏, 郭庆超. 黄河下游河道泥沙数学模型及动力平衡临界阈值探讨 [J]. 中国科学 E 辑技术科学, 2004, 34 (增刊 I): 133-143.

[44] 许炯心. 黄河下游河道泥沙存贮–释放及其临界条件 [J]. 地理科学, 2008, 28 (3): 354-360.

[45] 胡春宏. 黄河水沙变化与下游河道改造 [J]. 水利水电技术, 2015, 46 (6): 10-15.

[46] 安催花, 鲁俊, 吴默溪, 等. 黄河下游河道平衡输沙的沙量阈值研究 [J]. 水利学报, 2020, 51 (4): 402-409.

[47] 胡春宏, 曹文洪. 黄河河口水沙变异与调控 I——黄河河口水沙运动与演变基本规律 [J]. 泥沙研究, 2003 (5): 1-8.

[48] 李希宁, 刘曙光, 李从先. 黄河三角洲冲淤平衡的来沙量临界值分析 [J]. 人民黄河, 2001, 23 (3): 20-21.

[49] 王开荣, 茹玉英, 王恺忱. 黄河河口研究及治理 [M]. 郑州: 黄河水利出版社, 2006.

[50] 胡春宏, 张晓明. 黄土高原水土流失治理与黄河水沙变化 [J]. 水利水电技术, 2020, 51 (1): 1-11.

[51] 张晓华. 变化环境下黄河防洪减淤及流域发展对高效输沙需求的研究 [J]. 水利发展研究, 2016, 16 (9): 16-20.

[52] 张明武, 孙赟盈, 彭红, 等. 黄河下游河道横断面变化特点及对弯道的影响 [J]. 人民黄河, 2019, 41 (2): 24-28.

[53] 胡春宏, 安催花, 陈建国, 等. 黄河泥沙优化配置 [M]. 北京: 科学出版社, 2012.

[54] 王延贵, 胡春宏. 流域泥沙的资源化及其实现途径 [J]. 水利学报, 2006, 37 (1): 21-27.

[55] 胡春宏, 王延贵, 陈绪坚. 流域泥沙资源化配置关键技术的探讨 [J]. 水利学报, 2005, 36 (12): 1405-1413.

[56] 胡春宏, 王延贵. 流域水沙资源配置的调控技术与措施 [J]. 水利水电技术, 2009 (8): 55-60.

[57] 胡春宏, 陈绪坚, 陈建国, 等. 黄河干流泥沙空间优化配置研究 (I)——理论与模型 [J]. 水利学报, 2010, 41 (3): 253-263.

[58] 胡春宏. 黄河干流泥沙空间优化配置研究 (II)——潜力与能力 [J]. 水利学报, 2010, 41 (4): 379-389.

[59] 胡春宏, 陈绪坚, 陈建国, 等. 黄河干流泥沙空间优化配置研究 (III)——模式与方案 [J]. 水利学报, 2010, 41 (5): 514-523.

[60] 陈绪坚, 胡春宏, 陈建国. 黄河干流泥沙优化配置综合评价方法 [J]. 水科学进展, 2010, 21 (5): 585-592.

[61] 吴祈宗. 运筹学与最优化方法 [M]. 北京: 机械工业出版社, 2003.

[62] 李士勇. 工程模糊数学及其应用 [M]. 哈尔滨: 哈尔滨工业大学出版社, 2004.